选矿工艺矿物学

肖仪武　著

科学出版社
北　京

内 容 简 介

选矿工艺矿物学是在地质学和矿物加工学之间发展起来的一门交叉学科，在矿床综合评价、确定合理的选矿工艺以及优化选矿流程等方面发挥着重要的作用。本书全面介绍了选矿工艺矿物学的发展概况、矿物分离及其分析测试技术、样品的采取和制备、矿石的化学组成、矿石的矿物组成、矿石的结构构造、元素的赋存状态、矿物嵌布粒度、矿物的解离特性以及在矿床综合评价、选矿试验研究、选矿生产流程优化中的应用。本书实用性强，适合工艺矿物学、矿物加工以及地质勘查专业的大学本科、研究生和专业教师在教学和科研中参考，可作为工艺矿物学及相关专业技术人员的培训教材使用，也可供相关矿山企业工程技术人员阅读使用。

图书在版编目(CIP)数据

选矿工艺矿物学 / 肖仪武著．—北京：科学出版社，2020. 10

ISBN 978-7-03-066221-7

Ⅰ. ①选…　Ⅱ. ①肖…　Ⅲ. ①选矿 ②矿物学　Ⅳ. ①TD9 ②P57

中国版本图书馆 CIP 数据核字（2020）第 180037 号

责任编辑：杨明春　王　运 / 责任校对：张小霞

责任印制：赵　博 / 封面设计：图阅盛世

科 学 出 版 社 出版

北京东黄城根北街 16 号

邮政编码：100717

http://www.sciencep.com

北京中石油彩色印刷有限责任公司印刷

科学出版社发行　各地新华书店经销

*

2020 年 10 月第　一　版　开本：787×1092　1/16

2026 年 1 月第五次印刷　印张：18 1/4

字数：433 000

定价：168. 00 元

（如有印装质量问题，我社负责调换）

前　　言

一个国家的工业化进程也是矿产资源加速消耗的过程。我国现正处于工业化的中期阶段，城市化的进程仍在加快，今后几十年我国对矿产品的需求总体上还是处于较高的水平。我国矿产资源贫矿多，难选矿多，资源节约和综合利用难度大。为适应建设资源节约型、环境友好型社会的总体要求，必须加快转变资源利用方式，以科技进步为手段、以管理创新为基础、以矿产资源节约与综合利用为重要着力点，发展绿色矿业和循环经济，全面提高矿产资源开发利用效率和水平。多年来的实践证明，选矿工艺矿物学在矿产资源评价、选矿工艺中有价元素规律研究以及选矿工艺流程考查等，矿产资源从评价到开发利用的整个过程中，起到了极其重要的作用。尤其在低品位、共伴生、复杂难选冶等矿产资源的开发利用过程中，选矿工艺矿物学的作用更为显著。新的固体矿产地质勘查规范也明确要求在不同勘查阶段应开展矿石工艺矿物学研究工作。

特别值得一提的是，选矿工艺矿物学是在地质学和矿物加工学之间发展起来的一门交叉学科，而且我国选矿工艺矿物学发展也只有五十多年的历史，当前亟须加强选矿工艺矿物学研究的人才培养。笔者撰写此书就是所做努力的一部分，此书是笔者从事选矿工艺矿物学研究三十多年的工作经验和研究成果的结晶。本书系统地介绍了选矿工艺矿物学的研究内容、理论和方法，并分别列举了在矿床综合评价、选矿试验研究以及选矿生产流程优化中的应用实例。本书实用性强，适合工艺矿物学、矿物加工以及地质勘查专业的大学本科、研究生和专业教师在教学和科研中参考，可作为工艺矿物学及相关专业技术人员的培训教材使用，也可供相关矿山企业工程技术人员参考使用。

在本书撰写过程中，得到了矿冶科技集团有限公司领导的支持和矿产资源研究所同事们的帮助，在此一并表示衷心的感谢！

由于作者水平有限，书中难免存在不足之处，敬请同行专家和读者批评指正。

作　者

2020 年 5 月

目　　录

第1章　绪　　论

选矿工艺矿物学是研究矿石原料和矿石加工过程产品的化学组分、矿物组成和矿物性状及变化的一门应用学科。选矿工艺矿物学是在地质学和矿物加工学之间发展起来的学科，是矿物分离提取技术的基础。实践表明，若能从矿化点的发现或地质勘探阶段开始就重视工艺矿物学研究，人们将获得对矿床更全面的认识，因而能作出更为正确的评价；若能在矿山、选矿厂建设前期对矿石进行全面的工艺矿物学研究，将对试验方案的确定起到指导作用，有助于资源得到合理利用；若对选矿厂生产流程产品进行工艺矿物学研究，将能诊断生产工艺流程及药剂条件的合理性，为其生产流程的优化提供依据。随着矿产资源的不断开发与利用，将来面对越来越多的低品位、复杂多金属矿石合理利用的问题，工艺矿物学的作用显得尤为重要。随着现代测试技术水平的提高及相关学科的不断渗透，尤其是矿物自动分析仪、矿物谱学和微束分析技术的广泛应用，丰富了选矿工艺矿物学研究的方法和手段，提高了研究深度和工作效率，促进学科发展的同时也使工艺矿物学研究在矿产资源的综合开发利用方面的作用更加显著。

1.1　选矿工艺矿物学的发展概况

1.1.1　国内外发展简史

19世纪中叶，光学显微镜应用于矿物研究，人们即借此进行岩矿鉴定，为早期选矿工艺提供了某些矿石性质的资料。20世纪初，应用X射线研究矿物晶体结构，揭示矿物内部的原子世界，为矿物分类和矿物性质研究奠定了基础。P. F. Kerr是美国的工艺矿物学先驱，他是在美国第一批安装X射线衍射装置并将其应用于矿物学研究的学者之一。20世纪30年代，苏联出现了为选矿而开展的矿物学研究。1939年，美国高登所著的《选矿原理》（Gaudin，1939），总结了岩矿鉴定在选矿学科中的应用与实践。1974年，苏联学者A. И. 金兹堡和И. Т. 亚历山大罗娃所著的《工艺矿物学——新的矿物学分支》一书的出版，标志着工艺矿物学已成为一门新兴的边缘学科，形成了独立的学科体系。苏联是工艺矿物学研究较早的国家之一，米哈诺布尔研究院、全苏矿物原料研究所等一批研究机构组建了研究矿石工艺性质的研究室，当时的研究任务是向选冶工艺研究人员提供矿石的矿物组成、含量、矿物的嵌布特征、磨矿产品的单体解离分析等参数，这个时期的研究成果在B. B. 多利沃-多布罗沃利斯基和B. A. 格拉兹科夫斯基的专著中有过系统的总结。1979年，美国成立了隶属采矿、冶金和石油工程师协会（TMS-AIME）的工艺矿物学委员会，并于1981年在AIME第110届年会召开以后首次出版了《工艺矿物学》论文集；W. C. Park和D. M. Hausen于1985年出版了《应用矿物学》，A. H. Vassiliou等人于1988年出版了《工艺矿物学》。国际地质学会应用矿物学委员会于1981年在南非召开了第一届国际应用矿物学会议；苏联于1983年12月在列宁格勒召开了以“苏联原料基地发展中的工艺矿物学的作用”为题的研讨会。随着现代科学技术的发展，各种谱学检测手段、微束测试技术以及计算机技术的发展，使选矿工艺矿物学的研究方法和手段得以不断完善和提升。20世纪70年代开始，美国、加拿大、澳大利亚、南非、芬兰、德国等技术先进国家和矿业大国都关注各具特色的矿物自动分析技术的开发。其中加拿大矿产能源技术中心（CANMET）的采矿和矿物科学实验室（MMSL）开发了一种基于电子探针分析的图像分析系统。挪威理工大学（Norwegian University of Science and Technology）开发出一种基于自动扫描电子显微镜的颗粒结构测定系统（Particle Texture Analysis，PTA），此系统还能够结合电子微区衍射（Electron Back Scatter Diffraction，EBSD）开展工作，以获得比X射线能谱分析更丰富的矿物识别能力。1982年澳大利亚联邦科学与工业研究组织（Commonwealth Scientific and Industrial Research Organization，CSIRO）开发的QEMSCAN（Quantitative Evaluation of Minerals by Scanning Electronic Microscopy）商业化，通过扫描电子显微镜背散射电子图像灰度区分矿石颗粒和作为背景的环氧树脂，然后利用X射线能谱点区别矿物颗粒之间的边界并对其进行自动识别，再进行相应的测量和数据处理。2001年，澳大利亚昆士兰大学JKTech公司开发的MLA（Mineral Liberation Analyser）投入使用，在利用扫描电子显微镜背散射电子图像去除环氧树脂背景的同时区分出不同矿物颗粒的边界，然后结合能谱分析快速准确的鉴定矿物并采集相关信息，最后再进行数据的计算与处理从而获取所需的工艺矿物学研究参数。2013年鹰盛公司推出的AMICS（Advanced Mineral Identification and Characterization System）系统的工作原理与MLA基本一致，其优化了能谱布点的方式并增加了能谱打点的数量，提高了矿物识别的准确率；同时提供了包含有2000多种矿物的数据库。

中国早在20世纪20年代就开始应用光学显微镜方法为选矿厂提供定性的岩矿鉴定资料；至20世纪50年代，在苏联专家的指导下，开始由一般的岩矿鉴定过渡到对矿石物质组成的研究，规范了物质组成研究方法和手段，增加了部分仪器设备，培养了一批研究骨干。70年代以后，随着现代科学技术的迅猛发展，各种谱学手段、微束测试技术、电子计算机技术等引入了矿石物质组成研究领域，从而能够为矿产资源的综合利用提供深入系统的矿物学资料，并发展成为一门独立的工艺矿物学学科。1979年，中国金属学会选矿学术委员会成立了工艺矿物学专业委员会，并于1980年在四川峨眉山市召开了由中国金属学会选矿学术委员会和中国地质学会矿产资源保护综合利用委员会联合举办的首届工艺矿物学学术会议。此次学术会议反映了当时中国在工艺矿物学研究各方面的进展，现代测试手段和方法的运用深化了矿物在工艺过程中行为的认识，具有里程碑的意义。1991年，中国冶金工业出版社发行的《选矿手册》中，专门列入“工艺矿物学”篇。这些工作均促进了选矿工艺矿物学研究成果的交流，推动了该学科的发展。然而，20世纪90年代末期，由于矿业萧条，使中国的工艺矿物学研究处于停滞状态，人才流失，仅有少数几家研究院仍保留该专业。随着21世纪初期中国矿业的复苏，工艺矿物学再度得以发展，科研机构、高等院校及企业重新配备了技术力量和研究队伍，引进国际先进的检测设备，建设了一批现代化工艺矿物学实验室。中国从2013年开始分别开展了基于扫描电子显微镜-X射线能谱仪以及光学显微镜的矿物特征参数自动分析系统的研究。2017年9月和2019年7月分别在湖南长沙和湖北武汉召开的中国矿物加工大会专门设工艺矿物学分会场，促进学术交流和学科的发展建设（周乐光，2002；肖仪武，2019）。

1.1.2 发展趋势

近年来，随着新技术与理念的不断应用，推动了选矿工艺矿物学的快速发展，取得了一系列重大的科研成果，在矿产资源评价、选矿工艺流程制定、选矿过程中有价元素走向规律研究以及选矿工艺流程考查中，起到了极其重要的作用。尤其在低品位、共伴生、复杂难选冶等矿产资源的开发利用中，工艺矿物学的作用显得更为明显，日益受到矿业企业的重视。发展是永恒不变的主题，工艺矿物学同样如此，今后应该主要注重以下几个方面的工作。

（1）矿床的工艺矿物学评价。随着工艺矿物学研究成果在选冶工艺合理选择、流程优化方面所起的作用越来越重要，人们对其认识和理解程度也越来越深。对其应用也不再仅仅局限于选冶流程阶段，而是将其广泛应用于矿产资源开发的各个阶段，充分发挥其指导作用。对于大型矿山来说，在地质勘探阶段就应该对不同矿体、不同矿石类型、不同品级的区段样品进行工艺矿物学研究，了解有用矿物含量和嵌布特征在空间上的变化规律，关注矿石性质的空间变化给选矿工艺及指标带来的影响。在今后的实际生产过程中，为矿山采掘、选厂生产的合理高效运行提供依据，实现矿产资源的高效利用。

（2）矿石基因特性研究。研究矿床成因、矿石性质、矿物特性等影响矿石分选指标的因素，确定影响分选指标的矿石基因特性，并开展基因特性的测试方法和提取表征方法的研究。依据矿石基因特性推测矿石磨矿和分选的原则流程以及选矿理论指标（孙传尧等，2018）。

（3）矿物鉴定的自动化和便携化。研究自动识别矿物的装备，提高工作效率和矿物识别的准确性（Schouwstra and Smit，2011；Will and Peter，2007；Baum，2014）。对于矿石类型多且工艺性质复杂的大型金属矿床来说，迫切需要便携化的矿物鉴定仪器用于矿山生产现场，划分矿石工业类型以及初步了解矿石性质的变化情况。

（4）选矿流程工艺矿物学诊断技术研究。工艺矿物学工作者从实验室走向矿山企业，直接与矿山企业对接，进行选矿厂工艺流程考察，对选矿流程产品进行矿物学的诊断和分析，为其生产流程的优化提供依据并指明方向，促进矿山企业的技术进步，提高经济效益。这也是选矿厂实行精细化管理的有效手段之一。

（5）矿物物化性质研究。利用激光剥蚀等离子质谱仪、二次离子质谱、俄歇电子能谱、红外光谱、紫外光谱、拉曼光谱、X射线光电子能谱、原子力显微镜、核磁共振和电子顺磁共振等手段研究矿物成分、结构、表面性质以及对选别的影响（Fan and Gerson，2014；Fabiano et al.，2011；崔林和李锐，1987；罗溪梅等，2011；松全元，1988；朱二民，1989）。

（6）矿物三维数据表征技术研究。实现对矿物X射线显微CT图像的自动识别，由三维立体测量的数据以及计算的结果更能真实反映矿物本身的实际特征，结果更加准确（Miller and Lin，2018）。

1.2 选矿工艺矿物学研究内容

选矿工艺矿物学研究的任务，是为选矿工艺流程的研究制定以及选矿厂工艺流程的优化改进，提供关于矿石的组成矿物及其工艺性质方面的所需资料。

选矿工艺矿物学研究的主要内容包括以下几方面。

（1）矿石的化学组成：通常采用光谱半定量方法快速确定矿石所含元素的种类，进而采用化学分析方法定量测定矿石中组成元素的含量，以便确定回收的主要有价元素、伴生有价元素及有害元素含量的高低以及对选矿工艺、产品质量和环境的影响等。

（2）元素的化学物相分析：是通过选择不同溶剂使各种相实现选择性分离从而达到分别测定目的元素在各类矿物中的含量。对矿石中主要回收元素进行化学物相分析，例如：铜矿要进行原生硫化铜、次生硫化铜、氧化铜、水溶铜、与铁结合氧化铜和与硅结合氧化铜等物相中铜含量的分析，可以大致了解该元素的赋存状态；通过了解矿石中主要回收元素的氧化率，可以确定矿石类型，是硫化矿、氧化矿还是混合矿。

（3）矿石的矿物组成：利用光学显微镜、X 射线衍射、扫描电子显微镜以及电子探针等分析方法确定矿石中组成矿物的种类，并结合化学分析、化学物相分析及图像分析等手段确定各种矿物的含量。特别是要查明主要回收元素、伴生元素以及有害杂质元素的矿物种类，明确选矿要回收的目的矿物以及影响选矿回收的矿物种类和性质等。

（4）矿石的结构和构造：利用肉眼在矿石标本上宏观观察矿石的构造，借助光学显微镜观察矿石的结构，描述矿物的几何形态和相互间的结合关系。矿石的结构和构造反映了矿物的结晶程度、粒度大小、嵌布关系，影响矿石中有用矿物的可解离性和分选性。

（5）矿石中目的矿物嵌布粒度：把块状矿石磨制成光片或薄片，在光学显微镜或扫描电子显微镜下测定目的矿物的嵌布粒度。矿物嵌布粒度是决定其单体解离所需物料磨矿细度的主要因素，对产品的质量和生产工艺都有重要影响。

（6）矿石中有价元素和有害元素的赋存状态：为了有效地富集有用成分，除去有害成分，必须查明矿石中有用及有害元素存在于哪些矿物相中，它们以何种形式存在于各相应矿物相中，其含量分布如何等，了解其在选矿过程中的可能走向，以便有的放矢地采取相应的分选措施使之回收或排除。元素赋存状态的考察是在前面工作的基础上进行的，必要时再分别做一些单矿物的元素分析工作，以便确定该元素在各矿物中的含量分布。

（7）磨矿产品中目的矿物的解离特性：对不同磨矿细度的产品在光学显微镜或扫描电子显微镜下进行目的矿物单体解离度测定，了解产品中矿物连生体的连生特性，以确定合理的磨矿细度。

（8）选矿产品检查：对选矿工艺流程中的原矿、精矿、尾矿及中间作业产品进行的工艺矿物学检查，包括矿物组成、目的矿物的解离度、粒度分布特性以及连生特性等。对各种精矿主要是研究其中杂质矿物及有害矿物的嵌布特征，判断有无进一步降低的可能性；对最终尾矿主要研究有用矿物和元素的损失状态，研究有无进一步提高选矿回收率的可能性；对于各种中矿主要研究其中不同矿物的嵌布关系和嵌布粒度，为进一步改善工艺条件、提高选矿技术指标提供依据。

（9）选矿工艺矿物学的基础理论和研究方法：应用现代科学理论和技术方法研究矿物的晶体结构、表面性质以及在磨矿和分选过程中与介质的作用机制，为选矿基础理论研究提供资料。

（10）样品的采集与制备方法、数据测量的代表性及准确性等方面的研究。

第 2 章　基本术语与概念

【矿产】泛指一切埋藏于地壳（或分布于地表），可供人类经济利用，有开采价值的工业矿物、岩石、油、气、水等资源。矿产一般可分为：①可以从中提取元素的金属和非金属矿产，如铁矿、铜矿、铅矿、锌矿，硫、氟、碘矿等；②可以作为非金属原料或直接利用其物理、化学和工艺特性的非金属矿产，如硫铁矿、磷块岩、金刚石、石灰岩等；③可以作为能源的可燃性有机矿产，如煤、油页岩、石油、天然气等。目前，已将地下水、地热（地热水）、惰性气体、二氧化碳气体、天然气水合物以及锰钴结核等资源，包括在矿产的范畴内（袁见齐等，1985）。

【共生矿】同一矿区（或矿床）内，存在两种或多种分别都达到工业指标的要求，并具有小型以上规模（含小型）的矿产，即为共生矿。如铅锌矿、铜镍矿、铜铅锌矿、钨锡矿、钛锆砂矿等。对共生矿产应进行综合勘查、综合评价。

【伴生矿】同一矿床（矿体）内，经济上不具单独开采价值，但能与其伴生的主要矿产同时被开采提取出来供工业综合利用的有用矿物或元素。例如斑岩铜矿床中的钼、铼、金等，石英脉型黑钨矿矿床中的锡、钼、铍、铌、银、铋等。中国已探明的大量金属矿床中，单一矿种的矿床相对较少，大部分伴生有几种或多种伴生矿产，特别是分散元素，基本上都是作为伴生矿产产出。伴生矿产虽不能单独开采利用，但开采主要组分时，可以综合回收利用，这对充分利用矿产资源、提高矿床经济价值和社会效益，意义重大。因此，在矿产勘查时，应对伴生矿产综合评价，以确保矿山合理建设生产，为资源的充分开发利用提供地质依据。

【矿床】在地壳中由地质作用形成的，其所含有用矿物资源的数量和质量，在一定的经济技术条件下能被开采利用的综合地质体。随着社会生产力的不断发展，科学技术的不断进步以及人们对各种矿物原料需求量的不断增加，矿床的范畴也在不断变化。过去不够矿床条件的某些矿化岩体或岩石，今天可能成为矿床。今天尚不能利用的某些岩石和矿物，在经济技术更加发展的明天，就有可能作为矿产加以利用。

【矿床成因类型】根据形成矿床地质作用而划分的矿床类型。如按成矿作用分为内生矿床、外生矿床和变质矿床，以及它们之间的叠加和再生矿床等。上述类型中又可按岩浆作用、气化-热液作用、风化作用及各种沉积作用和变质作用等形成相应的矿床类型。矿床成因类型的划分有助于深入理解矿床的形成机理、时空分布等条件；有助于合理进行找矿、勘探等工作。

【矿床工业类型】指根据矿床价值大小所划分的矿床类型。各种矿产都产于很多不同成因类型的矿床，但其工业价值是不相同的，只有那些作为某种矿产来源在世界经济中起主要作用的矿床类型，才可划入工业类型。划分矿床工业类型，主要是用来指导找矿勘探和矿床评价工作，作为矿床类比评价的依据。矿床工业类型是根据矿床的成因类型、工业意义、经济价值及其代表性、矿石的矿物或元素建造、矿床的形态、产状及其与构造关系和围岩性质等因素所划分的矿床类型，如铜矿的工业类型有：斑岩铜矿、层状铜矿（包括含铜砂岩、含铜页岩和含铜碳酸盐岩）、含铜块状硫化物（或含铜黄铁矿型）矿床、夕卡岩型铜矿、铜镍硫化物矿床及含铜石英脉型矿床等。

【硫化物矿床氧化带】硫化物矿床位于潜水面以上的部分，出露或接近地表，经过长期氧化，各种硫化矿物（包括硫砷化物、砷化物）都要不同程度地被氧化、分解和淋滤，其中部分金属元素发生迁移。在氧化带中残留下稳定的铁、锰等氧化物或碳酸盐矿物，它们呈各种不同深浅的褐、红色，因而也称为“铁帽”。氧化带部分的矿石的结构、构造也发生相应的改变。铁帽是寻找深部原生硫化物矿床的重要标志。

【硫化物矿床次生富集带】又称次生硫化物富集带。从硫化物矿床氧化带淋滤下来的某些金属盐类，如铜的硫酸盐溶液，当渗透到潜水面以下时，即在缺氧的条件下，对黄铁矿、黄铜矿、闪锌矿、方铅矿等原生硫化物中的 Fe^{2+}、Zn^{2+}、Pb^{2+} 等发生置换反应生成次生硫化物，如辉铜矿和铜蓝等，使矿石中的铜含量增高，这种作用称为次生富集作用。发生这种作用的地段，叫作次生富集带。次生富集带主要分布于潜水面以下到静止带之间的地下水上部的流动带内。

【矿体】赋存于地壳中具有一定的几何形态、产状和大小的矿石自然聚集体。矿体的圈定受一定工业指标的限定。矿体是矿床的基本组成单位，是矿山开采的对象。矿体是一个具体的地质体，因而有一定的大小、形态、规模和产状等。一个矿床可以是一个矿体，也可以是由一个以上的大小不等的矿体群组成。

【边界品位】在资源储量估算中圈定矿体时，对单个矿样中有用组分含量的最低要求，以作为区分矿石与围岩的一个最低品位界限。有用组分含量低于边界品位的样品，其代表的地段一般为围岩或夹石。

【工业品位】指在当前科学技术及经济条件下能供开采和利用矿段或矿体的最低平均品位。只有矿段或矿体达到工业品位才能作为工业储量，被设计和开采。工业品位的确定与矿床特征、开采条件、矿石类型及其选冶加工技术性能有着密切的关系，并随着科学技术的进步和市场的需求而变化。

【矿石】矿体的组成部分，是从矿体中开采出来的、能从中提出有用组分（元素、化合物或矿物）的矿物集合体。矿石是在各种地质成矿作用中形成的，不同的地质成矿作用形成的矿石有不同的特征。矿石一般由矿石矿物和脉石矿物两部分组成。

【矿石品位】矿石中某有用成分（元素或化合物）的质量分数。因矿种不同，矿石品位的表示方法也不同。大多数金属矿床的矿石，如铁、铜、铅、锌等矿石，是以其中的金属元素含量的质量百分数表示；有些金属矿石是以其中的氧化物［如三氧化钨（WO_3）、五氧化二钒（V_2O_5）等］的质量百分数表示。贵金属矿石以 g/t 表示；原生金刚石以 c①/t 或 mg/t 表示；砂矿以 g/m^3 或 kg/m^3 表示。

【矿物】自然作用中形成的天然固体单质和化合物，它具有一定的化学成分和内部结构，因而具有一定的化学性质和物理性质，在一定的物理化学条件下稳定，是固体地球和

① c 为克拉，1c＝200mg。

地外天体中岩石和矿石的基本组成单位，也是生物体中骨骼部分的主要组成。矿物的化学成分可用化学式表达，如闪锌矿和石英可分别表示为 ZnS 和 SiO_2。但实际上所有矿物的成分都不是严格固定的，而是可在程度不等的一定范围内变化的。造成这一现象的原因是矿物中原子间的广泛类质同象替代。例如闪锌矿中总是有 Fe^{2+} 替代部分的 Zn^{2+}，Zn：Fe（原子数）可在 1：0 到约 6：5 间变化，此时其化学式则写为（Zn，Fe）S，石英的成分非常接近于纯的 SiO_2，但仍含有微量的 Al^{3+} 或 Fe^{3+} 等类质同象杂质。

【有用矿物】在一定的技术经济条件下具有工业开采价值的矿物，也称矿石矿物。如铬铁矿石中的铬铁矿，铜矿石中的黄铜矿、斑铜矿和孔雀石，铅锌矿石中的方铅矿、闪锌矿，金矿石中的自然金，石棉矿石中的石棉，硫铁矿石中的黄铁矿与磁黄铁矿等。

【脉石矿物】矿石中不能被利用或在一定的技术经济条件下暂时不能被利用的矿物。脉石矿物主要是非金属矿物，但也包括一些金属矿物，如铜矿石中达不到综合利用量的方铅矿和闪锌矿、硫铁矿石中达不到综合利用量的闪锌矿和黄铜矿，都因量少不能被综合利用，而称其为脉石矿物。此外，矿石矿物与脉石矿物的划分是相对于一个具体的矿床而言的。在一个矿床中某种矿物可利用，它就是矿石矿物，而在另一矿床中这种矿物暂时不能被利用，它就变成了脉石矿物。同样，脉石矿物的概念也是如此。这就是说，某矿物在一类矿床中是矿石矿物，而在另一类矿床中它却是脉石矿物。例如，在铅锌矿石中方铅矿和闪锌矿都是重要的矿石矿物，而在金矿石中也可常含有这两种矿物，但是如其含量很少而不具备综合利用价值时它们就是脉石矿物。相反，在铅锌矿石及金矿石中石英都是脉石矿物，但是在硅石（砂）矿床的矿石中石英却是唯一的矿石矿物。可见矿石矿物和脉石矿物的划分是相对的、动态的，也是针对具体的矿床而言的。随着人类对新矿物原料的要求不断增长、选矿工艺技术条件的不断革新和综合利用技术的加强，目前尚无利用价值的某些脉石矿物，将来很有可能成为矿石矿物。

【矿物的世代】一个矿床中，同种矿物有时也会先后多次形成。这种同种矿物形成的先后关系称为矿物的世代。一般说来，矿物的世代是与一定的成矿阶段相对应的。一个矿床的形成往往不是一个成矿阶段完成的，而是经历了很长时间。在这个长时间内，成矿溶液可以多次作用，从而相应地出现多个成矿阶段。不同成矿阶段所形成的同种矿物分属不同的世代，按形成时间的先后被依次分为第一世代、第二世代等。由于各成矿阶段间均有一定的时间间隔，其成矿介质和形成条件不可能一样，因此不同世代的同一种矿物，在成分、物理性质、形态等方面往往会有差异。例如我国著名的湖南桃林铅锌矿床中的闪锌矿就具有三个世代，其不同世代的闪锌矿的成分和某些物理性质均有一些差异。

【矿物中的包裹体】矿物在生长过程中或形成后所捕获而包裹在矿物晶体内部的外来物质。包裹体可以是其他矿物晶体，也可以是气体、液体或非晶质体，其中以由气体和液体共同组成的气液包裹体最为常见。包裹体一般极为细小，往往要在显微镜下才能看到。包裹体按物理状态可以分为四类：固态包裹体，又称玻璃包裹体，主要由玻璃和气孔组成；气体包裹体主要由气体和液体组成，气体占总体积的一半以上；液体包裹体主要由液体和气体组成，液体占总体积的一半以上；多相包裹体由气相、盐水溶液及其他相（如子矿物相）组成的气液包裹体。

【矿物组合】不管形成时间是否相同，只要不同种矿物在一个空间内共同存在，就称其为矿物组合。其中成因相同，同一成矿期（或成矿阶段）的矿物组合为共生组合。共生的矿物或者同时形成，或者在同一次来源的成矿溶液中依次析出。如在花岗岩中，有岩浆作用期所形成的共生矿物长石和石英；在热液矿床中，有热液作用期所形成的共生矿物方铅矿和闪锌矿等。不同成因或不同成矿阶段的矿物组合为伴生组合。如黄铜矿上散布着次生的孔雀石，就是一个常见的伴生关系实例。因为黄铜矿与孔雀石在形成的时间和成因上均不相同，它们只是在空间上共存。自然界中由于在同一矿床的同一空间内往往有先后几个成矿阶段的相互叠加，使得矿物的共生和伴生关系复杂化，划分其矿物共生组合往往也不是很容易。

【目的矿物】在选矿工艺流程和作业中从矿石中提取、回收或富集的有用矿物。在选矿过程中，选别回收对象即是目的矿物。在选矿流程和作业中，根据矿物的物理、化学性质的不同，采用重选、电磁选、浮选、化学选矿等方法，将矿石中的目的矿物进行富集回收。对于铅锌硫化矿来说，采用混合浮选工艺浮选铅锌硫化矿物时，那么方铅矿和闪锌矿都是目的矿物；采用优先浮选工艺的选铅作业中，方铅矿是目的矿物，闪锌矿则不再是目的矿物。选矿工艺中常采用的反浮选工艺就是根据矿石中某些特定的脉石矿物所具有的选别特性，采用浮选去除，而回收的对象则是目的矿物。例如，在一水硬铝石的反浮选脱硅过程中，一水硬铝石为目的矿物，而石英、高岭石则不是目的矿物。

【原生矿物】指在内生条件下的造岩作用和成矿作用过程中，同所形成的岩石或矿石同时期形成的矿物。如岩浆结晶过程中所形成的橄榄岩中的橄榄石，花岗岩中的石英、长石，热液成矿过程中所形成的方铅矿等，均是原生矿物。

【次生矿物】在岩石或矿石形成之后，其中的矿物遭受化学变化而改造成的新矿物。如橄榄石经热液蚀变而形成的蛇纹石，正长石经风化分解而形成的高岭石，方铅矿经氧化而形成的铅矾，铅矾进一步与含碳酸的水溶液反应而形成的白铅矿等，均是次生矿物。次生矿物在化学成分上与原生矿物间有一定的继承关系。次生矿物一般不包括变质作用所形成的新矿物。此外，有人将热液蚀变形成的矿物专门称为蚀变矿物以区别于表生成因的次生矿物。

【表生矿物】在地表和地表附近范围内，由于水、大气和生物的作用而形成的矿物。主要包括湖海中的沉积矿物，如石盐、硅藻土等，以及原生矿物在地表条件下遭受破坏而形成的部分次生矿物，如褐铁矿、高岭石、铅矾等。

【类质同象】晶体形成时，其结构中本应全部由某种原子或离子占有的等效位置部分地被他种类似的质点所代替，晶格常数发生不大的变化而结构式不变的现象称为类质同象。类质同象现象在矿物中十分普遍。类质同象混晶的化学式的表达是把可以相互置换的离子或原子写在圆括号内，彼此间用逗号分开，含量高者在前。例如，镁橄榄石$Mg_2[SiO_4]$晶格中，Mg^{2+}的一部分配位八面体位置可被介质中的Fe^{2+}所占有，从而结晶成橄榄石$(Mg, Fe)_2[SiO_4]$。

【矿物嵌布特征】矿石中矿物形态及矿物之间的结合关系。主要是分析矿物的颗粒大小、形状、矿物之间的结合关系及其空间分布特征。矿物嵌布特征比较全面而集中地体现了矿物形态对选矿工艺的影响，特别是对碎矿、磨矿的作用，直接决定着破碎、磨矿工艺过程有用矿物单体解离难易程度及连生体特性，对合理充分的利用矿产资源、选择最优的矿石碎磨工艺方案具有重要指导意义。

【相别】依据矿物化学性质相近的原则，将矿石中含某一元素的各种矿物划分成不同的类别。这是化学物相分析中常用的一个术语。例如，铜矿石中铜矿物有黄铜矿、辉铜矿、蓝辉铜矿、铜蓝、孔雀石、蓝铜矿、胆矾、硅孔雀石等。按化学的相近性把它们分成五类相别：水溶铜（胆矾）、自由氧化铜（孔雀石、蓝铜矿）、次生硫化铜（辉铜矿、蓝辉铜矿、铜蓝）、原生硫化铜（黄铜矿）和结合氧化铜（硅孔雀石）。这样就可以分别采用去离子水、抗坏血酸+氨水+碳酸氨、氰化物、饱和溴水以及硝硫混酸等溶剂在特定条件下进行分步溶解浸出，然后测定滤液中的铜含量，从而确定矿石中的铜在各相别中的分配。

【主要有用组分】矿石中具有经济价值，在当前技术经济条件下可单独提取利用的主要组分。它是矿产勘查、开采的主要对象，也是评价矿石质量的一项主要内容。

【伴生有用组分】又称伴生有益组分，指矿产中与主要有用组分相伴生的其他有用组分。它既包括在加工利用或开采过程中可以综合回收的有用组分，又指加工利用时虽不能单独回收，但进入产品并对产品质量有利的成分。前者如某些铁矿石所含有的钴、镍、铜、钼等，当其达到一定含量并在加工时可以被综合回收时，这些成分便称为铁矿的伴生有用组分；后者如含锰的铁矿石，虽然在生产时不单独回收锰，但锰在钢铁中能增强产品的硬度、延展性、韧性和抗磨能力，所以也属于铁矿的伴生有用组分。含有伴生有用组分的矿床，不仅提高了其工业利用的价值，而且在评价时可以适当降低对主要有用组分的含量要求，从而扩大了工业矿石的储量。因此，注意查明伴生有用组分的种类、含量及赋存状态，对矿床进行综合评价，对于提高地质勘探工作的成效，合理、充分地开发和利用矿产资源，有重要意义。

【有害组分】指矿产中对加工生产过程或产品质量起不良影响的组分。它是评定矿产质量的又一重要指标。例如，在直接入炉的富铁矿石中如果含有一定的硫、磷、砷，便会降低钢铁产品的强度，使其在高温或冷却时变脆。要排除它们，则须增加燃料和熔剂的消耗，并降低生产效率，所以是铁矿的有害组分。因此在工业部门对矿产的工业指标中，要求有害组分最大平均含量不得超过一定的限度。但是，有害组分与有用组分之间也是相对的，当其达到一定的含量并在生产技术上可以被综合回收时，则转变为有用组分。例如，铁矿石含有少量的锡，就会降低钢铁的强度，是有害组分；但当其超过一定的含量（如大于千分之几），并在技术上可以回收，经济上又合理的时候，锡便成为伴生有用组分。

【目的元素】通过选冶工艺从矿石中提取、回收或富集的元素。比如铁矿石中的铁、铜矿石中的铜，都是需提取回收的目的元素。

【选择性溶解】根据矿物化学性质的差异，采用适当的溶剂在特定条件下进行浸取分离的方法。选择性溶解是化学物相分析学中最基础、最常用的技术手段。在化学物相分析过程中为了分离试样中各种矿物，所选择的试剂及浸出条件，必须对试样中各种矿物具有不同的溶解行为。也就是说在选定条件下，试剂对各种矿物或各类矿物的浸出率有明显差别，要求一种或一类矿物进入溶液，而其他矿物几乎不溶，进而达到各种组分彼此分离的目的。化学物相分析中，要选择一种理想的溶剂使被溶解的矿物完全溶解而另一种矿物完全不溶解是比较困难的。作为化学物相分析的选择性溶剂，应使被分离的矿物溶解90%以上，另一种化合物在同一溶剂中的溶解度应小于10%。在实际操作中影响选择性溶解的因素很多，如粒度、温度、时间、溶剂浓度等。

【原矿】从矿山开采出来未经选矿或其他技术方法加工的矿石称为原矿，在煤矿则称为原煤。少数原矿可以直接利用，大多数原矿经选矿或其他技术加工后才能利用。在选矿过程中，经过碎磨进入分选作业的矿石称作入选原矿。原矿中有用组分的质量分数称作原矿品位。

【选矿】用物理或化学方法将矿物原料中的有用矿物与无用矿物（通常称脉石）或有害矿物分开，或将多种有用矿物分离的过程。在选矿产品中，有用成分富集的称精矿；无用成分集中的称尾矿；有用成分的含量介于精矿和尾矿之间，需进一步处理的称中矿。一般用浮选法、磁选法和重选法等中的一种或几种联合选矿方法将磨细的矿石进行矿物分离成精矿和尾矿。

【矿石可选性】矿石可选程度的工艺评价。从矿石中选出有价成分的难易程度，受到矿石的物质组成、矿石的结构、有价和有害成分的赋存状态、技术水平和对选矿产品的质量要求（精矿品位及含杂量等）等制约。矿石可选性是这些因素在选矿工艺指标上的综合反映。原来认为不可选的矿石或难选矿石，在技术发展后可能会变为可选或易选矿石，因此矿石可选性的难易是对一定的选矿技术水平和选矿产品的质量而言的，是有条件的。

【原生矿泥】矿物在矿床中由于自然风化形成的粒度10μm以下的各种微细颗粒，主要是指矿床中的各种泥质矿物，如高岭土、绢云母、褐铁矿、绿泥石、碳质页岩等。原生矿泥表面很稳定，活性低，矿物与浮选药剂的作用相对困难，难以调控，对浮选过程有不利的影响。

【次生矿泥】矿石在采掘、运输、破碎、磨矿和搅拌过程中形成的粒度10μm以下的微细颗粒，特别是指矿石过磨过粉碎产生的微细颗粒。次生矿泥与原生矿泥一样，对浮选过程具有不利影响。为了减少次生矿泥的生成，应选择具有选择性破碎、磨矿作用的设备，采用阶段磨矿–阶段选别流程使已经单体解离的矿粒及时选出，避免过磨。

【选矿富集比】矿石经选矿之后，其有用成分在精矿中得到富集，这时的精矿品位与入选原矿（给矿）品位之比，称为富集比（又称富矿比），表示选别过程中有用成分的富集程度，用来衡量选矿过程的分选效果。

【磨矿细度】矿石被磨矿后磨矿机排出产品中小于指定粒级的百分含量。习惯上常用小于0.074mm粒度的百分含量来表示。磨矿细度也称磨矿产品的粒度大小。磨矿产品细度直接影响着选别指标。磨矿产品粒度过粗，各种矿物粒子彼此未达到充分的单体解离，存在大量的连生体，在选别过程中尾矿品位会大幅增加，最终选出的精矿品位和回收率都低；如果磨矿产品粒度过细，产生矿泥，形成过粉碎，一旦超过选别粒度下限均不能有效回收。同时大量矿泥的存在，会加大药剂消耗，使选矿成本增加，浮选过程失去选择性，甚至将无法进行浮选，给后续精矿产品的脱水作业也造成困难。此外，磨矿细度还影响磨矿机的生产能力，比给矿粒度的影响要大得多。因此，确定磨矿细度必须按技术经济条件综合考虑。

【浮选】利用矿物表面物理化学性质差异（尤其是表面润湿性的差异）在固–液–气三相界面有选择性地富集一种或几种目的矿物（物料）从而达到与脉石矿物（废弃物料）分离的一种选别技术。实践中一般要添加浮选药剂扩大矿物表面可浮性的差异，浮选法原则上能选别各种矿物原料，是应用最广的选矿方法。一般将有用矿物浮入泡沫产物中的浮选，称正浮选；将脉石矿物浮入泡沫产物而将有用矿物留在矿浆中的浮选，称反浮选。

【混合浮选】在浮选体系中，将两种或两种以上的矿物一起浮选作为混合精矿的流程，包括部分混合浮选和全混合浮选。根据需要，混合精矿再经过浮选或其他方法进行分离获得单一精矿。如铅锌矿石的混合浮选流程，就是通过混合浮选先获得铅锌混合精矿，再进行浮选分离获得铅精矿和锌精矿。一般来说，混合浮选适用于处理有用矿物呈集合体嵌布，粒度较粗，不同的有用矿物可浮性接近的矿石。混合浮选有时可以在粗磨条件下进行，浮选后能丢弃大量的脉石，使进入后续作业的矿量大为减少，尤其可降低磨矿费用，因此具有节省设备投资，降低电耗并节省药剂用量的优点。但由于混合精矿表面吸附有捕收剂，矿浆中也存在过剩的捕收剂，会给下一步分离带来一定的困难。混合精矿浮选分离中，有时脱药成为需要解决的关键问题之一。

【优先浮选】根据原矿中不同有用矿物的可浮性差异，将要回收的有用矿物按其可浮性由高到低的顺序逐一进行浮出，以得到不同的有用矿物精矿的过程。优先浮选流程对原矿中有用矿物的品位变化具有较高的灵活性，也比较适合原矿品位较高的原生硫化矿物的浮选分离，如中国的西林、凡口、乐昌铅锌矿选矿厂的浮选流程以及瑞典斯瓦尔（Laisvall）铅锌选矿厂、加拿大 Sullivan 铅锌矿选矿厂的浮选流程。

【阶段磨矿阶段浮选】矿石中有用矿物嵌布粒度不均匀，一段磨矿只能解离出部分有用矿物的情况下，采用磨矿—浮选—再磨矿—再浮选的磨浮交替方式，进行矿物分段解离和分段浮选的过程。其优点是可以避免矿物的过磨。如在第一段粗磨的条件下，浮选回收有用矿物单体和连生体，抛弃大部分脉石矿物，对得到的浮选精矿再磨—再选获得有用矿物精矿。采用这种流程处理嵌布特性较复杂的矿石时，不仅可以节省磨矿费用，而且可以改善浮选指标。目前，阶段磨矿阶段浮选均有广泛应用。其流程种类较多，如何选择与应用主要由矿物嵌布和泥化特性来决定。以两段流程为例，可能的方案有三种：①精矿再磨，适用于有用矿物嵌布粒度较细，但呈有用矿物结合体产出的矿石，这种流程在多金属矿浮选时较为常见；②尾矿再磨，适用于有用矿物嵌布不均匀，或容易氧化或泥化的矿石；③中矿再磨，适用于有用矿物以细粒和微细粒连生体形式存在的中矿处理。

【磁选】利用矿物颗粒的磁性差异，在不均匀磁场中进行分选的过程。磁选有干式和湿式之分。磁选机有强磁场、中磁场和弱磁场磁选机以及高梯度磁选机和超导磁选机等。磁选法在黑色金属矿选矿、黑钨矿选矿和高岭土提纯等领域广泛应用。为了增强弱磁性矿物的磁性，有时需先将被分选的矿物进行磁化（还原）焙烧，再进行磁选，以提高分选的效果。

【物质磁化率】由于矿粒形状或尺寸比对磁性的影响，使同一种矿物，在同等大小的外部磁化场中磁化时，具有不同的物体磁化率。为了便于比较和评定矿物的磁性，必须消除形状或尺寸比的影响。此时表示矿物磁性的磁化率不采用磁化强度与外部磁场强度的比值，而采用磁化强度与作用在矿粒内部的内磁场强度的比值。这一比值就是物质磁化率。

【强磁性矿物】物质磁化率$\chi>3.8\times10^{-5}\,m^3/kg$，在磁场强度$H_0$达 120kA/m（~1500Oe①）的弱磁场磁选机中可以回收的矿物。属于这类矿物的主要有磁铁矿、磁赤铁矿、钛磁铁

① 1Oe=1Gb/cm=79.5775A/m。

矿、单斜磁黄铁矿和方黄铜矿等。这类矿物大都属于亚铁磁性物质。

【弱磁性矿物】物质磁化率$\chi=7.5\times10^{-6}\sim1.26\times10^{-7}m^3/kg$，在磁场强度$H_0$为800～1600kA/m（10 000～20 000Oe）的强磁场磁选机中可以回收的矿物。属于这类矿物的大多数为铁锰矿物，如赤铁矿、镜铁矿、褐铁矿、菱铁矿、水锰矿、硬锰矿、软锰矿等；一些含钛、铬、钨、钽铌矿物，如钛铁矿、金红石、铬铁矿、黑钨矿、钽铌铁矿等；部分造岩矿物，如黑云母、角闪石、绿泥石、绿帘石、蛇纹石、橄榄石、石榴子石、电气石、辉石等。这类矿物大都属于顺磁性物质，有的属于反铁磁性物质，如赤铁矿。

【非磁性矿物】物质磁化率$\chi<1.26\times10^{-7}m^3/kg$，在目前的技术条件下不能用磁选法回收的矿物。属于这类矿物的很多，部分金属矿物，如方铅矿、闪锌矿、辉铜矿、辉锑矿、红砷镍矿、白钨矿、锡石、自然金等；大部分非金属矿物，如自然硫、石墨、金刚石、石膏、萤石、刚玉、高岭石、石英、长石、方解石等。这类矿物有些属于顺磁性物质，也有些属于逆磁性物质（方铅矿、自然金、辉锑矿、石英和自然硫等）。

【重选】利用矿物颗粒密度（比重）的差异和在介质（主要是水）中运动速度不同进行分选的过程。重选通常有跳汰选矿、流槽选矿、重介质选矿和摇床（淘汰盘）选矿等；按使用的介质，又分湿式选矿与风力（干式）选矿。为了增强细粒物料的分选效果，在重选中还采用了应用离心力场的螺旋溜槽、离心机、旋流器等重选设备。重选法在黑钨矿、锡石、砂金、钛矿、锆矿、钽铌矿及铁矿石等选矿领域广泛应用。

【电选】利用各种被分选矿物的导电率及其在电场（静电场或电晕电场）中荷电程度的不同，使之在电场力、机械力和重力的联合作用下分离的选矿方法。

第3章　矿物分离及其分析测试技术

选矿工艺矿物学的研究对象是矿石及其组成矿物。除了需要了解矿石的化学组成、矿物组成及矿石的氧化程度外，还应运用先进手段研究矿物的结构、化学组成及其微观特性。目前鉴定和研究矿物的方法很多，有时候需要提纯单矿物选择适当的方法进行准确的分析测试。

3.1　矿物分离

单矿物分离工作是为各种分析测试提供纯样品的一种基本手段。许多测试工作往往需要单矿物才能研究其化学组成、结构、物理化学性质及表面性质等。矿物分离越纯，测试结果的可信度和精度就越高。为使目的矿物与其他矿物分离，常常需要将矿样破碎。破碎程度视目的矿物的粒径而定，破碎的粒径一般要求稍小于矿物自身的粒径。破碎以后要进行筛分，除去粉尘。有时还要清洗，以去除表层或裂缝中的杂质或粉尘。条件允许时，还可用超声波洗涤。筛分清洗后，即可进行目的矿物的分离。如果矿物粒径粗大，且目的矿物含量又高时，可以直接在双目实体显微镜下手工逐粒挑选。如果粒径很细，且目的矿物含量较少时，则需要用合适的物理选矿方法，必要时辅以化学方法使之富集。物理选矿方法有很多种，常用的方法有重力分选和磁力分选，前者利用矿物密度的差异进行分选，可使用摇床、溜槽或淘沙盘手工淘洗；后者利用矿物磁性强弱不同进行分选，可利用普通永久磁铁吸出强磁性矿物，如磁铁矿、磁黄铁矿等，或者利用电磁仪区分出电磁性矿物和无磁性矿物。此外，还有利用矿物表面性质的浮选、利用矿物介电性质的介电分选等方法。有时物理选矿方法不能有效分离某些矿物，在不影响目的矿物的情况下，还可以选择化学方法。如为了分选出与方解石共生的石榴子石，就可用酸溶的方法把方解石溶解掉。

综上，不同矿物以及不同组合中同种矿物的分选流程都是有差异的。进行矿物分选时，要根据具体情况，选择方便、有效、经济的方法，尽快取得尽量纯净的单矿物样品，以供鉴定和研究使用。单矿物分离方法主要有：重力分离法、磁力分离法、电性分离法、浮选分离法、选择性溶解化学法等。

3.1.1　重力分离

重力分离是利用矿物之间密度差分离矿物的一种方法。密度不同的矿物颗粒在运动的介质（水、空气、重液）中受到流体动力和各种机械力的作用，造成适宜的松散分层和分离条件，从而使不同密度的矿物得到分离。基于大多数有用矿物的密度比一般脉石矿物（地质上称造岩矿物）大得多，即我们要分离出来的目标矿物与其他矿物之间存在密度差，就可采用重选来分离单矿物。一般来说，重选是分离单矿物的首选方法，重选分离的难易程度是以矿物在介质中相对密度的比值 A（可选性比值）来表示：

$$A=(d_{重}-d_{介})/(d_{轻}-d_{介})$$

式中，$d_{重}$——重矿物密度；$d_{轻}$——轻矿物密度；$d_{介}$——介质密度。

A 值越大，重选分离越容易，A 值越小，分离的难度则越大，A 值大于 2.5 时极易重选，2.5～1.75 时为易选，1.75～1.5 为可选，1.5～1.25 为难选，小于 1.25 为极难选。同时由于矿物的分选速度与矿粒的重量相关，粒度越小的矿粒在介质中的运动速度越低，分离的效果也越差。

重力分离法可分为手工淘洗、机械淘洗（摇床、振动溜槽、螺旋溜槽等）、重液分离、重液离心分离等。

3.1.1.1 手工淘洗

手工淘洗是将砂样置于盛水的淘砂盘中，人工反复振荡淘砂盘进行淘洗，使重矿物留于盘底，而轻矿物随水漂出，从而使轻重矿物分离。淘洗法简单方便，易于进行，所以被广泛采用，是最常用的分离矿物或富集矿物的方法。

3.1.1.2 摇床

摇床是利用密度和粒度不同的矿物在床面一定坡度下及横向水流冲刷和床面往复纵向不对称摇动时进行矿物分带而分离的方法。这种方法适用于大量样品的富集分离。摇床根据被分离矿物的粒度大小分为矿砂摇床和矿泥摇床两种，矿砂摇床适用于粒径大于 0.074mm 的样品，矿泥摇床用于选别粒径小于 0.074mm 的样品。摇床分选矿物的条件包括以下三方面：

冲程和冲次：摇床的冲次一般是 250～400 次/分，冲程为 9～16mm，摇床的冲程和冲次与被选矿物有很大关系，一般分选粗粒级时，其冲程要比分选细粒级矿物时大，而冲次比分选细粒级矿物时小；

冲洗水量和床面倾角：冲洗水量和床面倾角是影响矿物分带的主要因素，矿物分离时要先调节床面倾角；

给矿速度与给水量：给矿速度与给水量会影响床面扇形分带，给矿速度要均匀，连续不断，给水量要适当。

3.1.1.3 溜槽

溜槽有振动溜槽、螺旋溜槽、皮带溜槽三种，这都是选矿重选设备。皮带溜槽适用于粗选分离粒度 0.15～0.074mm 的矿物。振动溜槽、螺旋溜槽适于分离粒度 0.074～0.025mm 的样品。溜槽分离设备简单，操作方便、效率高、成本低。

3.1.1.4 重液分离

利用具有一定密度的液体作为介质，在含有不同密度的矿物组合样品中分离出重矿物和轻矿物的一种矿物分离方法。重液分离通常在普通漏斗或分液漏斗中进行，将配置的重液置于固定好的漏斗中，放入少量试样，用玻璃棒搅拌均匀后静置数分钟，重矿物的密度大于重液介质，沉于重液底部，轻矿物的密度比重液小，悬浮于重液上层，而悬浮于重液之中的矿物与重液密度相近，通过漏斗阀门将密度不同的矿物分别排放到滤纸中，然后分别用稀释剂进行洗涤、过滤。当试样颗粒细小时，颗粒在重液中沉降速度变慢，这种情况可采用离心机分离。一般称密度大于水的液体为重液，重液的密度可用韦氏天平测定。常用的重液见表 3-1。

表 3-1　常用的重液特性

名称	化学成分	密度/(g·cm^{-3})	颜色	稀释剂
三溴甲烷	$CHBr_3$	2.89	无色	无水乙醇
四溴乙烷	$C_2H_2Br_4$	2.97	无色	无水乙醇
二碘甲烷	CH_2I_2	3.32	无色	二甲苯
克列里奇液	$CH_2(COOTI)_2$ 和 HCOOHTI 饱和水溶液	4.20	无色	水
杜列液	HgI_2 和 KI 饱和水溶液	3.17	黄色	水
苏罗液	HgI_2 和 BaI_2 饱和水溶液	3.55	黄色	无水乙醇、水

重液分离是矿物分离工作中最常用的分离手段，重液能将密度相差较小，不能用淘洗方法分离的矿物分开。但是重液的成本较贵，不能大量使用，样品在重液分离前需经淘洗富集或磁选富集，然后再重液分离。另一个就是重液多具毒性，分离时应在通风良好的条件下进行。部分重液应存放在避光阴暗处。

3.1.1.5　重液离心分离

重液分离时分离样品的粒度应大于 0.074mm，小于 0.074mm 的样品分离效果就差。如果要分离粒度小于 0.074mm 的样品就要用离心机分离。重液离心分离是借助离心力，加速矿物在重液中分层进行分离的方法。

3.1.2　磁力分离

磁力分离是按矿物的磁性强弱分离矿物的方法。一般将矿物分为强磁性矿物（常用永久磁铁分离），弱磁性矿物（常用电磁仪分离）和无磁性矿物三大部分。

3.1.2.1　磁选

磁选是矿物分离最常用的方法，磁选的目的是将强磁性矿物从样品中分离出来。强磁性矿物种类较少，只有磁铁矿、单斜磁黄铁矿、钛磁铁矿、自然铁、铁铂矿、方黄铜矿、磁赤铁矿（γ-Fe_2O_3）等。磁选最常用的工具是永久磁铁和磁选管（图 3-1）。

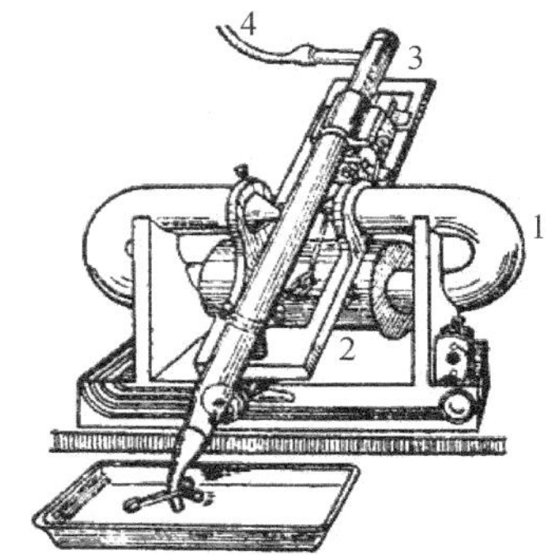

图 3-1　磁选管外形

1. 铁芯；2. 线圈；3. 玻璃管；4. 给水管

对于弱磁或非磁矿物，如赤铁矿、褐铁矿、菱铁矿、黄铁矿等可采用磁化焙烧（对赤铁矿、褐铁矿采用还原焙烧，菱铁矿用中性焙烧，黄铁矿用氧化焙烧）的方法使之变成磁铁矿、磁赤铁矿等磁性矿物，从而有利于磁选分离。

3.1.2.2　自动磁力分离仪

该设备是矿物分离最常用的分离仪器（图3-2）。矿物分离时只要调节仪器的水平倾角和侧面倾角，然后根据矿物磁化系数调节磁场强度就可分离纯矿物。该仪器的磁场强度高（最大磁场强度达15 000～25 000Oe），调节方便，可以连续调节，仪器的水平倾角和侧面倾角可按矿物分离效果随意选择调节，分离过程可自动进行，分离效果很好。

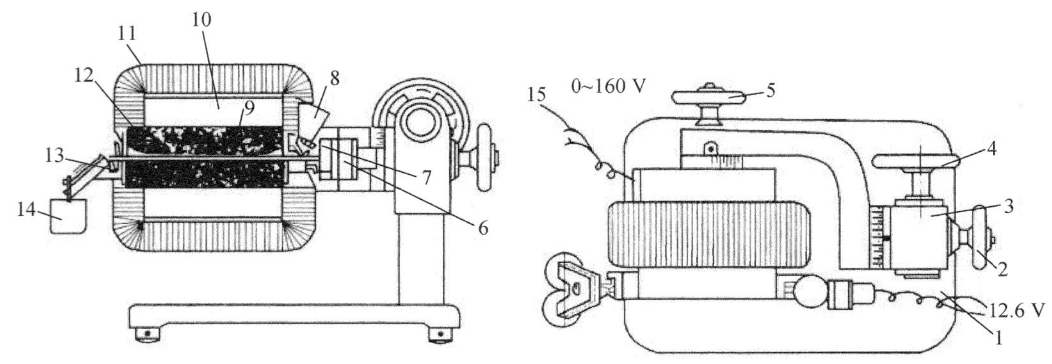

图3-2　磁力分析仪结构

1. 12.6V交流低压接线；2. 锁紧手轮；3. 蜗轮蜗杆传动箱；4. 大手轮；5. 小手轮；6. 振动器；7. 给料座；8. 给料斗；9. 分选槽；10. 铁芯；11. 线圈；12. 磁极；13. 分流槽；14. 盛样桶；15. 励磁线圈接线

3.1.2.3　电磁液体分离仪

对于磁性相近而具密度差的矿物分离，也可采用顺磁液体，结合矿物的密度差进行磁重分离，达到更好的分离效果。电磁液体分离是利用顺磁性液体（分离介质）在不均匀外磁场作用下，能够产生一种特殊的物理现象——“加重”，通过对介质加重程度的调节，使矿物以类似重选法的表现形式按密度和磁化系数的差异进行分离。

电磁液体分离的整个过程都是通过分离介质起作用，分离介质的物理、化学性质，在很大程度上影响着分离仪器的分离效果。因此选择介质很重要。对分离介质的要求是：磁化率高、浅色透明、黏度小、化学性质稳定、无毒、价格便宜、来源充足等。锰、铁、镍、钴和某些稀土元素的盐类水溶液可作为顺磁性液体，包括：硝酸镍［$Ni(NO_3)_2$］、氯化锰（$MnCl_2$）、硝酸锰［$Mn(NO_3)_2$］、氯化铁（$FeCl_3$）、溴化锰（$MnBr_2$）、溴化钬（$HoBr_3$）、氯化镝（$DyCl_3$）、溴化铽（$TbBr_3$）、溴化铒（$ErBr_3$）。除氯化铁外，以上顺磁液体均为透明状。稀土盐类的饱和溶液密度可达$19g/cm^3$，但由于昂贵和来源不足而很少用。最常用的为氯化锰、硝酸锰，其密度可达8～$9g/cm^3$。

3.1.3 电性分离

电性分离是利用矿物的电学性质进行矿物分离的一种方法，可分为静电分离法和介电分离法。

3.1.3.1 静电分离

静电分离是以矿物的电学性质（导电率和电容）为基础，利用矿物在静电场中所受到的静电力（吸引力和排斥力）不同来分离矿物。矿物在静电场中的性状和运动轨迹，决定于不同导电率矿物在静电场内所受电场作用力克服矿物的重力而飞向吸引电极的能力；非导体矿物因电场作用力不能克服本身重力而沿重力方向落下。调节电场强度，以及改变电场作用力和重力关系，可达到矿物分选的目的。

矿物对电流的传导能力称为矿物的导电性。矿物的导电性在很大程度上依赖于化学键的类型。具有金属键的矿物，因在其结构中有自由电子存在，所以导电性强；离子键或共价键矿物导电性弱或不导电。矿物的导电性分以下三种：良导体矿物（自然金、自然铜、石墨等）、半导体矿物（黄铁矿、方铅矿、毒砂、黄铜矿、闪锌矿等）和非导体矿物（石英、长石、云母、方解石、石膏、石棉等）。

3.1.3.2 介电分离

介电分离是根据矿物介电常数的差异而进行矿物分离的一种方法。将适量样品置于适当的介电液中，插入分离电极，在电场作用下，则介电常数大于介电液的矿物颗粒被吸附于电极，介电常数小于介电液的矿物颗粒则被电极排斥，从而使介电常数不同的矿物彼此分离。电场可采用低频电场或高频电场。用高频介电分离仪，矿样中可以有导电矿物存在，而在低频介电分离中则不能有导电矿物存在，否则会引起短路。矿物介电分离必须是被分离矿物的介电常数差别大于2时才能获得较好的分离效果。此方法一般用于已具较高纯度的矿物精选，精选后纯度一般均能大于95%。

介电分离是通过介电液进行，介电液多为有机化合物，常用的介电液有蒸馏水、乙烷、四氯化碳、乙醚、三氯甲烷、苯胺（阿尼林）、乙醇、丙三甘油等。介电液要求无色透明，化学性纯，能充分互溶。为了达到分选效果，需配制一定介电常数的介电液，一般是由一种介电常数高的液体，与另一种介电常数低的液体，按比例配制。常用的混合液有：四氯化碳+乙醇、四氯化碳+甲醇、乙醇+蒸馏水，两者按下列公式配制：

$$E=(V_1E_1+V_2E_2)/(V_1+V_2)$$

式中，E——混合介电常数；E_1——甲种液体介电常数；E_2——乙种液体介电常数；V_1——甲种液体体积；V_2——乙种液体体积。

由于有机溶液大多数有毒、易燃和易挥发，混合液的介电常数极不稳定，影响了介电分离的广泛应用。

3.1.4　浮选分离

浮选分离是基于矿物颗粒表面的润湿性差异，选择性富集目的矿物在二相界面的过程。浮选法主要适用于细粒级的单矿物分离，既可作为初步富集的手段，同时也可作为精选提纯之用。用于单矿物制备的主要浮选方法如下。

浮选机浮选：采用实验室浮选机加入药剂浮选是分离单矿物常用的方法，特别适用于硫化矿物之间的分离和白钨矿等氧化矿物的分离富集，工艺矿物学研究也可采用选矿获得的各种浮选产品进一步进行单矿物分离。这些产品来源于原矿，因此所获的单矿物具有充分的代表性。

自然浮选：利用一些矿物具有良好的天然可浮性（即疏水性的矿物，如辉钼矿、石墨）分离矿物的方法，该方法多用于单矿物的精选提纯。具体操作是将待分离的矿物样品放进铝制淘洗盘中，装上适量清水，将淘洗盘倾斜，矿物暴露于表面，与氧气充分接触，再进入水中，此时疏水矿物浮于水面，倾斜淘洗盘漂出水面上的矿物，亲水矿物仍在水底，再加水，反复多次将疏水矿物分离出来。

加药浮选：与自然浮选方法相似，将待分离的矿物样品放进铝制淘洗盘中，装上适量清水，但在浮选前加入少量稀硫酸，然后再加入适量黄药，将矿物暴露于表面，与氧气充分接触，再进入水中，此时疏水矿物浮于水面，倾斜淘洗盘漂出水面上的矿物，亲水矿物仍在水底，再加水，反复多次将疏水矿物分离出来。

油浮：将需分选的样品（粒度一般为0.5～0.074mm）置于水中，再加入大量的油类（食油、煤油或甘油等），充分搅拌后静置，润湿性差（疏水性）的矿物——硫化矿物进入油相，而润湿性好（亲水性）矿物——石英、长石等脉石矿物进入水相，将浮于水面上的油层刮出，即达到分离矿物的目的。

3.1.5　选择性化学溶解

选择性化学溶解是基于矿物化学性质的差异，采用化学试剂，选择性地溶去杂质矿物而提高目标矿物的纯度，一般用于两种物理性质相近的矿物分离。矿物的选择性溶解常常作为提取矿物的辅助方法，该法不受矿物粒度下限的限制，关键是合理选择溶剂，以达到矿物最有效的选择性溶解。

由于化学试剂有时对所要富集的目的矿物也有一定破坏作用，因而此方法在分离单矿物时要慎用，化学稳定性高的目标矿物可采用该方法。

3.2　矿物成分分析

矿物成分分析方法主要有常规的化学分析方法、电子探针、激光剥蚀电感耦合等离子体质谱、俄歇电子能谱、X射线光电子能谱、飞行时间二次离子质谱、扫描质子探针等。

3. 2. 1 化学分析方法

化学分析方法包括化学分析法和仪器分析法。以物质的化学反应为基础的分析方法称为化学分析法，主要有容量分析法、重量分析法和化学物相分析法。以物质的物理和物理化学性质为基础的分析方法称为仪器分析法，主要包括原子吸收光谱法、电感耦合等离子体原子发射光谱法、X 射线荧光光谱法（XFS）、极谱法、紫外-可见分光光度法、电感耦合等离子体质谱法（李丽华和杨红兵，2015）。

3. 2. 1. 1 容量分析法

容量分析法又称滴定分析法，是将样品制成溶液，滴加已知浓度的标准溶液，直到反应终了为止，根据所用标准溶液的体积，计算出被测组分的含量。容量分析依性质可分为中和法、氧化法和沉淀法。容量分析法对成分复杂矿石或矿物中的绝大部分元素都能进行分析。该方法具有操作方便、快速、准确度高、费用低的特点，但分析灵敏度不够高。

3. 2. 1. 2 重量分析法

重量分析法是将被测定物质通过化学处理，得到成分固定的化合物或单质，称量后计算出被测组分的含量。重量分析法操作较麻烦。

3. 2. 1. 3 化学物相分析法

化学物相分析法是通过选择不同的溶剂，在相应的条件下，根据矿物在溶剂中的溶解度或溶解速度的不同，通过选择性溶解的方法，使不同矿物彼此分离，然后分别测定某一元素在各个矿物或各类矿物中含量的一种方法。此外，将样品直接溶解，根据某些离子价数的不同，用氧化剂或还原剂滴定，测定元素或基团，反应时放出的气体等间接进行计算，亦可确定一些化合物的物相组成。

化学物相分析适用于目标元素的载体矿物具有化学性质差别较大的物料。有时，试样中含有目标元素的矿物之间化学性质相差较小，则不宜用化学方法分析。例如，赤铁矿（Fe_2O_3）和磁铁矿（Fe_3O_4）在溶剂中的溶解度差别较小，难以使用选择性溶解方法得到合理的结果。因此，对于少数有磁性的矿物，在用化学方法分离前亦可用物理方法分离。

化学物相分析法是工艺矿物学研究的重要手段。对矿石中某一元素进行化学物相分析，可以大致了解该元素的赋存状态。通过了解矿石中主要回收元素的氧化率，可以确定矿石类型，是硫化矿、氧化矿还是混合矿。此外，它还是研究矿石矿物组成的重要方法。

3. 2. 1. 4 原子吸收光谱法

原子吸收光谱法（AAS）又称原子吸收分光光度法，是基于试样中待测元素的基态原子蒸气对同种元素发射的特征谱线进行吸收，依据吸收程度来测定试样中该元素含量的一种方法。由于原子能级是量子化的，因此，在所有情况下，原子对辐射的吸收都是有选择性的。由于各元素的原子结构和外层电子的排布不同，元素从基态跃迁至第一激发态时吸收的能量不同，因而各元素的共振吸收线具有不同的特征，由此可作为元素定性的依据，而吸收辐射的强度可作为定量的依据。原子吸收光谱法现已成为无机元素定量分析应用最广泛的一种分析方法，主要适用样品中微量及痕量组分分析，测定的元素达到 70 多种。

原子吸收光谱法是 20 世纪 50 年代后期发展起来的，随着商品仪器的出现与不断完善，现已成为分析化学发展史上发展最快的方法之一。该方法具有灵敏度高、选择性好、抗干扰能力强、重现性好、测定元素范围广、仪器简单、操作方便等许多优点。但它也有局限性。例如：测定每一种元素都需要使用同种元素金属制作的空心阴极灯，这不利于进行多种元素的同时测定；对难熔元素（如铈、镨、钕、镧、铌、钨、锆、铀、硼等）的分析能力低；对共振线处于真空紫外区的非金属元素（如卤素、硫、磷等）不能直接测定，只能用间接法测定；非火焰法虽然灵敏度高，但准确度和精密度不够理想。原子吸收光谱仪（图 3-3）主要由光源、原子化系统、分光系统和检测系统等部分组成。其中，光源主要是锐线光源，原子化方法包括火焰原子化法、无火焰原子化法和化学原子化法。

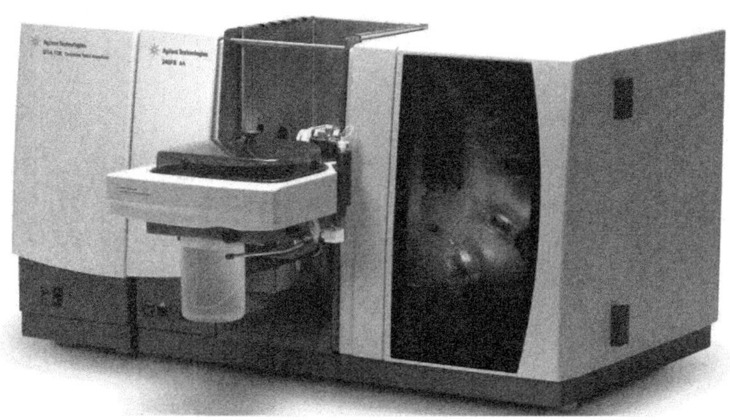

图 3-3　原子吸收光谱仪

3.2.1.5　电感耦合等离子体原子发射光谱法

原子发射光谱分析法（AES）是通过物质和光的相互作用产生出特征光谱，并根据特征光谱的波长和强度来测定物质中元素组成和含量的分析方法。电感耦合等离子体原子发射光谱法（ICP-AES）是以等离子体为激发光源的原子发射光谱分析方法，可进行多元素的同时测定。样品由载气（氩气）引入雾化系统进行雾化后，以气溶胶形式进入等离子体的中心通道，在高温和惰性气氛中被充分蒸发、原子化、电离和激发，使所含元素发射各自的特征谱线。根据各元素的特征谱线存在与否，鉴别样品中是否含有某种元素（定性分析）；由特征谱线的强度测定样品中相应元素的含量（定量分析）。

电感耦合等离子体原子发射光谱仪（图 3-4）由激发光源（电感耦合高频等离子炬）、光谱仪和检测器组成。它具有检出限低、选择性好、准确度高、线性范围宽且多种元素同时测定等优点，但它不能用于分析有机物和大部分非金属元素，而且仪器价格比较昂贵，运行及维护费用也较高。

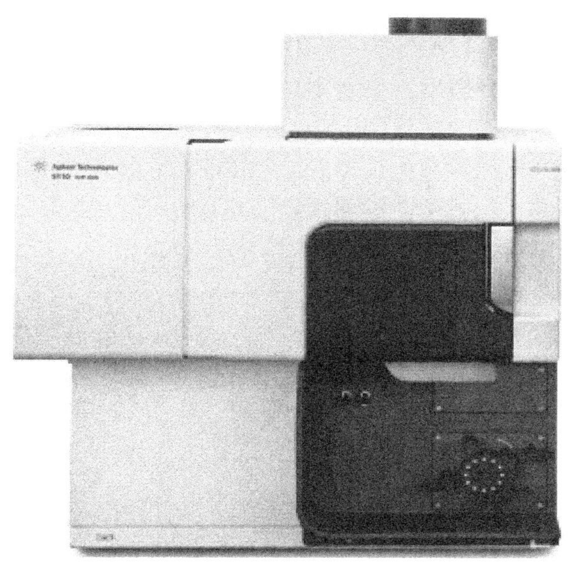

图3-4 电感耦合等离子体原子发射光谱仪

3.2.1.6 X射线荧光光谱法

当照射原子核的X射线能量与原子核的内层电子的能量在同一数量级时，核的内层电子共振吸收射线的辐射能量后发生跃迁，而在内层电子轨道上留下一个空穴，处于高能态的外层电子跳回低能态的空穴，将过剩的能量以X射线的形式放出，所产生的X射线即为代表各元素特征的X射线荧光谱线。其能量等于原子内壳层电子的能级差，即原子特定的电子层间跃迁能量。只要测出一系列X射线荧光谱线的波长，即能确定元素的种类；测得谱线强度并与标准样品比较，即可确定该元素的含量。由此建立了X射线荧光光谱分析法（XFS）。

X射线荧光光谱仪（图3-5）由以下几部分组成：X射线发生器（X射线管、高压电源及稳定稳流装置）、分光检测系统（分析晶体、准直器与检测器）、记数记录系统（脉冲辐射分析器、定标计、计时器、积分器、记录器）。它具有谱线简单、选择性好、分析速度快、能进行多元素同时分析等优点，可对原子序数大于9的所有元素作无损分析。

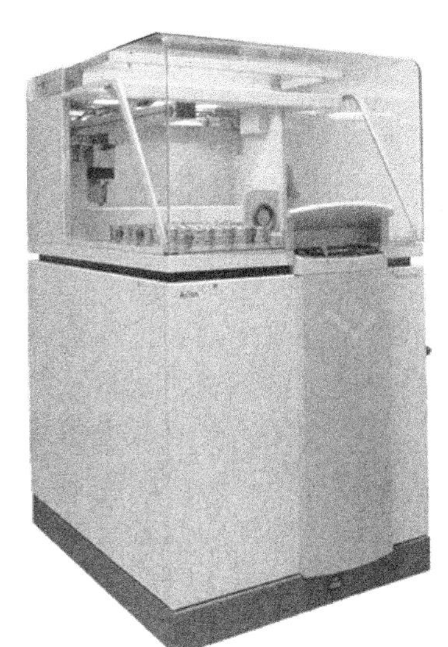

图3-5 X射线荧光光谱仪

3.2.1.7 极谱法

极谱法是以滴汞电极为指示电极（极化电极），将含有还原性物质或氧化性物质的试样溶液进行电解，根据所得电流-电位曲线进行定量定性分析的方法。元素周期表上的大多数元素都可以用极谱法测定。特别适合于矿物中微量杂质的测定，如矿物中的微量 Cu、Pb、Zn、Cd、W、Mo、V、Se、Te 等的测定。

极谱仪（图 3-6）的基本构成：电解池的一极为滴汞电极，此电极上端为一贮汞瓶，瓶中汞通过连接的毛细管滴入电解池溶液中。另一电极为甘汞电极，甘汞电极与电池的正极相连，滴汞电极通过一检流计与电位器的接触键相连。滴汞电极为阴极，甘汞电极为阳极。它具有灵敏度高、试液用量少、准确度高、重现性好、适用范围广等特点。由于汞易挥发，汞蒸气有毒，也影响它的使用。

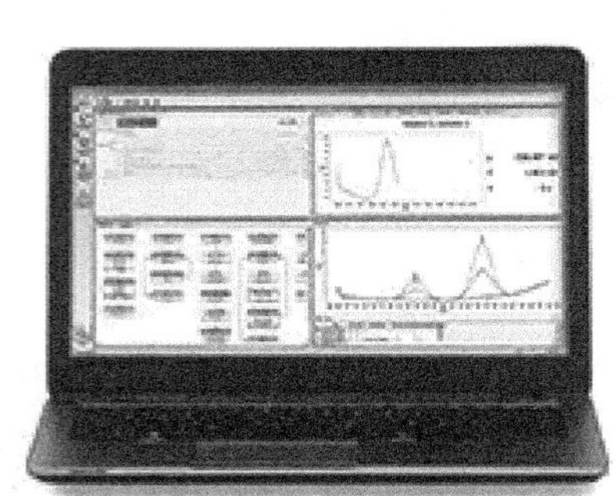
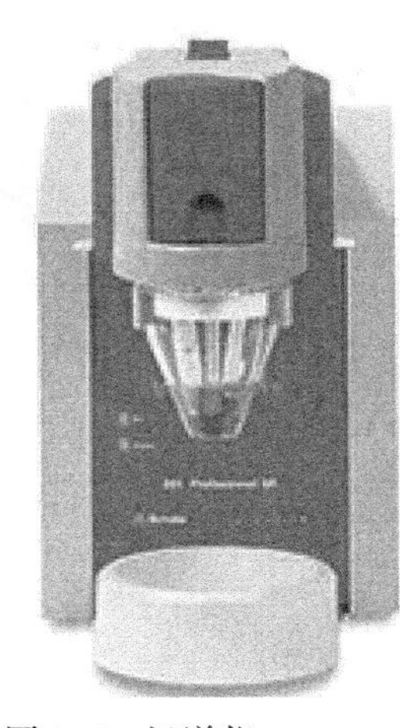
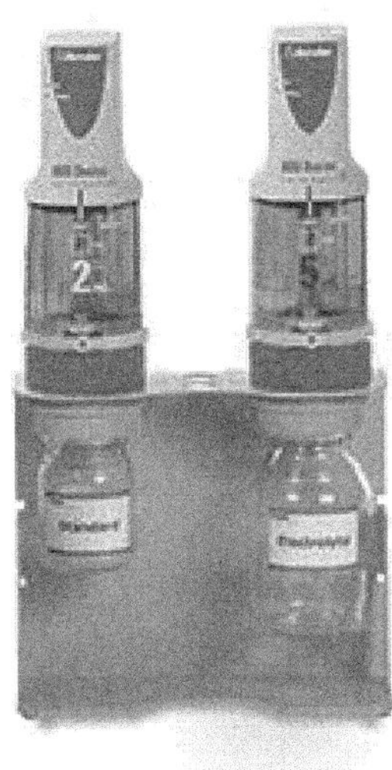

图 3-6　极谱仪

3.2.1.8　紫外-可见分光光度法

紫外-可见分光光度法是利用物质的分子对紫外-可见光谱区（一般认为是 200 ~ 800nm）辐射的吸收来进行分析的一种仪器分析方法。当光穿过被测物质溶液时，物质对光的吸收程度随光的波长不同而变化。因此，通过测定物质在不同波长处的吸光度，并绘制其吸光度与波长的关系图即得被测物质的吸收光谱。从吸收光谱中，可以确定最大吸收波长 λ_{max} 和最小吸收波长 λ_{min}。物质的吸收光谱具有与其结构相关的特征性。因此，可以通过特定波长范围内样品的光谱与对照光谱或对照品光谱的比较，或通过确定最大吸收波长，或通过测量两个特定波长处的吸收比值来鉴别物质。用于定量时，在最大吸收波长处测量一定浓度样品溶液的吸光度，并与一定浓度的对照溶液的吸光度进行比较或采用吸收系数法求算出样品溶液的浓度。此方法的优点是灵敏度高、准确度高、分析速度快、分析成本低、操作简便、仪器价格低廉、应用广泛等。大部分无机离子和许多有机物质的微量成分都可用这种方法进行测定。紫外-可见分光光度计（图 3-7）由 5 个部件组成：光源、单色器、吸收池、检测器、信号指示系统。

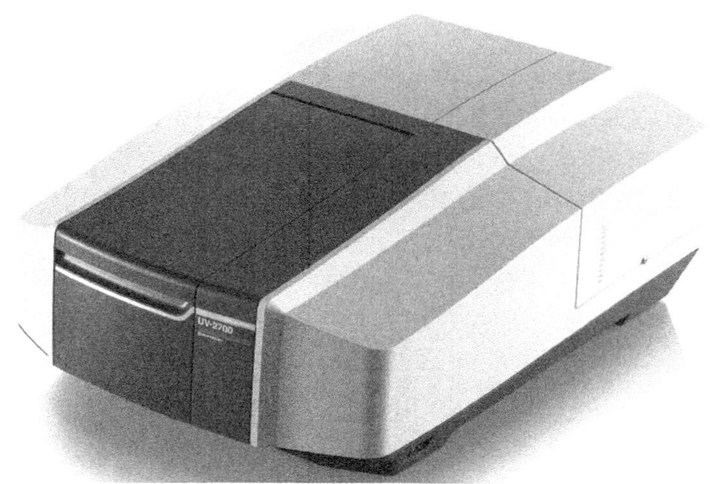

图 3-7　紫外-可见分光光度计

3.2.1.9　电感耦合等离子体质谱法

电感耦合等离子体质谱法（ICP-MS）是20世纪80年代发展起来的、将等离子体的高温（8000K）电离特性与四极杆质谱仪的灵敏快速扫描优点相结合而形成的一种新型的元素和同位素分析方法。电感耦合等离子体质谱仪（图 3-8）由等离子体发生器、雾化室、炬管、四极质谱仪和一个快速通道电子倍增管（称为离子探测器或收集器）组成。与传统无机分析方法相比，ICP-MS 提供了最低的检出限、最宽的可测浓度范围，具有干扰最少、分析精密度高、分析速度快、可进行多元素同时测定等分析特性。在矿物研究方面的应用有：矿物稀土、稀散以及痕量、超痕量元素分析；铂族元素分析；激光剥蚀固体微区分析等。

图 3-8　电感耦合等离子体质谱仪

3.2.2 电子探针

电子探针X射线显微分析仪，简称电子探针（EPMA）。它是通过聚焦得很细的高能量电子束（1μm左右）轰击样品表面，用X射线分光谱仪测量其产生的特征X射线的波长与强度，或用半导体探测器的能量色散方法，对样品上被测的微小区域所含的元素进行定性和定量分析。电子探针如图3-9所示，其主体由电子光学系统、光学观察系统、X射线分光谱仪和图像显示系统4大部分组成。此外，还配有真空系统、自动记录系统及样品台等。目前现代新型电子探针一般都带有X射线波谱仪和X射线能谱仪两种测定样品成分的系统。前者分辨率高，精度高，但测定速度慢，后者可做多元素的快速定性和定量分析，但分析精度较前者差。

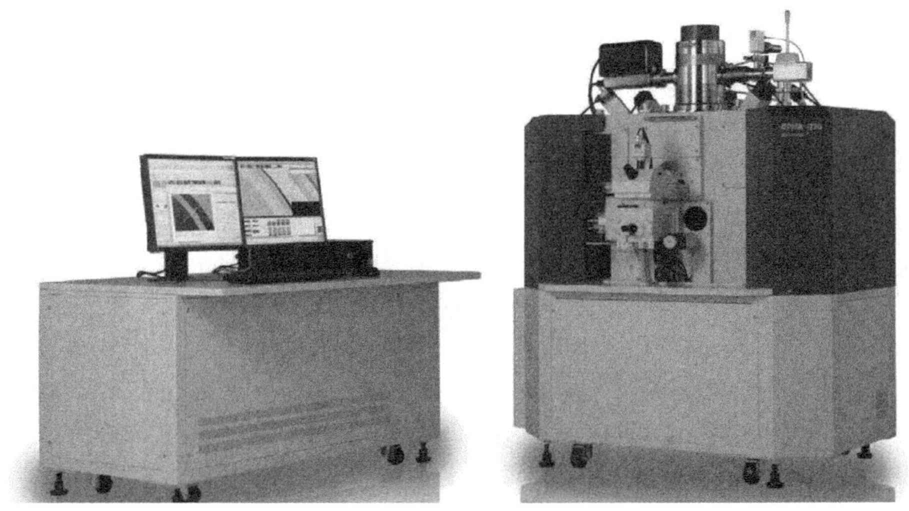

图3-9 电子探针

电子探针分析是通过研究矿物的化学成分，根据矿物化学式来识别矿物的一种分析方法。电子探针可测量元素的范围为$^{5}B(^{4}Be) \sim ^{92}U$，其相对灵敏度接近万分之一至万分之五。电子探针不仅能进行矿物微区的定量和痕量分析，而且还能进行超轻元素（$^{4}Be \sim ^{9}F$）的定量分析。它不仅能定点作定性或定量分析，还可以作线扫描和面扫描来研究元素的含量和存在形式。线扫描是电子束沿直线方向扫描，测定几种元素在该直线方向上相对浓度的变化（称浓度分布曲线）。面扫描是电子束在样品表面扫描，即可在荧屏上直接观察并拍摄到元素的种类、分布和含量。尽管电子探针用于微量元素分析的灵敏度还不如化学分析，但它能在保持原产出状态下进行分析，避免因样品破碎分离时杂质混入与挑选不纯带来的影响，而且还可研究微量元素的存在形式。因此，电子探针已卓有成效地应用于矿物的成分分析、鉴定和元素赋存状态研究等各个方面。利用电子探针分析的样品要求表面清洁平整，没有外来物质污染，光片、光薄片或用环氧树脂胶结的磨平抛光的砂片，均可使用。表面要力求平整，不然会影响X射线的强度，降低分析的精度。对不导电的样品要喷镀一层对 X 射线吸收少的碳膜或金膜。电子探针分析不能测定矿物中的水，也不能给出变价元素各价态的含量比例，如矿物中含的 Fe^{2+}、Fe^{3+} 含量不能直接由电子探针给出。

铟（In）是一种稀散元素，它极少呈独立矿物出现，而是以其他矿物，例如金属硫化物、金属氧化物等为载体。从地球化学的角度看，与铟的地球化学性质比较接近的首先是锡、镉，其次是铁、镓、铊，再次为锌、铜、铅。四川岔河锡多金属矿区的铟含量很高，最高可达 186.5×10^{-6}。通过对铟与其他成矿元素的相关分析，发现该地区的 In 与 Zn、Cu、Fe、Cd、Sn、Ga 都有明显的正相关性，可见 In 主要富存在硫化物和氧化物中。该矿区主要硫化物有闪锌矿、黄铁矿、黄铜矿、毒砂，氧化物主要有磁铁矿和锡石。从电子探针分析结果（表 3-2、表 3-3）可以看出，氧化物磁铁矿和锡石中铟含量低于电子探针的检出限，铟主要赋存在闪锌矿中，与毒砂共生的闪锌矿中铟含量较高（$300\times10^{-6}\sim500\times10^{-6}$），其他闪锌矿中稍低（$110\times10^{-6}\sim120\times10^{-6}$），毒砂中也含 $10\times10^{-6}\sim30\times10^{-6}$ 的铟。因此，应该考虑在选冶过程中加以综合利用（郭春丽等，2006）。

表 3-2　岔河地区金属硫化矿物的电子探针分析

矿物	元素含量/%										
	As	Cu	S	Fe	Ag	Sb	Ni	Zn	Co	In	Sn
黄铁矿	—	—	53.452	44.915	—	—	0.009	0.001	—	—	—
黄铁矿	0.734	0.017	52.824	44.760	—	—	—	—	—	—	—
黄铁矿	0.285	0.045	52.350	45.438	0.011	0.010	—	—	—	—	—
黄铁矿	0.019	0.031	54.217	45.950	0.015	—	0.017	—	—	—	—
黄铜矿	—	32.967	34.790	29.338	0.022	—	—	0.035	—	0.020	0.009
黄铜矿	—	32.089	34.490	28.965	—	—	—	—	—	—	0.013
黄铜矿	—	32.154	34.526	28.755	0.025	—	0.003	0.871	—	—	—
①	0.008	33.429	34.977	29.935	0.004	0.016	—	0.085	—	—	—
闪锌矿	—	0.002	33.406	1.880	—	0.014	0.026	64.239	—	0.012	—
闪锌矿	—	5.204	32.805	5.452	—	—	—	55.220	—	0.012	0.015
闪锌矿	—	0.482	33.697	1.859	—	0.001	0.027	64.330	0.019	0.011	0.007
②	—	0.301	33.637	1.907	—	0.010	—	64.779	—	0.050	0.001
③	—	0.937	33.484	2.348	—	—	—	64.113	—	0.030	0.005
毒砂	44.994	0.029	19.838	34.733	—	0.006	0.011	0.002	—	—	—
毒砂	45.625	—	19.067	34.466	0.002	-	0.116	0.010	—	—	0.002
毒砂	44.409	—	19.451	34.916	—	0.016	0.023	—	—	0.003	—
毒砂	45.302	—	19.184	34.585	—	—	0.006	—	—	0.001	—
毒砂	45.031	0.030	19.657	34.717	0.004	—	0.031	—	—	—	—
毒砂	45.065	—	19.174	34.958	0.028	0.026	0.015	0.029	—	—	—

注：一般元素的检出限是 0.001%，表中的“—”表示低于检出限。①闪锌矿中的黄铜矿固溶体；②③被毒砂包裹的闪锌矿。

表 3-3　岔河地区金属氧化矿物的电子探针分析

矿物	组分含量/%										
	MnO	FeO	TiO_2	SiO_2	NiO	V_2O_3	ZrO_2	SnO_2	In_2O_3	Nb_2O_5	Ta_2O_5
磁铁矿	0.089	93.293	—	0.582	—	0.014	—	—	—	—	—
磁铁矿	0.094	93.033	0.008	0.759	0.008	0.011	—	—	—	0.016	0.007
锡石	0.017	0.067	0.021	0.145	—	—	0.015	99.290	—	0.031	—
锡石	—	0.030	0.018	0.079	—	0.004	—	99.370	—	—	0.056
锡石	—	0.260	0.786	0.110	0.016	0.053	0.006	98.454	—	0.005	0.058
锡石	—	0.013	0.038	0.105	0.022	0.036	0.040	99.240	—	—	0.016
锡石	—	—	0.059	0.063	0.009	—	—	99.310	—	0.010	0.036
锡石	—	0.034	0.025	0.089	—	0.011	—	99.410	—	0.009	—
锡石	—	0.103	—	0.349	—	—	0.013	99.270	—	—	—

注：一般元素的检出限是0.001%，表中的“—”表示低于检出限。

3.2.3　激光剥蚀电感耦合等离子体质谱

激光剥蚀电感耦合等离子体质谱（LA-ICP-MS）又称激光取样等离子质谱（LS-ICP-MS）、激光探针等离子体质谱（LP-ICP-MS），是将电感耦等离子体质谱（ICP-MS）与激光取样相结合而形成的一种高灵敏度的多元素快速分析新技术。激光剥蚀电感耦合等离子体质谱仪如图 3-10 所示。LA-ICP-MS 以其原位、实时、快速的分析、较高的灵敏度、较好的空间分辨率、多元素同时测定的特点在岩石矿物等样品的微区痕量元素分析中有很大

图 3-10　激光剥蚀电感耦合等离子体质谱仪

的优势。传统的溶液分析测试技术需要较大的样品量和繁杂的制样过程，且处理一些特殊的样品时更显得无能为力。而 LA-ICP-MS 避免了传统分析测试中这些大量繁杂的制样过程和有问题的酸溶、碱溶现象，而且消除了水和酸所导致的多原子离子干扰，增强了 ICP-MS 的实际检测能力，已成为从微观角度研究物质的内在组成和分布特性的分析测试手段。

对比与其他一些微区痕量分析技术，激光剥蚀等离子质谱仪也有很多优势。LA-ICP-MS 与最常用的微区分析技术 EPMA（电子探针）相比，检出限低 5 ~ 7 个数量级，可实现痕量、超痕量元素的原位分析；与 SIMS（二次离子质谱）相比，LA-ICP-MS 的检出精度相当，但其成本低很多。近年来在矿物的微区微量元素、包裹体分析中得到了迅速的发展。

白云鄂博稀土矿尾矿中钪（Sc）的品位为 0.012%。尾矿中的矿物组成非常复杂，其中铁矿物主要为赤铁矿，其次为磁铁矿，另有少量的褐铁矿；稀土矿物主要为氟碳铈矿及独居石，另有少量的氟碳钙铈矿、氟碳钡铈矿、氟碳钙钕矿、氟碳铈钡矿及氟碳钕钡矿等；含铌矿物主要为铌铁金红石、易解石，另有少量的铌铁矿、铌锰矿、烧绿石等，金属硫化矿物主要为黄铁矿，少量的磁黄铁矿、闪锌矿和方铅矿。非金属矿物主要为萤石，其次为霓石、石英、白云石、方解石、镁钠铁闪石、磷灰石、重晶石以及少量的斜长石、钾长石、透辉石、透闪石、黑云母、金云母等。为了研究钪的赋存状态，首先利用矿物自动分析仪 MLA 寻找样品中的钪的独立矿物，通过大量的分析统计，仅发现一颗微细粒的水磷钪石［$Sc(H_2O)_2(PO_4)$］；然后运用激光剥蚀电感耦合等离子体质谱（LA-ICP-MS）对尾矿中的各种矿物进行钪元素含量分析（表 3-4、图 3-11、图 3-12）。

表 3-4　尾矿中矿物的 LA-ICP-MS 分析

矿物	钪含量/$\times10^{-6}$	矿物	钪含量/$\times10^{-6}$	矿物	钪含量/$\times10^{-6}$
霓石	43.06	霓石	321.80	霓石	29.05
霓石	1775.00	霓石	273.00	霓石	326.00
霓石	753.60	霓石	1136.00	霓石	10.06
霓石	107.4	镁钠铁闪石	104.50	镁钠铁闪石	2071.00
镁钠铁闪石	717.20	镁钠铁闪石	3600.00	镁钠铁闪石	1240.00
镁钠铁闪石	713.90	镁钠铁闪石	319.40	透辉石	74.44
透辉石	114.60	透辉石	65.59	透辉石	90.28
透闪石	17.80	透闪石	17.08	透闪石	11.63
黑云母	272.30	黑云母	81.27	黑云母	7.25
黑云母	65.26	金云母	20.04	金云母	1.51
钙铝榴石	143.00	绿泥石	6.10	绿泥石	14.29
斜长石	0.33	白云石	23.76	白云石	0.52

续表

矿物	钪含量/×10⁻⁶	矿物	钪含量/×10⁻⁶	矿物	钪含量/×10⁻⁶
白云石	40.04	白云石	11.35	白云石	70.90
菱铁矿	4.84	菱铁矿	136.80	方解石	0.54
磁铁矿	3.41	磁铁矿	—	赤铁矿	37.82
赤铁矿	21.24	赤铁矿	31.17	赤铁矿	19.80
赤铁矿	23.14	赤铁矿	31.98	赤铁矿	11.20
褐铁矿	35.26	褐铁矿	20.73	钛铁矿	914.50
钛铁矿	376.30	钛铁矿	97.11	钛铁矿	4.66
钛铁矿	1.92	钛铁矿	2.07	钛铁矿	79.09
钛铁矿	74.79	钛铁矿	13.89	钛铁矿	49.40
氟碳铈矿	0.04	氟碳铈矿	0.07	氟碳铈矿	—
氟碳铈矿	—	氟碳铈矿	—	氟碳铈矿	—
氟碳铈矿	0.05	氟碳铈矿	2.77	氟碳铈矿	—
氟碳铈矿	—	氟碳铈矿	0.30	氟碳钙铈矿	1.03
氟碳铈钡矿	3.45	氟碳铈钡矿	0.06	独居石	1.67
独居石	—	独居石	0.17	易解石	166.60
易解石	110.20	易解石	26.80	易解石	59.89
易解石	8.20	易解石	3.32	易解石	11.05
易解石	5.18	易解石	421.50	易解石	510.20
易解石	46.85	易解石	13.64	铌铁金红石	155.20
铌铁金红石	754.40				

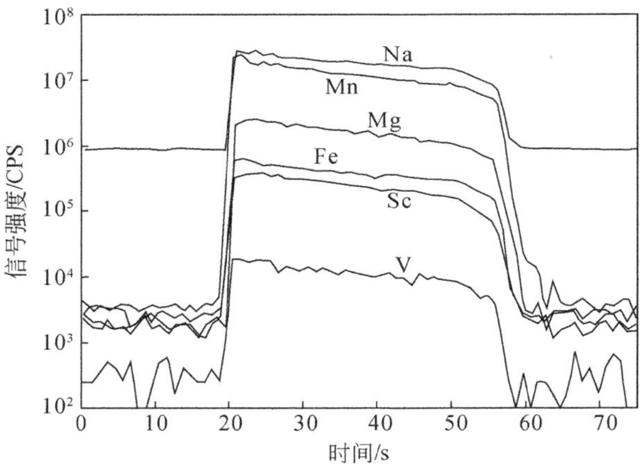

图 3-11　镁钠铁闪石的 LA-ICP-MS 分析元素谱线图

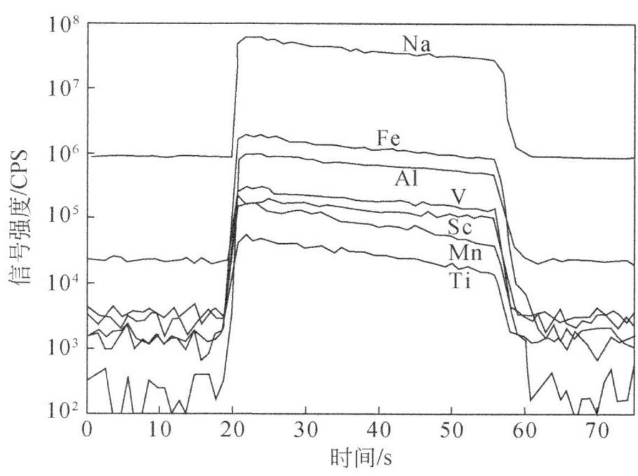

图 3-12　霓石的 LA-ICP-MS 分析元素谱线图

通过对不同矿物的 LA-ICP-MS 分析，发现钪主要以类质同象的形式赋存于镁钠铁闪石、霓石为主的富铁硅酸盐矿物中，同时在钛铁矿、铌金红石、易解石、赤铁矿和褐铁矿等矿物中也有少量分布。据此可判断钪在选矿流程中的走向，可以通过焙烧—酸浸—萃取的方法提取其中的钪（肖仪武等，2018）。

3.2.4　俄歇电子能谱

俄歇电子能谱（AES）是用具有一定能量的电子束（或 X 射线）激发样品俄歇效应，通过检测俄歇电子的能量和强度，从而获得有关物质表面化学成分和结构的信息的方法。俄歇电子的能量具有特征值，其能量特征主要由原子的种类确定，只依赖于原子的能级结构和俄歇电子发射前它所处的能级位置，和入射电子的能量无关。测试俄歇电子的能量，可以进行定性分析；根据俄歇电子信号的强度，可以确定元素含量，进行定量分析。

俄歇电子能谱仪如图 3-13 所示。它的特点是：在靠近表面 0.5 ~ 2nm 范围内化学成分分析的灵敏度高；分析速度快；能探测周期表上氦（He）以后的所有元素，对轻元素敏感；电子束束斑非常小，可以在≤50nm 区域内进行成分的分析；分析深度浅；可获得元素化学态的信息；定量分析精度还不够高。正因如此，俄歇电子能谱特别适用于作表面化学成分分析。通过正确测定和解释 AES 的特征能量、强度、峰位移、谱线形状和宽度等，能直接或间接地获得固体表面的组成、浓度、化学状态等多种信息。由于俄歇电子能谱测试深度太浅，无法对样品喷金或喷炭后再测试，所以绝缘的样品不能测试，只能测试导电性较好的样品。

应用俄歇电子能谱（AES）研究油酸钠浮选不同矿床成因、不同组成黑钨矿（表 3-5）的作用机理（李云龙等，1990）。油酸钠与黑钨矿表面作用后矿物表层 MnO/FeO 比值变化规律见表 3-6。可见，黑钨矿与油酸钠作用后，其表层 MnO/FeO 比值增大。这表明 Mn^{2+} 离子更易从黑钨矿表层暴露出来优先与油酸根离子作用，结果油酸锰的生成量和生成速度要大于油酸铁的生成量和生成速度。因此，Mn^{2+} 离子是黑钨矿浮选的活性中心。油酸钠与

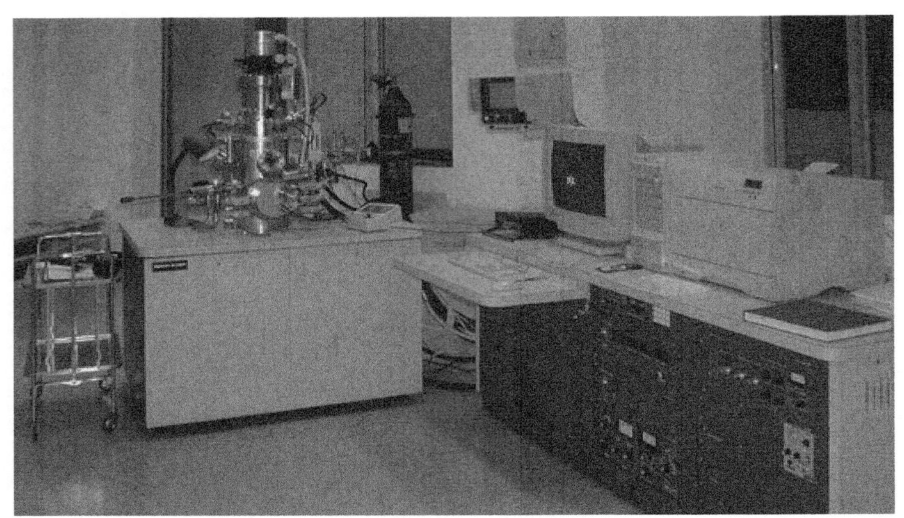

图 3-13 俄歇电子能谱仪

表 3-5 黑钨矿主要成分分析

矿床成因类型	矿物种属	组分含量/%		
		MnO	FeO	MnO/FeO
高中温热液充填型矿床（A 矿）	钨锰矿	19.27	3.81	5.06
中温热液型脉状矿床（B 矿）	钨锰铁矿	9.32	13.30	0.7
低温热液型交代矿床（C 矿）	钨铁矿	2.51	21.14	0.11

表 3-6 黑钨矿与油酸钠作用后表层 MnO/FeO 比值

处理方式	A	B	C
未处理	3.05	0.43	0.13
油酸钠处理（4000mg/L）	4.35	1.84	0.35
油酸钠处理过的黑钨矿再经 Ar^{2+} 离子溅射刻蚀	2.78	2.68	0.18
油酸钠处理过的黑钨矿再经蒸馏水清洗 5 次	4.01		0.67

黑钨矿的作用方式主要是化学吸附，吸附层厚度为 $120\times10^{-10}\sim135\times10^{-10}$m，相当于三个单子层吸附层厚度，由此说明油酸钠在黑钨矿上的吸附属多层吸附。黑钨矿类质同象系列的可浮性顺序为：钨锰矿大于钨锰铁矿大于钨铁矿。

3.2.5 X 射线光电子能谱

X 射线光电子能谱分析（XPS）又称化学分析光电子能谱仪（ESCA），是利用 X 射线源产生很强的 X 射线轰击样品，从样品中激发出电子，具有一定动能的电子逃离固体表面进入真空中，检测发射光电子的动能就可知道该元素特有的电子结合能，从而判断出样品中含有的元素种类及元素所处的化学状态的方法。X 射线光电子能谱仪（图3-14）由激发源、能量分析器和电子检测器（探测器）三部分组成。X 射线光电子能谱是一种高灵敏超微量表面分析技术，它具有如下特点：可以分析除氢和氦以外的所有元素，对所有元素的灵敏度具有相同的数量级；相邻元素的同种能级的谱线相隔较远，相互干扰较少，元素定性的标识性强；能够观测化学位移，化学位移同原子氧化态、原子电荷和官能团有关，化学位移信息是 XPS 用作结构分析和化学键研究的基础；可作定量分析，既可测定元素的相对浓度，又可测定相同元素的不同氧化态的相对浓度；样品分析的深度约 2nm，信号来自表面几个原子层。通过测量矿物与浮选药剂作用前后矿物表面的 XPS 谱图，分析样品的原子轨道、结合能、结合能偏移、矿物原子的相对含量及药剂与矿物作用前后原子的相对含量变化等参数，分析矿物在浮选药剂表面是化学吸附、物理吸附还是氢键作用，是一种重要的矿物表面分析工具，可以定性研究矿物与浮选药剂的作用机理。

图3-14　X 射线光电子能谱仪

采用 XPS 分析方法研究黄铁矿、磁黄铁矿、方铅矿、黄铜矿、闪锌矿和毒砂等常见硫化物矿物表面的化学成分及其化学态，从而探讨硫化物表面的氧化和次生变化（贾建业等，2000）。从表3-7 可以看出，除了黄铁矿的本体成分（S 和 Fe）以外，还有 O、C，未检出其他元素，说明黄铁矿样品比较纯净。对比断面和（100）晶面的全谱，一个直观且明显的差异是，断面的 S、Fe 峰强度较（100）晶面的 S、Fe 峰强度大得多；而（100）晶面的 C、O 峰强度却比断面的 C、O 峰强度大得多，这正说明断面较晶面新鲜，而晶面较断面污染严重。在黄铁矿新鲜表面上，原子比率 Fe : S = 1 : 2.90，显示贫 Fe 富 S。在（100）晶面上，原子比率 Fe : S = 1 : 2.48，同样也显示贫 Fe 富 S。但相对而言，新鲜表面较（100）晶面更加富 S，这符合晶面上的 S 遭受氧化时间较长和相对不稳定的情况。从 S 元素的窄扫描图谱上可清楚地看出，（100）晶面上的部分 $[S_2]^{2-}$ 已氧化成了 SO_4^{2-}（$S2p_{3/2}$ = 169.05eV），其产物很可能是 $Fe_2(SO_4)_3$。而新鲜断面上的 $S2p_{3/2}$ 结合能为

162. 0eV，$S2p_{1/2}$的结合能为 163. 2eV，二者间距为 1. 2eV。峰形比较对称，为单一的对硫离子［S_2］$^{2-}$特征。磁黄铁矿样品本身是比较纯净的，除了污染的氧和碳外，无其他杂质元素谱峰。但与上述的黄铁矿相比，磁黄铁矿的峰形明显宽化且不对称，这说明相对黄铁矿而言，磁黄铁矿（至少在其表面）容易发生变化，即磁黄铁矿不如黄铁矿稳定。从表面铁元素窄扫描谱图上看出，磁黄铁矿 $Fe2p_{3/2}$峰和 $Fe2p_{1/2}$峰的半高宽较黄铁矿大得多，这是由其中部分铁遭受氧化所致。具体的氧化产物可能有多种，因典型 FeS 的 $Fe2p_{3/2}$峰的电子结合能应该在 710. 2eV 左右，而实测结果为 709 ~ 715eV，可以包括 FeS、FeO、Fe_2O_3、FeOOH 和 Fe_3O_4的 $Fe2p_{3/2}$峰在内。硫元素的谱峰也明显宽化，且有三个峰值，其中结合能为 160. 95eV 的峰是 FeS 中的 S2p；结合能为 163. 75eV 的峰可能与 S^0有关；在磁黄铁矿表面上，原子比率 Fe : S = 1 : 2. 09，显示贫 Fe 富 S。由于方铅矿具有（100）完全解理，所以 XPS 分析的表面绝大多数是解理面。从全扫描谱图可见，除了污染的 C 和 O 外，别无其他杂质元素，说明单矿物样品很纯，但这并不等于说方铅矿本身一点未发生变化。表面原子比率 Pb : S = 1 : 2. 14，明显贫 Pb 富 S。Pb4f 双峰发生明显分裂，$Pb4f_{7/2}$的结合能为 136. 95eV，$Pb4f_{5/2}$的结合能为 141. 8eV，二者间距为 4. 85eV，峰形尖锐且强度大。S2p 的曲线拟合图说明，在方铅矿的表面上硫的化学态不止一种。结合能为 163. 3eV 的峰对应于 PbS 中的硫（S^{2-}）；结合能为 168. 1eV 的峰对应于 $PbSO_4$中的硫（S^{6+}）；而结合能为 163. 0eV 的峰可能是 PbS 的 $S2p_{1/2}$峰。硫峰较铅峰弱得多，背景噪音也大，这主要是由 Pb4f 的能量损失峰引起的。

表 3-7 常见硫化物矿物表面上各元素的相对原子浓度

元素	黄铁矿新鲜表面	黄铁矿（100）晶面	磁黄铁矿	方铅矿	灵敏度因子
C1s	39. 98	56. 70	43. 23	33. 03	0. 296
O1s	21. 86	30. 94	24. 32	32. 03	0. 711
S2p	28. 38	8. 81	21. 94	23. 82	0. 666
Fe2p	9. 78	3. 55	10. 51	—	2. 957
Pb4f	—	—	—	11. 13	8. 329

从实测的元素电子结合能数据（表 3-8）看，黄铜矿、闪锌矿和毒砂均发生了程度不同的氧化，O1s、S2p 和 Fe2p 的谱峰数目和电子结合能数值明显反映了这一点。相对而言，黄铜矿和毒砂经氧化后发生的变化更大一些。黄铜矿新鲜表面的原子比率 Cu : Fe : S = 6. 73 : 6. 49 : 12. 70 = 1 : 0. 96 : 1. 89，略显贫铁贫硫，这与上述黄铁矿、磁黄铁矿及方铅矿表面的情况相反。黄铜矿、闪锌矿和毒砂的 O1s 峰都可以拟合成两个或三个峰。结合能在 531. 6eV 左右的峰对应于样品中的污染氧；结合能在 532. 6eV 左右的峰对应于 SO_4^{2-}中的氧；结合能在 530. 0eV 左右的峰对应于金属氧化物中的氧。从 S2p 的结合能数值可见，闪锌矿和毒砂在 168. 5eV 左右也出现了峰，表明它们表面上有部分硫氧化成了 SO_4^{2-}。Fe2p 的结合能表明，三种硫化物表面的铁均发生了氧化，但相对而言，毒砂表面上保留的硫化物中的铁（707. 0eV 和 720. 0eV）浓度较高，而闪锌矿中裸露表面的类质同象铁几乎全部发生了氧化。

表 3-8　黄铜矿、闪锌矿和毒砂表面上各元素的实测电子结合能数值（单位：eV）

矿物	X1s	O1s	S2p	Fe2p	Cu2p	Zn2p	As3d
黄铜矿	284. 4 286. 4	529. 7 531. 4 533. 1	161. 05 162. 15	707. 65 711. 15 720. 90 724. 55	932. 2 952. 1	—	—
闪锌矿	285. 1 288. 3	529. 9 531. 7	161. 8 168. 65	71. 08 723. 6 707. 3 711. 3	—	1022. 3 1045. 53	—
毒砂	284. 6 285. 8	530. 9 532. 8	161. 6 167. 9	720. 1 724. 5	—	—	41. 2

通过黄铁矿、磁黄铁矿、方铅矿、黄铜矿、闪锌矿和毒砂等常见硫化物矿物的 XPS 分析发现：①硫化物矿物表面在氧逸度较高的情况下很容易发生变化，其氧化产物很复杂，主要是其金属元素的高价态氧化物、氢氧化物和硫酸盐等；②就一般常见硫化物而言，相对比较稳定的是黄铁矿；③常见硫化物经氧化后，其表面的原子比率常常显示硫富余；④在含铁的各种常见硫化物中，除黄铁矿表面的铁相对稳定外，毒砂表面的铁也相对较稳定，而闪锌矿表面的类质同象铁却容易被氧化而发生变化。

3. 2. 6　飞行时间二次离子质谱

飞行时间二次离子质谱（TOF-SIMS）分析方法是一种能很好确定矿物表面上原子/分子产状的手段，是一种非常灵敏的表面分析技术。通过用一次离子激发样品表面，打出极其微量的二次离子，根据二次离子因不同的质量而飞行到探测器的时间不同来测定离子质量。飞行时间二次离子质谱仪如图 3-15 所示。它具有以下特点：在二次离子来自表面单个原子层/分子层（1nm 以内），仅带出表面的化学信息，在分析过程中，不仅可以提供对应于每一时刻的新鲜表面的多元素分析数据，而且还可以提供表面某一元素分布的二次离子图像；同时可以检测大分子和官能基团，提供表面、界面的元素、分子等结构信息；几乎能对所有的元素进行分析，其最低可测量浓度都可以达到百万分之一数量级，有些可以达到十亿分之一量级；具有分辨率（1nm）高、分析区域小、分析深度浅和不破坏样品等优势。

图 3-15　飞行时间二次离子质谱仪

飞行时间二次离子质谱仪可以用于矿物表面深度剖析、表面化学药剂吸附层厚度、表面微量组分、表面有机物吸附推测、表面3D表征及成像等表面微观研究，这就为探索浮选药剂与矿物表面的作用机理提供了便利、可靠的方法，掌握了作用机理，可为浮选药剂的选择以及新药剂的研发提供理论基础。

采用飞行时间二次离子质谱仪研究磨矿环境对铜锌矿矿浆的化学性质和闪锌矿的表面化学性质的影响（陈哲等，2017）。磨矿是矿物加工过程中的关键环节之一，也是一种存在多相多化学反应的复杂流体力学过程。磨矿不仅可以改变矿物颗粒的大小使矿物单体解离，磨矿过程中发生在矿物表面发生的电化学反应也会改变矿物的表面化学和矿浆的溶液化学性质，因此磨矿时的各项参数会对矿物的后续浮选分离有深远影响。磨矿过程中磨矿效率是最关键因素之一，因此球磨介质大小对磨矿效率和能量的使用显得尤为重要。实验采用的是加拿大魁北克省MATAGAMI铜锌矿矿样，其矿物组成见表3-9。分别采用不同材质和不同直径的球形介质对铜锌矿进行磨矿实验，实验采用的介质及其大小列于表3-10中。

表3-9 MATAGAMI铜锌矿矿物组成

矿物名称	闪锌矿	黄铁矿	黄铜矿	磁黄铁矿	方铅矿	脉石
含量/%	9.6	13.7	2.7	9.0	0.11	64.8

表3-10 磨矿实验的实验参数

编号	磨矿介质	铬含量/%	钢球大小/cm	磨矿介质总表面积/cm^2
1	低碳钢	0	2.54	5837
2	低碳钢	0	1.77	11644
3	不锈钢	18.44	2.54	5837
4	不锈钢	18.44	1.77	11644

飞行时间二次离子质谱仪对磨矿后闪锌矿的表面化学分析表明，磨矿后铁氧化物和氢氧化物会附着于闪锌矿表面，球磨介质的材料与尺寸大小对矿物表面存在的二次离子有较大影响。以小铁球作为磨矿介质时，在闪锌矿表面检测到FeOH二次离子峰的响应强度比使用大球时的要高。而比较使用铸铁球和不锈钢球时，可以发现使用铸铁作为磨矿介质比使用不锈钢作为磨矿介质会使闪锌矿表面有更高的FeOH二次离子峰响应强度。采用2.54cm大球磨矿时闪锌矿表面铜离子含量较高。这可能是由于采用小球磨矿时矿浆中的伽伐尼电偶作用较强烈，闪锌矿的表面被铁的氧化物或氢氧化物所覆盖，从而影响对铜离子的吸附。所以当使用小球磨矿时，测得闪锌矿的表面铜的二次离子含量有所下降，这将导致闪锌矿被抑制。因此，矿浆化学性质和闪锌矿的表面化学性质受磨矿介质的材料与尺寸控制。

3.2.7 扫描质子探针

扫描质子探针（SPM）简称质子探针，利用质子加速器产生能量为2～3MeV的质子，经过电、磁聚焦得到微米级的高能质子束，然后用这种高能微束激发微区内的待分析物质，使之产生特征 X 射线。通过测量 X 射线的能量和强度，可以确定样品中元素的种类和含量。同时，通过移动样品或用微束对样品表面进行扫描，还可得到选区的次级电子图像和各元素的空间分布图。由于质子束在样品中的散射较小和由入射束的减速所造成的 X 射线背景较低，质子探针具有分辨率高（0.5 ~ 1μm）、穿透能力强和检测限低（1×10^{-6}）等优点，是目前测定微量元素含量和确定元素空间分布状态的最佳方法之一。

扫描质子探针（图 3-16）主要由质子加速器、质子束准直和聚焦系统、靶室、计算机控制和数据处理系统等组成。SPM 的扫描方式有两种：样品移动和微束扫描。这取决于所要求的扫描频率、样品大小和扫描区域大小。元素分布的表示方法有：点分布图、二维或三维等高线分布图和三维网格式分布图。

图 3-16　扫描质子探针

广西金牙金矿床位于滇、黔、桂金三角东南部的桂西北凤山县境内典型的卡林型金矿。矿体赋存在中三叠统板纳组上段的砂岩、粉砂岩及粉砂质泥岩中。矿石中的主要含金矿物为黄铁矿和毒砂。电子探针分析结果表明，黄铁矿含金 0.01% ~ 0.48%，平均 0.14%；毒砂含金 0.05%~0.33%，平均 0.17%。利用质子探针分析技术对该金矿中的黄铁矿及毒砂进行系统的研究，大量的特征 X 射线能谱图和元素分布图表明：①Au 与 As 具有密切的正相关关系，含金区域必定有砷，而砷含量高的区域金含量也高；②Au 与 S 和 Fe 之间也存在着密切的相关关系，这是因为金具有 $5d^{10}6s^{1}$ 的电子组态，失去一个或三个电子后便成为铜型离子，介于亲硫元素和亲铁元素之间，因此，金既有亲硫性，又有亲铁性；在含量上，Au 与 S 和 Fe 之间表现出明显的相关关系；在空间分布上，它们具有相似的分布形式；但总的看来，Au 与 S 和 Fe 之间的相关性不如 Au 与 As 之间的相关性好，这可能是黄铁矿的金含量通常低于毒砂的金含量及高砷黄铁矿的金含量一般高于低砷黄铁矿的原因之一；③金在硫化物中的分布是不均匀的，也不存在金的富集点，这说明金是呈极微细的包裹体（<1μm）存在，而不是以晶格金的形式存在的，因为晶格金在矿物晶格中的分布应该是均匀的，由此可以说明毒砂和黄铁矿是金牙金矿床的主要载金矿物，金主要

呈次显微金包裹体赋存在这些矿物中，金原子并未进入矿物的晶格（王奎仁等，1992）。

3.3　矿物微形貌分析

较大颗粒的宏观矿物形态只需肉眼观察即可，更深入的矿物微观形貌的观察必须借助高倍显微镜进行。

3.3.1　光学显微镜

光学显微镜是利用光学原理，把人眼所不能分辨的微小物体放大成像，以供人们提取微细结构信息的光学仪器。光学显微镜分析是采用光学显微镜对矿石或矿物进行分析研究，依据矿物的光学性质来观察、鉴定矿物和测定矿石的矿物学参数的一种矿物相分析方法。随着科学技术的不断发展，大型测试分析仪器的发展和更新较快，但是光学显微镜仍然是选矿工艺矿物学研究的重要手段。光学显微镜结构简单、操作方便、适用性较强，是矿物鉴定和研究的重要工具，一般用于矿物学分析研究的光学显微镜主要有体视显微镜和偏光显微镜。

3.3.1.1　体视显微镜

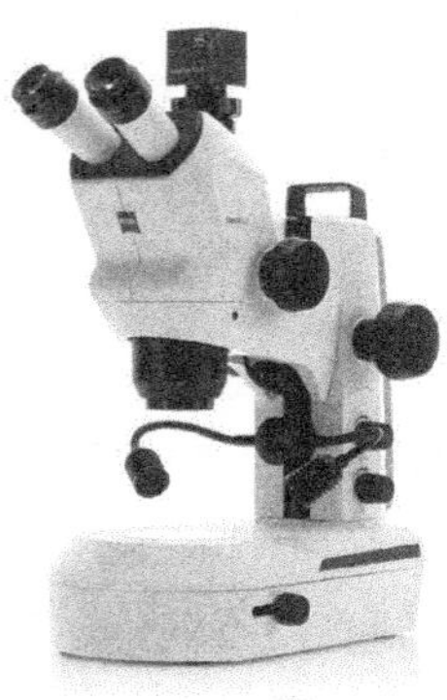

图 3-17　体视显微镜

体视显微镜是一种具有正像立体感放大效果的显微镜，又称实体显微镜、立体显微镜。体视显微镜（图 3-17）主要由物镜、正像棱镜和目镜等组成。其特点是视野大，工作距离（物镜到物台的距离）长，一般能放大 4 ~ 100 倍，有显著的立体感。在矿石和矿物研究中，体视显微镜以其放大的物体正像立体直观、具有可操作的工作距离、操作简便的特点，用于观察矿石外观、矿物鉴定、重砂矿物检测、挑拣矿物等。但由于体视显微镜放大倍率和成像效果的局限性，一般小于 0.074mm 的矿物颗粒在体视显微镜下观察和识别较困难。

3.3.1.2　偏光显微镜

偏光显微镜是装有偏光镜的显微镜。偏光镜分别装在显微镜物台下或垂直照明器中（前偏光镜或下偏光镜）及物镜与目镜间（分析镜或上偏光镜），用来观察偏光通过晶体时或从晶体表面反射时产生的各种光学现象。若单独使用下（前）偏光镜，简称单偏光，可观察矿物的晶形、解理、突起、吸收性、多色性、反射率、双反射等。若上、下偏光镜同时使用，并使二者振动面垂直，简称正交偏光，可观察晶体的消光、干涉色、偏光色及旋转性等。正交偏光时，若再加上聚光镜和勃氏镜，简称锥光，可在高倍物镜下观察晶体的干涉图或偏光图，用以测定其轴性、光性符号、光轴角和各种色散特征等。偏光显微镜的基本附件有，不同倍数的物镜、目镜、各种补色器及光源等，如附有垂直照明器及矿相专用物镜，则成为透、反两用偏光显微镜（图 3-18）。

偏光显微镜分析是以偏振光为光源，通过显微镜观察偏振光下矿物所产生的光学性质来鉴定矿物。对于透明矿物的显微镜分析，需磨制成厚度为0.03mm的薄片，采用偏光显微镜的透射光系统观察；对于不透明矿物（以金属矿物为主）需磨制光片，采用偏光显微镜的反射光系统观察。选矿产品检查时还可应用油浸法在偏光显微镜下鉴定透明矿物。

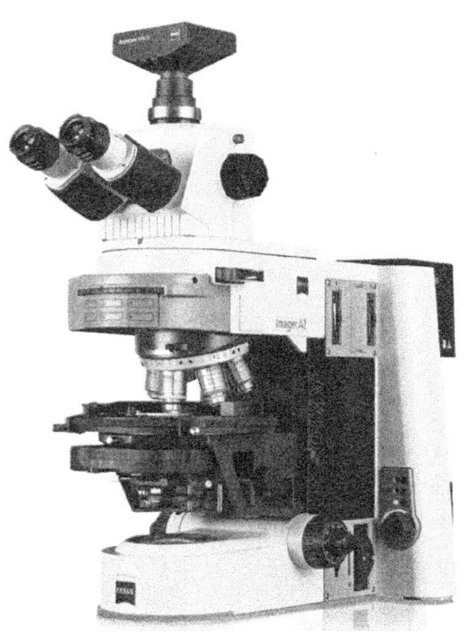

图3-18 透、反两用偏光显微镜

1. 反射偏光显微镜

反射偏光显微镜也叫反光显微镜或矿相显微镜，是用来观察、研究不透明矿物的一种光学显微镜。它通过光在矿物表面上反射时所产生的现象，观察和测定矿物的反射率、反射色、内反射、偏光图以及化学试剂的浸蚀反应等来鉴定矿物。反射偏光显微镜与透射偏光显微镜的区别是它具有垂直照明器，光源通过照明器内的反射器，使光线反射到矿石光片表面上，再从光片表面反射到目镜，就可对不透明矿物进行观察和鉴定，并研究矿石的结构和构造。工艺矿物学研究中通过反射偏光显微镜观察矿物的晶形、解理、硬度、反射率、反射色、双反射、均质性和非均质性、内反射等进行不透明矿物的鉴定，进而可对矿石或选矿产品进行观察和测定矿物含量、嵌布关系、重要矿物的粒度测量、单体解离度分析和元素的赋存状态等各种工艺矿物学参数的研究。

2. 透射偏光显微镜

利用晶体光学和光性矿物学原理及方法，将研究的矿石或岩石样品磨制成薄片，在偏光显微镜下观察透明矿物的光学性质特征，从而鉴定矿物和测定矿物的粒度、解离度等各种工艺参数。

单偏光下矿物的光学性质：①矿物的外表特征，如形状、大小、晶体的完整程度、解理等；②与矿物光波的吸收有关的光学性质，如颜色、多色性和吸收性；③与矿物折射率有关的光学性质，如突起、糙面、贝克线、色散效应等。

正交偏光下矿物的光学性质：①矿物的消光现象和消光位，如矿物的均质或非均质性、平行消光、对称消光、斜消光、消光角、晶体延性符号等；②矿物的干涉色，如干涉色的级序、颜色、双晶现象；③矿物的双折射。

锥光下矿物的光学性质：①矿物晶体的干涉图，确定矿物的轴性和切片方向；②矿物的光性符号，确定矿物的正负光性；③光轴角大小；④矿物的色散现象：倾斜色散、平行色散和交叉色散。

3. 油浸法

油浸法是将矿物碎屑浸没于已知折射率的浸油中在偏光显微镜下鉴定透明矿物和测定其折射率的一种简便而有效的方法。将欲测矿物碎屑放在载玻璃片上，滴上少量已知折射率的浸油，盖上盖玻璃片，即成油浸薄片。将它置于偏光显微镜下，观察矿物的颜色、形态、解理、突起、干涉色，测定消光类型、轴性、光性符号等光学性质特征鉴定矿物。也可通过比较矿物碎屑与浸油的折射率，多次更换折射率不同的浸油，直至矿物碎屑与浸油的折射率相等，以此来测量矿物的折射率。油浸法鉴定适用于透明矿物的产品检查，一般用折射率为 1.540 的浸油来检查选矿产品。

折射率不同的浸油需要配制，其配制方式主要有三种，即液体与液体混溶、固体溶于液体中、固体与固体混熔。常用配制浸油的原料见表 3-11。

表 3-11　常用配制浸油的原料

混合方式	浸油原料	折射率范围	备注
液体与液体混合	煤油分馏物	1.350 ~ 1.450	
	煤油分馏物与 α 氯代萘	1.450 ~ 1.630	
	α 氯代萘与二碘甲烷	1.630 ~ 1.740	
	水与甘油	1.330 ~ 1.470	
	α 溴代萘与液体石蜡	1.480 ~ 1.660	
	α 溴代萘与二碘甲烷	1.660 ~ 1.740	
固体溶于液体中	硫与二碘甲烷	1.740 ~ 1.780	黄磷易自燃
	硫、磷与二碘甲烷	1.740 ~ 2.060	
	三硫化二砷与二碘甲烷	1.780 ~ 2.070	
固体与固体混熔	胡椒碱—碘化锑—碘化砷	1.660 ~ 2.100	
	硫、硒	1.890 ~ 2.920	
	铊的卤族元素化合物	2.200 ~ 2.900	
	硒与硒化砷	2.720 ~ 2.170	

配制低折射率浸油，主要采用第一种方式，即利用不同折射率的液体，按一定比例混合而成。混合的两种液体折射率差值最好不超过 0.2，混合后的油液体积不能小于 20mL，否则将影响折射率的准确性。用以配制浸油的液体，最好符合以下要求：①不与被研究矿物及测定矿物折射率时使用的器材起化学反应；②各种液体能相互均匀混合；③挥发性不太大，而且彼此的挥发速度大致相似，以免使用时折射率变化大；④无色或近于无色；⑤没有剧毒。

配制浸油时可使用以下公式：

$$N_1V_1+N_2V_2=NV$$
$$V_1+V_2=V$$

式中，N_1、N_2——用以配制浸油的二液体的折射率值，N——欲配制的浸油折射率值；V_1、V_2——需用已知折射率液体的体积，V——欲配制浸油的体积。按上式求出 V_1、V_2 后用两个滴定管进行配制。配制好的浸油，采用折射仪测定折射率，常用的折射仪有阿贝折射仪和反射单圈测角棱镜折光仪。

3.3.2　扫描电子显微镜

扫描电子显微镜简称扫描电镜（SEM），它是利用细聚焦电子束轰击样品表面，通过分析电子与样品相互作用产生的二次电子、背散射电子等信息对样品表面或断口组织结构和形貌进行观察。扫描电子显微镜一般都会标配二次电子及背散射电子探头，而在观察试样表面组织结构和形貌时使用这两种模式中的哪一种则需根据测试目的来选择。

二次电子是在入射电子的作用下被轰击出来并离开样品表面的自由电子，通常以SE表示，二次电子特性：①能量小于50eV；样品倾角越大，二次电子产额越大；对于从样品表面出射的各个方向的二次电子几乎都能被吸引采集，可得到无明显阴影的图像；另外，随着样品倾角的增大，二次电子产额也随之增高，因此二次电子特别适合观察凹凸不平的样品表面；②二次电子一般都是在样品表层5～10nm深度范围内发射出来，适用于观察样品表面的微观结构；③二次电子产额对原子序数不敏感，由于二次电子的产额与原子序数之间没有明显的依赖关系，所以其不适用观察成分像。背散射电子是被固体样品中的原子反射回来的入射电子，通常以BSE表示，背散射电子特性：①原子序数越大，背散射电子产额越大，背散射电子的成像衬度主要与试样所含原子的原子序数有关，与试样表面形貌也有一定的关系，因此既可观察形貌像，也可以观察成分像；②背散射电子来自样品表层几百纳米的深度范围，由于入射电子束进入试样较深，入射电子束已经被散射开，其电子束的束斑直径比二次电子的束斑直径要大，背散射电子的成像分辨率较低，一般在50～200nm。在观察试样表层微观结构时一般不适合使用背散射模式。

扫描电子显微镜（图3-19）由电子光学系统、信号收集及显示系统、真空系统和电源系统组成。扫描电子显微镜若配有X射线能谱分析仪（图3-20）或波谱分析仪，那么在观察矿物微观结构的同时，还可对矿物进行微区元素成分分析。扫描电子显微镜的特点是图像的分辨率高，二次电子像分辨率可达50～70Å，较透射电镜略低；放大倍数变化范围大，可放大十几倍到几十万倍，且连续可调；图像景深大，富有立体感；试样制备简单；在观察形貌的同时，还可利用从样品发出的其他信号作微区成分分析。扫描电子显微镜测试样品可用矿石光片、薄片或粉末颗粒都可，但必须保证试样能导电。如果样品导电不好，必须对样品进行喷碳或喷金属膜，以保证有较好的图像质量和元素分析的正确性。

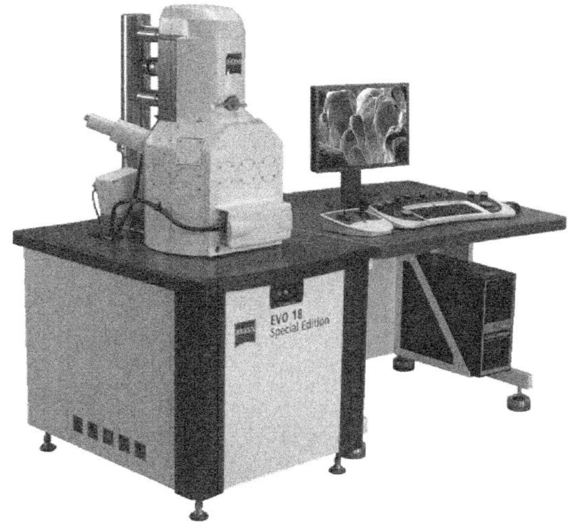

图3-19　扫描电子显微镜

四川会理铂钯矿床是独立的铂族元素矿床，矿石中 Pt、Pd 的含量分别为 4.85g/t 和 1.28g/t。由于矿石中的铂族矿物种类多且粒度较小，在光学显微镜下无法鉴定铂族矿物和观察其形貌特征，而通过扫描电镜和 X 射线能谱分析仪（图 3-20）能很好地识别铂族矿物并研究其分布特征。研究结果表明：独立铂族矿物有 17 种，主要是自然铂、砷铂矿、砷钯铂矿或砷铂钯矿、钯铂铜矿或铂钯铜矿，少量的铜钯铂矿、承铂矿、黄铋碲钯矿、铋碲铂矿、砷碲铜铂矿、铋碲钯铂矿、锑钯矿、铜锑钯矿、碲铂钯矿、铂铁矿、铜铁钯铂矿、红石矿、铜铅铂矿等（表 3-12）。铂族矿物以被包裹和粒间两种形式嵌布，被包裹占 52.39%，粒间占 47.61%。绝大多数铂族矿物呈他形粒状，只有少量砷铂矿晶形较好（表 3-13）。铂族矿物粒径范围为 1.36 ~ 32.7μm，大小差异大。这些信息为该矿床矿石选冶和铂族资源评价提供了科学依据（周姣花等，2018）。

图 3-20　X 射线能谱分析仪

表 3-12　铂族矿物能谱分析结果和矿物定名

序号	元素含量/%												矿物名称
	S	Fe	Ni	Cu	Cd	Pb	Bi	Sb	Te	As	Pt	Pd	
1	—	3.70	0.54	2.83	—	—	—	3.66	2.37	3.99	80.52	2.40	自然铂
2	—	0.77	—	2.48	—	—	—	—	—	2.01	94.74	—	自然铂
3	—	—	—	14.82	—	—	—	—	—	4.23	71.47	9.48	自然铂
4	—	—	—	—	—	—	—	—	—	—	100.00	—	自然铂
5	—	—	—	2.20	—	—	—	—	—	—	97.80	—	自然铂
6	—	—	—	—	—	—	—	—	—	—	100.00	—	自然铂
7	—	4.69	—	9.18	—	—	—	1.75	—	12.29	72.09	—	自然铂
8	—	—	—	—	—	—	—	—	—	—	100.00	—	自然铂
9	4.01	0.77	—	13.94	—	—	—	—	—	—	69.09	7.74	自然铂
10	—	—	—	5.88	—	—	—	—	—	—	94.12	—	自然铂
11	—	1.32	—	4.37	—	—	—	—	—	—	94.30	—	自然铂

续表

序号	元素含量/%												矿物名称
	S	Fe	Ni	Cu	Cd	Pb	Bi	Sb	Te	As	Pt	Pd	
12	—	1.10	—	—	—	—	—	—	—	—	98.90	—	自然铂
13	—	3.03	—	2.51	—	—	—	—	—	2.04	92.42	—	自然铂
14	—	3.89	—	16.47	—	—	—	—	—	—	70.74	8.89	自然铂
15	1.74	3.13	2.25	11.43	—	—	—	—	—	22.35	50.29	8.80	砷铂矿
16	2.07	1.63	4.17	4.47	—	—	—	2.97	3.73	37.74	33.72	9.50	砷铂矿
17	4.57	4.26	7.56	3.86	—	—	—	3.73	3.43	38.92	31.88	1.78	砷铂矿
18	0.69	0.58	—	3.89	—	—	—	—	—	41.89	52.95	—	砷铂矿
19	1.00	—	—	0.86	—	—	—	—	—	41.67	56.47	—	砷铂矿
20	1.44	0.74	—	1.14	—	—	—	—	—	41.26	55.42	—	砷铂矿
21	—	0.66	—	2.81	—	—	—	—	—	41.87	54.67	—	砷铂矿
22	1.03	—	—	—	—	—	—	—	—	42.10	56.87	—	砷铂矿
23	—	—	—	3.84	—	—	—	—	—	41.81	54.36	—	砷铂矿
24	2.18	2.90	4.19	6.78	—	—	—	2.27	2.69	36.13	33.11	9.76	砷铂矿
25	0.75	—	—	1.77	—	—	—	—	—	42.21	55.27	—	砷铂矿
26	—	—	—	1.26	—	—	—	—	—	41.36	57.39	—	砷铂矿
27	—	2.20	—	1.19	—	—	—	—	—	41.39	55.21	—	砷铂矿
28	—	—	4.12	—	—	—	—	3.33	3.64	41.48	41.43	6.00	砷铂矿
29	0.91	—	—	—	—	—	—	—	—	42.41	56.68	—	砷铂矿
30	0.51	—	2.67	3.58	—	—	—	—	1.60	36.63	19.32	35.68	砷铂钯矿
31	2.06	2.62	1.72	8.89	—	—	—	2.42	—	26.06	39.26	16.89	砷钯铂矿
32	2.74	—	4.86	2.61	—	—	—	—	2.43	44.24	30.07	13.05	砷钯铂矿
33	1.51	—	2.76	9.44	—	—	—	1.91	—	32.68	28.24	23.45	砷钯铂矿
34	—	—	1.64	6.94	—	—	—	3.59	3.80	26.76	41.08	16.19	砷钯铂矿
35	—	1.66	2.66	7.20	—	—	—	—	3.00	30.39	40.04	15.04	砷钯铂矿
36	—	4.42	4.70	2.37	—	—	—	—	—	43.64	21.85	23.02	砷铂钯矿
37	1.72	1.05	0.70	2.64	—	—	—	11.94	—	21.55	28.45	30.97	砷铂钯矿
38	1.42	2.98	3.19	4.23	—	—	—	5.74	—	28.36	30.79	23.30	砷钯铂矿
39	2.11	—	1.70	23.59	—	—	—	1.61	—	6.81	44.31	19.86	钯铂铜矿
40	1.84	1.50	—	25.74	—	—	—	—	—	5.21	49.88	15.82	钯铂铜矿
41	—	—	—	28.39	—	—	—	—	—	7.34	33.36	30.91	钯铂铜矿
42	—	—	1.49	28.63	—	—	—	—	9.60	3.81	40.07	16.41	钯铂铜矿

续表

序号	元素含量/%												矿物名称
	S	Fe	Ni	Cu	Cd	Pb	Bi	Sb	Te	As	Pt	Pd	
43	0.79	12.96	—	23.38	—	—	—	—	—	3.83	31.33	25.67	钯铂铜矿
44	—	1.23	—	37.31	—	—	—	—	—	—	36.99	24.48	钯铂铜矿
45	—	1.99	—	20.93	—	—	—	—	—	1.85	43.58	27.00	钯铂铜矿
46	—	—	—	29.69	—	—	—	4.84	—	9.87	12.53	43.07	铂钯铜矿
47	—	1.20	—	32.25	—	1.80	—	—	—	—	25.70	17.61	钯铂铜矿
48	—	—	—	15.07	—	—	—	—	3.88	2.38	56.75	21.92	铜钯铂矿
49	—	—	1.28	0.79	—	—	—	—	57.08	1.54	35.65	3.67	承铂矿
50	—	—	—	—	—	—	—	—	57.81	—	37.38	4.81	承铂矿
51	—	0.90	—	1.80	—	—	16.50	—	30.21	6.76	8.01	35.81	黄铋碲钯矿
52	—	—	0.63	6.78	—	—	7.04	—	37.82	2.52	43.06	2.15	铋碲铂矿
53	—	—	1.23	1.32	—	—	6.51	—	53.61	—	32.16	5.17	铋碲铂矿
54	3.69	—	2.35	12.72	—	—	—	5.72	14.28	10.58	45.18	5.49	砷碲铜铂矿
55	—	—	2.28	2.14	—	—	9.34	—	56.73	—	17.08	12.43	铋碲钯铂矿
56	—	—	—	1.06	—	—	6.16	—	56.38	—	25.69	10.72	铋碲钯铂矿
57	—	0.82	—	4.14	—	—	—	27.88	—	—	—	67.16	锑钯矿
58	—	—	—	24.57	—	—	—	18.95	—	—	—	56.48	铜锑钯矿
59	—	—	—	1.24	—	—	—	—	62.56	—	18.44	17.76	碲铂钯矿
60	—	30.24	—	6.62	—	4.41	—	—	—	2.57	51.13	5.03	铂铁矿
61	—	22.49	—	22.40	—	—	—	—	—	—	39.08	16.03	铜铁钯铂矿
62	2.01	—	—	22.24	—	—	—	—	—	—	71.61	4.14	红石矿
63	—	1.31	—	11.08	3.96	17.19	—	—	—	9.31	49.66	7.50	铜铅铂矿

注："—"表示矿物不含该元素或低于能谱检出限而未被检出。

表 3-13　铂族矿物特征

矿物名称	晶形	嵌布状态	颗粒数	粒径/μm
自然铂	呈他形粒状	被包裹（6 粒）：被褐铁矿包裹（3 粒）、赤铜矿包裹（1 粒）、石英包裹（2 粒）；粒间（8 粒）：石英粒间（7 粒），与砷铂矿连生（1 粒）一起分布在石英粒间	14	2.5～24.5
砷铂矿	多数晶形较好，少部分呈他形粒状	被包裹（9 粒）：被褐铁矿包裹（3 粒）、赤铜矿包裹（2 粒）、石英包裹（2 粒）、其他铜矿物包裹（2 粒）；粒间（6 粒）：石英粒间（2 粒）、石英与自然铂粒间（1 粒）、石英与黄铜矿粒间（1 粒）、石英与砷铂钯矿粒间（2 粒，这两粒均围绕砷铂钯矿分布）	15	2.5～24.5

续表

矿物名称	晶形	嵌布状态	颗粒数	粒径/μm
砷钯铂矿或砷铂钯矿	呈他形粒状，有圆形、长条形	被包裹（4粒）：被褐铁矿包裹（1粒）、铜矿物包裹（2粒）、石英包裹（1粒）；粒间（5粒）：石英粒间（2粒）、石英与砷铂矿粒间（2粒）、石英与铜矿物粒间（1粒）	9	2.7~25.5
钯铂铜矿或铂钯铜矿	呈他形粒状	被包裹（3粒）：被褐铁矿包裹（1粒）、石英包裹（1粒）、砷钯铂矿包裹（1粒）；粒间（6粒）：石英粒间（5粒）、石英与铜矿物粒间（1粒）	9	2.7~32.7
铜钯铂矿	呈他形粒状	被石英包裹	1	5.5
承铂矿	呈他形粒状	石英粒间	2	9.3~19.0
黄铋碲钯矿	呈他形粒状	黄铜矿与石英粒间	1	22.0
铋碲铂矿	呈他形粒状	被包裹在赤铜矿中（1粒），被石英包裹（1粒）	2	8.2~13.6
砷碲铜铂矿	呈他形粒状	石英粒间	1	3.8
铋碲钯铂矿	呈他形粒状	被石英包裹	2	2.7~5.5
锑钯矿	呈他形粒状	被石英包裹	1	6.1
铜锑钯矿	呈他形粒状	被石英包裹	1	8.2
碲铂钯矿	呈柱状	被石英包裹	1	8.2
铂铁矿	呈他形粒状	被石英包裹	1	15.0
铜铁钯铂矿	呈他形粒状	分布在石英和赤铁矿粒间	1	16.4
红石矿	呈他形粒状	被石英包裹	1	10.9
铜铅铂矿	呈他形粒状	分布在石英粒间	1	1.4

3.3.3 透射电子显微镜

透射电子显微镜是使电子束穿透所观察的样品，并将透射电子用电磁透镜会聚成像，以观察样品内部结构信息的仪器，简称透射电镜（TEM）。透射电镜是现代显微技术中分辨率最高，放大倍数最大的一种仪器。透射电子显微镜如图3-21所示，其主要由电子光学、真空和电器三部分组成。其中电子光学部分包括：电子照明系统、样品室、成像系统和观察记录系统。当电子枪加上高压（50~300kV）后，随即发射出高速电子流，并通过磁透镜后被聚成很细的电子束，照射到极薄的样品（样品厚度<200nm），透过的电子束再经聚焦放大，可以在成像平面上形成一幅能反映样品微观结构特征的高分辨率电子像。由于TEM电子束穿透矿物的能力很弱，所以要将矿物制成对电子束透明的试样（厚度<200nm）极不容易，特别是为了观察它的晶格像或晶格缺陷等，对厚度的要求更严。此外，还要求保证在制样过程中不发生结构的变化。所以，减薄技术以及样品制备是透射电镜的一个重要环节。

透射电镜具有以下特点：①分辨率高，可达0.1nm；②适合于微区、微相的分析，其最小分析区域可达纳米尺度；③能方便地研究物质内部的相组成和相分布，以及晶体中的

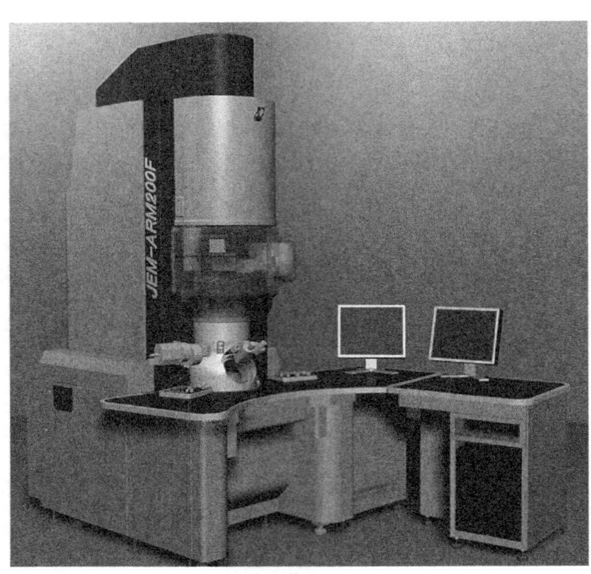

图 3-21　透射电子显微镜

位错、层错、晶界等缺陷；④配备各种附件，透射电镜兼具分析微相、观察图像、鉴定结构、测定成分等多种功能。透射电镜特别适用于微细粒矿物、隐晶质矿物、黏土矿物的形貌及结构分析。通过透射电镜观察发现，黏土矿物都有一定的结晶习性；高岭石和迪开石为大小不等、厚度不同的六角形片状；蒙脱石为不规则絮状或极薄的片状；凹凸棒石和海泡石为细长的针状。

赞比亚某铜冶炼电炉渣中含铜 1.68%。该铜电炉渣的相组成较为简单，其中绝大部分为硅钙非晶相，另有少量的石英、金属铜和冰铜等。金属铜和冰铜绝大部分以微细圆球状嵌布于硅钙非晶相中。经扫描电镜 X 射线能谱分析（图 3-22）可知，硅钙非晶相的主要由 Si、Ca、Mg、Al 和 O 组成，也含有少量的 Fe、K、Cu、P 和 Ti。为了了解硅钙非晶相中铜的存在形式，在透射电镜放大 10 万倍的情况下进行观察，发现硅钙非晶相包裹有极其微粒的金属铜（图 3-23），圆球状的金属铜最小为 2nm。

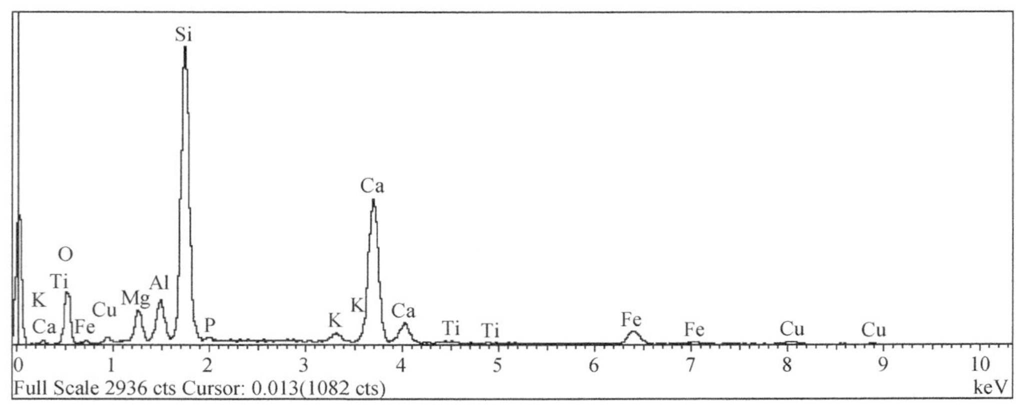

图 3-22　硅钙非晶相的扫描电镜 X 射线能谱图

图3-23　硅钙非晶相分布有纳米金属铜

3.3.4　原子力显微镜

原子力显微镜（AFM）是一种用来研究固体材料表面结构的分析仪器。它通过检测待测样品表面和一个微型力敏感元件之间的极微弱的原子间相互作用力来研究物质的表面结构及性质。原子力显微镜（图3-24）主要由带针尖的微悬臂、微悬臂运动检测装置、监控其运动的反馈回路、使样品进行扫描的压电陶瓷扫描器件、计算机控制的图像采集、显示及处理系统组成。当针尖与样品充分接近相互之间存在短程相互斥力时，检测该斥力可获得纳米级分辨率表面结构信息。原子力显微镜可以观察矿物表面结构和微形貌，测量矿物表面与气泡、药剂之间的相互作用力等。它可以提供诸如原子台阶、晶格缺陷位置、空位、位错以及微裂隙的精细结构图像。制样简单，操作易行，不受环境的限制，能在真空、空气、水及液体的环境下观察。既适用于导电样品，也适用于不导电样品。

图3-24　原子力显微镜

矿物表面的结构和微形貌直接影响着矿物表面物理化学性质。由于矿物表面的不对称性力或矿物表面结构重组的缘故，矿物表面出现结构弛豫或收缩现象，使得其表面结构不同于其内部结构。一水硬铝石型铝土矿占全国铝资源总储量的90%以上，其主要有用矿物为一水硬铝石，脉石矿物为高岭石、伊利石和叶蜡石。利用 AFM 通过对一水硬铝石表面形貌、原子力–位移曲线分析，研究经捕收剂作用前后一水硬铝石矿物表面的黏附能，为铝土矿浮选和黏土矿物改性提供理论指导（刘晓文等，2009）。对一水硬铝石进行原子力显微镜表面形貌研究可见一水硬铝石矿物（010）解理存在大量高度为 12nm 左右的解理台阶，在（010）解理面上可观察到大量晶体生长小丘，因此增大了一水硬铝石颗粒的表面活化点数目和比表面积。

自然沉降于盖玻片上的一水硬铝石矿物主要呈定向排布，大部分矿物的（010）晶面平行或近似平行于盖玻片，因此与探针相作用的矿物表面主要为一水硬铝石矿物（010）晶面。由表 3-14 可知，经十二胺溶液和油酸钠溶液浸泡之后，一水硬铝石矿物（010）晶面的平均黏附力和单位面积上的平均黏附能比在蒸馏水中的平均黏附力和单位面积上的平均黏附能都有明显地减小。一水硬铝石分别经蒸馏水、十二胺、油酸钠溶液浸泡之后其（010）面的平均黏附力和单位面积上平均黏附能的大小顺序分别为：$F_{蒸馏水}>F_{十二胺}>F_{油酸钠}$ 和 $W_{蒸馏水}>W_{十二胺}>W_{油酸钠}$。可见，经捕收剂作用之后，一水硬铝石由高能表面变为低能表面。

表 3-14　一水硬铝石矿物在不同溶液中浸泡后的表面黏附力和单位面积上的黏附能

溶液	表面黏附力/nN	单位面积上的黏附能/（J · m^{-2}）
蒸馏水	18. 8	0. 100
十二胺	8. 4	0. 045
油酸钠	4. 0	0. 021

3.4　矿物物相及结构分析

在矿物物相分析和晶体结构研究中，最常用的方法是 X 射线衍射分析，其次为红外吸收光谱分析和拉曼光谱分析，其他还有电子衍射分析、电子背散射衍射分析、穆斯堡尔谱、电子顺磁共振谱分析、热分析等。

3.4.1　X 射线衍射分析

自 1895 年伦琴发现 X 射线以来，利用 X 射线分辨物质已经为大家提供了大量的物质晶体结构的信息。X 射线衍射分析（XRD）是利用晶体形成的 X 射线衍射，对物质进行内部原子在空间分布状况的结构分析方法。它是将具有一定波长的 X 射线照射到结晶性物质上时，X 射线因在结晶内遇到规则排列的原子或离子而发生散射，散射的 X 射线在某些方向上相位得到加强，从而显示与结晶结构相对应的特有的衍射现象。X 射线衍射仪（图 3-25）由 4 个基本部分组成，即 X 射线发生器、辐射探测器、测角仪及辐射探测电路，是用 X 射线照射样品并由辐射探测器记录衍射信息的实验装置。

X 射线衍射分析有粉晶（多晶）衍射分析和单晶衍射分析两种方法。粉晶衍射采用粉

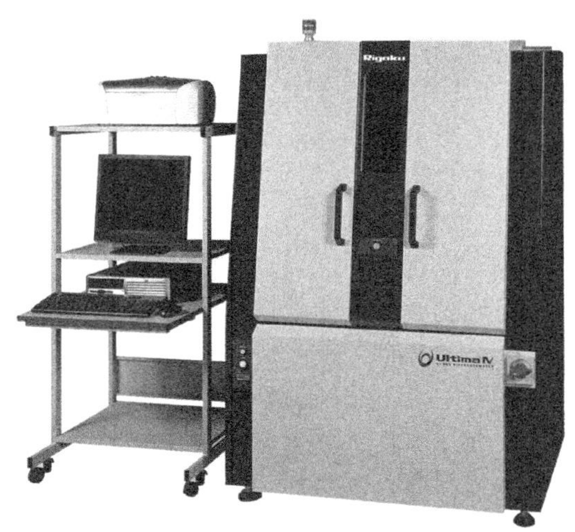

图3-25　X射线衍射分析仪

末状（1～10μm）多晶为样品（50～100mg）。粉晶衍射仪通过转动2θ角，用辐射探测器和计数器测定并记录衍射线的方向和强度，获得衍射图谱。获得衍射数据后，与鉴定表（ICDD卡片或其他矿物X射线鉴定表）中标准数据对比，即可作出矿物鉴定，也可采用计算机数据库检索分析软件进行辅助鉴定。粉晶衍射物相分析快速简便，分辨率高，记录图谱时间短，精度高。用计算机控制操作和进行数据处理，可直接获得衍射数据，对矿物定性、定量都十分有效，目前已得到广泛的应用。单晶衍射分析一般采用0.2～0.5mm的单个晶体（或单晶碎片）为测试样品。目前较多用四圆测角系统的单晶衍射仪。它是通过一束单色X射线射入单晶样品，用计算机控制4个圆协同作用，调节晶体的取向，使某一面网达到能产生衍射的位置，用计数器或平面探测器记录衍射方向和强度。据此，可测定晶胞参数，确定空间群，求解原子坐标，计算键长、键角，最终得到晶体结构数据。

X射线衍射技术从发明后就被用于矿物及岩石的研究。矿物的X射线物相分析包括定性相分析及定量相分析。X射线粉晶衍射做定量分析的基础是：每种矿物都有其特征的衍射图谱，并且衍射强度与其含量呈正比，每种矿物成分的衍射图谱与其他矿物成分的存在无关，获得最后的图谱是样品中各个矿物成分的衍射图谱的组合，通过定量软件分析便可得到各种矿物成分的含量。X射线物相分析对于鉴别同质异构体有其独特的功效。如二氧化硅的多种变体：石英、方石英、鳞石英等，用一般化学分析、光谱分析不可能区别它们，而X射线物相分析法则很容易把它们区分开来。X射线粉晶衍射法存在的一些不足：对于含量极少的矿物，由于特征峰不明显可能会被忽略而无法分析出来。

3.4.2　红外吸收光谱分析

红外吸收光谱分析简称为红外光谱分析（IR），为红外波段电磁波（波长0.75～1000μm；频率13 333～10cm^{-1}）与物质相互作用而形成的吸收光谱，是物质分子振动的分子光谱，反映分子振动的能级变化及分子内部的结构信息。红外吸收光谱是由矿物中某些基团分子不停地作振动和转动运动而产生的。分子振动的能量与红外射线的光量子能量相当，当分子的振动状态改变时，就可以发射红外光谱，而因红外辐射激发分子振动时便产生红外吸收光谱。分子的振动能量不是连续而是量子化的，但由于分子在振动跃迁过程中也常伴随转动跃迁，使振动光谱呈带状。分子越大，红外谱带也越多。将一束不同波长的红外光照射在矿物上，某些特定波长的红外射线被吸收，就形成了这种矿物的红外吸收光谱。

测量和记录红外吸收光谱的仪器称为红外光谱仪。红外光谱仪有两类：一类是单通道测量的棱镜和光栅光谱仪，属色散型，它的单色器为棱镜或光栅；另一类为傅里叶变换红外光谱仪（图 3-26），它是非色散型的。傅里叶变换红外光谱仪有许多优点：可实现多通道测量，提高信噪比；光通量大，提高了仪器的灵敏度；波数值的精确度可达 0.01cm^{-1}；增加动镜移动距离，可使分辨本领提高；工作波段可从可见区延伸到毫米区，可以实现远红外光谱的测定。红外光谱可以划分为近红外、中红外和远红外三个频率区，其中近红外区（13 333 ~ 4000cm^{-1}）的吸收带主要是由低能电子跃迁、含氢原子团伸缩振动的倍频吸收等产生的；中红外区（4000 ~ 400cm^{-1}）的吸收带主要为基频吸收带，其中的 4000 ~ 1250cm^{-1}称为特征频率区，此区的吸收峰较疏，主要包括含有氢原子的单键、各种三键和双键的伸缩振动的基频峰；1250 ~ 400cm^{-1}频区是矿物鉴定的指纹区，所出现的谱带相当于各种单键的伸缩振动以及多数基团的弯曲振动；远红外区（400 ~ 10cm^{-1}）的吸收带主要与晶格振动、转动以及气体分子中的纯转动跃迁、振动–转动跃迁有关，使用远红外光或波长更长的微波去照射分子时，将不引起电子能级和振动能级的变化，但会引起转动能级之间的跃迁，因而得到分子的转动光谱。从转动光谱中可能精确地测定分子的键长、键角以及偶极矩等参数。

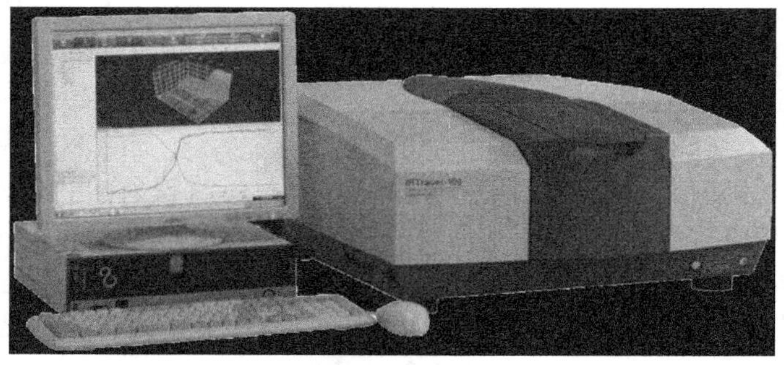

图 3-26　傅里叶变换红外光谱仪

红外吸收光谱分析操作简捷，用样极少（仅几毫克），而且又不损耗样品，已成为结构分析和矿物鉴定中的一种重要方法。每种矿物都有由其组成和结构决定的独有的红外吸收光谱，可以采用与标准化合物的红外光谱对比的方法来做分析鉴定。例如区分层状硅酸盐矿物（黏土矿物、绿泥石、蛇纹石等）；区分含羟基硅酸盐矿物（绿帘石、闪石等）；区分硫酸盐矿物（明矾石、黄铁钾矾、石膏等）；区分碳酸盐矿物（方解石、白云石等）。红外光谱在研究浮选药剂与矿物表面作用机制方面应用比较广泛。如果浮选药剂与矿物作用后表面有新的吸收峰，说明有化学反应发生；如果仅有吸收峰的位置发生移动，排除仪器误差，则说明浮选药剂与矿物表面形成的是化学吸附；除此之外，通过反复水洗即可清除表面附着的浮选药剂分子，则发生的是物理吸附。红外光谱法主要优点是可以直接对矿物吸附前后进行测量，适用于定性分析。矿物中特征振动频率范围见表 3-15。

表 3-15　矿物中特征振动频率范围

<table>
<tr><th rowspan="3">矿物类或多面体</th><th colspan="4">特征振动频率范围/cm^{-1}</th></tr>
<tr><th colspan="2">伸缩振动</th><th colspan="2">弯曲振动</th></tr>
<tr><th></th><th></th><th></th><th></th></tr>
<tr><td rowspan="2">碳酸盐</td><td>1570</td><td>1509</td><td rowspan="2">765</td><td rowspan="2">675</td></tr>
<tr><td>1475</td><td>1390</td></tr>
<tr><td>硝酸盐</td><td>1430</td><td>1350</td><td>750</td><td>695</td></tr>
<tr><td>硼酸盐</td><td>1315</td><td>1190</td><td>680</td><td>605</td></tr>
<tr><td>硫酸盐</td><td>1200</td><td>1080</td><td>680</td><td>580</td></tr>
<tr><td>磷酸盐</td><td>1140</td><td>960</td><td>650</td><td>525</td></tr>
<tr><td>正硼酸盐</td><td>1040</td><td>940</td><td>570</td><td>500</td></tr>
<tr><td>硅酸盐</td><td>1000</td><td>830</td><td>540</td><td>435</td></tr>
<tr><td>铬酸盐</td><td>930</td><td>800</td><td>400</td><td>360</td></tr>
<tr><td>砷酸盐</td><td>900</td><td>760</td><td>420</td><td>310</td></tr>
<tr><td>钒酸盐</td><td>880</td><td>740</td><td>390</td><td>310</td></tr>
<tr><td>铝酸盐</td><td>850</td><td>790</td><td>375</td><td>330</td></tr>
<tr><td>钨酸盐</td><td>815</td><td>785</td><td>340</td><td>295</td></tr>
<tr><td>LiO_4^{7-}</td><td>460</td><td>370</td><td colspan="2">—</td></tr>
<tr><td>FeO_4^{6-}</td><td>400</td><td>320</td><td colspan="2">—</td></tr>
<tr><td>SiO_6^{8-}</td><td>800</td><td>670</td><td colspan="2">—</td></tr>
<tr><td>AlO_6^{9-}</td><td>700</td><td>580</td><td>200</td><td>140</td></tr>
<tr><td>TiO_6^{8-}</td><td>580</td><td>430</td><td colspan="2">—</td></tr>
<tr><td>LiO_6^{11-}</td><td>320</td><td>230</td><td colspan="2">—</td></tr>
<tr><td>卤化物矿物</td><td colspan="4">≤600</td></tr>
<tr><td>硫化物矿物</td><td colspan="4">≤500</td></tr>
</table>

由于白钨矿与萤石、方解石等含钙脉石矿物表面相似的结构与特性造成传统白钨捕收剂（如油酸，油酸钠）对白钨矿捕收选择性降低，因而浮选分离它们很困难。通过红外吸收光谱检测手段研究 ZL 捕收剂对含钙矿物的浮选规律，并探讨其作用机理（倪章元等，2014）。从 ZL 捕收剂红外光谱图可以看出，2921.3cm^{-1} 和 2851.7cm^{-1} 代表—CH_3 和—CH_2—中 C—H 键的对称振动吸收峰，1719.4cm^{-1}、1558.2cm^{-1} 和 1411.2cm^{-1} 处的峰是羧基中—COO—基团的特征吸收峰，3408.8cm^{-1} 和 918.8cm^{-1} 处的峰是缔合羟基伸缩振动峰和 O—H 的非平面变角振动，说明 ZL 捕收剂中含有—COOH 和 O—H 等特征官能团。比照标准硅酸钠红外光谱可知，在硅酸钠的红外光谱图中，3407.3cm^{-1} 处的峰为硅酸钠分子间缔合 O—H 伸缩振动吸收峰，1661.2cm^{-1} 和 1445.1cm^{-1} 分别代表硅酸钠分子 O—H 弯曲振

动吸收峰和游离的 O—H 伸缩振动吸收峰，995.4cm^{-1}和 461.8cm^{-1}分别为硅酸根中 Si—O—Si 键的伸缩振动峰和原硅酸根中 Si—O—Si 键的弯曲振动峰。

由在碱性条件下矿物与药剂作用前后的红外光谱测试结果可知，与 ZL 捕收剂作用后，含钙矿物表面都出现了 ZL 捕收剂红外光谱中 2921.5cm^{-1}和 2851.7cm^{-1}处的亚甲基吸收峰，说明 ZL 捕收剂在白钨矿、萤石、方解石等 3 种矿物表面发生了吸附；另外，白钨矿表面在 3312.2cm^{-1}和 1540.4cm^{-1}处分别出现缔合 O—H 伸缩振动峰和羧基中 C—O 的不对称伸缩振动峰，方解石表面在 1728.1cm^{-1}处出现了 C═O 伸缩振动峰，与 ZL 捕收剂光谱中 3408.8cm^{-1}、1558.2cm^{-1}和 1719.4cm^{-1}处的吸收峰相比，其波数分别移动了 96.6cm^{-1}、18.2cm^{-1}与 8.7cm^{-1}，说明 ZL 捕收剂化学吸附于白钨矿、方解石表面；萤石表面没有出现 ZL 捕收剂中—COOH 或 O—H 的特征峰，表明 ZL 捕收剂物理吸附于萤石表面。

与硅酸钠作用后，白钨矿在 3342.0cm^{-1}和 1413.4cm^{-1}处出现了硅酸钠间缔合 O—H 伸缩振动峰和游离 O—H 伸缩振动峰；萤石在 985.4cm^{-1}和 412.9cm^{-1}处出现了硅酸根中 Si—O—Si 键的伸缩振动峰和原硅酸根中 Si—O—Si 键的弯曲振动峰；方解石在 3375.8cm^{-1}处出现了硅酸钠分子间缔合 O—H 伸缩振动峰。与硅酸钠光谱中的峰比较，其波数分别移动了 65.3cm^{-1}和 31.7cm^{-1}、9cm^{-1}和 48.9cm^{-1}以及 31.5cm^{-1}，说明硅酸钠在 3 种矿物表面均发生化学吸附。

矿物与硅酸钠作用后再添加 ZL 捕收剂的结果表明，白钨矿在 1533.8cm^{-1}处出现了—COOH不对称伸缩振动峰，与 ZL 捕收剂红外光谱中 1558.2cm^{-1}处的峰相比，其波数偏移 24.4cm^{-1}；而在萤石和方解石表面仅出现很弱的 CH_3—和—CH_2—振动吸收峰，没有出现 ZL 捕收剂中—COOH 或 O—H 的特征峰，表明 ZL 捕收剂在白钨矿表面仍发生较强的化学吸附，而在萤石和方解石表面的吸附很弱。说明硅酸钠的添加对 ZL 捕收白钨矿影响不大，却可以大大减弱 ZL 捕收剂对萤石、方解石的捕收能力。

3.4.3　拉曼光谱分析

拉曼光谱（RS）是一种分子的联合散射光谱，由于它的产生与分子振动能级间的跃迁有关，因此也是分子的一种振动光谱。主要用于物质分子结构的研究，与红外光谱各有所长，可互为补充。用单色光照射透明样品时，光的绝大部分沿着入射光的方向透射，一部分被吸收，还有一部分被散射。用光谱仪测定散射光的光谱，发现有两种不同的散射现象，一种叫瑞利散射，另一种叫拉曼散射。前者是由于光子与物质分子发生弹性碰撞，两者之间无能量交换而产生的弹性散射，散射光的频率与入射光的频率相等，只是光子的传播方向发生改变。后者则是由于光子与分子发生非弹性碰撞，光子与分子之间有能量交换，光子把一部分能量给予分子，或从分子获得一部分能量，光子的能量会减少或增加，这样散射光的频率就会低于或高于入射光的频率，因此拉曼散射是在瑞利散射线两侧的一系列低于或高于入射光频率的散射线。

激光拉曼光谱仪（图 3-27）的主要部件包括激发源（氩离子激光光源）、样品室、信号检测系统和数据处理系统四部分。现代拉曼光谱仪还常与显微镜组装在一起构成显微拉曼探针，不仅兼有光谱仪和摄谱仪两种功能，而且充分发挥了激光光源高方向性、高强度、高单色性的特点。激光拉曼光谱的空间分辨率达 1μm^2，探测极限为 10^{-9} ~ 10^{-12}g，可用于鉴别样品的微颗粒、微区域、微结构中分子的种类和相对数量。由于拉曼光谱分析技术可以做到非破坏性测试，样品用量少（几毫克），并可以进行无损分析、原位分析和深度分析，因而在矿物学研究中发挥越来越重要的作用，也弥补了近红外光谱非官能团矿物（如硫化物）鉴定中的缺陷。

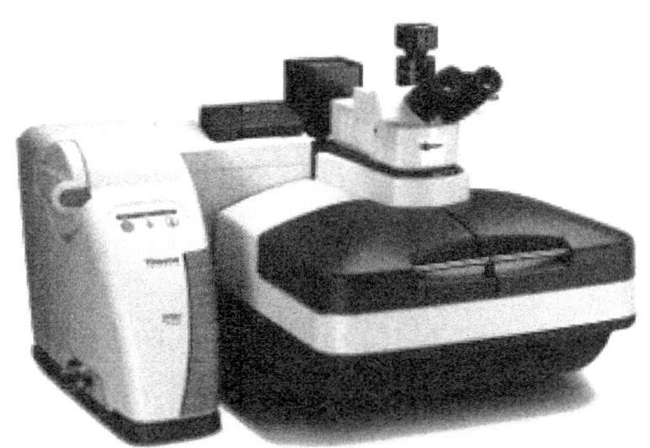

图 3-27　激光拉曼光谱仪

矿物常见基团的特征拉曼振动频率见表 3-16。矿物拉曼光谱反映了矿物分子振动模式和振动频率特征，与矿物结构息息相关，借此可利用拉曼光谱进行矿物鉴定，鉴定一些光学显微镜下无法判定的微细矿物，并方便快捷的区分光性特征相似的矿物。

表 3-16　矿物常见基团的特征拉曼振动频率

矿物种类	分子式	特征拉曼振动频率/cm^{-1}			
		ν_1	ν_2	ν_3	ν_4
碳酸盐	CO_3^{2-}	1050 ~ 1120	840 ~ 910	1350 ~ 1520	680 ~ 760
硫酸盐	SO_4^{2-}	960 ~ 1100	430 ~ 490	1100 ~ 1200	550 ~ 680
钨酸盐	WO_4^{2-}	900 ~ 950	300 ~ 360	780 ~ 820	290 ~ 340
钼酸盐	MoO_4^{2-}	830 ~ 960	220 ~ 300	790 ~ 850	330 ~ 375
磷酸盐	PO_4^{3-}	860 ~ 965	270 ~ 360	960 ~ 1140	500 ~ 600
砷酸盐	AsO_4^{3-}	830 ~ 980	200 ~ 350	750 ~ 880	310 ~ 470
钒酸盐	VO_4^{3-}	850 ~ 900	<200	740 ~ 800	310 ~ 460
铬酸盐	CrO_4^{2-}	820 ~ 860	330 ~ 400	830 ~ 900	330 ~ 400
硼酸盐	BO_3^{3-}	860 ~ 970	670 ~ 810	1020 ~ 1410	590 ~ 680
	BO_4^{5-}	700 ~ 850	550 ~ 700	850 ~ 1100	500 ~ 650
岛状硅酸盐	$[SiO_4]$	810 ~ 1009	—		
二聚体状硅酸盐	$[Si_2O_7]$	910 ~ 990	—	560 ~ 760	—
环链状硅酸盐	$[SiO_3]$	980 ~ 1100	—	650 ~ 710	—
层状硅酸盐	$[Si_2O_5]$	1090 ~ 1200	—	520 ~ 760	—
架状硅酸盐	$[AlSi_3O_8]$	1090 ~ 1250	—	450 ~ 550	—

目前我国氟碳酸盐稀土矿物已知的有 8 种：氟碳铈矿 {Ce [CO_3] F}、氟碳钙铈矿 {Ce_2Ca [CO_3] F_2}、氟碳钡铈矿 {Ce_2Ba [CO_3]$_3F_2$}、黄河矿 {CeBa [CO_3]$_2$F}、氟碳铈钡矿 {Ce_2Ba_3 [CO_3]$_5F_2$}、氟碳钕钡矿 {Nd_2Ba_3 [CO_3]$_5F_2$}、中华铈矿 {$CeBa_2$ [CO_3]$_3$F}、白云鄂博矿 {Ce_2NaBa [CO_3]$_4$F}。氟碳铈矿属于稀土氟碳酸盐矿物，是分布最广稀土矿物之一，除白云鄂博矿床大量产出外，四川冕宁、山东微山湖、甘肃桃花拉山等地均有分布。氟碳钡铈矿、氟碳铈钡矿、黄河矿属于钡稀土氟碳酸盐矿物，以白云鄂博矿床产出和分布为最多。国外除氟碳铈矿和氟碳钙铈矿有较多的产地外，其余几种矿物产出地区很少。如氟碳钡铈矿仅在南格陵兰和加拿大魁北克被发现，黄河矿仅在俄罗斯科拉半岛找到。为了了解氟碳酸盐类稀土矿物的拉曼光谱特征，利用激光拉曼光谱仪分别对氟碳钡铈矿、黄河矿、氟碳铈钡矿、氟碳钙铈矿和氟碳铈矿进行测试（洪文兴等，1999）。

氟碳酸盐稀土矿物属于含有卤根的复杂碳酸盐类，或碳酸盐-卤化物复盐。因此，在氟碳酸盐稀土矿物的拉曼光谱图中既有 $(CO_3)^{2-}$离子的振动图谱，又有卤化物的振动频率。碳酸盐和碳酸复盐都是高异键化合物，具有强共价键的化学特点。通过分析确定 $(CO_3)^{2-}$离子具有 4 个振动模式：ν_1对称伸缩振动，ν_2面外弯曲振动，ν_3非对称伸缩振动，ν_4面内弯曲振动。氟碳酸盐稀土矿物中 $(CO_3)^{2-}$离子的拉曼谱带归属见表 3-17。由表 3-17 可见，不同的氟碳酸盐稀土矿物具有各自特征的谱带频率，而且 $(CO_3)^{2-}$离子的对称伸缩频率 ν_1有随着矿物中 $(CO_3)^{2-}$离子的数目增多而增大的变化趋势。氟碳铈矿的 $(CO_3)^{2-}$离子的振动谱是比较对称的，拉曼散射峰没有发生分裂现象。氟碳钙铈矿的拉曼谱带中 ν_1出现双峰，可能与矿物晶体对称低和 $(CO_3)^{2-}$离子较多有关。黄河矿 ν_1谱带强，ν_2缺失，ν_3和 ν_4出现双峰。氟碳铈钡矿与氟碳钡铈矿相似，ν_1、ν_2和 ν_3均为单峰，ν_4为双峰，但在频率上它们彼此却有明显的区别。氟碳酸盐稀土矿物的拉曼谱中属卤化物的振动频率归纳于表 3-18 中。由此可见，稀土氟碳酸盐矿物普遍出现有卤化物的拉曼光谱振动频率，而且其谱带峰值均落在氟镧矿和萤石的拉曼光谱的振动频率范围内。

表 3-17　氟碳酸盐稀土矿物中 $(CO_3)^{2-}$离子的拉曼振动频率

矿物名称	分子式	晶系	振动频率/cm^{-1}			
			ν_1	ν_2	ν_3	ν_4
氟碳钡铈矿	Ce_2Ba [CO_3]$_3F_2$	六方晶系	1088	967	1538	720
						628
黄河矿	CeBa [CO_3]$_2$F	三方晶系	1089	—	1525	720
					1596	649
氟碳铈钡矿	Ce_2Ba_3 [CO_3]$_5F_2$	单斜晶系	1088	911	1516	718
						625
氟碳钙铈矿	Ce_2Ca [CO_3] F_2	三方晶系	1095	915	1461	744
			1075			732
			(1080)	(875)	(1449)	(746)
			(1078)			(732)

续表

矿物名称	分子式	晶系	振动频率/cm^{-1}			
			ν_1	ν_2	ν_3	ν_4
氟碳铈矿	Ce $[CO_3]$ F	六方晶系	1098	835	1476	732
					1447	
			(1086)	(868)	(1443)	(728)

表 3-18　氟碳酸盐稀土矿物中卤化物的拉曼振动频率

矿物名称	分子式	拉曼振动频率/cm^{-1}
萤石	CaF_2	470～260
氟镧矿	LaF_3	360，290～200，170，129，103
氟碳铈矿	Ce $[CO_3]$ F	353，274，230
氟碳钙铈矿	Ce_2Ca $[CO_3]$ F_2	356
黄河矿	CeBa $[CO_3]_2F$	353，274，230
氟碳钡铈矿	Ce_2Ba $[CO_3]_3F_2$	268，223，105
氟碳铈钡矿	Ce_2Ba_3 $[CO_3]_5F_2$	335，269，225，180

从氟碳酸盐稀土矿物类拉曼光谱振动频率特征来看，钡氟碳酸盐稀土矿物（氟碳钡铈矿、氟碳铈钡矿、黄河矿）与钙氟碳酸盐稀土矿物（氟碳钙铈矿）和氟碳酸盐稀土矿物（氟碳铈矿）之间都有各自不同的谱带频率。钡氟碳酸盐稀土矿物的拉曼光谱带中的特点是，ν_1和ν_2为单峰值，ν_3和ν_4为双峰值。钙氟碳酸盐稀土矿物的拉曼光谱中ν_1和ν_4为双峰值，ν_2和ν_3为单峰值。氟碳酸盐稀土矿物的拉曼光谱带中ν_1、ν_2和ν_4为单峰值，ν_3为双峰值。

3.4.4　电子衍射分析

采用波长小于或接近于其点阵常数的电子束照射晶体样品，由于入射电子与晶体内周期地规则排列的原子的交互作用，晶体将作为二维或三维光栅产生衍射效应，根据由此获得的衍射花样研究晶体结构的技术，称为电子衍射（ED）。电子衍射和 X 射线衍射一样，也遵循布拉格公式 $2d\sin\theta=n\lambda$。当入射电子束与晶面簇的夹角 θ，晶面间距和电子束波长 λ 三者之间满足布拉格公式时，则沿此晶面簇对入射束的反射方向有衍射束产生。

电子衍射和 X 射线衍射一样，可以用来作物相鉴定，测定晶体取向和原子位置。由于电子衍射强度远强 X 射线，电子又极易为物体所吸收，因而电子衍射适合于研究矿物表面以及小颗粒的单晶。此外，在研究由原子序数相差悬殊的原子构成的晶体时，电子衍射较 X 射线衍射更优越些。会聚束电子衍射的特点是可以用来测定晶体的空间群。X 射线衍射简易高效，它能准确地测定晶胞参数，但得到的是宏观平均信息；电子衍射是微区结构测量的优势技术，但晶胞参数等定量结果不能作为标准，而且电子衍射的制样困难。因此，电子衍射在研究矿物表面结构时，远较 X 射线衍射优越。

利用电子显微术研究太平洋中部多金属结核中的锰矿物，发现锰矿物的形态和电子衍射花样有着密切的联系（萧绪琦和郭世勤，1992）。根据形貌像和大量电子衍射图谱的分析鉴定，该区结核中的锰矿物主要为水羟锰矿和钡镁锰矿，并有少量锰钾矿。表 3-19 概括了水羟锰矿和钡镁锰矿的形态及电子衍射花样特征。

表 3-19　锰矿物特征简表

矿物名称	形态特征	电子衍射花样特征	主要 d 值/10^{-10}m
水羟锰矿	卷曲的叶片状，卷曲的纤维状	弥散的多晶环	2.55～2.57，2.22～2.24，1.52～1.55
钡镁锰矿	片状，板状，纤维状	点状	2.45～2.47，1.43～1.45

在透射电镜下观察，水羟锰矿是非常细小的叶片状，大多数呈卷绕的纤维状集合体。水羟锰矿结晶程度很差，从选区电子衍射研究可以看出，凡是形态为卷曲的叶片状或纤维状的锰矿物，其电子衍射花样基本上都是弥散的多晶环，除了衍射环 d 值为 2.56×10^{-10}m、1.57×10^{-10}m 外，还有一个特征环 2.22×10^{-10}m。水羟锰矿成分复杂，有可能是结晶较差或胶状的锰氧化物、铁氧化物的混合物（有时甚至有 Si、Al 物质）。钡镁锰矿曾被称为10 埃水锰矿，选区电子衍射花样为点状花样，呈现假六方对称分布。其主要衍射 d 值为 2.45×10^{-10}～2.47×10^{-10}m；1.43×10^{-10}～1.45×10^{-10}m。钡镁锰矿根据形态特征分为三个相：纤维状、片状和板条状。水羟锰矿和钡镁锰矿都是自生矿物，水羟锰矿主要是通过微生物氧化直接从溶液中沉淀生成；而钡镁锰矿则是在没有微生物参加下由溶液中分离出来的。两种矿物之间有着密切的生长关系。

3.4.5　电子背散射衍射分析

通常电子背散射衍射系统配备在扫描电子显微镜中，由电子光学系统产生的电子束入射到样品内；当入射电子束在晶体样品中发生散射时，在晶体内向空间所有方向发射散射电子波；如果这些散射电子波和晶体中某一晶面（hkl）之间正好符合布拉格衍射条件（$n\lambda=2d\sin\theta$），将产生电子背散射衍射（EBSD）。电子背散射衍射作为扫描电子显微镜（SEM）的一个标准分析附件，与 X 射线能谱分析仪结合，可实现矿物晶体微区结构分析、成像分析和成分分析等。电子背散射衍射系统（图 3-28）主要由背散射探测器、高灵敏度 CCD 数字照相机、图像采集卡、计算机分析软件及数据库等组成。

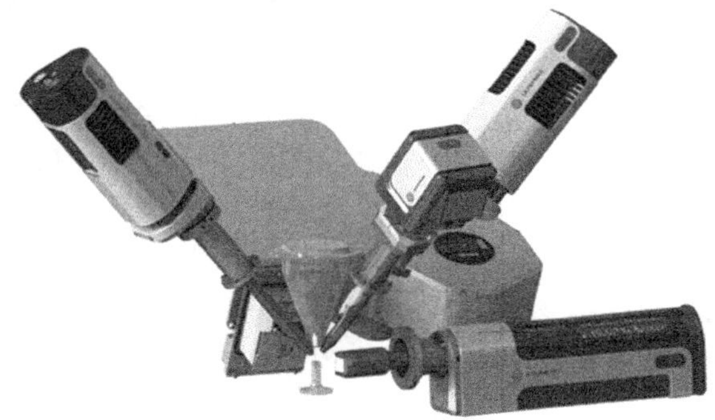

图 3-28　电子背散射衍射系统

与传统的晶体衍射分析技术相比，电子背散射衍射有着独特的优势：在保留扫描电子显微分析技术常规特点的同时能进行空间分辨率高的衍射分析；既可以观察块状试样大范围的微观组织，也可以做亚微米级微区晶体结构分析；能将独特的衍射图与原位成像相结合，获得晶体结构、晶体取向及其相互之间的关系等大量有用的数据；可进行晶体结构、相分析、晶界、相界参数分析等。

矿物鉴定时，EBSD技术适合含量低、颗粒细小的矿物鉴定；EBSD技术对于区分岩石矿物的同质异构变体很有潜力，例如石英-柯石英；此外，新矿物发现的过程中，可以利用电子背散射衍射技术获得矿物的晶体学信息。

应用电子探针和扫描电镜在阿尔金地区的榴闪岩中发现了一种微米级含铀氧化物矿物（Ti-Zr-U氧化物）（刘亚非等，2016），粒度极为细小，其颗粒长轴为4～28μm；Ti-Zr-U氧化物在空间上与钛铁矿关系极为密切，大部分产于钛铁矿颗粒边部或裂隙，多呈不规则状，少数呈短柱状。另外，背散射电子图像显示少数矿物颗粒发育因成分变化而形成的环带结构。Ti-Zr-U氧化物的电子探针分析结果见表3-20。从测定的10组矿物颗粒的化学成分中可以发现，该矿物主要化学组成为TiO_2、ZrO_2和UO_2，实验化学式为（Zr，U）Ti_2O_6，但是不同颗粒之间或具环带结构的不同环带之间的元素含量均在一定范围内变化。例如，TiO_2含量为49.98%～55.47%，平均含量为53.47%；ZrO_2含量为26.90%～39.00%，平均含量为35.30%；UO_2含量为2.08%～19.07%，变化较为剧烈，但主体小于10%，平均含量为7.83%。另外，该矿物还含有Al、Sr、Ca、Fe、Ce、Th、Pb等微量元素。

表3-20　Ti-Zr-U氧化物电子探针分析结果

样品点号	组分含量/%									
	TiO_2	ZrO_2	UO_2	Al_2O_3	SiO_2	CaO	FeO	Ce_2O_3	ThO_2	PbO
1	55.18	38.81	3.55	0.23	0.00	0.10	0.18	0.16	0.21	0.20
2	52.22	34.06	9.05	0.13	0.20	0.12	1.08	0.29	0.37	0.58
3	53.26	34.81	7.34	0.16	0.06	0.14	1.32	0.32	0.22	0.42
4	53.96	36.67	5.16	0.15	0.08	0.12	1.22	0.25	0.26	0.48
5	55.47	39.00	2.08	0.07	0.06	0.06	1.18	0.34	0.08	0.04
6	55.26	38.35	5.61	0.07	0.00	0.04	0.21	0.05	0.23	0.40
7	53.81	36.72	7.45	0.18	0.07	0.03	0.22	0.26	0.16	0.41
8	49.98	26.90	19.07	0.17	0.00	0.10	0.33	0.17	0.58	1.20
9	52.72	34.43	9.31	0.05	0.01	0.00	0.28	0.24	0.24	0.72
10	52.89	33.26	9.67	0.14	0.00	0.01	2.04	0.22	0.30	0.60

注：8、9点为具环带结构的同一颗粒，其中8为核部，9为边部。

由于Ti-Zr-U氧化物含量少且粒度小，难以分离单矿物，无法应用常规粉晶及单晶X射线衍射分析获取结构信息，因此在选用原位微区结构分析技术电子背散射衍射（EBSD）对其晶体结构进行研究。对于结构未知的新矿物，可以利用EBSD获得其具有结构信息的衍射花样，并利用成分相似矿物相的结构信息对其进行标定，从而获得其初步结构信息。通过矿物结晶学信息比对，发现Ti-Zr-U氧化物与化学成分类似的已知天然矿物

（如斯里兰卡石等）在产出状态、化学成分稳定性及结晶学特征等多个方面存在不同程度的差别，而与一种人工合成晶体 $Zr_5Ti_7O_{24}$ 的化学成分和晶体结构较为相似，可以初步推断 Ti-Zr-U 氧化物为一种未被人们发现和研究的新的氧化物矿物，所获得的研究成果对地质科学的发展和矿产资源的开发和利用具有重要的理论意义和实际价值。

3.4.6　穆斯堡尔谱分析

穆斯堡尔（Mössbauer）效应是由于原子核吸收同类放射性核素发出的 γ 射线，导致核能级之间的跃迁而产生的共振吸收效应，是 1957 年在实验中发现的。穆斯堡尔谱就是这种无反冲核 γ 射线共振吸收谱。具有穆斯堡尔效应的元素约有 40 多种，同位素约 90 余种，但目前得到广泛应用的只是 ^{57}Fe 和 ^{119}Sn。在矿物中，原子核总是处于一定的化学环境中。核外电子云的分布及周围其他原子或离子的分布等决定着核所在的内电场和内磁场，而原子核与这些内场的相互作用又影响着核能级的情况，会使核能级移动和分解。因此反映核能级间跃迁的穆斯堡尔谱能够提供具有穆斯堡尔效应核素（如 ^{57}Fe）所处的化学环境和有关结构信息。

穆斯堡尔谱仪（图 3-29）由放射源、γ 光子探测系统、信号记录和数据处理系统及保证放射源和吸收体（样品）间产生相对运动的驱动装置组成。穆斯堡尔谱的主要参数包括同质异能位移、四级分裂和磁分裂。同质异能位移主要由化学键性质、离子价态决定，自旋状态及离子配位数也对其有影响；四极分裂主要与离子价态和配位多面体的畸变程度有关；磁分裂则反映着穆斯堡尔效应核素位置的内磁场情况，提供有关磁结构信息。由于地球中含铁矿物的分布相当广泛，因此穆斯堡尔谱已成为含铁矿物研究中的一个重要手段。

图 3-29　穆斯堡尔谱仪

应用这种方法可以测定矿物结构中铁的氧化态、配位以及在不同位置上的分布等。利用穆斯堡尔谱方法对试样无破坏，试样可以是晶体或薄膜，也可以是粉末、超细小颗粒，甚至是冷冻的溶液。试样的制备和实验技术也相对简单。不足之处是它只能研究含具有穆斯堡尔效应元素的矿物。

锡铁山铅锌矿是我国著名的大型铅锌矿床之一，位于典型的干旱地区。矿体呈似层状、透镜状产出，主要由黄铁矿、闪锌矿和方铅矿组成。由于矿体出露地表或埋藏很浅，氧化带十分发育，深达10～30m，最深处达60m；特殊的干旱气候，降雨量很少和地下水位很深，使得氧化带在形态和产状上与原生矿体基本一致，没有明显的膨胀变形和扩散，在地表保持着正常的地形和地貌。穆斯堡尔谱在确定铁离子占位、核外环境及氧化态方面有着独特的优势。通过对青海锡铁山铅锌矿发育良好的巨厚氧化带进行室温^{57}Fe穆斯堡尔谱研究，探讨多金属硫化矿床在干旱气候条件下氧化过程中的穆斯堡尔谱特征，划分出几个穆斯堡尔谱不同的垂向亚带（张铭杰和王先彬，1998）。

由表3-21和表3-22可以看出氧化带硫酸盐矿物具有如下^{57}Fe穆斯堡尔谱特征：

（1）氧化带硫酸盐矿物中，Fe^{2+}的同质异能移位（IS）分布于1.254～1.345mm/s，Fe^{3+}的IS分布于0.38～0.57mm/s。而在氧化物、氢氧化物和硅酸盐矿物中，Fe^{2+}的IS分布于1.00～1.60mm/s，Fe^{3+}的IS为0.35～0.80mm/s。可见氧化带硫酸盐矿物中Fe^{2+}的IS分布集中并明显偏小，Fe^{3+}的IS和典型硫化物中Fe^{3+}的IS（0.4～0.5mm/s）相当，证明氧化带硫酸盐矿物中普遍存在着共价键成分。

表3-21　氧化带硫酸盐矿物的产状和晶体化学式

矿物	晶体化学式	产出位置
水锌矾	$(Zn_{0.66},Fe^{2+}_{0.39})_{1.05}(SO_4)_{0.99}(H_2O_{1.06})$	低铁矾类亚带
铁明矾	$Al_{1.97}(Fe_{0.87},Mg_{0.15})_{1.02}(SO_4)_{4.14}\cdot 21.61(H_2O_{0.99})$	低铁矾类亚带
水绿矾	$Fe_{1.06}(SO_4)_{1.04}\cdot 6.83H_2O$	低铁矾类亚带
叶绿矾	$(Mg_{0.04},Fe^{2+}_{0.42})_{0.46}(Fe^{3+}_{4.20},Al_{0.93})_{5.13}(SO_4)_{5.65}\cdot 23.41H_2O$	三峰型高铁矾类亚带
柴达木石	$(Zn_{0.85},Fe^{2+}_{0.12})_{0.97}(Fe^{3+}_{1.01},Al_{0.01})_{1.02}(SO)_{2.05}(OH)_{0.90}\cdot 3.87H_2O$	三峰型高铁矾类亚带
粒铁矾	$(Fe^{2+}_{0.86},Mg_{0.08})_{0.94}Fe^{3+}_{2.12}(SO_4)_{4.01}\cdot 13.87H_2O$	三峰型高铁矾类亚带
纤铁矾	$(Al_{0.01},Fe_{1.04})_{1.05}(SO_4)_{1.04}(OH)\cdot 4.81(H_2O_{1.01})$	双峰型高铁矾类亚带
纤钠铁矾	$Na_{1.49}Fe_{0.82}(SO_4)_{2.99}\cdot 2.80(H_2O_{1.06})$	双峰型高铁矾类亚带
基铁矾	$Fe_{0.87}(SO_4)_{0.91}(OH)_{1.03}\cdot 1.91(H_2O_{1.23})$	双峰型高铁矾类亚带
黄铁钠矾	$Na_{1.11}Fe_{1.00}(SO_4)_{1.91}\cdot 6.25(H_2O_{1.02})$	双峰型高铁矾类亚带
紫铁矾	$Fe_{1.98}(SO_4)_{2.98}\cdot 11.09H_2O$	双峰型高铁矾类亚带
针绿矾	$(Fe^{3+}_{1.71},Al_{0.27})_{1.98}(SO_4)_{3.00}\cdot 9.05H_2O$	单峰型高铁矾类亚带
针钠铁矾	$Na_{3.31}Fe_{0.99}(SO_4)_{2.99}\cdot 2.91(H_2O_{1.05})$	单峰型高铁矾类亚带
锡铁山石	$Fe_{0.92}(SO_4)_{0.94}Cl_{1.05}\cdot 6.29(H_2O_{1.15})$	单峰型高铁矾类亚带

（2）氧化带硫酸盐矿物的四极矩分裂值（QS）分布范围较大，Fe^{2+}的 QS 为 1.84 ~ 3.36mm/s，Fe^{3+}的 QS 为 0.001 ~ 1.217mm/s，表明这些硫酸盐矿物中铁氧八面体的畸变程度不等；有几乎未畸变的八面体，如针绿矾中的［Fe^{3+}（SO_4）$_6$］八面体和［（Al，Fe）（H_2O）$_6$］八面体等；也有畸变较大的，如纤钠铁矾中的铁氧八面体和叶绿矾中的［（Mg，Fe^{2+}）（H_2O）$_6$］八面体等，这种情况和硫化物极为类似。

表 3-22 氧化带硫酸盐矿物的穆斯堡尔谱参数

矿物	峰	IS/ $mm \cdot s^{-1}$	QS/ $mm \cdot s^{-1}$	线宽/ $mm \cdot s^{-1}$	面积/%	Fe^{n+}	χ^2
水锌矾	A	1.256	2.691	0.298	100.00	Fe^{2+}	1.984
铁明矾	A	1.269	3.301	0.284	100.00	Fe^{2+}	1.599
水绿矾	A	1.255	3.104	0.267	51.485	Fe^{2+}	1.648
	B	1.255	3.358	0.257	48.515	Fe^{2+}	
叶绿矾	A	1.321	1.849	0.305	10.523	Fe^{2+}	2.621
	B	0.433	0.609	0.274	23.622	Fe^{3+}	
	C	0.417	0.847	0.294	32.017	Fe^{3+}	
	D	0.421	0.347	0.278	33.838	Fe^{3+}	
柴达木石	A	1.345	2.643	0.307	10.376	Fe^{2+}	2.689
	B	0.406	1.217	0.240	23.579	Fe^{3+}	
	C	0.415	1.009	0.281	66.046	Fe^{3+}	
粒铁矾	A	1.265	3.256	0.299	24.937	Fe^{2+}	2.473
	B	0.447	0.268	0.639	75.027	Fe^{2+}	
纤铁矾	A	0.395	0.605	0.254	43.353	Fe^{3+}	2.040
	B	0.405	0.418	0.267	56.647	Fe^{3+}	
纤钠铁矾	A	0.415	1.088	0.284	76.941	Fe^{3+}	2.287
	B	0.408	1.274	0.212	23.059	Fe^{3+}	
基铁矾	A	0.409	1.118	0.287	31.745	Fe^{3+}	1.727
	B	0.407	0.961	0.234	29.372	Fe^{3+}	
	C	0.406	0.811	0.296	38.884	Fe^{3+}	
黄铁钠矾	A	0.397	0.340	0.633	87.020	Fe^{3+}	2.327
	B	0.445	0.362	0.349	12.980	Fe^{3+}	
紫铁矾	A	0.414	0.306	0.508	50.478	Fe^{3+}	2.060
	B	0.414	0.110	0.666	49.522	Fe^{3+}	
针绿矾	A	0.388	0.191	0.830	65.360	Fe^{3+}	1.618
	B	0.463	0.003	0.433	15.214	Fe^{3+}	
	C	0.405	0.001	0.611	19.426	Fe^{3+}	

续表

矿物	峰	IS/ mm·s^{-1}	QS/ mm·s^{-1}	线宽/ mm·s^{-1}	面积/%	Fe^{n+}	χ^2
针钠铁矾	A	0.452	0.145	0.392	25.924	Fe^{3+}	1.618
	B	0.397	0.223	0.504	32.465	Fe^{3+}	
	C	0.497	0.003	0.266	23.465	Fe^{3+}	
	D	0.571	0.229	0.249	18.342	Fe^{3+}	
锡铁山石	A	0.620	0.081	0.246	12.452	Fe^{3+}	2.090
	B	0.383	0.356	0.474	87.548	Fe^{3+}	

注：IS-同质异能移位，QS-四极矩分裂。

由于硫化矿床的风化过程受控于多种外部因素，如fo_2、Eh、pH、H_2O含量等。自地表向下这些因素随深度的增加发生梯度性改变，而在特定物化条件下稳定共生的矿物组合是完全不同的。因此，硫化矿床在风化过程中自矿体向上形成明显的垂直分带，在一些特殊地形处还形成环带状水平分带现象。锡铁山铅锌矿中含量较高的黄铁矿，在pH<4的浓溶液中氧化形成［$FeHSO_4$］$^{2+}$离子团，而［$FeHSO_4$］$^{2+}$在不同的pH环境下水解，依次形成不同的含铁硫酸盐矿物，构成该条件下最稳定的矿物组合：黄铁矿[FeS_2]→水绿矾[$FeSO_4 \cdot 7H_2O$](pH=2.80)→赤铁矾[$(Zn,Fe^{2+})Fe^{3+}(SO_4)_2OH \cdot 7H_2O$](pH=4.01)→叶绿矾[$Fe^{2+}Fe_4{}^{3+}(SO_4)(OH)_2$](pH=4.92)→纤铁矾[$Fe_2(SO_4)_3(OH) \cdot 5H_2O$](pH=2.13)→钠铁矾[$NaFe_3(SO_4)_2(OH)_6$](pH=1~3)→褐铁矿[$2Fe_2O_3 \cdot 3H_2O$](pH=7.6,Eh>0.293)。在锡铁山地下水中富含钠，钾含量较低，使得在黄钾铁矾中钠替代钾形成大量的钠铁矾，由此造成氧化带中铁的硫酸盐矿物不仅种类繁多，且发现了多种新矿物。而闪锌矿氧化水解形成菱锌矿和水锌矿，方铅矿氧化形成白铅矿和铅矾主要赋存于表生矿物亚带，在其形成过程中碳酸盐围岩的作用十分明显，同时形成大量的石膏。这种分带现象在穆斯堡尔效应上也表现得较为明显，根据氧化带垂向不同位置矿物的穆斯堡尔谱特征划分出铁锰帽亚带、高铁矾类亚带（进一步划分出单峰型、双峰型和三峰型三个次亚带）、低铁矾类亚带及原生硫化物带等垂向分带，每一亚带代表特定的物化条件，反映了干旱地区硫化矿床风化过程的阶段性。

3.4.7　电子顺磁共振谱分析

电子顺磁共振波谱仪（EPR），又称电子自旋共振仪（ESR），是一种可检测含有未成对电子的物质的波谱学技术。电子顺磁共振波谱仪（图3-30）主要由微波发生与传导系统、谐振腔系统、电磁铁系统以及调制和检测系统四个部分组成。

矿物晶体中所含的过渡族元素，例如：铁族（3d）、钯族（4d）、铂族（5d）、稀土（4f）和锕系（5f）元素，由于它们的内壳层，即d或f电子壳层是未填满的，因而在这些壳层中存在着未成对电子。天然矿物中这些元素的杂质离子，构成了电子顺磁共振波谱研究的一个基本领域。但若这些离子d、f轨道上的电子成为价电子时，它们就不再是顺磁性的了，所以像Ti^{4+}、V^{5+}、Zr^{4+}、Nb^{5+}、Mo^{6+}、Hf^{4+}、Ta^{5+}、W^{6+}、Th^{4+}、U^{6+}等矿物中最常

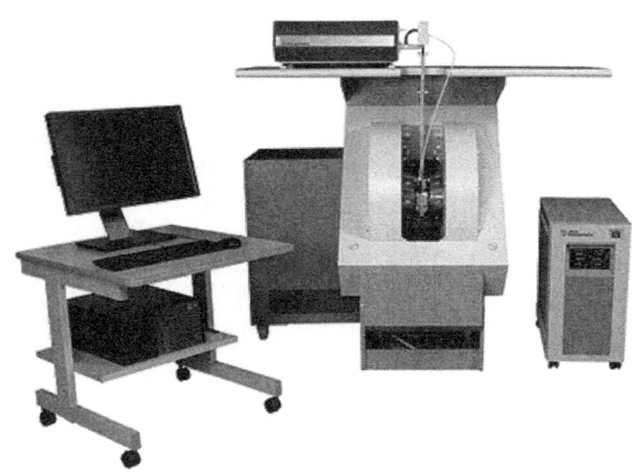

图 3-30　电子顺磁共振波谱仪

见的价态都是非顺磁性的，故不含杂质的金红石、锆英石、白钨矿就没有顺磁共振谱。

矿物中类质同象现象是矿物学研究中的重要课题。EPR 正是研究这个问题的有效手段之一，因为进行类质同象的一些杂质元素往往是顺磁性的，而且其含量通常正适合于顺磁共振观察的范围（富毓德和蔡秀成，1982）。从矿物学观点看，研究矿物中微量杂质 Mn^{2+}、Fe^{3+}、Cr^{3+}是最重要的，因为它们普遍存在于大多数矿物中。锆英石富含稀土是众所周知的，了解稀土元素的价态和类质同象进入锆英石的特点，不仅具有矿物学和结晶化学的意义，而且有助于查明稀土元素的赋存状态。EPR 不仅可以测定置换 Zr^{4+}的稀土元素 Eu^{3+}、Dy^{3+}、Tm^{3+}、Y^{3+}、Gd^{3+}等，而且还可以查明 Tb^{4+}和 Tu^{2+}这样的异常价态。钙镁橄榄石（$CaMgSiO_4$）中 Mn^{2+}杂质取代的是 Mg^{2+}而不是 Ca^{2+}。而在透辉石（$CaMgSi_2O_6$）中 Mn^{2+}取代的是 Ca^{2+}和 Mg^{2+}。在某些情况下，EPR 测量亦能给出定量的结果。例如，透辉石（$CaMgSi_2O_6$）和白云石［$CaMg(CO_3)_2$］的化学式只是“Si_2”和“C_2”之别，但 Mn^{2+}在它们中间的分配却不一样：在透辉石中 72% 的 Mn^{2+}占据 Ca^{2+}位置，只有 28% 的 Mn^{2+}占据 Mg^{2+}位置；而在白云石中 90% 的 Mn^{2+}占据 Mg^{2+}位置，只有 10% 的 Mn^{2+}占据 Ca^{2+}位置。在类质同象置换过程中，存在着一些晶格位置比另一些晶格位置更容易为某种顺磁离子优先占据的现象。以 Fe^{3+}为例，由晶场参数的对称性可知，在尖晶石结构（$MgAlO_4$，$ZnAl_2O_4$）和石榴子石结构中，Fe^{3+}都首先占据八面体位置，在金绿宝石 Al_2BeO_4中 Fe^{3+}选择两个八面体位置中最畸变的位置；在红柱石（Al_2SiO_5）中几乎所有 Fe^{3+}都占据八面体位置，而三方双锥位置含铁很少；Fe^{3+}离子在兰锥矿 $BaTi(SiO_3)_3$中取代 Ba 和 Ti，Ba 位置比 Ti 位置含更多的铁。上述事例说明，Fe^{3+}选择八面体位置超过三方双锥四面体位置，Fe^{3+}优先占据畸变较大的或空间宽敞的八面体位置。

尽管电子顺磁共振波谱技术有许多重要的应用，而且其方法本身也确有独到之处，同时具有灵敏度高、不破坏样品、一般情况下样品不需预处理等优点，但是电子顺磁共振波谱的分析也会受到一些限制。EPR 技术只适用于研究含未偶电子的体系。顺磁离子的含量也不能太高，这是因为当含量高时，由于离子间的相互作用，只能得到一条宽谱线，无法分辨精细和超精细结构线，从而也就无法鉴别离子及其结构位置。顺磁离子的合适浓度范围是10^{-3}～10^{-5}，最大浓度不超过1%，因此EPR只适用于研究矿物中的顺磁性微量杂质。此外，EPR测量也受到温度的限制，对大多数离子来说，测量必须在低温下进行。在室温下能够观察到共振谱的离子只有Mn^{2+}、Cr^{3+}、Fe^{3+}、Ni^{2+}、Cu^{2+}、Eu^{2+}和Gd^{3+}。

3.4.8　热分析

热分析法是根据矿物在不同温度下所发生的热效应来研究矿物的物理和化学性质，目的在于求得矿物的受热（或冷却）曲线，以确定该矿物在温度变化时所产生的吸热或放热效应。此法常用于鉴定肉眼或其他方法难以鉴定的隐晶质或细分散矿物；特别适于鉴定和研究含水、氢氧根和二氧化碳的化合物，如黏土矿物、铝土矿、碳酸盐矿物、含水硼酸盐及硫酸盐矿物等；还可以测定矿物中水的类型。热分析法包括热重分析（TG）和差热分析（DTA）。

一些矿物在受热后可能发生脱水、分解、排出气体、升华等热效应从而引起物质质量发生变化，在程序控温下测量物质和温度变化关系的方法称为热重分析。热重分析一般在热天平上进行，故又称热天平法。测定时将矿物粉末装入石英或白金坩埚中，悬挂于天平上，并置于可控制的高温炉中等速升温加热，用热电偶连接在高温计上连续记录炉温变化，矿物的失重通过砝码连续记录，然后绘制成失重曲线，自动化的热天平，可以自动记录矿物温度和失重并绘制失重曲线。黏土矿物、碳酸盐矿物在加热时会失去水分或放出二氧化碳气体，使矿物重量减少。而硫化矿物在受到氧化时重量会增加。在含水矿物中测定矿物在不同温度条件下失去所含水分的质量而获得温度-质量曲线，从而查明水在矿物中的赋存状态和水在晶体结构中的作用。不同含水矿物具有不同的脱水曲线。

差热分析是将矿物粉末与中性体（不产生热效应的物质，常用煅烧过的Al_2O_3分别同置于一高温炉中，在加热过程中，矿物发生吸热（因相变、脱水或分解作用等引起）或放热（因结晶作用、氧化作用等引起）效应，而中性体则不发生此效应，将两者的热差通过热电偶，借差热电流自动记录出差热曲线，曲线上明显的峰、谷分别代表矿物在加热过程中的吸热和放热效应。不同的矿物在不同的温度阶段，有着不同的热效应。由此可与已知矿物标准曲线进行对比来鉴定矿物。本方法对黏土矿物、氢氧化物、碳酸盐和其他含水矿物的研究最有效。差热分析曲线的解释如下：①含水矿物的脱水：普通吸附水脱水温度为100～110℃；层间结合水或胶体水脱水温度在400℃内，大多数在200℃或300℃内；架状结构水脱水温度400℃左右；结晶水脱水温度在500℃内，分阶段脱水；结构水脱水温度在450℃以上；②矿物分解放出气体：CO_2、SO_2等气体的放出，曲线有吸热峰；③氧化反应表现为放热峰；④非晶态物质的析晶表现为放热峰；⑤晶型转变通常有吸热峰或放热峰；⑥熔化、升华、气化、玻璃化转变显示为吸热峰，如高龄土加热曲线，400℃开始迅速脱水，600℃晶格破坏，吸热，960℃为放热峰，形成新相——尖晶石、莫来石，再如白云石加热曲线，973～1073℃分解游离$CaCO_3$、$MgCO_3$，1220～1230℃时$CaCO_3$分解释放出CO_2。

将热重分析和差热分析配合使用（图3-31），把所得结果差热分析曲线和热重分析曲线结合在一起进行综合考虑研究矿物的热效应以及鉴定矿物效果会更好。

铝土矿是由风化产物再次成岩而形成，其主要成分为铝与铁的氧化物、氢氧化物矿物以及黏土矿物。广西靖西新圩堆积型铝土矿为我国典型的一水铝型铝土矿。以新圩堆积型铝土矿的典型样品（表 3-23）为研究对象，利用 X 衍射分析铝土矿主要矿物组成，借助差热（DTA）、热重（TG/DTG）曲线分析铝土矿矿物组成及其热行为特征（刘学飞等，2008）。

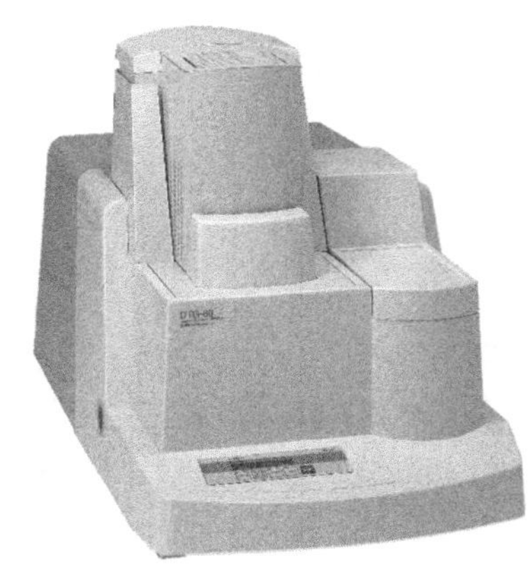

图 3-31　热重/差热同步分析仪

新圩堆积型铝土矿样品的矿物组成主要为含铝和含铁的两类矿物，此外还有含钛矿物及其他一些微量矿物。其中含铝矿物主要为硬水铝石，其次为三水铝石；含铁矿物主要为赤铁矿，其次为针铁矿以及鲕绿泥石；黏土矿物含量较少，主要为绿泥石，包括镁绿泥石、鲕绿泥石，还有少量高岭石；含钛矿物主要为金红石和锐钛矿。

表 3-23　新圩堆积型铝土矿矿石样品特征

样品编号	样品特征
G1	朱红色杂青灰色，微晶结构，砂屑结构，块状构造
G2	紫褐色间绿灰色，微晶结构，豆状结构，块状构造
G3	浅灰色杂紫红色，砂屑结构，豆鲕状结构，块状构造
G4	紫红间浅灰色，砂屑结构，块状构造、定向构造
G5	黄褐色杂灰色，砂屑结构，块状构造

铝土矿样品差热（DTA）曲线呈现类似的变化形态，在 20 ~ 100℃均具有基线差，可被解释为矿物晶格中微小的结构变化引起；100 ~ 200℃基线基本建立；200 ~ 600℃显示有两个明显的吸热峰（样品 G5 只有 1 个）。200 ~ 250℃时的吸热峰为三水铝石［$Al(OH)_3$］吸热脱出结构水，转化为软水铝石（$Al_2O_3 \cdot nH_2O$）。500 ~ 550℃的吸热峰为主吸热峰，对此可解释为铝土矿样品中硬水铝石［α-$AlO(OH)$］吸热脱出结构水，转化为 α-Al_2O_3；硬水铝石的脱水温度范围一般为 490 ~ 580℃。

热重（TG）曲线显示样品在加热过程中有 2 个比较明显的失重台阶，可划分为 3 个反应阶段。阶段Ⅰ为吸附水失去阶段；阶段Ⅱ为三水铝石与针铁矿脱羟基作用阶段；阶段Ⅲ为硬水铝石脱羟基作用阶段。微商热重曲线（DTG）中则显示出样品有 4 个分解阶段，将三水铝石与针铁矿分解过程区分开；其中阶段Ⅰ吸附水失去不是很明显，样品 G2 与样品 G3 显示在大约 100℃前有少量吸附水失去；阶段Ⅱ为三水铝石分解阶段，5 个样品分解的速率最大时温度值分别为样品 G1：240℃，样品 G2：237℃，样品 G3：246℃，样品 G4：233℃，样品 G5：221℃，其中样品 G5 几乎不含三水铝石，所以在微商热重曲线上看到只是微小的峰值。阶段Ⅲ为针铁矿［$FeO(OH)$］分解阶段（样品 G4 例外），4 个样品中针铁矿分解速率最大时温度值分别为样品 G1：288℃，样品 G2：290℃，样品 G3：288℃，样品 G5：271℃。阶段Ⅳ为硬水铝石分解阶段，分解速率最大时温度值为：样品

G1：517℃，样品 G2：523℃，样品 G3：523℃，样品 G4：537℃，样品 G5：524℃。

新圩堆积型铝土矿热分析数据见表 3-24。

表 3-24　新圩堆积型铝土矿热分析

样品及矿物		起始温度（T_s）/℃			峰值/℃			结束温度（T_f）/℃			质量损失/%
		DTA	TG	DTG	DTA	DTA	DTG	DTA	DTA	DTG	
G1	三水铝石	219	—	210	244	—	240	271	—	267	1.364
	针铁矿	—	—	268	—	—	288	—	—	306	0.426
	硬水铝石	480	487	470	521	520	517	549	535	547	9.225
G2	三水铝石	227	—	220	242	—	237	260	—	255	0.741
	针铁矿	—	—	268	—	—	290	—	—	310	0.535
	硬水铝石	480	492	479	528	522	523	558	550	562	7.776
G3	三水铝石	224	225	215	250	245	246	271	255	269	1.087
	针铁矿	271	270	270	290	288	288	311	305	309	0.431
	硬水铝石	486	490	474	527	525	523	558	545	560	6.833
G4	三水铝石	217	225	215	239	235	233	262	245	246	0.381
	针铁矿	—	—	—	—	—	—	—	—	—	—
	硬水铝石	484	497	474	540	538	537	576	561	575	12.602
G5	三水铝石	—	—	—	—	—	221	—	—	—	—
	针铁矿	—	—	269	—	—	271	—	—	311	0.608
	硬水铝石	480	490	470	527	525	524	568	546	565	11.76

注：“—”数据不易确定或者没有数据。

3.5　矿物自动分析系统

矿物自动分析是将计算机图像分析原理应用于工艺矿物学研究，通过仪器设备自动测量矿石中矿物特征参数的图像分析技术。不同的矿物，尤其是金属矿物，在光学显微镜下会呈现出特征的反射色，在扫描电子显微镜下会呈现出不同程度的明暗差异。基于光学显微镜的矿物自动分析系统是以光学显微镜为硬件基础，利用金属矿物本身所具有的反射色的色彩信息来进行矿物的识别与鉴定，即采用图像处理技术将矿物以三原色 RGB（Red 红，Green 绿，Blue 蓝）呈现出的色彩特征以合适的视觉颜色模型比如 HSI（Hue 色调，Saturation 饱和度，Intensity 亮度）、HSV（Hue 色调，Saturation 饱和度，Value 明度）模型等进行数字化，建立矿物数据库，作为矿物自动识别的标准。基本的方法是首先采用 CCD 拍摄出光学显微镜下金属矿物的显微彩色图像，然后通过采用数字图像技术对矿物显微镜图像进行比如腐蚀、膨胀、锐化以及平滑等预处理，最后通过图像技术自动将图像中不同矿物的颗粒分割出来并获取其色彩特征信息，与之前已经建好的目的矿物种类数据库进行对比，由此实现光学显微镜图像中金属矿物的自动识别。在矿物自动识别的同时，进行目的矿物粒度、解离度的测量。光学显微镜矿物图像分析系统（图 3-32）一般由自动样品台、

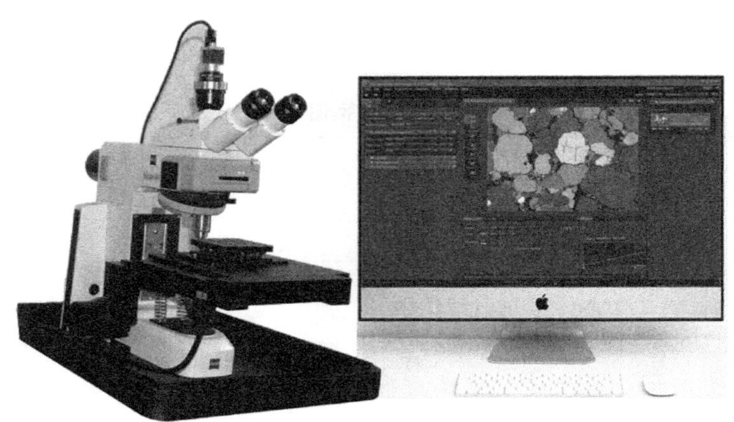

图 3-32　基于光学显微镜的矿物自动分析系统

光学显微镜、电荷耦合图像传感器 CCD（Charge-coupled Device）、计算机及图像处理软件构成。自动样品台可放置多个样品，样品台安置于自动马达台上，自动马达台可通过计算机控制，按照程序制定路径自动移动，以便光学显微镜成像系统选择样品不同部位成像。

基于扫描电镜的矿物自动分析系统是以扫描电子显微镜和 X 射线能谱仪为硬件基础，结合数字图像处理技术进行矿物的识别和特征参数的测量。其基本方法是首先通过不同矿物在背散射图像中的灰度差异结合数字图像处理技术进行分相，然后以能谱分析数据为依据确定矿物种类，同时进行相关矿物粒度、解离度等特征参数的测量。基于扫描电镜的矿物图像分析系统（图 3-33）一般由自动样品台、扫描电镜及能谱分析仪、计算机及图像软件构成。系统与光学显微镜的矿物图像分析系统的差异在于扫描电镜成像即为数字图像，故不需要 CCD 做模拟图像向数字图像的转化。

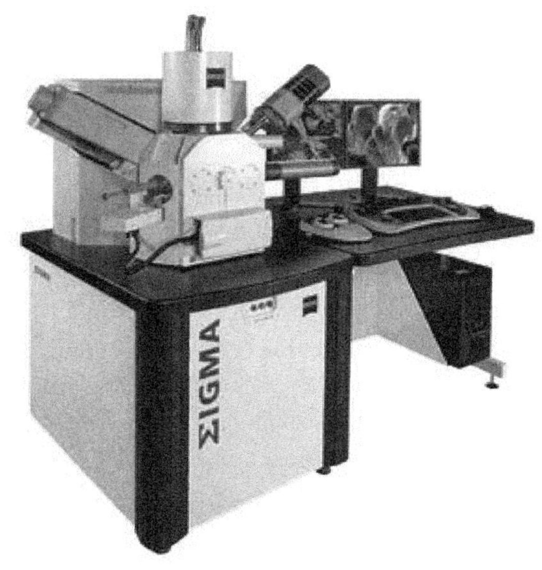

图 3-33　基于扫描电镜的矿物自动分析系统

目前，已经商业化的产品主要有QEMSCAN、MLA以及AMICS。QEMSCAN由澳大利亚联邦科学与工业研究组织CSIRO开发研制；MLA是由澳大利亚昆士兰大学JKTech公司开发研制；AMICS由鹰盛公司开发研制。QEMSCAN通过背散射电子图像灰度区分矿石颗粒和作为背景的环氧树脂，然后利用X射线能谱点区别矿物颗粒之间的边界并对其进行自动识别，再进行相应的测量和数据处理（DunCan et al., 2013）。MLA在利用背散射电子图像去除环氧树脂背景的同时区分出不同矿物颗粒的边界，然后结合能谱分析快速准确的鉴定矿物并采集相关信息，最后再进行数据的计算与处理从而获取所需的工艺矿物学研究参数。AMICS系统的工作原理与MLA基本一致，其优化了能谱布点的方式并增加了能谱打点的数量，提高了矿物识别的准确率；同时提供了包含有2000多种矿物的数据库矿物。

基于光学显微镜的矿物自动分析系统，目前仅有矿冶科技集团有限公司研发的矿物特征参数分析系统（Mineral Characteristic Parameter Analysis System，MCPAS）。该系统是一套集硬件（光学显微镜、X-Y-Z三轴自动控制平台、CCD等）、软件（图像自动聚焦、拍摄和拼接处理系统、目的矿物特征参数自动测定系统等）于一体的，能自动测量目的矿物（铜、铅、锌、铁的金属硫化矿物和铁的氧化矿物）的粒度以及解离度等工艺矿物学特征参数并进行分析的产品。

矿物自动分析系统的出现和应用，是近年来工艺矿物学领域所取得的一大成就，不仅提高了工艺矿物学研究的工作效率，而且提高了矿物特征参数测量的准确度。

湖北宜昌百果园银钒矿中银的品位为89.2g/t。为了查明矿石中银的赋存状态，运用矿物自动分析系统MLA进行详细的研究（王俊萍等，2015）。MLA系统中的SPL_XBSE模式主要用于寻找稀贵矿物。该模式利用矿物相的背散射成像灰度差异，有选择的测量矿物，从而可快速无疏漏的获取目标矿物的颗粒尺寸、嵌布关系以及矿物解离度等信息。选用0～2mm的综合样，采用环氧树脂包埋技术制备样品；测试矿物总颗粒数大于40万颗，经灰度筛选后实际测量颗粒数大于10万颗，共发现有目标银矿物172颗，具有较好的统计性。

由表3-25、表3-26、表3-27可知，矿石中银主要以独立矿物形式存在，银的独立矿物主要为辉银矿及硒银矿，少量的辉硒银矿。银在辉银矿、硒银矿及辉硒银矿中的分布率分别为53.42%、44.26%及2.32%。银矿物主要呈0.020mm以下的细粒或微细粒单独嵌布于云母类矿物中，或者与黄铁矿、褐铁矿紧密共生并嵌布于云母类矿物中，少部分包裹于白云石、石英或重晶石中产出。可见，银矿物嵌布粒度细，磨矿时银矿物及其载体矿物单体解离差，很难通过浮选获得理想的银回收指标。

表3-25　矿石中银矿物的种类及相对含量

矿物名称	银矿物相对含量/%	银矿物含银量/%	银分布率/%
辉银矿	49.18	87.06	53.42
硒银矿	48.50	73.15	44.26
辉硒银矿	2.32	79.95	2.32

表 3-26　矿石中银矿物的嵌布特征

嵌布特征	分布率/%
嵌布于云母类矿物集合体中	41. 35
包裹于黄铁矿或与黄铁矿紧密共生并嵌布于云母类矿物中	13. 14
包裹于褐铁矿或与褐铁矿紧密共生并嵌布于云母类矿物中	39. 11
包裹于石英、重晶石中	1. 52
包裹于白云石中	4. 89

表 3-27　矿石中银矿物的嵌布粒度

粒度范围/mm	-0. 005	+0. 005-0. 010	+0. 010-0. 020	+0. 020
分布率/%	20. 17	31. 50	21. 37	26. 95

第4章　样品的采取和制备

选矿工艺矿物学研究的对象是有代表性的样品，包括矿石样品、磨矿及选矿产品。样品的采取和制备是涉及样品是否具有代表性的关键环节，是选矿工艺矿物学研究的重要组成部分，是提供可靠的检测数据和试验数据的基础。

4.1　样品的代表性

样品的代表性是指所采集的矿样与所研究的对象在整体性质上的一致性。实际上，样品的代表性就是指试样的某一特征指标的测定值与该研究对象特征指标的真实值相符合的程度，二者的符合程度越高，说明试样的代表性越强。样品的采取，通常由建设单位负责组织，根据研究单位提出的技术要求，由地质、采矿、选矿部门负责编制采样设计并进行具体实施。

就矿石样品而言，具有代表性的样品就是指所采集的试样的性质能够代表该矿石的整体性质。取样前，必须了解矿床储量、矿体产状以及矿石的化学组成、矿物组成、结构构造、有益有害元素的赋存状态、矿石的物理技术特性、开采方法、采矿计划等基本情况。

矿石样品的代表性一般要求如下。

（1）一般情况下，应采取全矿床或矿床开采范围内具有充分代表性的矿样。当采样条件不具备，或考虑到矿床的开采进度时，也可采取代表选矿厂投产后5～10年间处理的矿石，对于有色金属矿山和化学矿山应不少于5年。

（2）矿样应能代表矿床内各种类型和各种品级的矿石。应根据不用类型和品级的矿石分别采取；各种类型和各种品级的矿样重量比，应与矿床内各种类型和各种品级矿石储量的比例基本一致，或应与矿山投产若干年内送选矿石中的比例基本一致。

（3）矿样主要组分的平均品位、品位波动情况、伴生有益有害成分和可供综合回收成分的含量，应与矿床相应范围内的各类型和品级矿石（或矿山投产若干年内送选矿石）的基本情况一致。

（4）从矿体顶、底板围岩和夹石中采取的矿样种类、成分和比例应与矿床开采时的实际情况基本一致。

对于选矿产品而言，样品的代表性除了考虑化学组成和矿物组成外，还要求试样能够体现相应的工艺性能参数，如粒度组成、矿浆浓度等。

4.2　代表性试样的最小质量

试样最小质量指的是为保证一定粒度的松散试样的代表性所必须采取的最小试样量。必须注意的是，在取样过程中，试样最小质量指的是总样（平均矿样）而不是子样量；在试样缩分过程中，试样最小质量则是指每一份实验样和检测样的质量（章晓林，2017）。

为保证试样的代表性，需要确定满足试样代表性所必需的最小试样质量，即试样最小质量。试样采取过多不仅样品采制困难，而且研究也很不方便，过少则无法保证试样的代表性。试样最小质量主要与物料的粒度、矿物嵌布特征和矿石品位有关，尤其是物料的粒度与其分布均匀性关系密切，物料的粒度越细，其分布均匀性就越好。根据长期的采样和制样实践经验，为保证试样代表性所必需的试样最小质量，可用契乔特经验公式：

$$q=kd^2$$

式中，q——试样最小质量，kg；d——试样中最大块（颗粒）的粒度，mm；k——经验系数，与试样的均匀性有关。

对矿石样品而言，影响 k 值大小的因素有：①矿石中所含金属的原矿品位，原矿品位愈低，则 k 值愈大；②矿石中有用矿物分布的均匀程度，分布越不均匀，k 值越大；③矿石中有用矿物颗粒的嵌布粒度，嵌布粒度越粗，k 值越大；④矿石中有用矿物含量，含量越低，k 值越大；⑤有用矿物密度，密度越大，k 值越大；⑥矿样品位允许误差，所允许的误差越小，k 值越大。

k 值一般通过类比法和试验法求得。

（1）类比法。与已知 k 值的同类矿床对比。例如，铁锰矿石有用矿物含量通常较高，分布较均匀，k 值取 0.1～0.2；钨、锡、铜、铅、锌和钼矿床有用矿物含量一般不高，大多分布不均匀，k 值取 0.1～0.5；金矿床 k 值取 0.2～1，金颗粒粒度小于 0.1mm 时取 0.2，粒度范围在 0.1～0.6mm 时取 0.4，粒度大于 0.6mm 时取 0.8～1。

（2）试验法。平行取几份试样，按照不同的 k 值进行破碎、缩分，分别计算误差，选择其品位误差不超过允许范围的最小 k 值作为该矿石的 k 值。

常见矿石的 k 值取值范围列于表 4-1。

表 4-1　不同类型矿石的 k 值

矿石类型	k 值	矿石类型	k 值	矿石类型	k 值
铁矿石	0.05～0.2	黄金(颗粒<0.6mm)	0.4	铝土矿(均匀)	0.1～0.3
锰矿	0.1～0.2	黄金(颗粒>0.6mm)	0.8～1.0	铝土矿(非均匀)	0.3～0.5
铬矿	0.25～0.3	稀土矿	0.2	滑石矿	0.1～0.2
铜矿	0.1～0.5	钽、铌矿	0.2	石墨	0.1～0.2
硫化镍矿	0.2～0.5	锆、锂、铍、铯、铷、钪等矿	0.2	明矾石	0.2
硅酸镍矿	0.1～0.3	磷矿	0.1～0.2	砷矿	0.2
钴矿	0.2～0.5	硫矿	0.1～0.2	石膏	0.2
钼矿	0.1～0.5	自然硫	0.05～0.3	重晶石(均匀)	0.1
铅锌矿	0.2	硼矿	0.2	重晶石(非均匀)	0.2～0.5
锑矿	0.1～0.2	石灰岩	0.05～0.1	石英	0.1～0.2
汞矿	0.1～0.2	白云岩	0.05～0.1	长石	0.2
钨矿	0.1～0.5	菱镁矿	0.05～0.1	蛇纹石	0.1～0.2

续表

矿石类型	k值	矿石类型	k值	矿石类型	k值
锡矿	0.2	萤石矿	0.1~0.2	石棉	0.1~0.2
黄金(颗粒<0.1mm)	0.2	黏土矿	0.1~0.2	盐类矿	0.1~0.2

4.3 矿石样品的采取

矿石样品的采取工作比较复杂，要与有关单位协商，包括矿山、设计、施工、科研等单位，然后做一个采样设计或者制定一个采样方案。在采样前需阅读地质报告，了解该矿床的地质特征，矿体产状、矿石的矿物组成、结构构造、矿石的技术物理特性以及采矿方法、出矿方案、品位变化、矿石类型等。在此基础上，制定出合理的采样设计，布置采样点及确定采样数量，使样品具有充分的代表性。综合样是由各个类型的样品组成的，其中各工业品级和自然类型矿石的比例应与矿山生产时的出矿比例基本一致。矿山开拓方案未定时，可按储量比例配矿；采样设计时，应根据所要求的配样比例计算和分配各个类型样的采样数量，进而计算和分配各个采样点的采样量。各点样品的配入重量原则上应与该点所代表的矿量成比例。矿样一般直接从矿体中或岩心样中采取。采取方法主要有刻槽法、剥层法、爆破法以及钻孔岩心劈取法等几种。采集样品的块度：长×宽×厚为100mm×80mm×60mm左右。数量按不同金属而定，一般黑色金属矿取30~50块，有色金属矿取40~60块，贵金属矿取50~100块。综合样重量一般30~50kg。有时根据工作需要，也可采一部分富矿样，供单矿物分离和矿物性质研究使用。

4.4 从选矿大样中采取

有时选矿试验研究大样已经采好，并已装箱运到研究单位。此时，工艺矿物学研究样的采集就比较简单。由于这种样品是按采样要求采取的，已经考虑了采样的各种因素，具有代表性，所以只要从选矿大样中采取即可。先阅读采样说明书，采样时最好把每种类型的样品倒出、混匀、铺平后按方格网法采。采取块度50~100mm的样品30~100块，一般黑色金属矿取30~50块，有色金属矿取40~60块，贵金属矿取50~100块。此外，还应取小于2mm的选矿综合样1~5kg。

4.5 选矿厂物料的取样

工艺矿物学研究有时需要在选矿厂生产的物料中采取，主要为破碎后的矿石、生产过程中的流动物料以及老尾矿等。

4.5.1 在运输胶带上取样

在选矿厂中，对于松散固体物料，特别是入选原矿，经常是在运输胶带上取样。工艺矿物学研究矿样可用人工采取，即利用一定长度的刮板，每隔一定时间，垂直于料流运动方向，沿料层全宽和全厚均匀地刮取一份物料作为矿样。取样间隔一般为 15 ~ 30min。

4.5.2　矿浆取样

选矿厂生产过程中的溢流样、中矿、精矿、尾矿等都得从矿浆中采取。矿浆可用人工截取，也可用机械取样器采取。最常用的人工取样工具为各种带扁嘴的容器，如取样壶和取样勺，这类容器截取量较小而容积较大，因而在截取时允许停留时间较长而又不易将矿浆溢出。为了保证能沿料流的全宽和全厚截取矿样，取样点应选在矿浆转运处，如溢流堰口、溜槽口和管道口，而不要直接在溜槽、管道或贮存容器中取样。取样时，应将取样勺口长度方向顺着料流，以便保证料流中整个厚度的物料都能被截取到；然后使取样勺垂直于料流运动方向匀速往复截取几次，以保证料流中整个宽度的物料都能均匀地被截取到。

4.5.3　老尾矿的取样

常采用钻孔的方法在老尾矿坝取样，可以是机械钻，也可以是人工钻。取样的精确度主要取决于取样网的密度。一般可沿整个尾矿场表面均匀布点，然后沿全深钻孔取样；若待处理的老尾矿数量很大，可考虑首先在近期要处理的地点取样。各点的样品应分别缩分取出化学分析样，然后再根据取样要求配成工艺矿物学研究样品。

4.6　样品的制备

工艺矿物学研究的对象主要有块状矿石和粉状的选矿产品。在工艺矿物学研究过程中，无论是采用光学显微镜观察还是利用扫描电子显微镜等仪器进行分析和测量，必须将上述样品磨制成高质量的光片及薄片。光片及薄片的磨制质量对鉴定矿物和观察结构特征影响极大，是开展工艺矿物学研究工作的基础。如果磨制的质量不好，则会影响到矿物鉴定及数据测量结果的准确性（耿建民，1982）。

4.6.1　光片的磨制

光片是将矿石标本经过切割、磨平及抛光等工序后制备出的片子，用于光学显微镜、扫描电镜和电子探针观察和分析。光片侧重于对矿石中不透明矿物的研究，其主要是为了观察矿石中目的矿物种类、相对含量、粒度以及形态等特征。

光片的磨制包括样品切割、粗磨、细磨、精磨以及抛光 5 步流程。磨制的基本要求是：必须具有较高的光洁度，表面光滑如镜，矿物间的相对凸起不应太显著，表面没有大凹穴、擦痕和麻点等。

矿石光片的磨制过程如下。

（1）样品的切割：用切片机（图 4-1）对所采矿石进行切割，要求切片方位上金属矿物要集中。若遇到具有条带状、层状、脉状和透镜状等构造的矿石，那么应使切片平面垂直于层理、脉状等延向。疏松散粒的样品，可先用树胶胶结加固后，再进行磨制。粗坯的两个面都要求平整，以免影响下一道工序。切片大小一般为 40mm×30mm×10mm，可视情况改变大小。采取的每块矿石样品分别切割一片进行磨制。

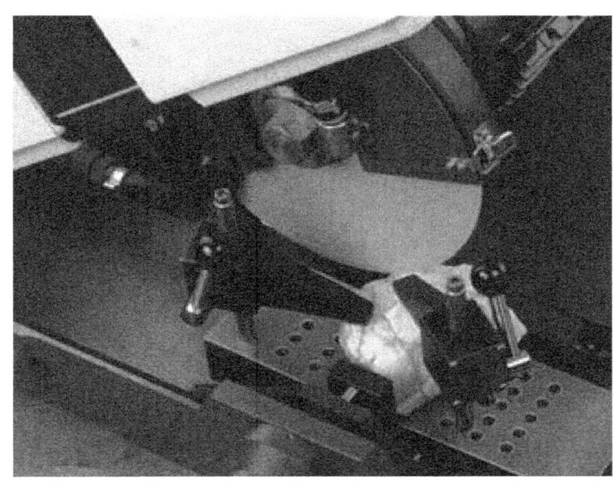

图 4-1　岩矿切割机

（2）粗磨：选择 W40 号金刚砂在预磨机上对切割好的光片进行粗磨，目的是将光片磨出一个基本水平的光面，同时将光片四周磨成圆边，抛光时不致使光片棱角划破抛光盘上的呢料。切好的光片粗坯最好在粗磨之前煮一次胶，这既可防止粗磨时样品破碎，又可使胶堵塞裂隙和空隙，避免因粗磨料进入样品而造成鉴定失误或粗磨料在细磨、精磨时划出条痕。

（3）细磨：细磨是在粗磨的基础上，可选择 W20 号金刚砂、W10 号金刚砂、W7 号金刚砂在磨抛机上对光片进行进一步的研磨。细磨的目的是使光片基本上达到细平光滑，使表面的孔穴和划痕减至最低限度。

（4）精磨：精磨是在细磨的基础上，用更精细的微粉金刚砂进行精磨。磨料愈细，光片愈易磨至细腻光滑，这不仅可缩短抛光时间，而且也是提高光片质量的关键环节。精磨可采用 W7、W5、W3. 5、W2. 5 及 W1. 5 号金钢砂研磨。每种研磨的时间一般要超过 1 分钟，一般的样品精磨仅用 W7 和 W3. 5 号金钢砂即可，只有较硬的样品才需加用 W2. 5 和 W1. 5 微粉金钢砂磨料。精磨应在专用的玻璃板上进行。一般需两块玻璃板（大小以 400mm×400mm×5mm 为宜）：一块专用作 W7 和 W5 号金钢砂研磨，另一块专供 W3. 5 和 W2. 5 号金钢砂研磨。两块不可混用，以保证精磨质量。

（5）抛光：抛光是将磨好的光片在抛光机（图 4-2）上抛光，是磨制光片最后的，也是重要的一个环节。经过抛光处理，光片在更微细磨料（W1、W0. 5 号金钢砂）和抛光盘面的作用下成镜面，最后达到光洁度的要求。一般用氧化铬粉在呢子上进行抛光，效果很好。抛光盘转速以 800 ~ 1000r/min 为宜。

图 4-2　自动研磨抛光机

重铬酸铵加氧化铬抛光液的配制：先将重铬酸铵 10g 置于搪瓷盆内，滴两滴无水乙醇，然后用火柴点燃使其氧化成氧化铬，燃烧时加一个盖子并在边沿留一缝，烧完制得的氧化铬置于研钵里研碎后再放适量水，同时加入 1 ~ 2g 重铬酸铵用水溶解，将两者混合放入一个小口瓶内（总计加水量约 150 ~ 200ml），用纱布将瓶口蒙住并用橡皮筋扎紧，用时摇匀倒在盘面上进行抛光。此抛光液抛光效果比氧化铈、氧化铁、氧化镁、氧化铬、氧化铝以及金刚石研磨膏好得多。

由于光片的磨光面暴露于空气之中容易氧化（特别是白铁矿，镍黄铁矿等硫化物矿物）、蒙沾灰尘，故在光学显微镜下观察之前需在呢绒质擦片板上擦拭干净，必要时需要重新抛光。

4. 6. 2　薄片的磨制

将岩矿标本切割磨制成厚度 0. 03mm 左右粘在载玻片上，加盖玻片后用于偏光显微镜下观察的片子。岩矿薄片侧重于对透明矿物的研究，主要用于观察岩矿中矿物的结构、晶形、粒度、相对含量及其共生组合，确定岩石、矿物的名称。

岩矿薄片的磨制包括样品切割、粗磨底平面、样品胶结、细磨底平面、粘片、粗磨薄片、细磨薄片、薄片的精细磨薄和厚度检验以及盖片等步骤。岩矿薄片磨制的最基本要求是：其厚度应在 0. 03mm 左右，这是准确鉴定矿物、岩石的必要条件；其次，薄片必须有一定的面积，以便尽可能全面地反映标本特点；此外，制备薄片时，还需要考虑到薄片的完整、清晰，不可过于破裂、掉块或有气泡，宜于长期保存。

薄片的磨制一般采用如下工序。

（1）样品的切片：用切片机（图 4-3）对所采矿石进行切割，切割之前，要选好切片方位，一般要选择样品中多种矿物集中的部位；如有层理和片理，应选取与之垂直的部位切片，块状或致密状的样品，则可用切片机任意切割。切取的样品规格一般为 25mm×28mm×3mm。

（2）粗磨底平面：粗磨底平面是将切割下来的样品切片的底面磨平整，并适当磨薄，以备粘贴在载玻片上。磨盘转速以 800 ~ 1000r/min 为宜，磨料可选用 100 ~ 150 号金刚砂。粗磨底平面后的切片规格，一般为 24mm×26mm×2mm。

（3）样品的胶结：采用低分子量的环氧树脂胶结样品，提高磨片质量。硬化剂可采用乙二胺，用量一般为树脂重量的 6%~8%。胶结的目的在于使样品结构牢固，利于以后各工序的加工和确保制片质量。

（4）细磨底平面：这一工序是在专用细磨机上进行，选用 W20 号金刚砂为最佳，进

图4-3 岩石薄片精密切割机

一步细磨可用W14~W10号微粉金钢砂磨料。其目的是使底平面更趋平整和光滑，以利于粘片和保证细磨薄的质量。

（5）粘片：粘片是将底平面已磨平的样品，用胶粘结在载玻片上，以备下一步磨薄之用。粘片胶要符合胶结力强、透明度好及折光率适当（N1.54左右）的要求，一般采用固体树脂胶，如加拿大树胶、冷杉胶及光学树脂胶等。其实，利用固体树脂胶粘片时往往温度不好控制，如果温度过高时，固体树脂胶很快就会变老，胶性变脆，使薄片在下一步上磨片机磨薄的过程中容易脱胶；如果温度过低，固体树脂胶又会过嫩，带有较大的黏性，不易使岩片与载玻片紧贴。总之粘片的胶过老或过嫩都会直接影响薄片的质量，因此在粘片时掌握好胶的老嫩或选择适宜的胶结材料是个关键问题。通过长期的实践，现在利用环氧树脂胶可以克服上述的不足。将载玻片置于粘片架（图4-4）上（载玻片厚度1.0~1.2mm）预热，同时将岩片也置于粘片架上预热（粘面朝上），取绿豆大小配制好的环氧树脂胶放于载玻片中央（胶量不宜过多），缓慢加热至环氧树脂胶呈透明状并变稀，用镊子夹起岩片将粘面与载玻片上的胶粘合（粘片时载玻片、环氧树脂胶、岩片三者的温度应近于相同），待岩片在胶上开始移动时，用镊子压着岩片轻轻碾压，将胶层中的气泡全部挤出，稍稍冷却后将粘合载玻片放置平面的有机玻璃板上，将有机玻璃板放入电热干燥箱烘干（温度控制在80℃以下）。

（6）粗磨薄片：本工序是在粗磨机上将粘片后的样品磨薄到0.08~0.1mm，要求粗磨薄片厚度均匀，没有震裂的裂纹及脱胶、掉块等现象。磨料最好选用150号金刚砂。

（7）细磨薄片：细磨薄片要求的厚度是0.03~0.04mm。这一工序是整个薄片磨制过程的关键。细磨薄以选用W20号或W14号金刚砂为宜。细磨机（图4-5）磨盘转速600~800r/min。操作要合理、熟练，要集中精力，小心谨慎，切不可掉以轻心。

（8）薄片的精细磨薄和厚度检验：这是薄片的最后修正阶段，要使薄片达到0.03mm的标准厚度。精磨薄片在精磨机（图4-6）或厚玻璃板上进行，可选用W7号微粉金钢砂磨料，加水呈黏稠状，磨料不可过多。厚度检验需在偏光显微镜下进行。主要根据代表性矿物的标准干涉色来确定。如石英干涉色为白色或灰白色，长石干涉色为灰色时，即可认为达到 0.03mm 的标准厚度。

（9）抛光：若岩石薄片要进行探针成分分析，则需将薄片分别用 0.3 ~ 0.05μm 的氧化铝粉抛光液进行抛光（图 4-7）。

（10）盖片：加盖玻片是制备薄片的最后一道工序，即在精磨成 0.03mm 标准厚度的薄片上，用胶粘上盖玻璃。一般盖片胶采用液态冷杉胶或光学树胶等。加盖片的目的是为了在偏光显微镜下能更好地观察，并有利于长期保存。

图 4-4　多工位薄片粘合台

图 4-5　岩石薄片细磨机

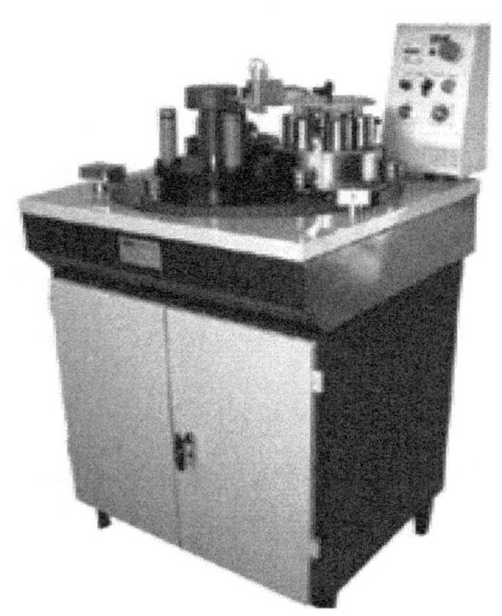

图 4-6　岩石薄片精磨机

图 4-7　岩石薄片抛光机

4.6.3 砂光片的磨制

砂光片是将碎、磨及选矿产品制成的光片，主要用于选矿产品中矿物组成研究以及目的矿物粒度、解离度的测定等。

制备砂光片的关键工序是样品的胶结粘固，样品胶结固定后再按照光片的制备过程进行磨抛工序，即可完成砂光片的制备。常用的胶结方法为嵌样机压型法、环氧树脂粘结法和冷杉胶粘结法。

（1）嵌样机压型法：是用酚醛、聚氧乙烯等塑料粉为胶结材料，将样品与塑料粉经过嵌样机（图4-8）加温加压制成型块供制片用。型块直径为25mm，厚5mm。该方法的优点是型块中砂粒一般胶结牢固，利于磨平、抛光和保存，适用于嵌样胶结中、粗粒砂样。缺点是不易胶结细粉状样品，且方法本身操作费工，效率低。

图4-8 热压镶嵌机

（2）环氧树脂粘结法：用低分子量的环氧树脂做粘结胶，所胶结的样品结实坚固，不仅适用于各种粒度的样品，而且可以根据需要制成光片或薄片。因此，该方法是目前砂粒制片中应用最广、最受欢迎的方法。硬化剂可采用乙二胺，用量一般为树脂重量的6%~8%。用环氧树脂胶结砂样有两种方法：一种是粘片胶结法；另一种是浇铸成型法。

粘片胶结法：粘样时将胶液先滴在载玻片中间，然后将砂样混合在胶液中，即可加热使树脂固化。该方法适用于中粒、细粒砂样的制片。

浇铸成型法：对各种粒度的砂粒样品或小块样品，为便于加工、使用和长期保存，可以采用环氧树脂浇铸成型法，使样品胶固在一定大小的环氧树脂胶块中。模具由聚四氟乙烯棒车制而成，模套的直径一般为25mm，深度为8~10mm。浇铸前，先将样品置于模具底平面上，随后将配好的环氧树脂浇入模具中搅匀，然后放入电烘箱内加热固化，一般加热温度60~80℃，经3~4h恒温即可固化。此外，也可以直接利用真空冷镶嵌机(图4-9)对样品进行成型固化（肖仪武等，2020）。

（3）冷杉胶粘结法：用冷杉胶做粘结胶进行样品的粘接，不过由于这种胶的粘结效果远不如环氧树脂好，因此制片质量较低。其优点是操作简单，效率高。将载玻片在酒精灯上加温至80～100℃，放入冷杉胶熔化，撒样品于胶面上搅匀，用平玻璃将胶压平。冷却后即可进入磨制工序。

图4-9　真空冷镶嵌机

在粉状样品制备砂光片的过程中，为了达到更好的观测效果，首先要求样品具有代表性，其次要求样品在光片中分散性好、分布均匀，最后经过磨抛程序制成的光片表面要求光滑如镜，没有大凹穴、擦痕和麻点等。但是，在实际制样过程中，对微细粒级样品来说，尤其是38μm粒级以下的微细粒粉体样品，由于粒度细，分散性较差，经常会出现团聚现象，矿物颗粒相互裹挟，难以得到矿物颗粒本身真实的粒度和解离度等数据，严重影响分析和测量效果，使得结果不准确。为此，下面就介绍一种利用酒精浸泡、超声波清洗器超声分散等手段解决微细粒粉体样品在砂光片制备过程中出现团聚的方法。该方法的具体操作步骤如下：

（1）称取0.1g样品放入50mL酒精中浸泡2h；

（2）采用超声分散5min，自然干燥；

（3）将模板、模具（内径29mm、高15mm）抹上油，用橡皮泥将模具固定在模板上；

（4）将样品（0.1g）倒入模具中，然后加入5mL按比例配好的环氧树脂；

（5）用30mL滴瓶中的滴管滴入乙二胺20滴，再进行搅拌，直到搅拌均匀为止；

（6）搅拌均匀后排出气泡，在常温下放置12h，使之固化；

（7）样品固化后，取出样品，将样品洗净进行细磨、精磨、砂纸打磨、抛光处理制备出砂光片。

以山东某金精矿选矿混尾样品（粒度-0.038mm占90%）进行试验。分别称取0.1g样品各1份（编号为1和2）进行平行试验。从图4-10、图4-11中可以看出，由于样品粒度较细，未经过预处理的样品（1号样品）团聚现象十分明显，而经过预处理的样品（2号样品）颗粒则分散效果很好。

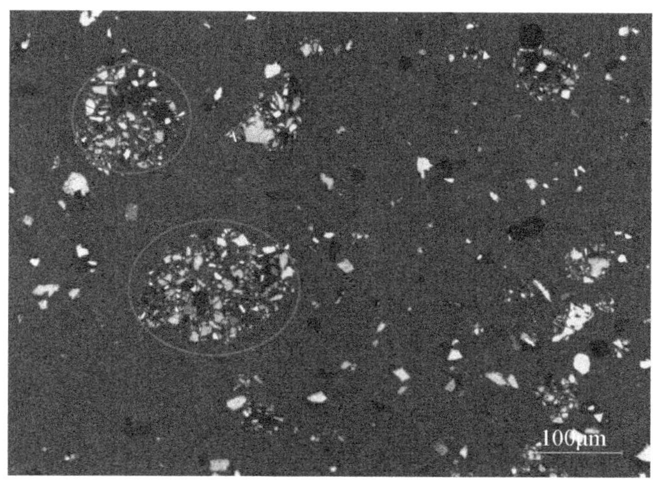

图 4-10　1 号样品中的团聚现象

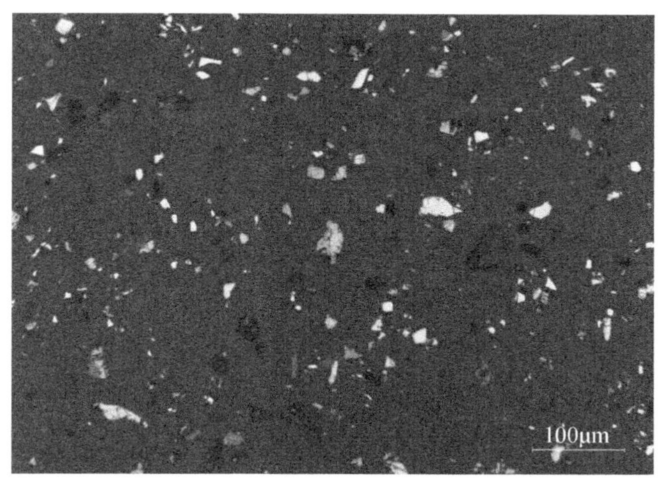

图 4-11　2 号样品光学显微镜图像

4.6.4　化学成分分析样的制备

为了对样品进行元素的化学成分分析和化学物相分析，就必须将样品磨至小于 0.074mm。对于矿床和在运输胶带上取的块状矿石样品来说，在满足代表性的前提下，在矿石堆中先取一定数量的矿石样品并将它们切成大小为 40mm×30mm×10mm 的长方体；然后将切完剩下的碎矿石放回矿堆一起用颚式破碎机和对辊破碎机进行破碎；将破碎至 2 ~ 0mm 的综合样进行混匀、缩分，分袋包装，一般每袋 1kg 样品；将 1kg 的样品分几次在振磨机中磨至小于 0.074mm 后再进行混匀、缩分。选矿厂生产过程中取的选矿产品及老尾矿分别依次混匀、缩分后直接振磨至小于 0.074mm 即可。

样品制备基本要求如下：

（1）原始样品不应采取任何方式洗涤，防止有用、有益、有害组分流失；

（2）制备前应将样品烘干、称重；

（3）样品制备设备应保持清洁，严禁混入其他矿物成分和杂质；

（4）制备过程中，样品的总损失率应≤5%，每次缩分误差应不大于原始质量的3%；

（5）制备后的样品应及时送往测试单位，样品副样应妥善保管。

第5章　矿石的化学组成

了解矿样的化学组成，是研究矿石性质的最基础的内容。通过对矿样进行化学分析，查明样品中的主要成分和次要成分、有用成分和有害成分的种类及含量；确定有用元素的存在形式，如以硫化物形式存在的硫化矿和以氧化物形式存在的氧化矿，又如氧化铁矿是以三氧化二铁的形式存在还是四氧化三铁的形式存在，这些都是评价矿石可选性的重要因素。化学组成分析常用的方法为光谱分析、多组分化学分析和元素的化学物相分析。

5.1　光谱分析

根据物质的光谱来鉴别物质及确定它的化学组成和相对含量的方法称为光谱分析。光谱分析具有分析速度快、测量范围宽、精密度好、能同时测定多种元素等优点，目前已广泛应用于矿样的检测。光谱全分析的目的是利用光谱学的原理和实验方法以定性确定矿石的元素组成，定量确定各元素的含量，查定矿石中所含的微量贵金属，稀有、稀散及放射性元素，作为确定多组分化学分析项目的依据。目前常用的光谱分析方法为X射线荧光光谱法（XRF）和电感耦合等离子体原子发射光谱法（ICP-AES）。

X射线荧光光谱法（XRF）因其光谱干扰少、分析速度快、检测元素多、测量范围广、样品制备简单、使用成本低，又可进行无损检测，已经成为当今最重要的无机分析技术之一。电感耦合等离子体原子发射光谱法（ICP-AES）是一种应用范围比较广，线性范围比较宽以及分析速度比较快能够同时检测多种物质元素的现代检测方法。电感耦合等离子体原子发射光谱法使用盐酸、硝酸、高氯酸、氢氟酸溶解样品，存在溶样时间长、酸用量大、污染环境、使用成本也相对较高等问题，但检测的准确度相对比较高。

福建某矿石X射线荧光光谱分析结果见表5-1。

表5-1　福建某矿石X射线荧光光谱分析结果

组分	Be	As	Sb	Si	Mg	Mn	Pb	Cu	Zn
含量/%	0.001～	0.01～	—	>10	0.3～3	0.03～0.3	0.5～5	0.3～3	0.5～5
组分	Co	Sn	W	Bi	Ni	Fe	Cd	Ge	Ga
含量/%	0.01～0.1	0.003～0.03	—	0.003～0.03	0.001～0.01	>10	0.03～0.3	0.001～	0.001～
组分	Ag	Mo	V	Ti	Cr	Zr	Ba	Al	Ca
含量/%	0.001～0.01	—	—	0.01～0.1	0.001～	—	—	0.3～3	0.3～3

从表5-1可知，该矿石主要有用元素为Cu、Pb、Zn；有可能综合利用的元素为Fe、Ag、Co、Ga、Ge；有害元素为As；造岩组分主要是SiO_2、Al_2O_3、CaO、MgO等。

5.2　多组分化学分析

多组分化学分析是在光谱分析的基础上对矿样中所含有关组分进行定量分析，包括有益元素、有害元素和造渣组分，如铜铅锌矿石的多组分化学分析包括 Cu、Pb、Zn、Au、Ag、Fe、S、As、SiO_2、Al_2O_3、CaO、MgO 等；铁矿石可分析全铁、可溶铁、氧化亚铁、S、P、F、Mn、SiO_2、Al_2O_3、CaO、MgO 等。通过多组分化学分析，能准确地定量分析矿石中各种元素的含量，据此判定哪些元素在选矿工艺中必须考虑回收，哪些元素为有害元素或杂质组分需将其分离去除。据此决定那几种元素在选矿工艺中必须考虑回收，哪几种元素为有害杂质需将其分离。因此多组分化学分析是了解选别对象的一项很重要的工作。多组分化学分析方法很多，主要有容量分析法、重量分析法、原子吸收光谱法、电感耦合等离子体原子发射光谱法、电感耦合等离子体质谱法、极谱法、火试金法等。

基于表 5-1 光谱分析的结果，对福建某矿矿石应该进行如下项目的多组分化学分析：分析有用元素 Cu、Pb、Zn、Ag、Fe、Co、Ga、Ge 的含量；分析有害元素 As 的含量；对造岩组分 SiO_2、Al_2O_3、CaO、MgO 进行分析；对光谱不能分析的重要元素 S、Au 进行分析。福建某矿矿石多组分化学分析结果见表 5-2。

表 5-2　福建某矿矿石多组分化学分析结果

组分	Cu	Pb	Zn	S	Fe	Co	Ga	Ge
含量/%	0.53	3.69	5.35	9.38	17.90	0.006	0.0005	0.0008
组分	As	F	SiO_2	Al_2O_3	CaO	MgO	Au	Ag
含量/%	0.0033	0.37	36.12	2.93	3.16	3.32	0.000047	0.00314

从表 5-2 可知，该矿石主要有用成分 Cu、Pb、Zn 的含量都达到了工业品位的要求，为铜铅锌多金属矿；有害元素 As 的含量很低，不会影响精矿产品的质量；伴生有价元素 Au、Ag 要考虑综合回收；脉石矿物主要是石英、铝硅酸盐矿物和碳酸盐矿物等。

5.3　元素的化学物相分析

化学物相分析主要是基于矿物化学性质的不同，根据各种矿物在溶剂中的溶解度或溶解速度的不同，通过选择溶解的方法，分别测定各种相别中某种元素含量（北京矿冶研究院，1979）。光谱分析和多组分化学分析只能查明矿石中所含有用元素的种类和含量，还不能确定它们是呈何种化合物存在，只有通过岩矿鉴定和元素的化学物相分析等工作，才能知道矿石中有价元素以什么矿物存在以及在各类型矿物中的含量。如铁的化学物相分析中，一般将样品中的含铁矿物分为 6 个相，分别为磁性氧化铁（磁铁矿、磁赤铁矿）、磁性硫化铁（磁黄铁矿）、碳酸铁（菱铁矿、镁铁白云石、菱铁镁矿）、硫化铁（黄铁矿、白铁矿、砷黄铁矿、黄铜矿等）、赤（褐）铁矿和硅酸铁（绿泥石、黑云母、钙铁榴石、铁铝榴石、透辉石、普通辉石、普通角闪石、直闪石、阳起石、绿帘石、橄榄石等)。

一个矿床是否有工业价值，不仅与有用元素的含量有关，而且与有用元素的存在状态有关。例如，含镍矿床的工业价值，在很大程度上取决于矿石中的镍是呈硫化物还是呈硅酸盐状态。因为硫化镍和硅酸镍在选矿和冶金过程中所表现出的性质是不一样的，可见，在进行矿床工业评价时，应该查明矿石中镍的存在形式。化学物相分析数据也是划分金属矿床自然类型的依据。某些金属矿床常常需要根据矿石中主要有用元素的氧化物及硫化物的相对含量，划分为氧化矿石带（矿石氧化率大于 30%）、硫化矿石带（矿石氧化率小于 10%）或混合矿石带（矿石氧化率 10%~30%）。表 5-3 为安徽某硫化铜矿(铜氧化率为 8.77%）矿石中铜的化学物相分析结果；表 5-4 为澳大利亚某氧化铜矿(铜氧化率为 74.22%）矿石中铜的化学物相分析结果。对于不同类型的铜矿石来说，由于氧化铜矿物和硫化铜矿物所表现出来的性质的差异，选择的铜回收的工艺流程方案和药剂条件都会有明显的不同。

表 5-3　安徽某铜矿矿石中铜的化学物相分析结果

相别	氧化铜	原生硫化铜	次生硫化铜	自然铜	与铁结合铜	总铜
铜含量/%	0.08	0.08	0.91	0.05	0.02	1.14
分布率/%	7.02	7.02	79.82	4.39	1.75	100.00

表 5-4　澳大利亚某铜矿矿石中铜的化学物相分析结果

相别	自然铜	自由氧化铜	次生硫化铜	原生硫化铜	结合铜	总铜
铜含量/%	0.08	1.31	0.38	0.12	0.36	2.25
分布率/%	3.56	58.22	16.89	5.33	16.00	100.00

显然，矿物的化学组成和晶体结构是决定矿物在溶剂中溶解行为的根据。由于矿床成因和成矿条件的不同，矿石的结构和构造也会呈很大的差异，从而对矿石中矿物的溶解性造成较大的影响。这种影响，使得在通常情况下制定的化学物相分析方法，有时不适用于某些矿石，这在氧化带矿石中尤为突出。例如，单独存在的菱锌矿，可溶于稀的柠檬酸溶液中，但是存在于多孔的含水的氧化铁矿石中的菱锌矿，就不能完全溶于柠檬酸溶液中。这显然是菱锌矿与氧化铁矿物紧密结合造成的。此外，目标元素组成的矿物的含量高低也影响化学物相分析流程方案制定的合理性。相别的正确划分与否决定了化学物相分析结果的可靠性，而矿物鉴定又是正确划分相别的基础。正因为如此，在进行元素的化学物相分析前应先了解矿样的矿物组成及其工艺特性，尤其是目标元素组成的矿物种类、嵌布特征及嵌布粒度等，依据矿样的具体情况，进行合理分相并制定相应的分析流程、选择适宜的试剂种类和溶解条件，否则就容易“串相”，造成分析结果不准确。下面举几个实例说明在进行元素的化学物相分析时应注意的问题。

5.3.1　矿物嵌布粒度的影响

黑龙江某铅锌矿矿石中铅、锌的品位分别为1.83%和5.85%，矿物组成比较简单。金属矿物主要为闪锌矿、方铅矿、黄铁矿，少量的黄铜矿及金红石等；非金属矿物主要有石英、云母、长石等，少量的白云石、高岭石及磷灰石等。从矿石的结构构造特征看，该矿石应该为原生硫化矿。矿石中的方铅矿、闪锌矿主要呈不规则粒状嵌布在脉石矿物中，它们的嵌布粒度都比较细。在大于0.074mm粒级中，方铅矿和闪锌矿的占有率分别为25.70%及39.25%，在小于0.010mm粒级中方铅矿和闪锌矿的占有率分别为15.17%和3.74%。

图5-1和图5-2分别是常用的铅和锌的化学物相分析流程。

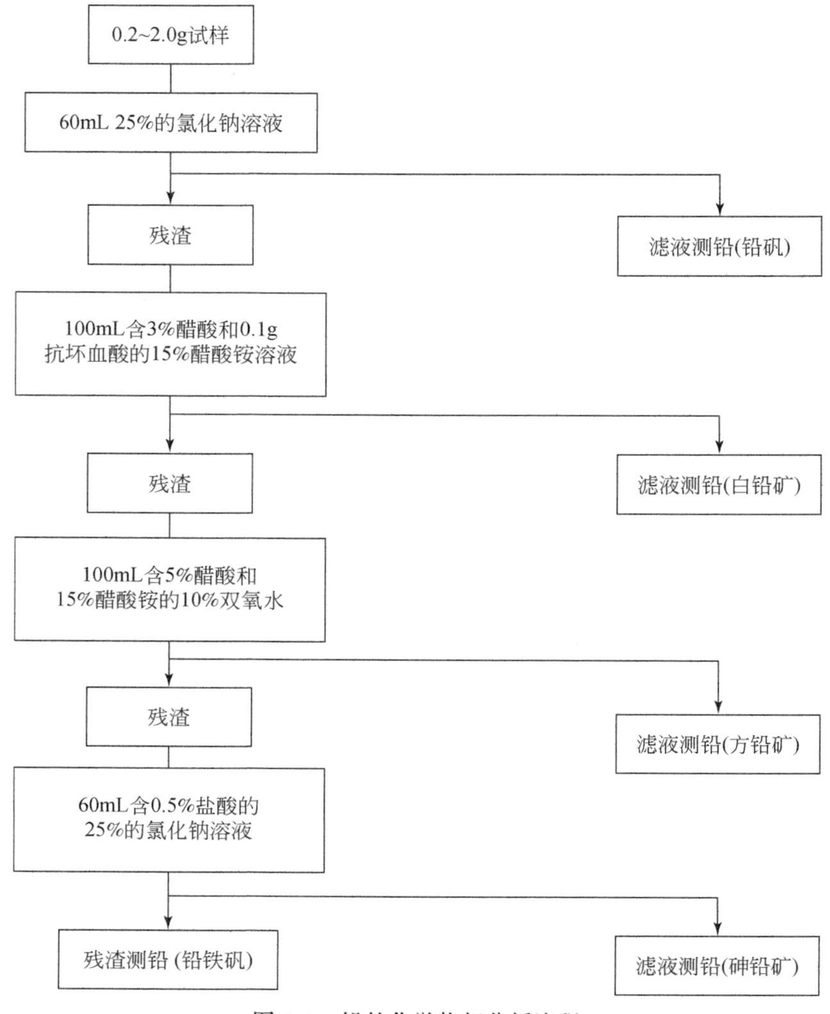

图5-1　铅的化学物相分析流程

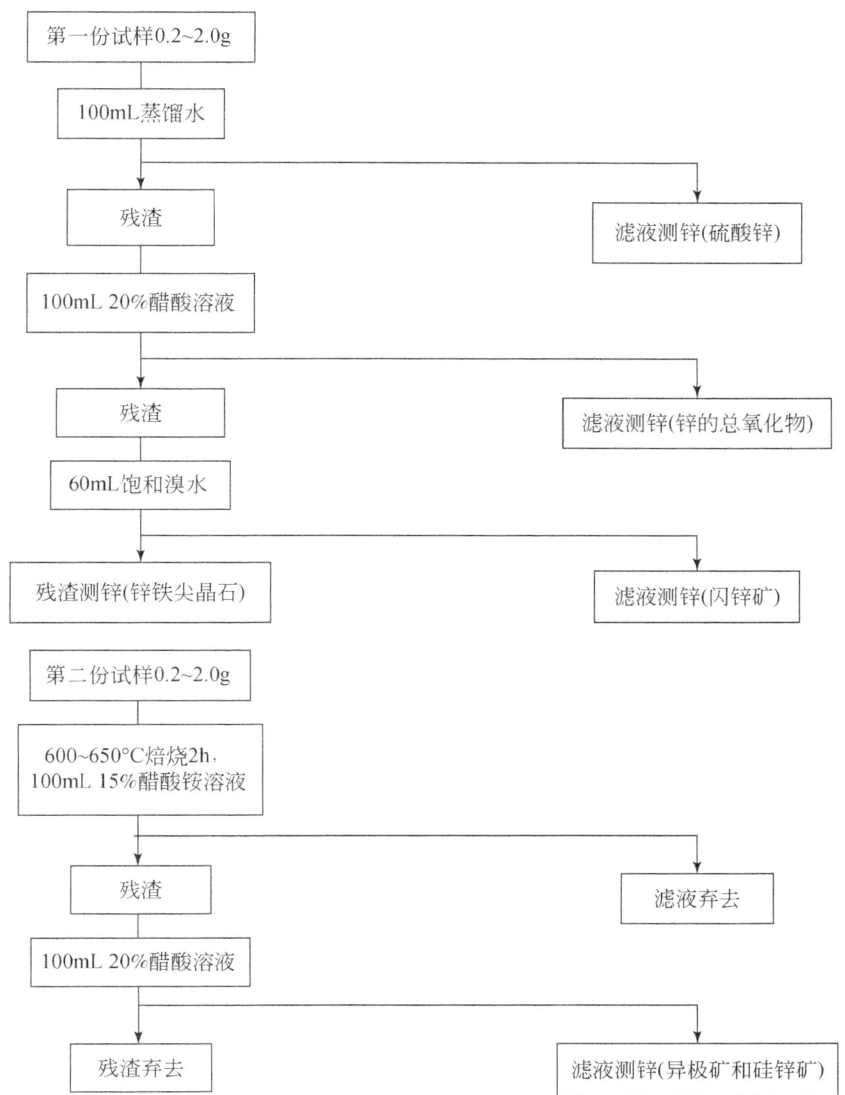

图 5-2 锌的化学物相分析流程

对该铅锌矿-0.074mm 占 100% 的原矿综合样进行铅的化学物相分析时，利用醋酸-醋酸铵在还原剂存在的前提下，在一定时间、一定温度的条件下浸出氧化铅，测液中所测铅为氧化铅中铅；残渣加入醋酸-醋酸铵在强氧化剂存在前提下进行浸出，测液中所测铅为硫化铅中铅，最后测残渣中铅。在进行锌的化学物相分析时，醋酸加还原剂在一定的时间和温度条件下进行浸出，浸液测的锌为氧化锌中锌；残渣用溴水浸出一定时间，测液中所测锌为硫化锌中锌，最后测残渣中的锌。铅、锌的化学物相分析结果分别见表 5-5 和表 5-6。

表 5-5　铅的化学物相分析结果

相别	氧化铅	硫化铅	残渣	总铅
铅含量/%	0.07	1.56	0.21	1.84
分布率/%	3.81	84.78	11.41	100.00

表 5-6　锌的化学物相分析结果

相别	氧化锌	硫化锌	残渣	总锌
锌含量/%	0.06	5.34	0.43	5.83
分布率/%	1.03	91.59	7.38	100.00

如果简单套用常规的铅和锌的化学物相分析流程及有关分相，那么铅最终浸出的残渣相应为铅铁矾，而锌的残渣相则为锌铁尖晶石。从表 5-5 和表 5-6 可知，铅、锌的氧化率分别为 15.22% 和 8.41%，该矿石为混合矿。从上面介绍的矿石的矿物组成、目的矿物的嵌布特征和嵌布粒度分布情况看，矿石中其实不存在铅铁矾和锌铁尖晶石；残渣相中铅、锌占量大，正是由于方铅矿和闪锌矿嵌布粒度细，即使矿石磨至−0.074mm 占 100% 的细度时，仍有相当部分的方铅矿和闪锌矿被包裹在石英、长石等脉石矿物中不能与浸出剂接触反应而残留在渣相中。因此，残渣相中铅和锌，应该是被脉石矿物包裹的方铅矿、闪锌矿中铅和锌，为硫化相，该矿石为原生硫化矿。

5.3.2　矿物嵌布特征的影响

阿尔及利亚某铁矿含铁高达 56.79%。为了评价其利用价值，首先需要对矿石进行铁的化学物相分析。利用 X 射线衍射分析、光学显微镜及扫描电子显微镜等手段对该铁矿进行研究，矿石中铁矿物主要为磁铁矿，其次为赤铁矿，少量的磁赤铁矿、褐铁矿和菱铁矿；硫矿物为黄铁矿；非金属矿物主要为绿泥石，其次为高岭石、磷灰石和方解石，少量的石英、钾长石、白云母、钠长石、金红石、锆石等。含铁硅酸盐矿物绿泥石主要以鲕粒的形式与赤铁矿、褐铁矿紧密嵌布，这种嵌布特征即使矿样细磨后也无法使得赤铁矿、褐铁矿和绿泥石有效分离开来。因此，通过还原焙烧磁化后，在磁选分离过程中，绿泥石会随磁性铁进入磁选部分。依据传统铁的化学物相分析方法（图 5-3），其分析结果见表 5-7。此结果与矿物组成研究出入较大，主要体现在赤（褐）铁矿、菱铁矿和硅酸铁的含量都偏低，而磁性铁部分偏高。

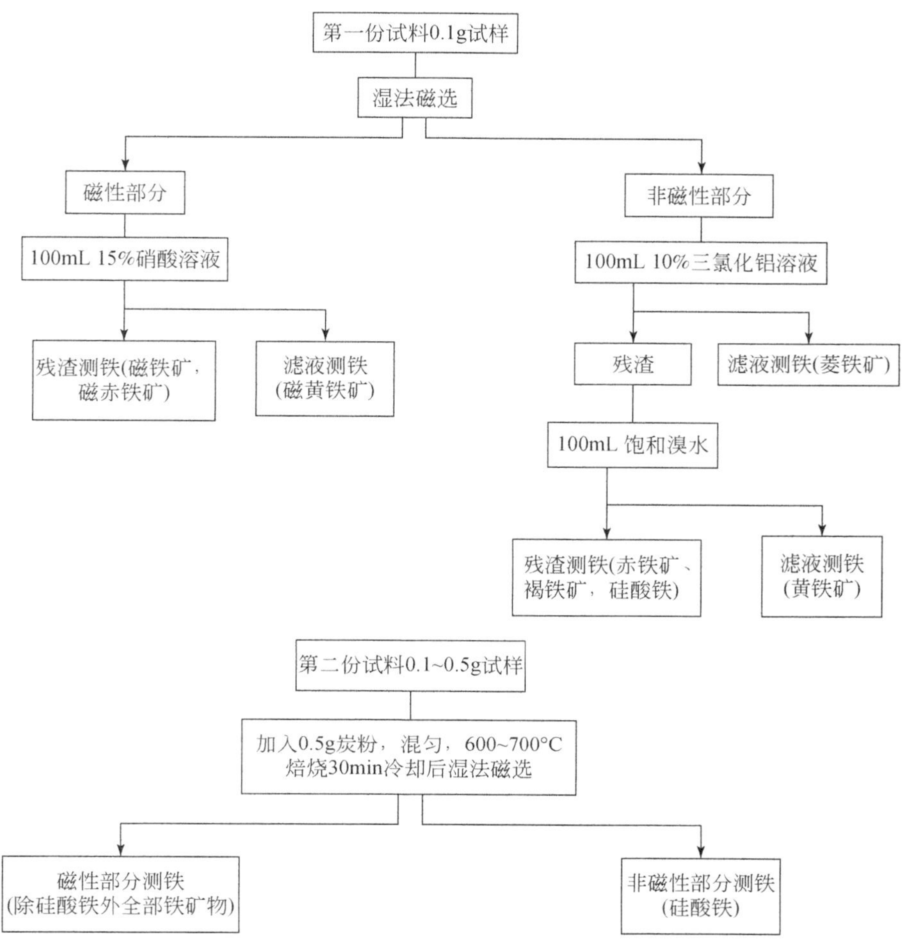

图 5-3　铁的化学物相分析流程

表 5-7　铁的化学物相分析结果

相别	磁铁矿	磁赤铁矿	赤（褐）铁矿	菱铁矿	硅酸铁	黄铁矿	磁黄铁矿
铁含量/%	29.01	11.83	14.06	0.30	0.74	0.05	0.04
分布率/%	51.78	21.11	25.09	0.54	1.32	0.09	0.07

该矿石中存有鲕状绿泥石，不适宜采用还原磁化法分离赤（褐）铁矿和硅酸铁，可以采用化学法浸出分离。为此，重新拟定了铁的化学物相分析流程（图 5-4），其分析结果见表 5-8，与矿物组成研究结果较为吻合。需要注意的是：由于矿石中含有磁铁矿、赤铁矿和磁赤铁矿，而且是通过磁选方法分离磁性铁和非磁性铁，因此在磁选时应反复细致清洗去杂，避免赤铁矿被混入到磁性铁中去，造成磁性铁偏高。此外，由于绿泥石的化学性质比较活泼，利用盐酸加二氯化锡浸出赤铁矿和褐铁矿时，绿泥石也会部分与盐酸反应，因此在赤（褐）铁矿与铁硅酸盐进行分离过程中需要加试剂进行钝化，减少绿泥石的溶解。

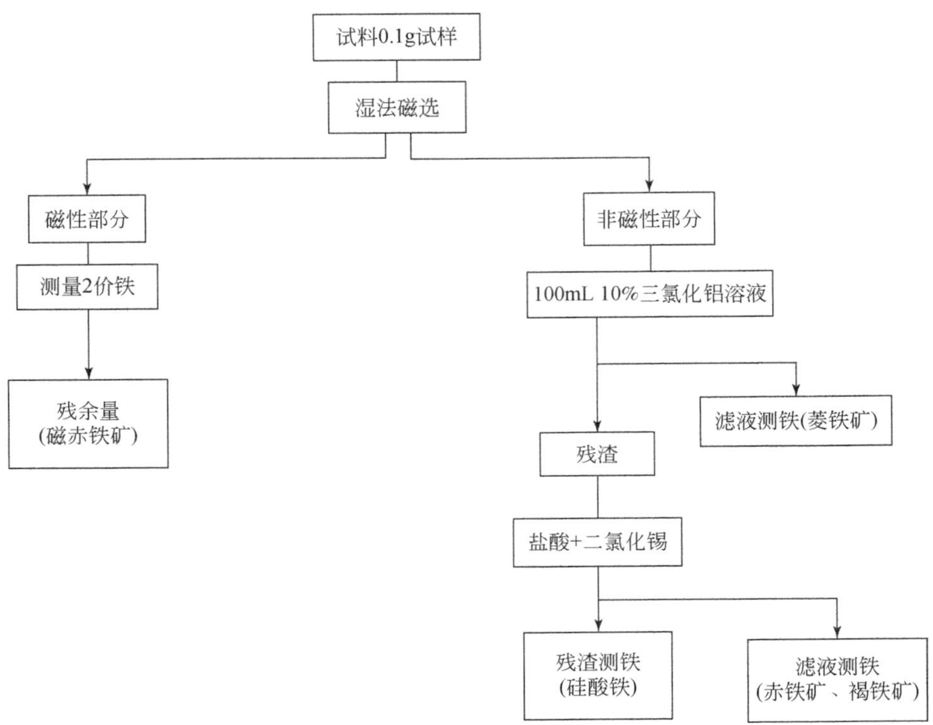

图 5-4　阿尔及利亚铁矿石中铁的化学物相分析流程

表 5-8　铁的化学物相分析结果

相别	磁铁矿	磁赤铁矿	赤（褐）铁矿	碳酸铁	硅酸铁
铁含量/%	26.01	4.11	21.24	2.19	3.21
分布率/%	45.82	7.24	37.42	3.86	5.66

5.3.3　矿物含量的影响

菲律宾某铝土矿矿石的多组分化学分析结果见表 5-9，矿石中 Al_2O_3含量为 44.22%，SiO_2含量为 5.71%，其 A/S = 7.74。矿石中铁含量较高，为 16.63%，属于高铁低硅型铝土矿。

表 5-9　矿石的化学多元素分析结果

化学成分	Al_2O_3	SiO_2	Fe	S	Ti	P
含量/%	44.22	5.71	16.63	0.073	1.16	0.33
化学成分	CaO	MgO	K_2O	Na_2O	V	
含量/%	0.2	0.4	0.05	0.15	0.031	

根据 X 射线衍射分析、光学显微镜及扫描电子显微镜分析可知，矿石中矿物主要为三水铝石，其次为褐铁矿（水针铁矿），少量的一水软铝石、石英、高岭石、绿泥石和钛铁矿等。为了查明该铝土矿中铝的赋存状态，进行了铝的化学物相分析。图 5-5 为传统的铝土矿中铝的化学物相分析方法，表 5-10 为相应的分析结果。

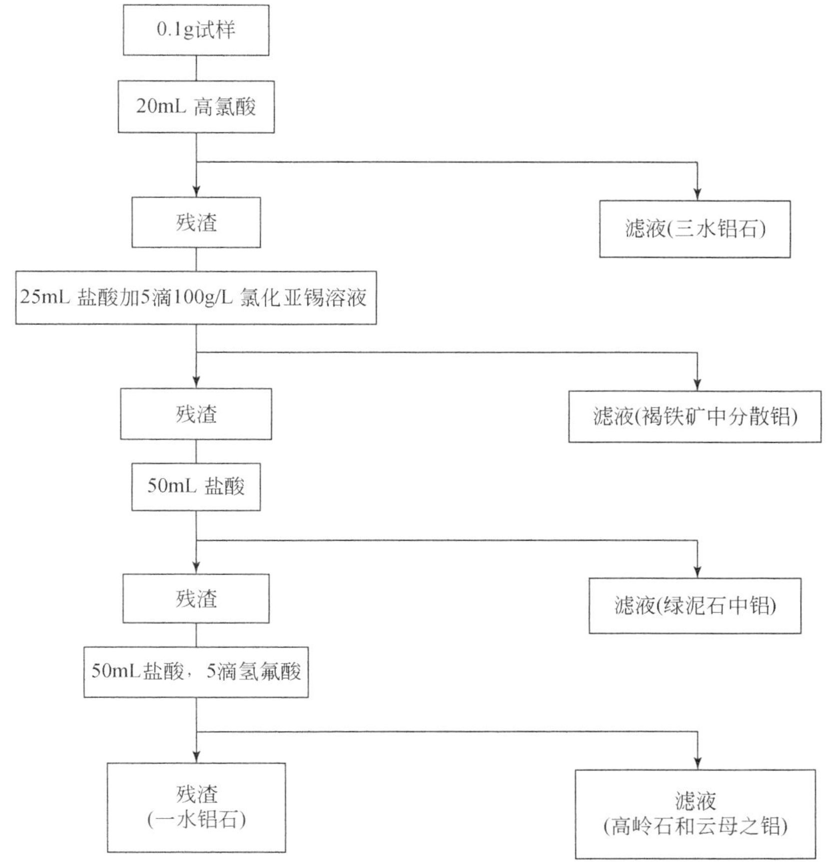

图 5-5　铝土矿中铝的化学物相分析流程

表 5-10　原则流程铝的化学物相分析结果

相别	三水铝石	一水硬铝石	高岭石	褐铁矿	一水软铝石
Al_2O_3含量/%	22.48	9.24	9.59	2.10	0.95
分布率/%	50.68	20.83	21.62	4.73	2.14

由表 5-10 可知，三水铝石中 Al_2O_3含量仅为 22.48%，而一水硬铝石和高岭石中 Al_2O_3含量分别达到 9.24% 和 9.59%。由于原矿中 SiO_2含量仅有 5.71%，且主要以石英的形式存在，由此可知按照传统流程进行铝的化学物相分析，分析结果是有问题的。由矿物鉴定的结果可知，该矿石不存在一水硬铝石，因此可以把该矿石中的含铝相分为三水铝石、一水铝石、铝硅酸盐和褐铁矿四相。此外，由于矿石中三水铝石的含量较高，在对其进行浸

出的过程中，容易形成过饱和，导致三水铝石即使在延长浸出时间的情况下也较难一次性完全浸出，因此需要考虑进行二次浸出，并相应延长浸出时间。针对该矿石的特点，制定的铝化学物相分析流程为：高氯酸沸水浴两小时浸出三水铝石，过滤后对滤渣再次用高氯酸沸水浴浸出三水铝石；盐酸+二氯化锡浸出褐铁矿中分散铝；盐酸+氢氟酸沸水浴浸出高岭石和白云母中铝；最后渣相为一水铝石。图 5-6 为调整后的铝土矿中铝的化学物相分析流程，其分析结果见表 5-11。

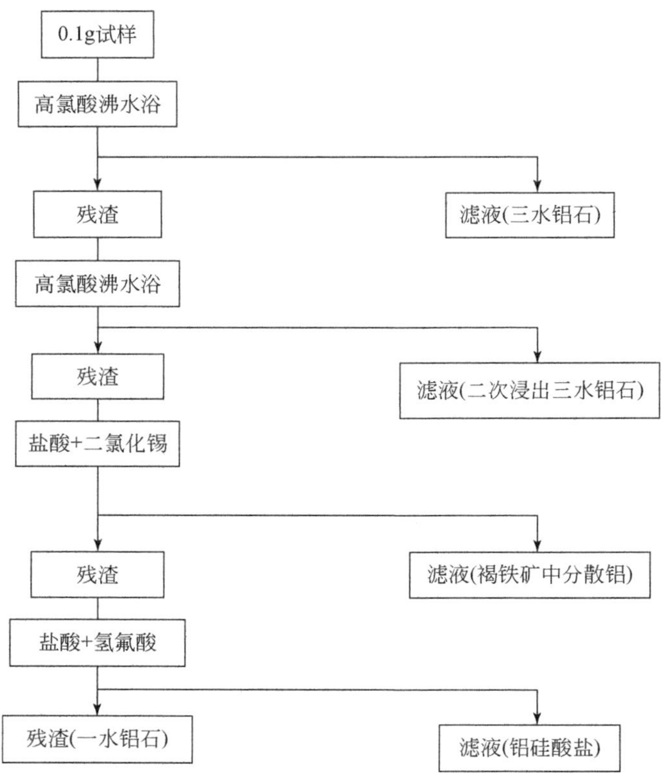

图 5-6　调整后铝土矿中铝的化学物相分析流程

表 5-11　调整流程后铝的化学物相分析结果

相别	三水铝石	一水软铝石	褐铁矿	铝硅酸盐
Al_2O_3含量/%	33. 69	7. 54	1. 65	1. 34
分布率/%	76. 19	17. 05	3. 73	3. 03

第 6 章　矿石的矿物组成

矿石是由天然矿物组成的集合体。对矿石进行化学分析，只能了解其中化学元素的组成，而无法掌握其中的矿物组成。选矿工艺分离的对象是矿物，而矿石中同一种元素往往会以不同的矿物形式产出。例如，在铁矿石中铁既可以呈氧化矿物的形式产出，也可以呈硫化矿物、碳酸盐矿物和铝硅酸盐矿物的形式产出；氧化铁矿物主要有磁铁矿、赤铁矿、褐铁矿等，硫化铁矿物主要为黄铁矿和磁黄铁矿，碳酸铁矿物为菱铁矿，铁的铝硅酸盐矿物主要有黑云母、金云母、绿泥石、透闪石、透辉石、阳起石、铁镁闪石、钠辉石、镁钠闪石和石榴子石等。这些含有同种元素的不同矿物，其物理化学性质和选矿工艺性质相差悬殊，其选矿方法和选矿工艺流程也截然不同，有的甚至在目前的经济技术条件下还难以利用。当矿石中含有可溶性盐类矿物时，尤其是硫酸盐类矿物的存在会使矿浆的性质发生改变，影响目的矿物的浮选。脉石矿物有时也是影响有价矿物回收的重要因素，尤其是层状矿物对金属硫化物的浮选影响较大。由于滑石、叶蜡石、绢云母、蛇纹石、石墨具有良好的天然可浮性，而细分散的黏土矿物，因为具有很细的粒度、高比表面积以及强的离子交换能力，当矿石中存在较多的这些层状矿物，必将影响精矿品位和回收率（方明山等，2014a）。此外矿石中各组成矿物的硬度、脆性、解理程度等物理性质对磨矿也具有不同程度的影响。因此，工艺矿物学研究的首要任务就是研究矿石的矿物组成，确定各种矿物的含量，特别是主要回收的元素、伴生元素以及有害杂质元素的矿物种类，明确选矿要回收的目的矿物以及影响选矿回收的矿物种类和性质等。

6.1　矿 物 鉴 定

矿产资源是人类生存和发展的物质基础。迄今为止，在自然界所发现的矿物已达 3000 余种。每一种矿物在化学组成、晶体结构、形态和物理性质上都有相对稳定性，但是在不同条件下生成的同一种矿物，在成分、结构、形态和性质上，经常存在一定的差异。矿物鉴定是根据矿物物理、化学性质的差异，利用肉眼或借助检测仪器对组成矿石的矿物进行鉴别的一种活动。矿物鉴定必须是宏观与微观相结合、多种鉴别方法相互验证，以达到对矿物的正确鉴定。矿物鉴定是一个十分复杂的过程，鉴定方法的选择需要工艺矿物工作者具有扎实的理论知识和丰富的实践经验。为使矿物鉴定工作准确、快速、有效地进行，应按照由简到繁的顺序进行。常用的方法有肉眼鉴定、X 射线衍射法鉴定、偏光显微镜鉴定和扫描电子显微镜能谱及电子探针鉴定等。

6.1.1　肉眼鉴定

矿物的肉眼鉴定就是用肉眼或借助放大镜、实体显微镜和一些简单工具（小刀、磁铁、条痕板等）观察矿物的外表特征，依据矿物的形态以及物理性质的差异进行鉴别，可达到认识、区分矿物的目的（李胜荣，2008）。矿物的形态和物理性质主要由矿物的化学成分和内部结构所决定，不同的矿物具有不同的结晶形态和物理性质。

6.1.1.1　矿物形态

矿物在一定外界条件下，总是趋向于形成特定的晶体和形态特征，称为结晶习性。如石英晶体呈柱状（图6-1）；云母呈片状（图6-2）；黄铁矿呈立方体（图6-3）；石榴子石呈菱形十二面体（图6-4）等。

图6-1　石英

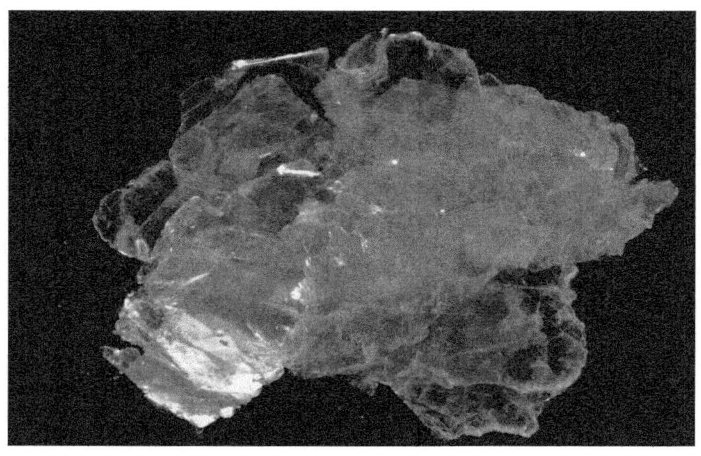

图6-2　云母

图 6-3　黄铁矿

图 6-4　石榴子石

根据矿物晶体在三维空间发育和程度，可将结晶习性大体分为三类：

一向延伸型——晶体沿一个方向特别发育，其余两个方向发育差，晶体细长，如针状、柱状（辉锑矿、电气石），柱状（角闪石），纤维状（蛇纹石石棉）等；

二向伸长型——晶体沿两个方向特别发育，第三方向不发育或发育差，呈片状（如云母、石墨），板状（如重晶石）等；

三向等长型（等轴状）——晶体沿三个方向大体相等发育，有等轴状、粒状，如石榴子石、黄铁矿、磁铁矿等。

6.1.1.2　矿物的光学性质

矿物的光学性质是指自然光作用于矿物表面之后所发生折射和吸收等一系列光学效应所表现出来的各种性质，包括矿物的颜色、条痕、透明度及光泽等。

(1) 颜色：矿物的颜色是矿物对白光中不同波长的光波吸收的结果。对于透明矿物来说，所有透过光波的颜色就是该矿物的颜色（如自然硫，可以认为由于它较多地吸收了透射光中的紫、蓝、绿、橙、红色光波而透过较多的黄色光波而成黄色）；对于不透明矿物来说，它的颜色主要取决于其表面反射光波的颜色（如黄铁矿表面反射出来的是以黄光为主，所以呈现黄色）；白色方解石、自然银等分别表现为对透射光波、反射光波普遍而均匀地吸收、反射而呈现出白色。因此，在不同的光源下，矿物呈现的颜色可有不同。

按矿物颜色产生的原因，可分为自色、他色和假色（锖色）。最有鉴定意义的是矿物的自色。

自色：自色就是矿物自身固有的本色，它与矿物的化学成分和结晶结构有关。如孔雀石的绿色、蓝铜矿的蓝色、雌黄的黄色、黑电气石的黑色等。

他色：矿物因含外来带色杂质或气泡等引起的颜色叫他色，如石英，纯净石英为无色，杂质的混入可使石英染成玫瑰色、紫色、烟灰色等。

假色：由于氧化作用，矿物表面会产生一层氧化膜，出现与自色不同的假色（锖色），如斑铜矿表面的锖色；黄铁矿因氧化后可呈现出与斑铜矿一样的颜色；方解石、云母等矿物解理面上所见的虹彩晕色。

矿物颜色的描述，为了便于比较和统一，常以标准色谱：红、橙、黄、绿、青、蓝、紫及白、灰、黑等色来描述矿物的颜色。当矿物颜色与标准色谱有差异时，可加上适当的形容词，如淡绿、暗红、灰白色等。有些矿物的颜色是介于两种标准色谱之间，常用二名法来描述，如黄绿色，即矿物以绿色为主稍带黄色。此外，通常也利用标准色谱与实物对比的方法来描述矿物颜色的。如：紫色——紫水晶，锡白色——毒砂，蓝色——蓝铜矿，铅灰色——方铅矿，绿色——孔雀石，钢灰色——镜铁矿，黄色——雌黄，铁黑色——磁铁矿，橙色——铬酸铅矿，赤铜色——自然铜，红色——辰砂，黄铜色——黄铜矿，褐色——褐铁矿，金黄色——自然金。

颜色识别最直观，也是观察的第一步。很多矿物都有自身十分独特的颜色，比如辰砂、菱锰矿、赤铜矿、钒铅矿等会有鲜红的颜色，雄黄、钼铅矿通常为橘红色，雌黄通常为柠檬黄色，褐铁矿通常为褐色，自然硫、自然金、黄铜矿通常为黄色或金黄色，孔雀石、绿松石、绿柱石、橄榄石、天河石通常为绿色，青金石、坦桑石、蓝铜矿、青铅矿、方钠石、堇青石、胆矾通常为蓝色，紫晶、锂辉石通常为紫色，石墨、磁铁矿、锡石、黑云母通常为黑色，滑石、白云石、大理石、硼砂通常为白色，石膏、冰洲石则通常为无色。

(2) 条痕：矿物的条痕是指矿物粉末的颜色，一般是矿物在未上釉的瓷棒上擦划后所留下的粉末颜色。条痕色可以与矿物颜色一致，也可不一致。由于条痕色消除了假色的干扰，减弱了他色的影响，突出了自色，因而它比矿物颜色更稳定，更具有鉴定意义。例如块状赤铁矿，其颜色可以是铁黑色，也可以是红褐色，但条痕都是樱红色。

观察条痕时要注意：①要在干净、白色未上釉的瓷棒上进行，试条痕时不要用力过猛，只要留下条痕即可；②硬度大于瓷棒的矿物一般不留下条痕，需碾成细粉末观察；③浅色矿物的条痕多为浅色、白色，对鉴定矿物意义不大。

（3）光泽：光泽就是矿物表面反射光的能力。矿物光泽的强弱决定于矿物对可见光的吸收，吸收率愈高则反射率愈高、光泽愈强，反之则弱。矿物的光泽按反射光的强弱可分为四级：

金属光泽——矿物反射光能力强似金属光面（或犹如电镀的金属表面）那样光亮耀眼，如方铅矿、黄铁矿、自然金等；

半金属光泽——矿物反射光能力较强，似未经抛光的金属表面，如赤铁矿、闪锌矿及黑钨矿等；

金刚光泽——矿物反射光能力弱，似金刚石般耀眼的反光，如闪锌矿、金刚石及雄黄等；

玻璃光泽——矿物反射光能力很弱，似普通平板玻璃表面的反光，如萤石、方解石、石英、长石及绿柱石等。

矿物表面的光滑程度和集合方式不同，会使光泽发生变化，形成一些特殊的光泽，如：

油脂光泽——反射光在透明、半透明矿物不平坦断面上散射成油脂状光亮，如石英、石榴子石、磷灰石等；

松脂光泽——在不平坦断面上呈现如松香等树脂般的光泽，如浅色闪锌矿、雄黄等；

丝绢光泽——纤维状矿物集合体表面所呈现的丝绢般反光，如纤维石膏、石棉；

珍珠光泽——矿物呈现如同珍珠表面或蚌壳内壁那种柔和的光泽，如云母的极完全解理面上具珍珠光泽；

沥青光泽——有些半透明或不透明的黑色矿物，解理不发育，在锯齿状断口上具沥青状光亮，如锡石、沥青铀矿等；

土状光泽——呈粉末状或土状集合体的矿物，表面光泽暗淡如泥土，如高岭石、褐铁矿、黄钾铁矾等。

（4）透明度：矿物透过光的能力称透明度。通常以矿物碎片的边缘能否透见它物，把矿物的透明度分成三个等级，即：透明矿物，如水晶、黄玉；半透明矿物，如辰砂，闪锌矿；不透明矿物，如黄铁矿、磁铁矿等。

6.1.1.3　矿物的力学性质

矿物的力学性质是指矿物受外力作用（刻划、敲打等）后所呈现的性质，如硬度、解理和断口等。

（1）硬度：是指矿物抵抗外来机械作用力（刻划、敲打等）的程度。鉴别矿物的硬度，可以把欲试矿物的硬度与某些标准矿物的硬度进行比较，即互相刻划加以确定。通常用的标准矿物，即莫氏硬度计就是用这种方法确定的：用十种矿物互相刻划，按硬度相对大小顺序把矿物硬度分为十级，排列在后边的矿物均能刻动前面的矿物。矿物莫氏硬度计见表6-1。

表 6-1　莫氏硬度计

硬度等级	代表矿物	硬度等级	代表矿物
1	滑石	6	正长石
2	石膏	7	石英
3	方解石	8	黄玉
4	萤石	9	刚玉
5	磷灰石	10	金钢石

在实际工作中，通常采用简单的方法来试验矿物的相对硬度，即把硬度分为三级：

低硬度——小于2.5，可用指甲刻动；

中等硬度——2.5～5.5，可用小刀或钢针刻动，手指甲刻不动；

高硬度——大于5.5，小刀刻不动。

根据硬度的差异，可以有效辨别矿物，比如区分黄铁矿、黄铜矿与黄金这三者，先用手指甲来刻划，能刻动的为黄金，因为纯净的黄金很软，硬度比手指甲的硬度2.5～3.0还要低，其他两种却相对较为坚硬；然后再借助小刀，用小刀能划出痕迹的为黄铜矿，划不动的即为黄铁矿，这是因为黄铜矿的莫氏硬度为3.0～4.0，黄铁矿的莫氏硬度为6.0～6.5，而小刀的莫氏硬度一般为5.5，正好介于二者之间。

（2）解理和断口：矿物晶体或晶粒受外力作用（如敲打）后，沿一定方向出现一系列相互平行且平坦光滑的破裂面的性质称为解理。矿物的这种破裂光滑平面称为解理面。矿物受外力作用后，在任意方向上呈各种凹凸不平的断面的性质称为断口。解理和断口互为消长关系，即解理发育者，断口不发育，相反，不显解理者，断口发育。

矿物的解理按其解理面的完好程度和光滑程度不同，通常划分为四级：

极完全解理——解理面极完好，平坦且极光滑，矿物晶体可劈成薄片，如云母、辉钼矿；

完全解理——矿物晶体容易劈成小的规整的碎块或厚板状，解理面完好，平坦、光滑，如方铅矿、方解石等；

中等解理——破裂面不甚光滑，往往不连续，解理面被断口隔开成阶梯状，如辉石、白钨矿等；

不完全解理——一般难发现解理面，即使偶见到解理面，也是小而粗糙，因此，在破裂面上常见有不平坦断口，如磷灰石、锡石等。

有的把无解理者称为极不完全解理，晶体的破裂面完全为断口，如黄铁矿、石榴子石等。断口可描述为贝壳状断口、参差状断口（如黄铁矿、磁铁矿等）。

6.1.1.4　矿物的密度

矿物的密度是指矿物单位体积的质量，也称真密度，通常度量单位为 g/cm^3。矿物的相对密度是矿物在空气中的重量与4℃时同体积水的重量比，量纲为1。矿物的相对密度与真密度在数值上是相同的，但它更易于测定。密度是鉴定和对比矿物的依据，其精确数值要通过专门测试才能确定。

矿物的密度主要取决于其组成元素的原子质量、原子或离子的半径及结构的紧密程度等。对于结构相同的不同矿物来讲，一般是组成元素的原子质量越大，密度就越大；而原子或离子半径越大，矿物的密度会相应降低。用手掂矿物的时候，密度轻的矿物会感觉有点发飘，密度大的矿物比较坠手，而密度中等的矿物感觉处于两者之间。用手掂估矿物的轻重，将矿物的相对密度分为三级：

重矿物——相对密度>4，具有金属光泽的矿物大多密度比较大，如黄铁矿、方铅矿、自然金等；

中等密度矿物——相对密度 2.5 ~ 4，大部分非金属矿物的比重处于这个范围，如石英、萤石、方解石等；

轻矿物——相对密度<2.5，如石墨、云母、石盐、自然硫等。

6.1.1.5　矿物的磁性

矿物产生磁性的根本原因是物质内部分子或原子中电子运动的结果。矿物磁性的强弱常依据矿物比磁化率（χ）的大小进行划分。按比磁化率大小可把所有矿物划分为：

强磁性矿物——$\chi>3.8\times10^{-5}m^3/kg$；

弱磁性矿物——$\chi=7.5\times10^{-6} \sim 1.26\times10^{-7}m^3/kg$；

非磁性矿物——$\chi<1.26\times10^{-7}m^3/kg$。

通常用普通磁铁测试，能被磁铁吸引者称为磁性矿物，如磁铁矿。

6.1.2　X 射线衍射法鉴定

X 射线衍射仪鉴定矿物时可以得到矿物的面间距 d 和衍射线的相对强度 I/I_0，借助软件对数据解谱，从而进行矿物鉴定。X 射线粉晶衍射（XRD）检测技术可以快速鉴定出矿物种类，对样品要求不高，利用几克粒度小于 0.074mm 有代表性的综合样进行分析即可，适用于含有一定量的且结晶良好的矿物。X 射线衍射的方法适合单一矿物或矿石中主要矿物种类的鉴定。此外，对颗粒特别细小、常共生在一起的矿物（例如黏土）以及同种矿物的不同变体鉴定特别有效。

某铜矿中 Cu、S 的品位分别为 1.00% 和 3.25%。通过对矿石综合样的 X 射线衍射分析（图 6-5）可快速查明矿石中的主要矿物为钙铁榴石、钙铝榴石、透辉石、磁黄铁矿、透闪石、石英等，该矿为夕卡岩型铜矿。

6.1.3　偏光显微镜鉴定

光学显微镜是一种简单高效的矿物鉴定分析技术。大部分非金属矿物在可见光下为透明矿物，在透射偏光显微镜下观察 0.03mm 厚的薄片，根据矿物形状、解理、颜色、多色性、糙面、突起、折射率、干涉色、光性正负以及轴性等光学性质进行矿物的鉴定和研

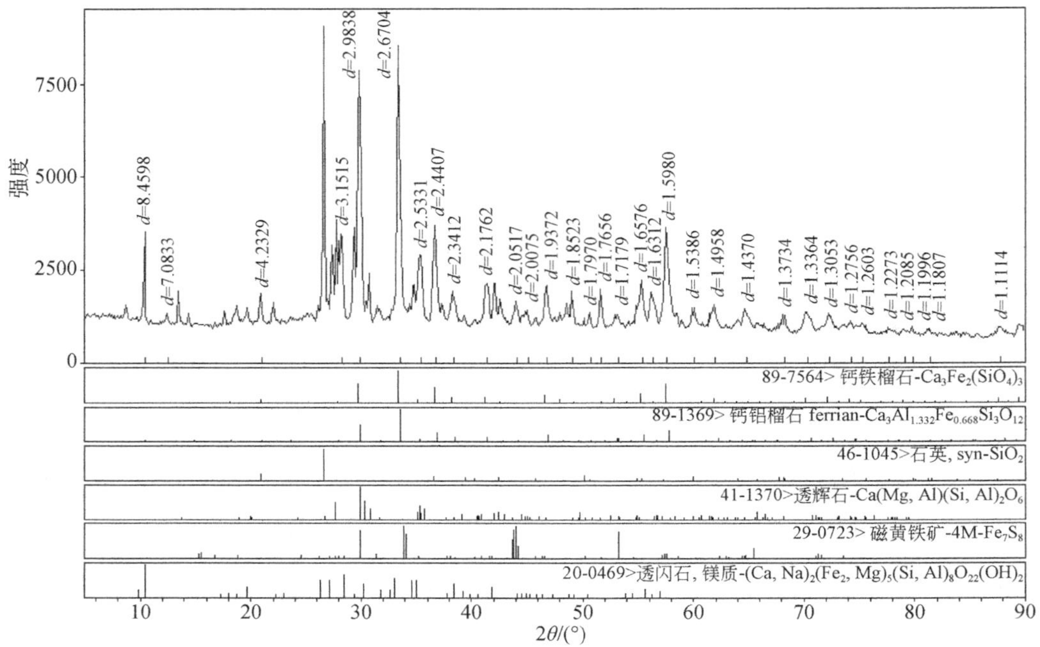

图 6-5　矿石的 X 射线衍射图

究。例如，石英在偏光显微镜镜下一般无色透明、乳白色、灰色，$N_o = 1.5329 \sim 1.544$，$N_e = 1.5404 \sim 1.553$，无解理。大部分金属矿物属于不透明矿物，在反射偏光显微镜下观察光片，根据矿物形状、反射率、反射色、硬度、多色性、非均性、内反射等光学性质鉴定矿物。例如：自然金为金黄色；自然铜为铜红色、玫瑰色；黄铜矿为黄铜黄色；铜蓝为靛蓝色；方铅矿为白色带灰色调；黄铁矿为黄白色；磁黄铁矿为浅玫瑰棕色；磁铁矿为灰色带棕色色调。

光学显微镜适合鉴定光学特征明显、粒度大的矿物。对于光学性质相似、粒度细小的矿物则无法通过光学显微镜进行鉴定。

6.1.4　扫描电子显微镜能谱及电子探针鉴定

扫描电子显微镜和电子探针都是通过聚焦很细的高能量电子轰击样品表面，激发出相应的电子或特征 X 射线，通过矿物成分进行矿物的定性和定量分析。扫描电镜的二次电子图像能够清晰地反映矿物表面的形貌，背散射电子图像能够反映不同的矿物组成，扫描电镜上的能谱探头能够对矿物微区进行元素含量分析，检测元素的范围为$^{4}Be \sim {}^{92}U$。因此，扫描电子显微镜能够快速地完成大部分矿物鉴定工作。

与扫描电镜相比，电子探针通过其配备的能谱或波谱仪能够实现矿物微区的定量分析，尤其适用于超轻元素（$^{4}Be \sim {}^{9}F$）的分析。这使得电子探针在发现和鉴定新矿物以及超轻元素的定量测量中起了重要作用。但是，与扫描电镜相比，电子探针的图像分辨率低、检测速度慢，使得常规的矿物鉴定被扫描电镜所取代。

某铜钴矿中存在一种微细粒矿物，其以细粒包体的形式嵌布于辉铜矿中，由于嵌布粒度细，在光学显微镜下即使放大到500倍也难以鉴定出属于何种矿物，这就需要借助扫描电子显微镜X射线能谱进行分析。扫描电子显微镜在放大4280倍的条件下可以清晰地观察到该未知矿物以不规则分布在辉铜矿中。通过对该未知矿物的X射线能谱分析（表6-2）可知，该未知矿物含Co 37.98%、Cu 21.09%、S 40.93%，与硫铜钴矿的理论成分（Co 38%、Cu 20.52%、S 41.48%）比较吻合。因此，可以确认该未知矿物为硫铜钴矿。

表6-2　未知矿物的X射线能谱分析结果

序号	元素含量/%		
	Co	Cu	S
1	39.04	21.15	39.81
2	38.65	20.50	40.85
3	39.07	19.56	41.37
4	39.09	21.13	39.78
5	39.23	20.47	40.30
6	39.23	19.79	40.98
7	38.80	22.47	38.73
8	36.53	20.77	42.70
9	33.97	25.05	40.98
10	30.51	21.72	47.77
11	38.92	19.86	41.22
12	39.40	21.10	39.50
13	39.31	20.46	40.23
14	39.23	19.79	40.98
15	38.80	22.47	38.73

磷灰石是一类含钙的磷酸盐矿物总称，其化学成分为$Ca_5(PO_4)_3(F,Cl,OH)$。最常见的矿物种是氟磷灰石［$Ca_5(PO_4)_3F$］，其次有氯磷灰石［$Ca_5(PO_4)_3Cl$］、羟磷灰石［$Ca_5(PO_4)_3(OH)$］、氧硅磷灰石｛$Ca_5[(Si,P,S)O_4]_3(O,OH,F)$｝、锶磷灰石［$Sr_5(PO_4)_3F$］等。利用电子探针对矿石中的磷灰石进行成分分析（表6-3），确认该矿石中的磷灰石主要为氟磷灰石，含少量的羟磷灰石。

表 6-3 磷灰石的电子探针分析

序号	组分含量/%																			
	Na_2O	F	Ce_2O_3	SiO_2	MgO	Pr_2O_3	Y_2O_3	Dy_2O_3	Al_2O_3	Nd_2O_3	P_2O_5	CaO	Ho_2O_3	Sm_2O_3	SO_3	Er_2O_3	MnO	Cl	Tm_2O_3	FeO	Yb_2O_3
1	0. 55	3. 11	0. 01	0. 11	0. 24	0. 02	0. 19	0. 05	—	0. 09	37. 29	56. 15	—	0. 02	0. 45	0. 01	0. 03	0. 03	0. 06	0. 47	0. 13
2	0. 11	2. 29	—	0. 28	0. 53	—	0. 74	—	0. 02	0. 09	40. 69	52. 29	—	—	0. 93	0. 28	0. 17	0. 12	—	0. 37	—
3	0. 29	2. 41	—	0. 38	0. 61	0. 37	0. 62	0. 42	0. 04	0. 06	39. 71	51. 19	—	0. 28	1. 45	—	—	0. 17	—	0. 35	—
4	0. 09	1. 01	—	0. 51	0. 37	—	1. 21	—	—	0. 80	38. 30	52. 00	—	0. 23	0. 97	—	—	0. 08	—	—	—
5	0. 17	2. 14	0. 25	0. 13	0. 54	—	0. 52	0. 38	0. 02	0. 08	40. 85	51. 89	—	0. 28	1. 39	—	—	0. 09	—	—	—
6	0. 03	0. 91	—	0. 15	0. 54	0. 32	1. 35	—	—	0. 08	38. 55	52. 23	—	0. 34	0. 86	—	—	0. 05	—	—	—
7	0. 07	2. 78	—	0. 08	0. 29	—	0. 16	—	0. 02	0. 06	40. 02	54. 03	—	0. 20	0. 73	0. 30	0. 10	0. 18	—	—	—
8	0. 09	2. 43	—	0. 11	0. 12	—	0. 22	—	—	—	40. 90	54. 11	—	—	0. 37	—	0. 11	0. 03	—	0. 49	—
9	0. 09	2. 04	—	0. 08	0. 38	—	0. 31	0. 22	0. 02	0. 09	40. 33	52. 82	0. 22	0. 33	1. 16	—	—	0. 05	—	0. 15	—
10	0. 05	2. 74	—	0. 19	0. 48	—	0. 35	—	0. 07	0. 07	40. 74	52. 37	—	—	1. 09	—	—	0. 10	0. 23	—	—
11	0. 07	2. 99	0. 17	—	0. 42	0. 40	0. 23	0. 30	—	0. 06	40. 28	53. 07	—	—	0. 86	0. 26	—	0. 07	0. 33	—	—
12	0. 25	2. 11	0. 21	0. 10	0. 01	—	0. 94	—	—	0. 87	38. 96	52. 73	—	0. 24	0. 82	0. 29	—	0. 09	—	0. 25	0. 41
13	0. 05	2. 41	—	—	0. 44	0. 53	0. 14	0. 30	—	0. 55	40. 10	52. 38	—	0. 17	0. 95	—	—	0. 07	—	—	—
14	0. 11	2. 90	—	0. 77	0. 54	0. 29	0. 77	0. 45	0. 55	0. 77	37. 83	52. 99	—	—	1. 29	0. 29	—	0. 11	—	0. 77	—

6.2 矿 物 定 量

矿物定量的方法较多，常用的矿物定量方法有分离矿物定量法、化学分析矿物定量法、选择溶解矿物定量法、图像分析矿物定量法等（孙传尧，2015）。

6.2.1 分离矿物定量法

矿物分离定量法是利用矿石中某种矿物或某些矿物的特殊性质或利用某种矿物与其他矿物性质上的差异，将某种矿物或某些矿物从矿石中分离出来而进行定量的一种方法。这种分离方法主要适用于某些易于分选且嵌布粒度比较粗的矿物。这种方法准确可靠，但适用范围有限。例如欲测定某矿石中磁铁矿的含量，假如该矿石仅含有磁铁矿一种强磁性矿物，那么称取一定量粒度小于0.074mm的代表性矿石样品放入水中，然后用磁铁吸出其中的磁铁矿颗粒并称取其重量 W_2。最后根据磁性部分的重量 W_2 与原样品的重量 W_1 相比的百分数，即为矿石样品中磁铁矿的重量百分含量。

6.2.2 化学分析矿物定量法

矿物化学分析定量法是利用矿石的化学成分与矿石中组成矿物的化学成分的相关性，用数学运算方法来进行矿物定量。不像其他方法那样受组成矿物的含量和嵌布粒度的影响，而仅取决于矿石和组成矿物的化学成分。适用于矿物组成比较简单的矿石，特征元素仅由一种矿物组成，尤其对于微粒矿物来说，该方法的优越性十分显著。

某铅锌矿矿石的矿物组成比较简单，金属矿物主要为方铅矿、闪锌矿和黄铁矿，非金属矿物主要为白云石和方解石，另有少量的白云母、石英、长石和重晶石等。矿石的多组分化学分析结果见表6-4。

表6-4　矿石的多组分化学分析结果

化学成分	Zn	Pb	Fe	S	As	K_2O
含量/%	6.70	6.91	9.75	15.30	0.01	0.17
化学成分	Na_2O	CaO	MgO	Al_2O_3	SiO_2	
含量/%	0.01	24.33	7.68	0.50	0.72	

闪锌矿的扫描电子显微镜X射线能谱分析结果见表6-5。

根据矿石的多组分化学分析结果、闪锌矿的扫描电子显微镜X射线能谱分析结果以及方铅矿、黄铁矿、白云石、方解石、白云母等矿物的理论化学成分，计算不同矿物的含量。

（1）根据矿石中Zn的含量以及闪锌矿的扫描电子显微镜X射线能谱分析值，计算闪锌矿的含量及其占有的Fe量和S量：

$$闪锌矿含量=\frac{\text{Zn 化验值}}{\text{闪锌矿 X 射线能谱分析 Zn 含量}}\times100\%=\frac{6.70\%}{63.42\%}\times100\%=10.56\%$$

表 6-5　闪锌矿的扫描电镜能谱分析结果

序号	元素含量/%		
	Zn	Fe	S
1	65. 81	1. 50	32. 69
2	63. 36	4. 04	32. 60
3	65. 52	1. 03	33. 45
4	65. 80	1. 57	32. 63
5	65. 17	2. 44	32. 39
6	64. 87	2. 43	32. 70
7	64. 11	2. 51	33. 38
8	61. 33	5. 75	32. 92
9	64. 94	2. 33	32. 73
10	61. 21	5. 85	32. 94
11	60. 48	6. 11	33. 41
12	64. 64	2. 27	33. 09
13	63. 11	3. 63	33. 26
14	64. 61	3. 17	32. 22
15	63. 96	3. 16	32. 88
16	64. 53	2. 89	32. 58
17	61. 19	6. 25	32. 56
18	61. 06	5. 89	33. 05
19	59. 88	6. 72	33. 40
20	65. 01	2. 03	32. 96
21	65. 63	1. 87	32. 50
22	65. 31	1. 87	32. 82
23	63. 57	3. 37	33. 06
24	60. 04	6. 17	33. 79
25	60. 38	5. 85	33. 77

闪锌矿占有的 Fe 量=闪锌矿含量×闪锌矿 X 射线能谱分析 Fe 含量=10. 56%×3. 63%=0. 38%

闪锌矿占有的 S 量=闪锌矿含量×闪锌矿 X 射线能谱分析 S 含量=10. 56%×32. 95%=3. 48%

（2）根据矿石中 Pb 的含量以及方铅矿的理论化学成分，计算方铅矿的含量及其占有的 S 量：

$$方铅矿含量=Pb化验值\times\frac{PbS分子量}{Pb原子量}=6.91\%\times\frac{207.2+32.07}{207.2}=7.98\%$$

$$方铅矿占有的S量=方铅矿含量\times\frac{S原子量}{PbS分子量}=7.98\%\times\frac{32.07}{207.2+32.07}=1.07\%$$

（3）根据矿石中 S 的含量、黄铁矿的理论化学成分以及闪锌矿、方铅矿占有的 S 量，计算黄铁矿的含量：

$$黄铁矿含量=(S化验值-闪锌矿占有的S量-方铅矿占有的S量)\times\frac{FeS_2分子量}{2\times S原子量}$$

$$=(15.30\%-3.48\%-1.07\%)\times\frac{55.85+2\times32.07}{2\times32.07}=20.11\%$$

（4）根据矿石中 MgO 的含量以及白云石的理论化学成分，计算白云石的含量及其占有的 CaO 量：

$$白云石含量=MgO化验值\times\frac{CaMg(CO_3)_2分子量}{MgO分子量}=7.68\%\times\frac{184.41}{40.31}=35.13\%$$

$$白云石占有的CaO量=白云石含量\times\frac{CaO分子量}{CaMg(CO_3)_2分子量}=35.13\%\times\frac{56.08}{184.41}=10.68\%$$

（5）根据矿石中 CaO 的含量、方解石的理论化学成分以及白云石占有的 CaO 量，计算方解石的含量：

$$方解石含量=(CaO化验值-白云石占有的CaO量)\times\frac{CaCO_3分子量}{CaO分子量}$$

$$=(24.33\%-10.68\%)\times\frac{100.09}{56.08}=24.36\%$$

（6）根据矿石中 K_2O 的含量以及白云母的理论化学成分，计算白云母的含量：

$$白云母含量=K_2O化验值\times\frac{2\times白云母分子量}{K_2O分子量}=0.17\%\times\frac{2\times398.33}{94.2}=1.44\%$$

矿石中各种矿物的相对含量见表 6-6。

表 6-6　矿石的矿物组成

矿物名称	闪锌矿	方铅矿	黄铁矿	白云石	方解石	白云母	其他矿物
含量/%	10.56	7.98	20.11	35.13	24.36	1.44	0.42

6.2.3　选择性溶解定量法

选择性溶解定量法是利用某种矿物特殊的化学性质，用特定的化学试剂进行选择性溶解来进行矿物定量。这种方法实际就是化学物相分析方法。当某些目的元素以多种矿物形式存在时，就要采用矿物化学分析定量法和元素化学物相分析方法进行矿石的矿物定量。

某铁矿石中的含铁矿物主要为赤铁矿，另有少量的菱铁矿、磁铁矿和绿泥石，其他非金属矿物主要为石英和高岭石，另有少量的白云母和锆石等。矿石的多元素化学分析结果见表 6-7。

表 6-7　矿石的多元素化学分析结果

化学成分	Fe	S	P	K	Na	Mg	Al	Si
含量/%	58. 76	0. 01	0. 02	0. 01	0. 01	0. 21	1. 38	4. 68

铁的化学物相分析结果见表 6-8。

表 6-8　铁的化学物相分析结果

相别	磁铁矿	赤铁矿	碳酸铁	硅酸铁
铁含量/%	1. 42	52. 33	2. 95	2. 04
分布率/%	2. 42	89. 09	5. 02	3. 47

绿泥石的扫描电子显微镜 X 射线能谱分析结果见表 6-9，绿泥石中 Fe、Mg、Al 和 Si 的平均含量分别为 30. 79% 、2. 96% 、10. 97% 和 12. 05% 。

表 6-9　绿泥石扫描电镜能谱分析结果

序号	元素含量/%				
	Mg	Al	Si	Fe	O
1	2. 93	10. 29	10. 41	34. 21	42. 16
2	2. 42	10. 75	12. 01	31. 83	42. 99
3	3. 23	9. 36	10. 12	35. 48	41. 81
4	2. 82	10. 74	12. 12	31. 19	43. 14
5	3. 15	11. 15	12. 3	29. 93	43. 47
6	3. 29	10. 44	12. 27	30. 77	43. 23
7	2. 92	10. 98	12. 36	30. 36	43. 37
8	2. 58	11. 01	12. 16	31. 06	43. 19
9	2. 87	11. 81	11. 82	30. 16	43. 34
10	2. 65	12. 42	13. 33	27. 35	44. 26
11	3. 36	12. 35	12. 02	28. 72	43. 55
12	3. 13	11. 12	12. 81	29. 21	43. 73
13	2. 88	12. 36	14. 15	25. 89	44. 73
14	2. 99	12. 72	14. 56	24. 64	45. 1
15	3. 23	11. 06	12. 49	29. 6	43. 62
16	2. 52	12. 02	13. 34	27. 94	44. 18
17	3. 15	9. 38	10. 41	35. 15	41. 92
18	2. 98	9. 58	10. 4	35. 13	41. 91
19	3. 04	8. 97	9. 96	36. 35	41. 69

根据矿石的多元素化学分析结果、铁的化学物相分析结果、绿泥石的扫描电子显微镜 X 射线能谱分析结果以及磁铁矿、赤铁矿、菱铁矿、石英、高岭石等矿物的理论化学成

分，计算矿石中各种矿物的含量。

（1）根据铁的化学物相分析磁铁矿中 Fe 的含量以及磁铁矿的理论化学成分，计算磁铁矿的含量：

$$磁铁矿含量=铁的化学物相分析磁铁矿中\ Fe\ 的含量\times\frac{Fe_3O_4\ 分子量}{3\times Fe\ 原子量}=1.42\%\times\frac{231.55}{167.55}=1.96\%$$

（2）根据铁的化学物相分析赤铁矿中 Fe 的含量以及赤铁矿的理论化学成分，计算赤铁矿的含量：

$$赤铁矿含量=铁的化学物相分析赤铁矿中\ Fe\ 的含量\times\frac{Fe_2O_3\ 分子量}{2\times Fe\ 原子量}=52.33\%\times\frac{159.70}{111.70}=74.82\%$$

（3）根据铁的化学物相分析碳酸铁中 Fe 的含量以及菱铁矿的理论化学成分，计算菱铁矿的含量：

$$菱铁矿含量=铁的化学物相分析菱铁矿中\ Fe\ 的含量\times\frac{FeCO_3\ 分子量}{Fe\ 原子量}=2.95\%\times\frac{115.86}{55.85}=6.12\%$$

（4）根据铁的化学物相分析硅酸铁中 Fe 的含量以及绿泥石的扫描电子显微镜 X 射线能谱分析值，计算绿泥石的含量及其占有的 Mg 量、Al 量和 Si 量：

$$绿泥石含量=\frac{铁的化学物相分析绿泥石中\ Fe\ 的含量}{绿泥石\ X\ 射线能谱分析\ Fe\ 的含量}\times100\%=\frac{2.04\%}{30.79\%}\times100\%=6.63\%$$

$$绿泥石占有的\ Al\ 量=绿泥石含量\times绿泥石\ X\ 射线能谱分析\ Al\ 含量=6.63\%\times10.97\%=0.73\%$$

$$绿泥石占有的\ Si\ 量=绿泥石含量\times绿泥石\ X\ 射线能谱分析\ Si\ 含量=6.63\%\times12.05\%=0.80\%$$

（5）根据矿石中 Al 的含量、高岭石的理论化学成分以及绿泥石占有的 Al 量，计算高岭石的含量：

$$\begin{aligned}高岭石含量&=(Al\ 的化验值-绿泥石占有的\ Al\ 量)\times\frac{高岭石分子量}{2\times Al\ 原子量}\\&=(1.38\%-0.73\%)\times\frac{258.18}{53.96}=3.11\%\end{aligned}$$

$$高岭石占有的\ Si\ 量=高岭石含量\times\frac{2\times Si\ 原子量}{高岭石分子量}=3.11\%\times\frac{2\times28.09}{258.18}=0.68\%$$

（6）根据矿石中 Si 的含量、石英的理论化学成分以及绿泥石和高岭石占有的 Si 量，计算石英的含量：

$$\begin{aligned}石英含量&=(Si\ 的化验值-绿泥石占有的\ Si\ 量-高岭石占有的\ Si\ 量)\times\frac{SiO_2\ 分子量}{Si\ 原子量}\\&=(4.68\%-0.80\%-0.68\%)\times\frac{60.09}{28.09}=6.85\%\end{aligned}$$

根据矿石的多元素化学分析以及铁的化学物相分析结果，计算出各种矿物的相对含量，见表 6-10。

表 6-10　矿石的矿物组成

矿物名称	赤铁矿	菱铁矿	磁铁矿	绿泥石	石英	高岭石	其他矿物
含量/%	74.82	6.12	1.96	6.63	6.85	3.11	0.51

6.2.4 矿物图像分析定量法

矿物图像分析定量法主要有偏光显微镜定量法和基于扫描电子显微镜矿物自动图像分析定量法。

偏光显微镜定量法一般是将2～0mm的选矿试验综合样先碎成0.5mm以下，再筛分成若干粒级，分别算出每个粒级的产率，然后每个粒级缩分出一部分具有代表性的样品用环氧树脂、乙二胺胶结固化磨制成光片和薄片。偏光显微镜下矿物定量必须是在定性研究基础上，把所有矿物都鉴定准确后才可以进行。定量方法一般采用线测法或面测法。金属矿物在反光条件下进行测量统计，非金属矿物在透光条件下进行测量统计。定量时把每个粒级的光片或薄片在偏光显微镜下，借助机械台移动、目镜测微尺或面积测量软件测量有用矿物及其他矿物线段长或面积，逐行测定并做好记录，最后统计每种矿物的线段长或面积，再求出每种矿物在该粒级中线段长或面积的百分比，再乘以该粒级的产率和该矿物的密度，就能计算出该矿物在矿石中的相对含量。此方法对微粒微量矿物的鉴定和定量测量比较困难。偏光显微镜定量是一项基础工作，虽然既费时又费力，但每个从事工艺矿物学研究的人员都必须了解它。

基于扫描电子显微镜的矿物自动分析仪MLA和AMICS的出现，大大提高了矿物图像分析定量的速度。矿物自动图像分析定量法是把扫描电子显微镜、X射线能谱分析和计算机图像分析处理技术结合在一起，通过矿物背散射图像灰度区分矿物、X射线能谱分析鉴定识别矿物以及图像分析软件测量各矿物的面积，然后乘以矿物的密度，则可计算出各种矿物的重量比。为了满足样品的代表性，可考虑用-0.074mm综合样测定样品的矿物含量。由于矿物图像分析定量是在光片或薄片上进行的，在光片或薄片上的矿物颗粒只显示出二维尺寸的大小，而不能直接观测到立体三维尺寸。自然界矿物的形态多种多样，有针状、柱状、纤维状，也有片状、板状、粒状和不规则状等，各矿物二维尺寸的面积比不等于立体三维尺寸的体积比；由于类质同象现象的存在，引起矿物的化学组成会有一定程度的变化，致使矿物的密度分布在一定的区间范围内；鉴于技术和仪器的局限性，造成矿物识别的准确率还不是那么令人满意，尤其对于铝硅盐矿物更是如此。以上这些因素都会造成矿物图像分析定量法的结果与实际会有偏差，此方法可作为化学分析矿物定量法和选择溶解矿物定量法的补充手段。

某硫铜钴矿矿石的矿物组成比较复杂。铜矿物有黄铜矿、辉铜矿、孔雀石；钴矿物有硫铜钴矿、菱钴矿、水钴矿；硫矿物为黄铁矿；铁矿物为赤铁矿；非金属矿物主要为白云石和石英，少量绿泥石、高岭石、钠长石、白云母、菱镁矿、方解石等。矿石的多组分化学分析结果见表6-11。

表6-11 矿石的化学多元素分析结果

化学成分	Cu	Co	Fe	S	C	Na_2O
含量/%	1.50	0.50	1.44	1.42	5.53	0.27
化学成分	SiO_2	Al_2O_3	CaO	MgO	K_2O	
含量/%	46.82	2.21	12.82	11.47	0.22	

分别对-0.074mm占100%的样品进行了铜、钴的化学物相分析，结果见表6-12、表6-13。

表6-12　矿石中铜的化学物相分析结果

相别	氧化铜	次生硫化铜	原生硫化铜
铜含量/%	0.007	1.20	0.29
分布率/%	0.47	80.00	19.53

表6-13　矿石中钴的化学物相分析结果

相别	氧化钴	碳酸盐	硫化钴
钴含量/%	0.016	0.062	0.42
分布率/%	3.02	12.47	84.51

辉铜矿、硫铜钴矿、白云石、绿泥石的扫描电子显微镜X射线能谱分析结果见表6-14至表6-17。

表6-14　硫铜钴矿的X射线能谱分析结果

序号	元素含量/%		
	S	Co	Cu
1	39.04	39.81	21.15
2	38.21	40.85	20.94
3	36.64	41.47	21.89
4	38.39	39.78	21.83
5	38.85	40.68	20.47
6	37.23	40.98	21.79
7	38.80	38.73	22.47
8	38.49	39.74	21.77
9	36.17	40.98	22.85
10	37.31	41.27	21.42
11	37.11	41.22	21.67
12	36.76	41.50	21.74
13	37.31	41.23	21.46
14	36.07	40.98	22.95
15	38.80	38.73	22.47

表 6-15　辉铜矿 X 射线能谱分析结果

序号	元素含量/%		
	S	Cu	Fe
1	18. 73	81. 27	0. 00
2	19. 31	80. 69	0. 00
3	18. 86	81. 14	0. 00
4	19. 05	80. 95	0. 00
5	21. 53	78. 47	0. 00
6	19. 69	80. 31	0. 00
7	19. 04	78. 29	2. 67
8	18. 59	81. 41	0. 00
9	19. 35	80. 65	0. 00
10	17. 91	80. 14	1. 95
11	19. 63	80. 37	0. 00
12	19. 36	80. 64	0. 00
13	20. 18	76. 98	2. 84
14	19. 55	80. 45	0. 00
15	20. 27	77. 34	2. 39
16	20. 42	77. 10	2. 48
17	19. 72	80. 28	0. 00
18	19. 61	80. 39	0. 00
19	19. 05	80. 95	0. 00
20	19. 04	78. 29	2. 67
21	18. 59	81. 41	0. 00
22	18. 70	79. 88	1. 42
23	19. 55	77. 10	3. 35

表 6-16　白云石的 X 射线能谱分析结果

序号	元素含量/%		
	CaO	MgO	FeO
1	30. 97	23. 57	0. 54
2	32. 06	22. 83	1. 04
3	31. 18	24. 92	0. 00
4	29. 16	25. 06	0. 00
5	30. 23	23. 08	0. 00

续表

序号	元素含量/%		
	CaO	MgO	FeO
6	30.12	22.87	0.00
7	29.45	23.68	0.00
8	30.62	22.82	0.00
9	30.18	21.44	0.24
10	29.8	22.07	0.98
11	28.07	22.18	1.63
12	28.86	22.40	1.54
13	29.32	22.11	0.53

表6-17　绿泥石的X射线能谱分析结果

序号	元素含量/%			
	SiO_2	Al_2O_3	MgO	Fe_2O_3
1	36.46	17.02	32.45	4.06
2	34.48	18.34	34.57	3.37
3	36.61	17.00	33.20	4.95
4	33.69	16.82	35.47	4.38
5	31.20	12.16	43.99	3.64
6	36.46	17.02	32.45	4.04
7	34.48	18.34	34.57	2.63
8	36.61	16.90	33.30	4.95

（1）根据铜的化学物相分析和矿石的矿物组成可知，氧化铜即为孔雀石，其铜含量为0.007%；原生硫化铜为黄铜矿，其铜含量为0.293%；加上孔雀石和黄铜矿的理论化学成分，可计算两者的含量及黄铜矿中占有的Fe量和S量：

$$孔雀石含量=氧化铜物相值\div孔雀石中Cu的理论含量=0.007\%\div\frac{2\times63.54}{221.07}=0.01\%$$

$$黄铜矿含量=原生硫化铜物相值\div黄铜矿中Cu的理论含量=0.293\%\div\frac{63.54}{183.52}=0.85\%$$

$$黄铜矿占有的Fe量=黄铜矿含量\times黄铜矿中Fe的理论含量=0.83\%\times\frac{55.85}{183.52}=0.25\%$$

$$黄铜矿占有的S量=黄铜矿含量\times黄铜矿中S的理论含量=0.83\%\times\frac{64.13}{183.52}=0.29\%$$

（2）由钴的化学物相分析和矿石的矿物组成可知，氧化钴即为水钴矿，其化学物相分析值钴含量为0.016%；碳酸盐中钴即为菱钴矿中钴，其化学物相分析值为0.062%；硫化钴即为硫铜钴矿，其化学物相分析值为0.42%。水钴矿中理论钴含量为64.11%、菱钴矿中理论钴含量为 49. 48%；硫铜钴矿的 X 射线能谱分析结果显示，其矿物中钴、硫、铜的平均含量分别为 40. 53%、37. 68%、21. 79%。根据这些数据可以计算出水钴矿、硫铜钴矿的含量和硫铜钴矿中 S、Cu 占有量：

水钴矿含量 = 水钴矿的钴物相值÷水钴矿中 Co 的理论含量 = 0. 016%÷64. 11% = 0. 02%

菱钴矿含量 = 菱钴矿的钴物相值÷菱钴矿中 Co 的理论含量 = 0. 012%÷49. 48% = 0. 13%

硫铜钴矿含量 = 硫铜钴矿的钴物相值÷硫铜钴矿中 Co 的能谱值 = 0. 42%÷40. 53% = 1. 04%

硫铜钴矿占有的 S 量 = 硫铜钴矿含量×硫铜钴矿中 S 的能谱值 = 1. 04%×37. 68% = 0. 39%

硫铜钴矿占有的 Cu 量 = 硫铜钴矿含量×硫铜钴矿中 Cu 的能谱值 = 1. 04%×21. 79% = 0. 23%

（3）根据化学物相分析及矿石的矿物组成可知，次生硫化铜包括辉铜矿和硫铜钴矿，铜含量为 1. 20%。辉铜矿的 X 射线能谱分析结果显示，其矿物中 Cu、S 和 Fe 的平均含量分别为 79. 76%、19. 38% 和 0. 86%。根据这些数据可以计算出辉铜矿含量及其矿物中 S、Fe 占有量：

$$\text{辉铜矿含量}=\frac{\text{次生硫化铜物相值}-\text{硫铜钴矿占有的 Cu 量}}{\text{辉铜矿中 Cu 的能谱值}}\times 100\%$$

$$=\frac{1.2\%-0.23\%}{79.76\%}\times 100\%=1.22\%$$

辉铜矿中占有的 S 含量 = 辉铜矿含量×辉铜矿中 S 的能谱值 = 1. 22%×19. 38% = 0. 24%

辉铜矿中占有的 Fe 含量 = 辉铜矿含量×辉铜矿中 Fe 的能谱值 = 1. 22%×0. 86% = 0. 01%

（4）矿石中硫的分析值为 1. 42%，扣除黄铜矿、辉铜矿、硫铜钴矿中的硫，剩下的硫为黄铁矿中的硫。根据硫平衡，可以计算出黄铁矿含量：

$$\text{黄铁矿含量}=\frac{\text{S 的分析值}-(\text{黄铜矿}+\text{硫铜钴矿}+\text{辉铜矿})\text{中 S 占有量}}{\text{黄铁矿中 S 理论含量}}\times 100\%$$

$$=\frac{1.42\%-(0.29\%+0.39\%+0.24\%)}{53.45\%}\times 100\%=0.93\%$$

（5）矿石中 CaO 的化学分析值为 12. 82%，但矿石中有两种含 CaO 矿物，分别为方解石和白云石，想要计算出两者的矿物量，需要测量出方解石和白云石矿物量之间的比例。通过矿物自动分析仪 MLA 测量出矿石中各种矿物的含量（表 6-18），从而计算出方解石和白云石的矿物量之比，再根据矿石中 CaO 的化学分析值，可以计算出两者的矿物量。白云石的扫描电子显微镜 X 射线能谱分析值显示，其矿物中 CaO、MgO 和 FeO 的平均含量分别为 30. 00%、23. 00% 和 0. 50%。根据 MLA 测量出的矿石中方解石与白云石的矿物量比、矿石中 CaO 的化学分析值、方解石中 CaO 的理论含量以及白云石的扫描电子显微镜 X 射线能谱分析值可计算方解石、白云石的含量和白云石中 MgO、Fe 含量：

$$\frac{\text{方解石含量}}{\text{白云石含量}}=\frac{0.15\%}{38.17\%}\tag{6-1}$$

$$\text{方解石含量}\times\frac{\text{CaO 分子量}}{CaCO_3\text{ 分子量}}+\text{白云石含量}\times\text{白云石中 CaO 的能谱值}=12.82\%\tag{6-2}$$

由方程（6-1）和（6-2）计算可得：方解石含量 = 0. 17%，白云石含量 = 42. 42%；

白云石中占有的 MgO 含量 = 白云石含量×白云石中 MgO 的能谱值 = 42. 42%×23% = 9. 76%

白云石中占有的 Fe 含量 = 白云石含量×白云石中 Fe 的能谱值 = 42. 42%×0. 39% = 0. 17%

表6-18　矿石中矿物的MLA测量结果

矿物名称	辉铜矿	黄铜矿	孔雀石	硫铜钴矿	水钴矿	菱钴矿	黄铁矿	赤铁矿	金红石
矿物量/%	1.57	1.24	0.05	1.52	0.05	0.08	1.74	0.52	0.01
矿物名称	石英	白云石	绿泥石	高岭石	白云母	钠长石	菱镁矿	方解石	锆石
矿物量/%	40.23	38.17	5.78	1.47	2.87	3.14	1.40	0.15	0.01

（6）绿泥石的扫描电子显微镜X射线能谱分析显示，其矿物中SiO_2、Al_2O_3、MgO和Fe_2O_3的平均含量分别为35.00%、16.70%、35.00%和4.00%。MLA矿物自动测量所得菱镁矿与绿泥石比例为1.40∶5.78。根据矿石中MgO的含量、白云石占有的MgO含量、菱镁矿的理论化学成分、绿泥石的扫描电子显微镜X射线能谱分析以及MLA矿物自动分析结果，可以计算出菱镁矿和绿泥石的含量以及绿泥石中SiO_2、Al_2O_3含量：

$$\frac{\text{菱镁矿含量}}{\text{绿泥石含量}}=\frac{1.40}{5.78} \tag{6-3}$$

$$\text{菱镁矿}\times\text{菱镁矿中MgO理论含量}+\text{绿泥石含量}\times\text{绿泥石中MgO的能谱值}+\text{白云石中占有MgO含量}=11.47\% \tag{6-4}$$

由方程（6-3）和（6-4）计算可得：菱镁矿含量=0.89%，绿泥石含量=3.68%；

绿泥石占有的SiO_2含量=绿泥石含量×绿泥石中SiO_2的能谱值=3.68%×35.00%=1.29%

绿泥石中占有的Al_2O_3含量=绿泥石含量×绿泥石中Al_2O_3的能谱值

=3.68%×16.70%=0.61%

绿泥石中Fe含量=绿泥石含量×绿泥石中Fe_{O3}的能谱值×Fe_2O_3中铁的理论含量

=42.42%×4%×69.94%=0.10%

（7）矿石中K_2O的分析值为0.22%，根据白云母的理论化学成分，计算白云母的含量及其矿物中SiO_2、Al_2O_3含量：

白云母含量=K_2O化验值÷白云母中K_2O理论值=0.22%÷11.8%=1.86%

白云母中占有的SiO_2含量=白云母含量×白云母中SiO_2理论值=1.86%×45.2%=0.84%

白云母中占有的Al_2O_3含量=白云母含量×白云母中Al_2O_3理论值=1.86%×38.5%=0.72%

（8）矿石中Na_2O的分析值为0.27%，根据钠长石的理论化学成分，可计算钠长石的含量及其矿物中SiO_2、Al_2O_3含量：

钠长石含量=Na_2O化验值÷钠长石中Na_2O理论值=0.27%÷11.8%=2.29%

钠长石中占有的SiO_2含量=钠长石含量×钠长石中SiO_2理论值=2.29%×68.8%=1.57%

钠长石中占有的Al_2O_3含量=钠长石含量×钠长石中Al_2O_3理论值=2.29%×19.4%=0.84%

（9）矿石中Al_2O_3分析值为2.21%，扣除白云母、钠长石、绿泥石中含有的Al_2O_3，剩余的Al_2O_3为高岭石中Al_2O_3含量。高岭石Al_2O_3和SiO_2的理论值分别为41.20%和48.00%，据此可以计算出高岭石含量及其中占有的SiO_2量：

$$\text{高岭石含量}=\frac{Al_2O_3\text{分析值}-(\text{白云母}+\text{钠长石}+\text{绿泥石})\text{中}Al_2O_3\text{占有量}}{\text{高岭石中}Al_2O_3\text{理论含量}}$$

$$=\frac{2.21\%-(0.72\%+0.44\%+0.61\%)}{41.2\%}=1.05\%$$

高岭石中占有的 SiO_2 含量=高岭石含量×高岭石中 SiO_2 理论含量=1.05%×48%=0.51%。

（10）矿石中 SiO_2 分析值为 46.82%，扣除白云母、钠长石、绿泥石和高岭石中 SiO_2，剩余的全部为石英含量：

$$石英含量=\frac{SiO_2\ 分析值-(白云母+钠长石+绿泥石+高岭石)中\ SiO_2\ 占有量}{石英中\ SiO_2\ 理论含量}$$

$$=\frac{46.82\%-(0.84\%+1.57\%+1.29\%+0.51\%)}{100\%}=42.61\%$$

（11）矿石中铁分析值为 1.44%，扣除黄铜矿、辉铜矿、黄铁矿、白云石、白云母、绿泥石中铁，剩余铁为赤铁矿中铁，结合赤铁矿中铁的理论值，由此可以计算赤铁矿含量：

$$赤铁矿含量=\frac{Fe\ 分析值-(黄铜矿+辉铜矿+黄铁矿+白云石+白云母+绿泥石)中\ Fe\ 占有量}{赤铁矿中\ Fe\ 的含量}$$

$$=\frac{1.44\%-(0.26\%+0.01\%+0.44\%+0.16\%+0.06\%+0.10\%)}{69.94\%}=0.59\%$$

通过矿石的化学分析、元素的化学物相分析以及矿物图像分析等方法计算出矿石中各种矿物的含量（表 6-19）。

表 6-19　矿石中矿物组成

矿物名称	辉铜矿	黄铜矿	孔雀石	硫铜钴矿	水钴矿	菱钴矿	黄铁矿	赤铁矿	方解石
矿物含量/%	1.22	0.85	0.01	1.04	0.02	0.13	0.93	0.59	0.17
矿物名称	石英	白云石	绿泥石	高岭石	白云母	钠长石	菱镁矿	其他	
矿物含量/%	42.61	42.42	3.68	1.05	1.86	2.29	0.89	0.24	

第7章 矿石的结构构造

矿石是在各种成矿作用中形成的，由于形成作用和形成的地质条件不同，矿石矿物组成的特点和相互关系也是多种多样的，会具有不同的矿石构造和矿石结构（包相臣，1993）。矿石的结构、构造特点能反映出有用矿物颗粒形状、大小以及相互结合的关系，影响矿石碎磨过程中有用矿物单体解离的难易程度和可选性。因此，矿石的结构构造是选矿工艺矿物学研究的一项基本内容。

7.1 矿石构造

矿石构造是指组成矿石的矿物集合体的特点，即矿物集合体的形态、相对大小及其空间相互的结合关系等，它所反映的是矿物及其集合体的空间分布特征。矿物集合体是组成矿石构造的基本单位，矿物集合体空间的相互结合关系组成各种形态的矿石构造。一般可用肉眼对露头、岩心、手标本等进行矿石构造的观察研究。

7.1.1 矿石构造类型

不同类型的构造在于矿物集合体的形态、大小和相互关系上的差别。矿物集合体是组成矿石构造的基本单位，自然界的矿石中，矿物集合体的大小不同，形态也千变万化，归纳起来主要有一向或两向延长的，如条带状、脉状、层状；浑圆的如豆状、鲕状和结核状；不规则状，如块状、角砾状和多孔状等。金属矿常见的矿石构造主要有以下几种形态类型。

（1）块状构造：矿石矿物含量占80%以上，矿物集合体为不规则状或呈不定形状，分布无方向性，致密且无空洞，矿物颗粒的粒径相差不悬殊。呈块状构造的多为富矿石。

（2）浸染状和稠密混染状构造：当矿石矿物含量小于3%，粒度一般小于0.1mm，且嵌布不均匀时，称为星点状构造。矿石矿物含量多在30%以下，矿物集合体的形状不定，一般小于0.5cm，多呈稀疏星散状较均匀地分布于矿石中，即为浸染状构造。当矿石矿物含量大于30%时，则称为稠密浸染状构造。

（3）斑点状和斑杂状构造：矿石矿物集合体呈近等轴状的斑点，斑点大小比较均匀，多数可达0.5cm，分布较均匀且无方向性即为斑点状构造。矿石矿物集合体的形状不规则，大小不一，且分布不均匀，如某些部位较稠密，某些部位则稀疏即称为斑杂状构造。

（4）豆状构造：矿石矿物集合体为浑圆的，其大小一般近于1cm左右，豆粒可相互连接，分布无固定规律，有时亦可呈定向排列。外生条件下形成的豆粒内多具同心环带。

（5）条带状构造：矿物集合体呈单一方向延长状，且彼此相间分布。

（6）脉状、交错脉状和网脉状构造：脉状构造是指矿物集合体呈单一方向延长的脉状分布于矿石中，脉体由一种或多种矿物组成。两组脉相互交切称交错脉状构造。几组不规则的脉交切成网，则称网脉状构造。

（7）角砾状和环状构造：一组矿物集合体的形态不规则，呈破碎角角砾，被另外一组矿物集合体胶结，胶结物可由矿石矿物或脉石矿物组成，称为角砾状构造。以角砾为核心，于某种或多种矿物集合体依次呈环状包围即为环状构造。

（8）多孔状和蜂窝状构造：矿石呈疏松多孔状，孔洞形状和大小不一，分布多无一定规律即为多孔状构造。孔洞的孔壁由难溶的矿物质组成隔板，呈细小的矩形、方形或菱形等，形似蜂窝可称为蜂窝状构造。隔板宽大则可组成骨架状构造。

（9）胶状构造：矿物集合体形态复杂，表面具球状、椭球状凸起，断面为弯曲环带、同心环带，呈壳状或波浪状；环带间可为过渡的，亦可由孔隙或组分不同而分开，具星状孔隙或干裂纹；裂纹可平行或近于垂直环带，亦有呈网状裂纹，矿物集合体主要为隐晶质或非晶质。

（10）鲕状构造：矿石矿物集合体的形态为浑圆的，形似鲕粒，其直径一般约为0.2cm或更小，鲕粒较密集、其间胶结物较少、鲕粒与胶结物的组分可以相同或各异，鲕粒内具有同心环带。

（11）肾状构造：矿石矿物集合体的形态呈半球或半椭球的凸面，形似肾状，一般约1cm或更大些，其内部呈半圆形同心环带。

（12）结核状构造：矿石矿物集合体呈大小不同的球状或椭球状的独立结核，结核可从不足一厘米到几十厘米，结核内具同心环带壳层。

鲕状、肾状及结核状构造系胶状构造的变种，仅据其特殊形态而命名。

（13）层状构造和层纹状构造：由不同颜色、成分和结构的矿物集合体，分别平行于层理方向成层分布，有时可出现斜层理或交错层理，单层有厚有薄，层间有时有围岩或其他成分的夹层。矿石有明显的层理，单层厚度在0.5mm以上者，称层状构造；单层厚度在0.5mm以下者，则为层纹状构造。单层厚度及延长较稳定。

7.1.2 矿石构造特性及其对可选性的影响

根据矿物集合体的形态特征，把矿石构造大致划分为四类（表7-1）。

表7-1 矿石的主要构造类型与可选性的关系

矿物集合体形态	矿石构造名称	矿石构造特性及其对可选性的影响
浸染状	浸染状构造	本类构造除星点状构造外，其他两种构造类型矿石中的目的矿物易于解离，有利于选别；但是当目的矿物中含有细小杂质包裹体时，单体解离比较困难，这些细小杂质会随目的矿物一同进入精矿中，从而影响精矿品位
	星点状构造	
	斑状构造	
延长状	条带状构造	本类构造的矿石易于破碎，目的矿物易于解离，对选别有利；但当条带状构造矿石中目的矿物的结构复杂、溶蚀交代现象显著或细小脉石矿物包裹体较多时，也会造成其解离困难，杂质矿物容易进入精矿中影响其品质
	脉状构造	
	层状构造	

续表

矿物集合体形态	矿石构造名称	矿石构造特性及其对可选性的影响
浑圆状	鲕状构造	本类构造矿石的特点是矿物集合体中均有细小的碎屑矿物或者环带中有晚期的矿物嵌布，这些矿物如果是有害杂质，由于其难以解离会影响最终的精矿质量
	结核状构造	
	肾状构造	
	豆状构造	
	环状构造	
不规则状	块状构造	除单一矿物集合体呈块状构造外，本类构造的共同的特点是目的矿物由两期（或几个世代）以上形成，构造比较复杂，目的矿物解离性取决于矿石中目的矿物的嵌布粒度特性。若解离程度不够，会造成目的矿物选别难度加大，同时在选别过程中也会带入较多杂质矿物，不仅对目的元素的回收率有影响，而且也会影响精矿品位
	角砾状构造	
	交错网脉状构造	
	蜂窝状构造	
	多孔状构造	

（1）浸染状。主要包括浸染状构造、星点状构造和斑状构造等。本类构造除星点状构造外，总体是有利于选别的，所需磨矿细度及可能得到的选别指标取决于矿石中有用矿物的嵌布粒度特性，同时还取决于有用矿物分布的均匀程度，以及脉石矿物中是否含有用矿物包体，包体的粒度大小等。本类构造以浸染状为主，常见于岩浆期后矿石。

（2）延长状。分为条带状构造、脉状构造和层状构造等。本类构造的矿石易于破碎，目的矿物易于解离，对选别有利。但如果构成条带的有用矿物结构复杂，溶蚀交代现象显著或细小脉石矿物包裹体较多时，同样影响细磨造成解离上的困难，杂质矿物容易进入精矿中影响其品质。

（3）浑圆状。分为胶状构造、结核状构造、肾状构造、豆状构造、鲕状构造及环带状构造等。本类构造常见于沉积矿床。胶状构造可以由一种矿物形成，或者由一些成层交错的矿物带形成；如果有用矿物的胶体沉淀和脉石矿物的胶体沉淀彼此孤立不同时进行，则有可能选别；如二者同时沉淀，形成胶体混合物，而且有用矿物含量不高时，则难于用机械方法进行选分。鲕状构造根据鲕粒和胶结物的性质可大致分为：①鲕粒为一种有用矿物组成，胶结物为脉石矿物，此时磨矿粒度取决于鲕粒的粒度，精矿质量也决定于鲕粒中有用成分的含量；②鲕粒为多种矿物（有用矿物和脉石矿物）组成的同心环带状构造。若鲕粒核心大部分为一种有用矿物组成，另一部分鲕核为脉石矿物所组成，胶结物为脉石矿物，此时可在较粗的磨矿细度下（相当于鲕粒的粒度），得到粗精矿和最终尾矿。欲再进一步提高粗精矿的质量，常需要磨到鲕粒环带的大小，此时磨矿粒度极细，造成矿石泥化，使回收率急剧下降。因此，复杂的鲕状构造矿石采用机械选矿的方法一般难以得到高质量的精矿。与鲕状构造的矿石选矿工艺特征相近的有结核状构造、肾状构造以及豆状构造。这些构造类型的矿石如果胶结物为疏松的脉石矿物，通常采用洗矿、筛分的方法得到较粗粒的精矿。

（4）不规则状。分为块状构造、角砾状构造、交错网脉状构造、多孔状和蜂窝状构造等。

块状构造：构成矿石基质的有用成分是单一金属矿物还是多金属矿物，与非金属矿物在块状矿石中存在的形态以及分布的均匀程度等因素直接影响选矿工艺流程及精矿品位。此种矿石如不含有伴生的有价成分或有害杂质（或含量甚低），即可不经选别，直接送冶炼或化学处理。反之，则需经选矿处理。选别此种矿石的磨矿细度及可得到的选别指标取决于矿石中有用矿物的嵌布粒度特性。

角砾状构造：本构造的特点是，由两种不同时代的矿物集合体结合而成的，早期矿物形成角砾，后期矿物形成胶结物。若有用矿物组成角砾，脉石矿物为胶结物，则破碎到角砾粒度便可获得最终尾矿。但如有用成分为胶结物，脉石矿物为角砾，则需在粗磨后，经选别再细磨。如果有用矿物成破碎角砾被脉石矿物所胶结，则在粗磨的情况下即可得到粗精矿和废弃尾矿，粗精矿再磨再选。如果脉石矿物为破碎角砾，有用矿物为胶结物，则在粗磨的情况下可得到一部分合格精矿，残留在富尾矿中的有用矿物需再磨再选，方能回收。

交错网脉状构造：本构造的特点是，在早期形成的矿物集合体中穿插有晚期生成矿物的不规则网脉。从可选性的观点来看，它和角砾状的矿石基本相同。如果网脉很细小，也影响有用矿物与脉石的解离。在描述时需特别注意网脉状矿物集合体的结构及粒度。如果有矿物在脉石中成为网脉，则此种矿石在粗磨后即可选出部分合格精矿，而将富尾矿再磨再选；如果脉石在有用矿物中成为网脉，则应选出废弃尾矿，将低品位精矿再磨再选。

多孔状和蜂窝状构造：本构造主要在氧化矿石中较常见。这种构造的矿物成分较复杂，有用矿物较细小，结构松软，在选矿过程中易泥化，对富集有较大影响。呈这种构造的矿石需经特殊处理。这两种矿石都容易破碎，如孔洞中充填、结晶有其他矿物时，则对选矿产生不利影响。

7.2 矿 石 结 构

矿石结构是指矿石中矿物颗粒的特点，即矿物颗粒的形状、相对大小、相互嵌布关系或矿物颗粒与矿物集合体的嵌布关系，它所反映的是矿物本身的形态特征。矿物颗粒间的相互嵌布关系组成了各种形态的矿石结构。矿石结构主要在显微镜下观察。

7.2.1 矿石结构类型

组成矿石结构的基本单位是矿物颗粒。矿物颗粒的大小和形态各有不同，这些矿物颗粒空间上的相互结合关系即组成了各种形态的矿石结构。根据成矿作用的不同，把金属矿常见的矿石结构分成五类（表 7-2）。

（1）结晶作用形成的结构。以结晶程度进行分类，包括自形晶粒状结构、半自形晶粒状结构、他形晶粒状结构、斑状结构、海绵陨铁结构和隐晶结构。

自形晶粒状结构：矿物结晶颗粒具有完好的结晶外形。一般是晶出较早的和结晶生长力较强的矿物晶粒，如铬铁矿、磁铁矿、黄铁矿、毒砂、锡石等。

表 7-2　矿石主要结构类型与可选性的关系

成矿作用	矿石结构名称	矿石结构特点及其对可选性的影响
结晶作用	自形晶粒状结构	矿石中呈他形粒状结构的目的矿物碎磨时一般不易解离，会增加目的矿物富集难度，同时在选别过程中也会带入较多杂质矿物，影响精矿品质；呈隐晶结构的目的矿物由于其粒度很细难以解离，易损失于尾矿中；除以上两种结构以外，由结晶作用形成的其他结构矿石的目的矿物一般易于解离，对目的矿物的选别有利
	半自形晶粒状结构	
	他形晶粒状结构	
	斑状结构	
	海绵陨铁结构	
	隐晶结构	
交代作用	溶蚀结构	交代作用形成的结构矿石中目的矿物的解离度随交代程度的深浅而定，这种结构矿石中的目的矿物一般难以解离，需要阶段磨矿达到细磨的效果，否则会影响选别指标
	交代残余结构	
	交错结构	
	交代网状结构和格状结构	
	假象结构	
	骸晶结构	
	镶边结构	
固溶体分离作用	乳浊状结构	一般机械磨矿很难使本类结构矿石中的目的矿物单体解离，容易造成目的元素回收率的损失
	叶片（板状）状结构	
	格状结构	
	结状结构	
重结晶作用	放射状结构和放射球粒状结构	本类结构矿石的特点是矿物重新再结晶，单一矿物多呈粒状产出，接触关系较为简单，目的矿物易于单体解离，易于选别
	花岗变晶结构	
	斑状变晶结构	
压力作用	花岗状压碎结构	一般有利于磨矿以及目的矿物易于单体解离
	斑状压碎结构	

半自形晶粒状结构：由两种或两种以上的矿物晶粒组成，其中一种晶粒是各种不同自形程度的结晶颗粒，较后形成的颗粒则往往是他形晶粒，并溶蚀先前形成的矿物颗粒。如较先形成的各种不同程度自形结晶的黄铁矿颗粒与后形成的他形结晶的方铅矿、方解石所构成的半自形晶粒状结构。

他形晶粒状结构：矿物晶粒不具有完整晶面，常位于自形晶颗粒的间隙或裂隙中，因此矿物的外形是不定的。常由一种或几种矿物的他形颗粒组成，常见于黄铜矿、闪锌矿、方铅矿等。几种矿物集合体的接触界线不平整，有时溶蚀显著，呈弯曲状的接触线。

斑状结构：某些矿物在较细粒的基质中呈粗大的斑晶，这些斑晶具有一定程度的自形，被溶蚀的现象不甚显著，因而接触界线较为平整。如某多金属矿石中有黄铁矿斑晶在闪锌矿基质中构成斑状结构。

海绵陨铁结构：这是一种从熔体中产生的特殊他形晶粒状结构，也是晚期岩浆矿床重要的结构类型。通常是他形的金属矿物充填在自形的硅酸盐造岩矿物晶隙之间而成。它是岩浆结晶分异过程中，金属矿物晚于硅酸盐矿物晶出的一种典型结构。金属矿物多为氧化物，如钛磁铁矿等，被胶结的硅酸盐矿物常为辉石、斜长石及橄榄石等。铜镍硫化物矿石也常见有这种结构，是含矿岩浆经熔离作用分出的金属硫化物晚于硅酸盐矿物晶出，充填于辉石、橄榄石、斜长石等硅酸盐矿物晶粒之间而成。

隐晶结构：矿物结晶组分异常小，以至于用普通显微镜不能区别它们，如隐晶质的石墨等。

(2) 交代作用形成的结构。包括以下七种结构。

溶蚀结构：后生成的矿物沿早生成的矿物之边缘、解理、裂隙等部位进行较轻度的交代而成。晶边常出现凹陷、边缘不平坦，多呈港湾状和星状等。

交代残余结构：被交代矿物在交代矿物中，残余下一些岛屿状或不规则状残余体，这种结构称交代残余结构。各残余体之间有的结晶方位多具一致性，可大致恢复被交代矿物原颗粒轮廓。被交代矿物在量上一般少于交代矿物。

交错结构：在被交代的矿物边缘或其解理、裂隙中，有另一种（交代）矿物的细脉交错穿插，称交叉或交错结构。这些细脉宽窄不一，脉壁不规则且不平行，脉的长度一般不大，脉和脉之间可见有分叉和汇合的现象。

交代网状结构和格状结构：交代网状结构实际上是交错结构的进一步演化，结果呈不规则的交积网状者，则称交代网状结构。一种矿物沿早生成的矿物颗粒之解理、裂开或边缘等裂隙交代时，形成两组以上定向规则排列的细脉，即为交代格状结构。

假象结构：若交代溶蚀作用进行得彻底，早生成的矿物被后来的矿物全部交代，并呈现早生成矿物的晶形轮廓者，称假象结构。一般是在交代矿物名称之前，冠以“假象”二字，如假象赤铁矿，即赤铁矿完全交代了磁铁矿晶粒并保留其外形。

骸晶结构：早晶出的具有较完整晶形轮廓的矿物（如黄铁矿、毒砂、砷钴矿和辉砷钴矿等），被后生成的矿物从晶体内部向边部进行溶蚀交代，无论交代程度如何，只要保存被交代晶形残骸外形者，均称骸晶结构。

镶边结构：晚期矿物沿早期矿物边缘交代，形似镶边。如铜蓝、蓝辉铜矿沿黄铜矿边缘交代。

(3) 固溶体分离作用形成的结构。包括以下 4 种结构。

乳滴状结构：也称乳浊状结构，即客矿物在主矿物中呈细小至极细小的乳滴状颗粒，乳滴由圆形、椭圆形至伸长的纺锤形。客矿物乳滴的分布可呈无序或有序排列。当固溶体矿物结晶后，温度缓慢地下降，达到共析点以下时，开始形成排列无规则的细粒矿物，若此时温度急剧下降，细粒客矿物来不及聚集而停留在原来分离出的位置或附近，则形成无序排列的乳滴状结构。在细粒客矿物分离时，温度持续缓慢地下降，使部分乳滴聚集在主矿物的软弱带（解理、裂理等）中，从而形成有方向性排列的乳滴状结构。如果温度一直保持缓慢下降，使分离出的矿物有较充分的时间聚集，则形成叶片状、板状结构，以至结状结构。

叶片状（板状）结构：沿主矿物的解理、裂理或双晶接合面等方向，分离出的客矿物呈叶片状或板状晶体作定向排列。如磁铁矿颗粒中的赤铁矿板状晶体，黄铜矿中方黄铜矿板状晶体等。

格状结构：从固溶体中分离出的片状或板状客晶，沿主矿物颗粒两组或两组以上的解理或裂开呈规则的格状分布。如钛铁矿在磁铁矿中呈格状结构，赤铁矿-钛铁矿、辉铜矿-斑铜矿等均属格状结构。

结状结构：客矿物的集合体呈不规则弯曲细脉状，环绕主矿物的结晶颗粒边缘形成结状（网状）。这是由于固溶体矿物生成时温度相当高，当其下降极为缓慢时，固溶体分离得较彻底，分离出的客矿物有充分时间集中，并被完全排出在主矿物结晶颗粒之外所形成的。

（4）重结晶作用形成的结构。包括以下 3 种结构。

放射状结构和放射球粒状结构：凝胶物质经再结晶作用，纤长的针状晶体由中心向外成放射状排列。构成放射状结构。当放射状的晶体组成圆球形的外缘者则称为放射球粒状结构。这类结构系凝胶物质再结晶时，晶雏互相挤靠得很紧，只能由球心向外生长，因而形成放射状和放射球粒状结构。常呈放射状和放射球粒状结构的矿物主要有黄铁矿、白铁矿、纤锌矿、针铁矿、硬锰矿、孔雀石、菱锌矿、黄钾铁矾和锑华等。这类结构在内生和外生条件下均可形成。

花岗变晶结构：重结晶的矿物近于等粒状，且紧密镶嵌而构成花岗变晶结构。其晶粒形态可以是近似浑圆状，也可以是多角状、半自形状等。颗粒间无交代溶蚀现象，有时保留有原生矿石中矿物的假象。

斑状变晶结构：系由大小不等的矿物结晶颗粒——斑晶和基质组成。与斑状结构区别，在于其斑晶和基质基本上是同时形成，且无交代溶蚀现象。若细粒及粗粒变晶的数量相差不大，分布无规律，可称不等粒变晶结构。

（5）压力作用形成的结构。包括以下 2 种结构。

花岗状压碎结构：当脆性的矿物受到压力后，晶粒产生裂隙或小位移及带有许多尖角的碎块，碎块大小大致相等，而塑性矿物则在裂缝中成胶结物。压碎结构与角砾状构造极易混淆，其区别是：前者碎块为同一种矿物的晶屑，碎块没有发生空间方位的大改变，大多数的碎屑还能各自拼成一完整的矿物晶体形状，而后者，组成角砾状构造的碎块，常由好几种矿物集合体构成。

斑状压碎结构：被压碎的矿物晶屑大小相差悬殊，在细小的晶屑碎块中夹有粗大的晶屑碎块。构成类似斑状结构者，称斑状压碎结构。

7.2.2 矿石结构特性及其对可选性的影响

矿物的各种结构类型对选矿工艺会产生不同的影响，如呈交代作用结构的矿石可选性，从溶蚀、交代残余到交错结构，在其他条件相同情况下，一般目的矿物的解离程度渐次变差，具这类结构的矿石需细磨到大大超过有用矿物的粒度，才能获得单体解离，选矿要彻底分离它们是比较困难的。格状、结状、叶片状、乳浊状等固溶体分离结构，由于目的矿物嵌布粒度细小，在一般的机械磨矿条件下要使其充分解离是非常困难的。压碎结构一般有利于磨矿及目的矿物的单体解离。其他如粒状（自形晶、半自形晶、他形晶）、斑状、海绵陨铁状等结构，除矿物成分复杂、结晶颗粒细小者外，一般比较容易选别。结晶的石墨、辉钼矿是最易浮的。但具隐晶质结构的石墨、辉钼矿的可选性很差（肖仪武，2013）。

鄂西高磷鲕状赤铁矿的铁品位较高，平均达到42.59%，但其中有害元素磷、铝、硅的含量也较高，分别为0.87%、6.99%和22.32%。矿石属于典型的“宁乡式铁矿”，即低硫高磷的酸性氧化铁矿石。赤铁矿主要以鲕状产出（图7-1），鲕核为鲕绿泥石、石英、胶磷矿；赤铁矿多与鲕绿泥石互层呈同心环带结构（图7-2），赤铁矿环带和鲕绿泥石环带间界线一般不清，嵌布关系极为复杂；非鲕粒状赤铁矿以星点状、脉状和不规则状嵌布于脉石矿物中（图7-3），粒度极细，大多小于0.010mm。胶磷矿部分呈不规则状分布于脉石中或赤铁矿颗粒间隙中；部分以鲕核或鲕环与赤铁矿紧密嵌布（图7-4），粒度较细，一般小于0.015mm。由于鲕绿泥石、胶磷矿与赤铁矿嵌布关系非常复杂，且粒度细，即使在细磨条件下矿物间也不能充分单体解离，通过机械选矿方法难以有效脱除这些杂质矿物，从而直接影响铁精矿的质量，该矿石属极难选矿石。

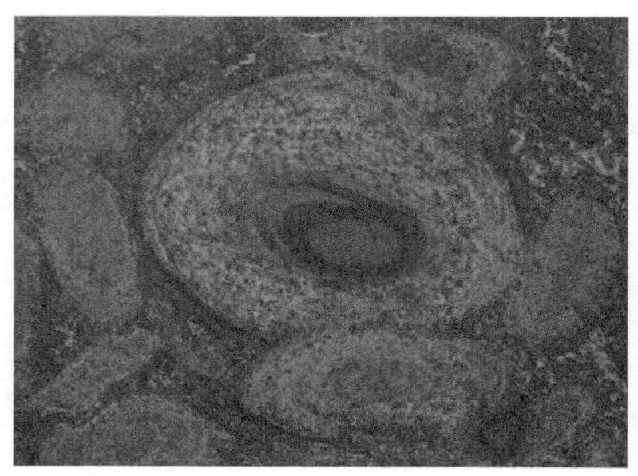

图7-1　赤铁矿呈鲕状产出

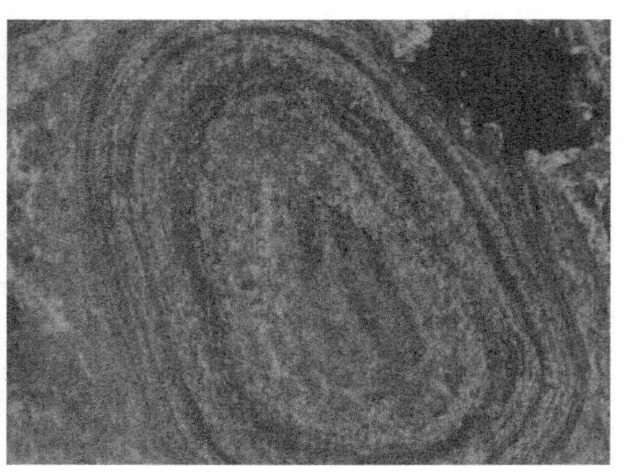

图7-2　赤铁矿与鲕绿泥石呈同心环带结构

图7-3　赤铁矿呈星点状嵌布于脉石中

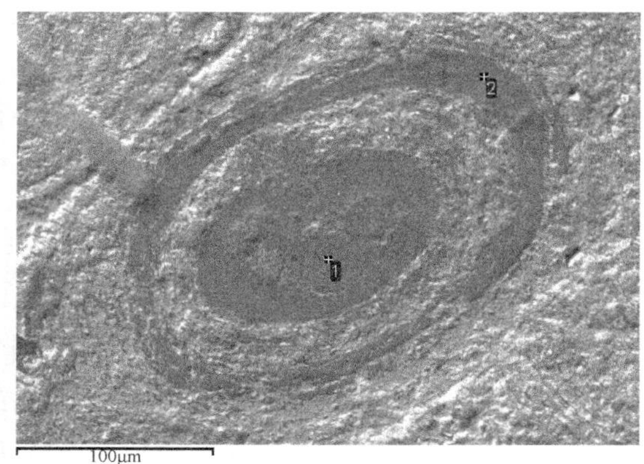

图7-4　胶磷矿（1、2）呈鲕核（1）和鲕环（2）产出

河北丰宁钛铁矿属赋存于辉长岩体中的高磷低钛的岩浆型矿床。矿石中的钛铁矿多以不规则粒状嵌布在脉石矿物中，粒度较粗。磷灰石多以不规则状、圆粒状、椭圆状与钛铁矿、磁铁矿及脉石等矿物形成简单的共生关系，且粒度也粗，易于单体解离，对钛精矿质

量影响很小。磁铁矿常呈星点状、网脉状分布在脉石矿物中（图 7-5），嵌布粒度很细，绝大部分小于 0.074mm，而小于 0.010mm 部分多达 36.50%。因此，即使细磨，大部分的磁铁矿也难以与脉石矿物和钛铁矿解离，难以用弱磁选回收磁铁矿，而当在强磁选条件下回收钛铁矿时，与脉石矿物连生的磁铁矿又会和与其连生的脉石矿物一起进入钛铁矿精矿中，从而造成钛铁矿难以富集。

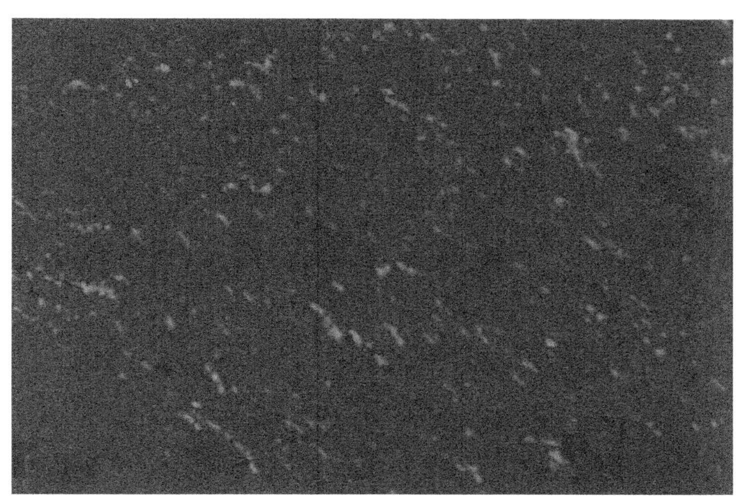

图 7-5　微细粒磁铁矿浸染在脉石矿物中

卡林型金矿是我国重要的金矿类型之一，主要分布在西秦岭（甘肃的阳山金矿、寨上金矿、大水金矿，陕西的庞家河金矿、金龙山-丘岭金矿等）和滇黔桂地区（贵州的烂泥沟、板其、丫他金矿，广西的高龙、金牙金矿，云南的堂上、那能金矿等）。利用扫描电子显微镜-X 射线能谱分析、电子探针分析、激光剥蚀 ICP-MP 微区原位成分分析和透射电子显微镜-X 射线能谱分析等手段，对卡林型金矿中金的赋存状态进行研究，金主要以纳米级（不可见金）包裹体形式被包含在毒砂和黄铁矿中，少量以显微自然金（<0.01mm）赋存于石英和硅酸盐矿物中。由于金主要以不可见金的形式被包含在毒砂和黄铁矿中，因此，通过细磨直接氰化浸出金的效果会很差，氰化前必须进行氧化预处理。

第 8 章　元素的赋存状态

元素的赋存状态包含两个含义：即元素的赋存和元素的状态两个方面，元素的赋存就是矿石中有益、有害元素分布在哪些矿物中；元素的状态就是指元素在矿石中以何种形式存在。元素赋存状态是工艺矿物学研究重要内容之一，它对于研究元素迁移结合规律、成矿物理化学条件、矿床的工业评价、矿石选冶工艺流程的拟定以及选矿指标的预测皆具有重要的理论及实际意义。

8.1　元素在矿石中的赋存形式

元素在矿石中的赋存形式与其自身的晶体化学性质及其形成时的物理、化学条件有关。元素在矿石中的赋存状态可划分为三种主要的产出形式，即独立矿物形式、类质同象形式和吸附形式。

8.1.1　独立矿物形式

元素本身或与其他元素结合成简单的或复杂的矿物。这是绝大多数元素的主要存在形式。当元素呈独立矿物形式存在时，该元素构成了矿物的主要和稳定的成分之一，并占据矿物晶格的特定位置。元素以矿物形式存在于矿石中，通过从矿石中分离出某种目标矿物即可达到富集元素的目的。如钨元素以白钨矿、黑钨矿等矿物形式存在于钨矿石中，从钨矿石中分选出白钨矿和黑钨矿，可得到钨精矿。

8.1.2　类质同象形式

类质同象现象在矿物中十分普遍。元素能否进行类质同象代替是有条件的，必须具备质点半径大小相近、电价的总和平衡、相似的化学键性以及成矿时具备的温度、压力、组分浓度等外部条件。

呈类质同象形式产出的元素与独立矿物形式不同，这类元素通常不是矿物晶格中的主要和稳定的成分，而是由于其结晶化学性质与矿物中的某个主元素的结晶化学性质相似，在一定的条件下，以次要元素或微量元素的形式进入矿物晶格，这些元素进入矿物晶格后不改变矿物的晶体结构。如果矿物相互替换的质点成任意比例无限替换，称为完全类质同象。例如钨铁矿晶体中 Fe^{2+} 被 Mn^{2+} 替代的比例，可以从 0 一直变化到 100%，亦即最后达到纯的 $MnWO_4$，即钨锰矿。其两端的纯组分，称为端员矿物，如上例中的钨铁矿和钨锰矿。如果相互替换的质点只局限于一个有限的范围内，称为不完全类质同象。例如在钾长石 $\{K[AlSi_3O_8]\}$ 中可有部分 K^+ 被 Na^+ 所替代，在钠长石 $\{Na[AlSi_3O_8]\}$ 中也可有部分

的 Na^+ 被 K^+ 所替代。再如在闪锌矿（ZnS）中，可有 Fe^{2+} 替代部分的 Zn^{2+}，但替代量不超过约 45%（分子数）。所以，钾-钠长石系列和闪锌矿-铁闪锌矿系列都属于不完全类质同象系列。此外，一些在地壳中丰度很低的稀有元素，往往以类质同象替代的方式进入适当的其他化合物的晶格中，形成不完全类质同象，它们的替代量都非常小。这种微量元素以不完全类质同象形式替代晶体中主要元素的现象，在地球化学中称为内潜同晶；而这些替代元素则常被称为类质同象杂质。

在类质同象替换中常把次要成分称为类质同象混入物。当相互替换的质点电价相同时，称为等价类质同象。例如前述的黑钨矿（Mn^{2+} 与 Fe^{2+} 相互替代）、钾-钠长石系列（K^+ 与 Na^+ 相互替代）。如果替换的质点电价不同，称为异价类质同象。例如霓辉石，其（Na，Ca）（Fe^{3+}，Fe^{2+}）［Si_2O_6］中的 Ca^{2+} 与 Na^+ 以及 Fe^{2+} 与 Fe^{3+} 之间均为异价的替代关系。任何异价类质同象混晶的类质同象替代必须有电价补偿，以维持电价的平衡。如霓辉石中，每有一个 Fe^{2+} 替代一个 Fe^{3+}，同时就有一个 Ca^{2+} 替代一个 Na^+。

稀散元素，本身不形成独立矿物，只能以类质同象混入物的状态分散在其他矿物中，如闪锌矿中的镓、锗、镉，辉钼矿中的铼，黄铁矿中的钴等。类质同象方式存在的元素，不能采用常规的选矿方法与载体矿物分离，只有先选矿富集载体矿物再用冶金方法回收。

8.1.3　吸附形式

以离子或离子团状态存在于异价胶体质点的表面，为后者所吸附，即为离子吸附状态。根据其吸附的性质分为：物理吸附、化学吸附和交换吸附。呈吸附形式产出的元素可以是简单阳离子、络阴离子或胶体粒子，其载体矿物主要与黏土矿物和氧化铁、氧化锰等胶体矿物有关。因为这些矿物表面常带有电荷，易于吸附其他质点。例如：我国华南地区的离子吸附型稀土矿床，其特点是稀土元素以简单的阳离子形式被多水高岭石和高岭石等黏土矿物吸附；铁帽型金矿中，褐铁矿 $Fe_2O_3 \cdot nH_2O$ 呈正胶体，其表面往往吸附带负电荷的金胶体微粒 $\{mAu^0+nAu(OH)_3+Au(OH)_4\}^-$；胶体成因的褐铁矿中吸附铜、钨、锡等元素；胶体结晶的硬锰矿吸附铜、钴等元素。吸附状态存在的元素一般采用湿法冶金提取，也可选矿富集载体矿物后，再湿法冶金提取。

8.2　元素赋存状态的研究方法

元素赋存状态的研究方法仍然是以物理方法为主（包括传统的物理鉴定方法及现代电子光学和谱学分析方法），配合必要的化学物相分析、数理统计等化学及数学分析方法等。元素赋存状态研究的方法很多，方法的选择主要取决于原料性质。

8.2.1　传统的物理鉴定

以光学显微镜鉴定为主，配合必要的 X 射线结构分析、化学分析以及热分析等，查明元素所形成的独立矿物及其含量。适用于元素所形成的单一矿物而且是常见的矿物，矿物嵌布粒度一般在0.010mm以上。对于微粒的矿物，传统的光学显微鉴定常显得无能为力，此时必须配合现代的电子光学仪器分析，方能准确定性。例如，凡口硫化铅锌矿石中铅以方铅矿的形式存在，锌以闪锌矿的形式存在（图8-1）。

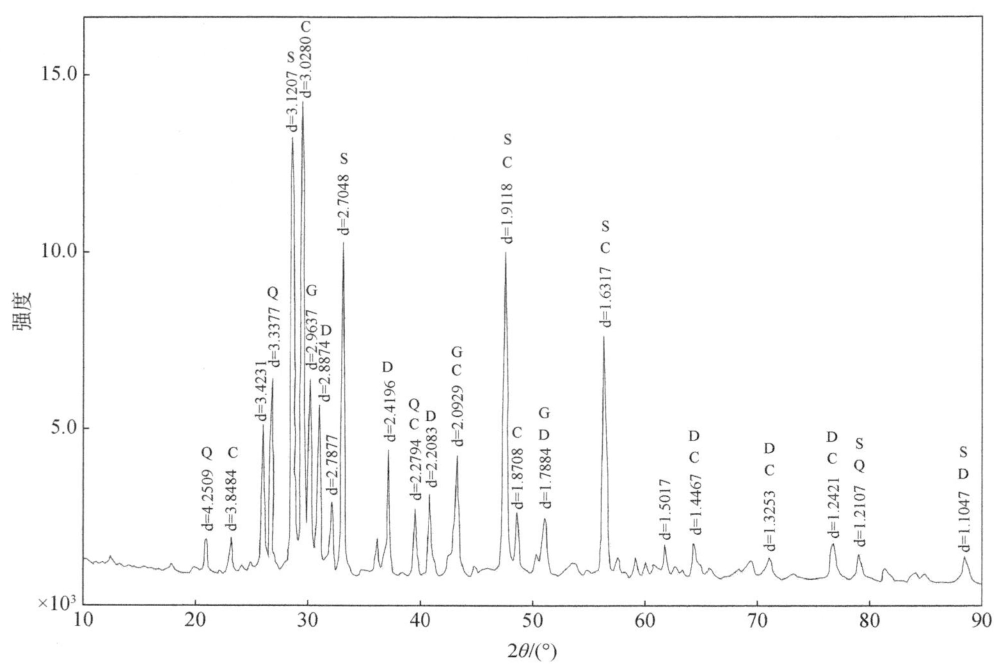

图8-1　矿石的X射线衍射分析图

C. 方解石；D. 白云石；S. 闪锌矿；Q. 石英；G. 方铅矿

8.2.2　现代电子光学和谱学分析

现代电子光学和谱学分析方法是将物质的原子、分子和晶体结构与其光学、电学和谱学等特征结合起来进行矿物学研究。扫描电子显微镜、电子探针及飞行时间二次离子质谱在分析矿物微粒、微区上具有不破坏样品、分析速度快、直观等特点，对于光学显微镜下难以鉴定的微粒矿物或包裹体、类质同象等赋存状态研究是十分重要的。穆斯堡尔谱和电子顺磁共振波谱主要的研究对象是过渡族元素，能够对物质进行微量而非破坏性的成分分析以及分子结构分析，研究化学键的性质和价态等，也是研究矿物中类质同象现象的有效方法。

硒是一种稀有分散元素，在自然界中很难富集成矿，常以不同价态的形式分布于矿物中。恩施双河乡渔塘坝硒矿床是中国最早发现的独立硒矿床，硒矿石的矿物组成均较简单，主要矿物为石英、水云母及有机碳，含少量黄铁矿、黄铜矿、铜蓝、重晶石、闪锌矿等矿物。石英及玉髓是富硒矿石中含量最多、分布最普遍的矿物，呈隐晶-微晶细粒彼此镶嵌，有的呈球粒状集合体，与碳质、水云母、黄铁矿紧密嵌布在一起。碳质呈隐晶集合体分布，与石英、玉髓、水云母等紧密结合，有的包裹于石英中。水云母呈显微鳞片状集合体，星散分布，粒径一般为 0.010 ~ 0.02mm，与石英、玉髓、碳质等关系密切。通过光学显微镜、电子探针（表 8-1）等研究手段查明恩施渔塘坝硒矿床矿石中硒的赋存状态（王芳等，2016），主要以两种形式赋存：一种为硒的独立矿物，即自然硒、方硒铜矿；另一种以类质同象的形式存在，即含硒黄铁矿、含硒铜蓝和含硒黄铜矿。

表 8-1　含硒矿物的电子探针分析

矿物名称	元素含量/%								
	Se	Cu	S	Fe	Cr	Ni	Mn	Si	O
自然硒	100.00	—	—	—	—	—	—	—	—
自然硒	100.00	—	—	—	—	—	—	—	—
自然硒	97.81	—	—	—	—	—	—	0.98	1.22
自然硒	95.65	—	—	—	—	—	—	3.17	1.18
自然硒	89.69	—	—	—	—	—	—	8.09	2.23
自然硒	88.93	—	—	—	—	—	—	6.28	4.78
自然硒	83.42	—	—	—	—	—	—	11.60	4.99
自然硒	80.38	—	—	—	—	—	—	14.65	4.97
自然硒	79.47	—	—	—	—	—	—	14.35	6.17
方硒铜矿	66.82	30.14	0.82	1.45	0.77	—	—	—	—
方硒铜矿	68.51	30.99	0.49	—	—	—	—	—	—
方硒铜矿	67.46	30.86	1.67	—	0.75	—	—	—	—
方硒铜矿	69.05	30.50	0.45	—	—	—	—	—	—
含硒黄铁矿	0.93	—	52.27	46.79	—	—	—	—	—
含硒黄铁矿	2.80	—	50.50	46.70	—	—	—	—	—
含硒黄铁矿	1.84	—	51.46	46.70	—	—	—	—	—
含硒黄铁矿	2.03	—	52.06	45.91	—	—	—	—	—
含硒黄铁矿	1.18	—	52.02	46.80	—	—	—	—	—
含硒黄铁矿	1.12	—	51.60	46.68	0.55	—	—	—	—
含硒黄铁矿	0.54	—	52.15	46.79	0.51	—	—	—	—
含硒黄铁矿	2.19	—	49.21	46.64	1.38	—	0.56	—	—
含硒黄铁矿	1.86	—	52.43	45.30	—	—	0.42	—	—
含硒黄铁矿	1.17	—	51.46	46.98	—	0.40	—	—	—
含硒黄铁矿	0.79	—	52.17	46.78	—	0.26	—	—	—
含硒黄铁矿	1.32	—	51.94	45.91	—	0.82	—	—	—
含硒黄铁矿	0.88	—	51.99	46.04	—	1.10	—	—	—
含硒黄铁矿	0.78	—	53.35	44.89	—	0.98	—	—	—
含硒黄铁矿	0.79	—	52.17	46.78	—	0.26	—	—	—
含硒铜蓝	28.04	50.87	21.08	—	—	—	—	—	—
含硒铜蓝	17.22	54.01	28.77	—	—	—	—	—	—

续表

矿物名称	元素含量/%								
	Se	Cu	S	Fe	Cr	Ni	Mn	Si	O
含硒铜蓝	14.40	58.50	27.10	—	—	—	—	—	—
含硒铜蓝	24.29	51.71	23.62	0.37	—	—	—	—	—
含硒铜蓝	19.29	46.56	29.25	4.90	—	—	—	—	—
含硒铜蓝	26.64	47.75	24.81	0.81	—	—	—	—	—
含硒铜蓝	16.47	56.12	27.01	0.39	—	—	—	—	—
含硒黄铜矿	0.86	33.52	36.20	29.43	—	—	—	—	—
含硒黄铜矿	1.16	34.05	33.69	31.11	—	—	—	—	—

8.2.3 元素平衡分配计算

元素平衡分配计算是确定元素在矿石各组成矿物中的分配比例，以定量的方式表达被研究元素在矿石中的赋存状态。元素平衡分配计算的前提是：已测定矿石中各组成矿物的百分含量和各矿物中被研究元素的含量。元素平衡分配计算的具体运算可按下列步骤进行。

（1）元素在各矿物中的分配量 C_i 等于某矿物的重量百分含量乘以该矿物中被研究元素的重量百分含量：

$$C_i = W_i \times A_i$$

式中，C_i——被研究元素在某矿物中的分配量，%；W_i——矿石中某一矿物的相对含量，%；A_i——被研究元素在该矿物中的含量，%。

（2）某元素在矿石物料中的分配率 P_i 等于被研究元素在各矿物中的分配量 C_i 和各矿物的分配总和 $\sum C_i$ 之比：

$$P_i = \frac{C_i}{\sum C_i} \times 100\%$$

式中，P_i——被研究元素分配到某一矿物中的相对分配率；$\sum C_i$——矿石中各矿物之被研究元素分配量之和。

苏联某钨矿床是在地质风化作用下形成的次生富集带。矿石疏松多孔，次生黏土和次生铁锰氧化物发育。钨在矿物中的分配率见表 8-2，矿石中钨主要分布在含钨硬锰矿及白钨矿中。通过扫描电子显微镜 X 射线能谱分析，硬锰矿平均含 W 4.91%、Mn 50.38%、K 3.17%、Ca 0.58%、Cu 2.82%，钨均匀地分布于硬锰矿中（肖仪武，1995）。

表 8-2　钨在各矿物中的分配

矿物名称	矿物含量/%	WO_3 含量/%	分布率/%
白钨矿	0.21	75.41	28.13
黑钨矿	0.02	76.30	2.69

续表

矿物名称	矿物含量/%	WO_3 含量/%	分布率/%
钨华	0.03	100.00	5.28
褐铁矿	12.12	0.21	4.48
硬锰矿	5.06	6.19	55.12
石榴子石、绿泥石	10.62	0.05	0.93
黏土	28.47	0.02	1.00
其他矿物	43.47	0.03	2.37

该原生钨矿床为一大型的夕卡岩型钨矿，钨矿物主要为钨锰矿及白钨矿，并富含黄铁矿。在形成矿床氧化带的漫长地质过程中，黄铁矿首先被溶解，生成带正电荷的氢氧化铁凝胶及较多的游离强酸性的硫酸。在迁移过程中，氢氧化铁凝胶吸附锰、硅、钙，脱水后老化成褐铁矿。随着水介质酸性的不断增强、溶液的不断流动及补充，钨锰矿在这种条件下将会逐渐被溶解，生成偏钨酸并形成带负电的二氧化锰胶体。二氧化锰胶体吸附溶液中带正电荷的钨络离子 WO_2^{2+}、WO_2OH^+、$WO(OH)_3^+$ 以及 Ca^{2+}、K^+、Cu^{2+}，形成含钨二氧化锰凝胶。随着时间的推移，吸附着钨的二氧化锰胶体发生沉淀、陈化和缩合成含钨硬锰矿，赋存于矿床氧化带的中下部，形成以含钨硬锰矿为主的次生富集钨矿床。黄铁矿、钨锰矿在化学风化作用下的氧化反应方程式为：

$$2FeS_2+2H_2O+7O_2 \longrightarrow 2FeSO_4+2H_2SO_4$$

$$4FeSO_4+2H_2SO_4+O_2 \longrightarrow 2Fe_2(SO_4)_3+2H_2O$$

$$Fe_2(SO_4)_3+6H_2O \longrightarrow 2Fe(OH)_3+3H_2SO_4$$

$$MnWO_4+H_2SO_4 \longrightarrow Mn_2(SO_4)_3+H_2WO_4$$

$$Mn_2(SO_4)_3+2H_2WO_4+4H_2O \longrightarrow 2Mn \cdot WO_3 \cdot (OH)_3+3H_2SO_4$$

进一步缩合成：$m\mathrm{MnO} \cdot \mathrm{MnO_2} \cdot \mathrm{WO_3} \cdot n\mathrm{H_2O}$（含钨硬锰矿）

8.2.4 单矿物分离

除使用传统的物理分离方法外，近年来越来越多地配合应用物相选择性溶解法以除去非目的矿物。这种组合方法不仅节约劳力、缩短时间，而且处理得比较彻底，能溶去裸露于外的其他连生矿物，增加了单矿物的纯度。此法对于化学性质相差较大的矿物尤为有效。此方法只适用于目标矿物含量高且粒度粗的情况，对研究轻元素的赋存状态十分有效。

锂是一种重要的能源金属，是各国经济发展的重要物质之一，因此各国对锂资源的找矿、评价和勘探给予了高度重视。锂辉石是目前世界上开采利用的主要锂矿物资源。四川某锂辉石矿属伟晶岩型低品位锂辉石矿，矿石中 Li_2O 含量为 1.36%，主要矿物组成简单，为锂辉石、石英、长石、云母等，矿物结晶粒度粗大。为了研究矿石中锂的赋存状态，分别提取锂辉石、石英、长石、云母单矿物进行单矿物化学分析（徐莺等，

2013)，结果显示石英成分稳定，为 SiO_2，未见混入锂元素。锂辉石、长石和云母等单矿物化学分析结果见表 8-3。

表 8-3　单矿物化学分析

矿物名称	组分含量/%								
	Li_2O	TFe	SiO_2	Al_2O_3	CaO	MgO	K_2O	Na_2O	H_2O^+
锂辉石	7.11	0.15	65.27	27.05	0.08	0.06	0.07	0.02	—
长石	0.09	0.05	68.06	19.62	0.08	0.02	10.22	1.86	—
云母	0.45	0.77	46.97	36.60	0.14	0.06	9.92	0.41	4.68

从表 8-4 平衡分配计算结果来看，矿石中 96.6% 的锂赋存于锂辉石中，长石云母类矿物中锂的含量分别为 2.7% 和 0.7%。因此，锂辉石是选矿过程中重点回收的含锂矿物。

表 8-4　矿石中锂的平衡分配计算

矿物名称	矿物含量/%	锂含量/%	锂金属量/%	分布率/%
锂辉石	20.5	7.11	1.45755	96.6
长石	45.1	0.09	0.04059	2.7
云母	2.3	0.45	0.01035	0.7

8.2.5　化学物相分析

在岩矿鉴定的基础上，假如目标元素的载体矿物之间的化学性质差异明显，可以采用化学物相分析对矿物进行选择性溶解，以便确定目标元素在矿物中的分配。化学物相分析是研究元素赋存状态最常用且较简便的方法。

深海沉积物中稀土元素的总含量为 1431.83×10^{-6}，以 Y、La、Ce、Nd 这四种稀土元素为主，其他稀土元素的含量相对较低（表 8-5）。样品中的矿物主要为伊利石，其次为长石，另有少量的绿泥石、磷灰石、铁锰氧化物、石英、石盐、方解石、钛铁矿以及微量的白云石等。利用矿物自动分析系统 MLA 对大量光片进行自动寻找和测试，在样品中发现微量的稀土矿物独居石和磷钇矿（方明山等，2016）。通过矿物的电子探针分析，发现磷灰石和铁锰氧化物中含有稀土元素（表 8-6 和表 8-7）。

表 8-5　样品中稀土元素分析

化学成分	Y	La	Ce	Nd	Pr	Sm	Eu	Gd
含量/10^{-6}	443	219	138	263	54.4	57.5	13.9	58.5
化学成分	Tb	Dy	Ho	Er	Tm	Yb	Lu	∑REE
含量/10^{-6}	11.8	66.2	14.5	39.7	6.68	40.1	5.55	1431.83

表 8-6　样品中磷灰石的电子探针分析

序号	组分含量/%																					
	Na_2O	K_2O	Al_2O_3	MgO	FeO	CaO	F	Cl	SO_3	P_2O_5	Y_2O_3	La_2O_3	Ce_2O_3	Pr_2O_3	Nd_2O_3	Sm_2O_3	Gd_2O_3	Yb_2O_3	Eu_2O_3	Dy_2O_3	Er_2O_3	Ho_2O_3
1	0.90	0.05	0.03	0.45	0.12	46.63	3.95	0.07	1.11	35.28	—	0.31	0.23	—	—	—	0.34	—	0.03	0.26	—	—
2	1.01	0.07	—	1.05	0.20	42.43	4.62	0.13	1.29	30.14	0.31	0.44	—	0.50	0.50	0.15	0.31	—	—	0.21	—	0.15
3	0.93	0.04	—	0.56	0.10	48.50	5.96	0.02	0.95	34.99	—	0.20	0.23	0.31	0.31	—	—	—	0.03	—	—	0.16
4	1.08	0.05	—	0.47	—	49.87	6.02	0.26	1.43	32.92	—	0.19	—	—	—	—	0.15	0.28	—	—	0.17	0.09
5	1.14	0.05	0.05	0.59	—	49.65	6.70	0.32	1.64	31.66	—	0.17	—	—	—	—	0.25	—	—	—	—	—

表 8-7　样品中铁锰氧化物电子探针分析

序号	组分含量/%																	
	Na_2O	SiO_2	MnO	K_2O	Al_2O_3	MgO	FeO	CaO	TiO_2	SO_3	P_2O_5	Cl	Ce_2O_3	Pr_2O_3	Nd_2O_3	Dy_2O_3	Er_2O_3	Yb_2O_3
1	0.37	2.40	33.10	0.12	0.57	3.33	10.52	3.17	1.77	0.61	0.27	0.33	—	—	—	—	—	0.28
2	0.71	2.12	38.31	0.26	0.53	6.32	8.86	3.01	1.83	1.38	0.14	0.55	—	—	—	—	—	0.28
3	0.21	1.84	31.42	0.06	0.41	3.33	10.73	3.07	1.03	0.48	0.28	0.06	—	—	0.15	—	—	0.17
4	0.23	2.67	30.36	0.00	0.54	3.15	11.26	2.82	1.56	0.63	0.25	0.38	0.15	—	0.24	—	0.09	0.21
5	1.28	0.51	42.57	0.30	3.11	7.37	4.38	1.46	0.56	0.24	0.08	0.12	—	—	0.19	0.22	0.74	0.08
6	1.22	3.28	30.79	0.11	0.69	3.41	11.37	3.73	1.67	0.45	0.27	1.99	—	0.19	—	—	—	0.15
7	1.60	1.80	32.04	0.12	0.45	3.83	10.07	3.04	1.72	0.37	0.24	1.46	—	—	—	—	0.09	0.12
8	0.12	2.02	31.66	0.06	0.51	3.66	10.47	3.06	1.84	0.68	0.19	0.15	—	0.17	—	—	—	0.16
9	2.45	1.72	32.38	0.29	0.56	2.28	11.97	3.09	1.20	0.52	0.30	2.67	—	—	0.16	—	—	0.16
10	1.80	1.74	31.99	0.19	0.46	2.55	9.85	3.06	1.03	0.57	0.17	2.00	—	—	0.11	—	—	0.06
11	0.51	2.76	29.39	0.07	0.81	2.52	13.12	3.52	2.15	0.43	0.42	0.13	—	—	—	0.12	—	0.05
12	0.35	10.08	34.79	0.79	5.64	7.10	5.09	2.61	0.63	0.16	0.47	0.11	—	—	0.24	—	0.27	—
13	0.03	1.72	30.01	0.03	0.39	2.28	9.88	2.85	1.50	0.46	0.17	0.07	—	—	—	—	—	0.16
14	0.12	2.52	30.65	0.05	0.62	3.28	12.19	3.00	1.83	0.49	0.20	0.23	—	—	—	—	—	—
15	1.04	1.48	35.86	0.20	0.51	3.91	7.14	2.26	1.52	1.09	0.23	1.45	—	—	—	—	0.27	0.32
16	0.17	4.31	24.73	0.10	1.63	3.12	16.34	3.25	2.33	0.58	0.48	0.15	—	—	—	0.12	—	—
17	0.23	9.11	24.13	0.40	5.14	3.48	12.08	3.57	1.89	0.94	0.46	0.08	—	—	—	—	—	0.08
18	1.14	9.31	33.38	0.09	1.60	2.04	17.60	1.00	1.42	0.25	0.53	0.61	—	—	—	0.26	—	—
19	2.88	1.75	33.59	0.39	0.58	2.62	9.99	2.67	2.02	0.54	0.27	3.55	—	—	—	—	—	0.10
20	2.44	0.62	47.01	0.98	2.96	6.38	1.64	1.32	0.11	0.26	—	1.66	0.26	—	—	0.29	0.76	—

为了解稀土在各赋存矿物中的分配，采用分步溶解的方法对样品中含稀土的各矿物进行选择性溶解。首先用硫酸铵处理样品，滤液中稀土为离子吸附态，即被黏土矿物以离子形式吸附的稀土元素；接着用稀硝酸（浓度为3%）处理样品，滤液中稀土即为赋存于磷灰石中的稀土；然后用盐酸（浓度为20%）溶解铁锰氧化物，滤液中的稀土为铁锰氧化物吸附态，即为被样品中铁锰氧化物等胶体矿物以化学形式吸附的稀土元素；最后残渣中含有的稀土为稀土矿物中赋存的稀土。分步溶解的分析结果见表8-8。

表8-8　稀土元素在各矿物中的分配

元素	含量/10^{-6}				分布率/%			
	离子吸附	磷灰石	铁锰氧化物	稀土矿物	离子吸附	磷灰石	铁锰氧化物	稀土矿物
Y	0.580	232.902	108.198	105.460	0.13	52.08	24.20	23.59
La	1.500	111.798	26.902	76.720	0.69	51.54	12.40	35.37
Ce	2.820	63.300	15.800	76.450	1.78	39.97	9.98	48.27
Pr	0.346	29.202	3.798	19.750	0.65	55.00	7.15	37.20
Nd	1.190	134.400	0.900	83.980	0.54	60.96	0.41	38.09
Sm	0.149	29.898	4.002	17.020	0.29	58.54	7.84	33.33
Eu	0.035	7.422	1.368	4.070	0.27	57.56	10.61	31.56
Gd	0.158	36.000	4.600	16.170	0.28	63.24	8.08	28.40
Tb	0.020	5.490	1.430	3.030	0.20	55.07	14.34	30.39
Dy	0.091	32.700	6.200	18.200	0.16	57.18	10.84	31.82
Ho	0.13	52.08	24.20	23.59	0.13	52.08	24.20	23.59
Er	0.69	51.54	12.40	35.37	0.69	51.54	12.40	35.37
Tm	1.78	39.97	9.98	48.27	1.78	39.97	9.98	48.27
Yb	0.65	55.00	7.15	37.20	0.65	55.00	7.15	37.20
Lu	0.54	60.96	0.41	38.09	0.54	60.96	0.41	38.09

由表8-8可知，样品中的稀土元素主要赋存于磷灰石中，其次赋存于独居石、磷钇矿等稀土矿物中，少量被铁锰氧化物吸附。

8.2.6　相关分析

在研究分散元素赋存状态时，一般会采用选择性分步溶解法研究分散元素与载体矿物之间的关系。选择性分步溶解法就是用化学物相分析方法选出对被研究相（研究元素的载体矿物）的最优选择性溶剂，通过控制不同的溶解条件（如溶液浓度、浸取时间、温度、搅拌速度等）对其进行分步溶解，测定各步中该矿物特征元素及分散元素的浸出量，通过浸出量反映载体矿物与分散元素间的依存关系。还可以浸出量和浸出条件作纵横坐标，作出特征元素与分散元素的溶解曲线，二曲线的关系在一定程度上反映了分散元素在载体矿物中的赋存状态。一般特征元素与分散元素的溶解曲线可能有下述三种情况：

（1）二曲线同步消长，表面溶解了一定量的矿物也就解离了相应的分散元素，后者存在于前者晶格的固定位置中，即类质同象；

（2）二曲线反消长，即溶解初期分散元素大量浸出，随着载体矿物继续溶解，分散元素浸出量急剧减少，甚至没有浸出，这表明可能为离子吸附关系；

（3）二者无规律可循，消长关系杂乱无章，这表示分散元素在载体矿物中分布无规律，因而最大可能是呈包裹体状态。

在进行分步溶解时，要注意下述问题：

（1）溶剂的选择，要求选定的溶剂在试验条件下只能溶解特定的载体矿物，而对其他载体矿物完全不能溶解，并在浸取过程中不产生其他副反应；

（2）研究试料要尽可能单纯，至少要尽可能不杂有含该分散元素的其他矿物，最好事先对试料进行物理分离，提高试料纯度；

（3）选择好分步条件，若推测可能为离子吸附状态，最好选择不同时间作为分步条件，且特别在溶解初期时间间隔不要太长，以免关系反映不明显；如推测为其他状态，选择时间或溶液浓度作分步条件皆可，一般易溶的间距应小，反之则应大，否则将会掩盖或反映不出分散元素的浸出特征。

某大型斑岩型铜矿床氧化铜矿石中铜品位达到 4.42%，伴生钴的含量 0.027%。通过对 22 个钻孔组合样进行重要元素化学分析，并计算各元素之间的相关系数（表 8-9）。分析结果表明，各元素之间存在着不同程度的相关关系，其中钴与锰之间有密切的关系（$r=0.85$）。

表 8-9　矿石中主要元素间的相关关系（$n=22$）

元素	Cu	Pb	Zn	Fe	S	Mn	Co	Au	Ag
Cu	1.00	—	—	—	—	—	—	—	—
Pb	0.09	1.00	—	—	—	—	—	—	—
Zn	0.03	0.09	1.00	—	—	—	—	—	—
Fe	−0.19	−0.29	0.52	1.00	—	—	—	—	—
S	0.20	−0.03	0.56	0.12	1.00	—	—	—	—
Mn	0.24	0.58	0.64	−0.04	0.49	1.00	—	—	—
Co	0.37	0.50	0.55	−0.13	0.52	0.85	1.00	—	—
Au	0.28	−0.07	0.47	0.33	0.38	0.28	0.32	1.00	—
Ag	0.41	0.30	0.48	0.04	0.55	0.54	0.54	0.70	1.00

由扫描电子显微镜 X 射线能谱分析可知，矿石中的铜锰铅水合氧化物是钴的主要载体矿物（肖仪武和贾木欣，2002），该矿物中的元素组成极其复杂，除铜、铅、锰等主要元素外，尚有钴、锌、钙、硅、铝、铁、钾等（表 8-10）。铜锰铅水合氧化物各主要元素的化学分析结果为 Cu 16.60%、Pb 9.20%、Mn 17.74%、Co 0.54%、Zn 0.90%，同扫描电子显微镜 X 射线能谱分析结果相近。通过对铜锰铅水合氧化物进行光电子能谱分析，发现锰主要以 Mn^{4+}存在，含有一部分 Mn^{2+}，铅以 Pb^{2+}存在，铜以 Cu^{2+}存在。由于 Mn^{4+}与 Mn^{2+}

的比例组成不同，直接关系到该矿物的化学行为，因此利用亚铁盐室温振荡浸取法测定有效氧，计算出 Mn^{4+} 占其锰总量的 80%，而 Mn^{2+} 仅占 20%。

表 8-10　铜锰铅水合氧化物扫描电镜 X 射线能谱分析

序号	元素含量/%									
	Al	Si	Ca	Mn	Co	Cu	Pb	K	Fe	Zn
1	3.76	3.70	0.21	17.93	0.23	19.69	15.76	0.12	0.46	0.87
2	4.44	4.37	2.55	15.35	0.92	23.00	8.77	0.10	0.37	0.70
3	4.02	8.87	0.39	13.59	0.35	9.06	21.90	0.13	0.47	1.10
4	3.47	3.50	0.34	17.02	0.80	20.66	14.55	0.11	0.45	0.90
5	2.33	2.89	0.27	18.24	0.56	19.45	16.93	0.12	0.46	0.98
6	4.24	4.40	0.34	16.06	0.96	22.39	11.55	0.10	0.43	0.85
7	4.73	4.66	0.36	17.07	0.91	20.54	11.78	0.10	0.40	0.80
8	1.85	3.13	0.24	26.12	0.00	7.57	19.26	0.12	0.45	0.91
9	4.69	4.42	0.39	17.98	0.86	19.93	9.39	0.00	0.03	1.20

为了进一步了解铜锰铅水合氧化物中钴的状态，进行选择性分步溶解试验，选取的溶解条件是保证锰铅水合氧化物分解的同时，铜、铅、钴、锌均应该进入溶液而不能生成新的沉淀，所选溶剂为 0.25% 盐酸羟胺+2.5% 醋酸溶液。试验结果（图 8-2）表明，锰与钴的溶出相关极为密切，其相关系数为 0.999。

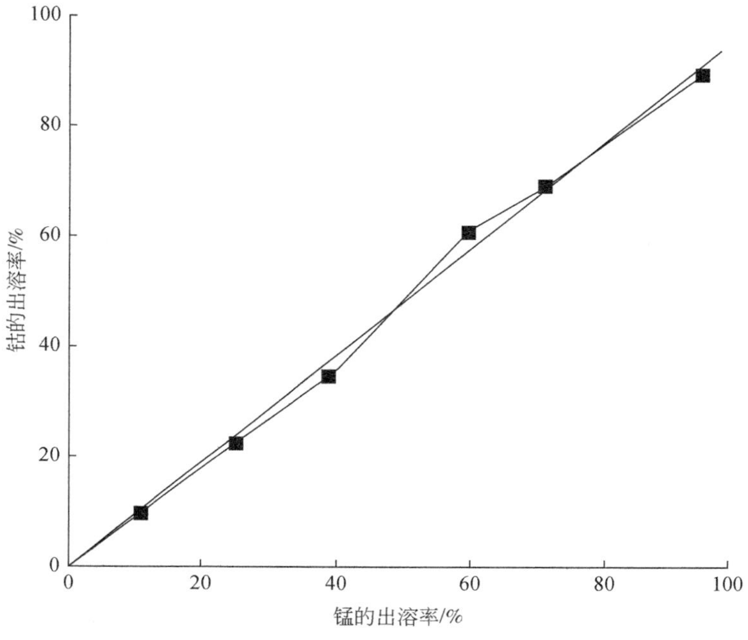

图 8-2　锰与钴的溶出率相关曲线

8.2.7　电渗析

电渗析是我国 20 世纪 60 年代发展起来的研究元素赋存状态的一种方法，它对研究元素的离子吸附状态尤为有效。在电场作用下，矿物在一定 pH 值的电解质中离解的正负离子通过不同的半透膜分别转入阴极和阳极，由于半透膜的存在，此反应是不可逆的，因而通过测定单位时间内阴、阳极室中阳、阴离子的浓度，可求出不同阶段的电渗率（电渗析出的目标元素含量与原样中该元素总含量的百分比）。如电渗析开始，电渗率急剧增高，短时间内达到峰值，随之急剧下降趋近于零，则证明大量离子是以吸附状态存在于矿物表面迅速解离出来，随着解离向内部深入，不再出现被表面吸附的离子；如果随着时间的变化，而电渗率基本无显著变化，则可认为是类质同象状态；如随着时间的变化，电渗率时高时低，则可认为是包裹体状态。

电渗析仪由三个用半透膜（一般用羊皮膜）分割的小室组成。图 8-3 是伯维尔型电渗析仪示意图。左、右两室分别装有直流电的正、负极，中室放入矿物粉末加水制成的悬浊液，并不断搅拌。两个边室的上部和下部各有一个小圆孔，上孔为供水孔，与装蒸馏水的瓶子相连；下孔为排水孔，可通过两通阀调节排水速度。在两个边室内装有虹吸管，以保证电极有固定高度的液面。电极连接在可调直流电源上。矿物悬浊液在直流电场的作用下，如果矿物中有呈吸附状态的离子存在（吸附在胶体矿物质点表面上），由于电位差使

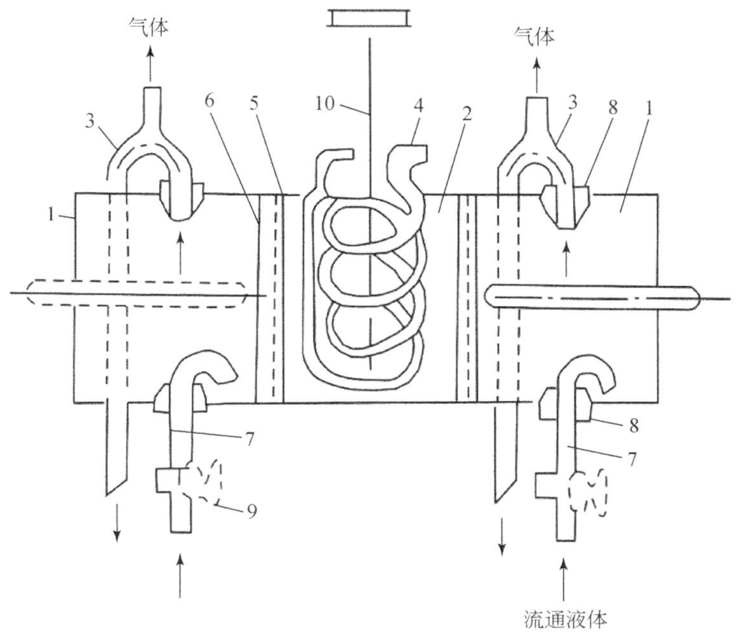

图 8-3　伯维尔型电渗析仪示意图

1. 电极室；2. 中室；3. 虹吸管；4. 冷却器；5. 薄膜；6. 电极；
7. 输入液体管；8. 橡皮塞；9. 通水栓；10. 搅拌器

这些被吸附的离子进入溶液，透过半渗透膜向电荷相反的电极室扩散，阳离子迁移至阴极室，阴离子迁移至阳极室，并聚集在铂网电极的周围（半透膜的毛细孔很小，只允许离子通过而不允许矿物通过）。

电渗析法的优点在于设备简单，成本低。其缺点则为介质条件要求严格，影响因素多且难以控制，使用烦琐不便。

辽宁省关门山铅锌矿床及其氧化带是我国重要的富镉区。该氧化带可划分为 3 个亚带：针铁矿–水针铁矿亚带（40～60m）；针铁矿–白铅矿亚带（60～110m）；水锌矿–菱锌矿亚带（110～200m）。通过对各种金属矿物进行镉的化学分析，说明镉主要赋存在原生矿石的闪锌矿以及氧化矿石的镉菱锌矿、硫镉矿、铁菱锌矿和铅褐铁矿等矿物中（杨敏之，2003）。镉菱锌矿含 Zn 60.50%、Cd 0.32%。将镉菱锌矿分别在不同浓度的 HCl 和 HNO_3溶液内浸取 10 天（表 8-11），Cd 与 Zn 的浸出量、浸出率都随着酸的浓度的高低有所增减，两者呈正相关变化，这说明镉是以类质同象形式赋存在镉菱锌矿内［$Cd^{2+} \rightarrow Zn^{2+}$，$(CdZn)CO_3$］。

表 8-11　镉菱锌矿在各种酸中不同浓度选择浸出结果

酸的种类	浓度/($mol \cdot L^{-1}$)	浸出时间/h	溶解浸出率/%	
			Cd	Zn
HCl	0.03	240	5.68	7.06
	0.05	240	17.04	16.52
	0.10	240	19.88	18.47
	0.15	240	62.50	46.57
HNO_3	0.05	240	14.20	11.57
	0.10	240	22.72	22.53
	0.15	240	28.40	23.59
	0.35	240	68.18	49.13

对镉菱锌矿进行电渗析分析（样品质量为 10 064mg，中室 pH 为 6.5），分析结果见表 8-12。镉与锌的渗出量随着电渗时间的延长呈正相关增长，但电渗率都很低，也说明镉在镉菱锌矿矿物晶格内是以类质同象形式存在的。

表 8-12　含镉菱锌矿的电渗析分析结果

电渗电流/mA	电渗时间/h	电渗过程中镉的变化				电渗过程中锌的变化			
		电渗量/mg		电渗率/%		电渗量/mg		电渗率/%	
		阴极	阳极	阴极	阳极	阴极	阳极	阴极	阳极
12～19	6	0.32	—	0.99	—	2.67	—	0.03	—
18～20	12	0.72	—	2.24	—	10.00	—	0.09	—
10～18	24	0.76	—	2.36	—	17.00	—	0.16	—

第 9 章　矿物嵌布粒度

矿物的嵌布粒度是决定矿物单体解离的重要因素，也是选择碎矿、磨矿作业工艺参数的主要依据之一。一般来说，有用矿物呈粗粒均匀嵌布时，磨矿及选别流程结构较为简单，矿石的可选性较好；有用矿物呈微细粒不均匀嵌布时，磨矿及选别流程的结构更为复杂，矿石的可选性降低。因此，在工艺矿物学研究工作中，矿石中有用矿物嵌布粒度特性的研究具有极重要的意义。

9.1　矿物嵌布粒度的概念

矿物嵌布粒度分为矿物结晶粒度和矿物工艺粒度。

矿物结晶粒度是指由相同晶胞堆积而成的单个结晶体所占有的空间尺寸，即矿物单晶体粒度。矿物单晶体的粒度大小，主要由形成时的地质环境和自身的结晶能力所决定。矿石中自形程度高的矿物经常呈现出这种单晶体粒度，如立方体的黄铁矿、板状黑钨矿、柱状辉锑矿、片状辉钼矿、片状石墨等。矿石中大部分金属矿物，如黄铜矿、闪锌矿、磁黄铁矿、镍黄铁矿等结晶能力差，自形程度低，常呈现由若干个矿物单晶聚合形成的矿物聚合体。矿物结晶粒度主要用于矿物成因研究，在指导找矿方面具有十分重要的意义。

矿物工艺粒度是指选矿工艺过程中满足矿物分选要求的矿物颗粒或矿物集合体所占有的空间尺寸。工艺矿物学研究所表达的矿物粒度实际上指的是矿物的工艺粒度。矿物粒度划分的单元要根据选矿工艺的要求，即选矿工艺过程中哪些矿物不需分离而可以一起回收的，那么这些矿物镶嵌在一起的集合体颗粒即为测量时的粒度单元。如黄铜矿与辉铜矿、铜蓝、蓝辉铜矿组成的集合体，铁矿石中的磁铁矿和赤铁矿；当全硫化物浮选时，所有硫化物集合体可作为一个整体看待。此外，如果被测矿物中含有少量杂质，但并不影响金属回收或精矿质量，此时也可将其作为同一颗粒对待。矿物工艺粒度大小直接影响到选矿方法及其工艺流程的选择，它是决定有用矿物单体解离所需磨矿细度的主要因素。

9.2　矿物工艺粒度的表征与测量

矿物工艺粒度表征的是矿物颗粒的一种加工性质，进入破碎、磨矿作业的矿石受力粉碎时，满足目的矿物分离成为单体的矿物颗粒尺寸。目前，矿物工艺粒度测量是利用显微镜（光学显微镜、扫描电子显微镜等）图像法在光、薄片上进行的，矿物颗粒大小在显微镜下只能从矿石截面上测量。矿物工艺粒度的表征通常有两种方法，即定向随机截距法和等效椭圆短径法，相应的测量方法为线测法和面测法。

9.2.1　定向随机截距

利用光学显微镜观察矿石的光片、薄片，根据等间距的定向测线所截的长度即定向随机截距来表示其粒径（图 9-1）。

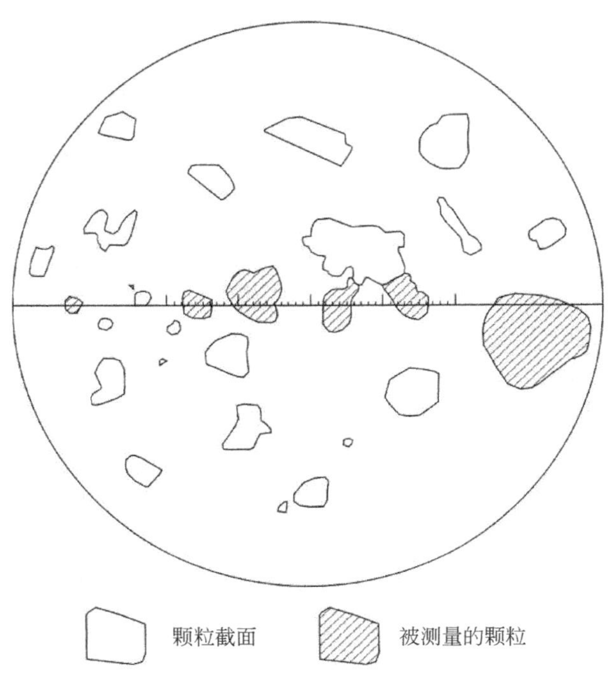

图 9-1　矿物在显微尺上的定向随机截距

矿物粒度测量用的截距法，也称线测法，就是在光学显微镜下通过测微尺测量矿石光片或薄片中矿物颗粒的定向随机截距长度来统计矿物粒度的方法，是目前最常用的矿物粒度测量方法。应用此法时，目镜测微尺的放置方向与光学显微镜机械台的移动方向一致，按一定间距布置定向测线，并对测线所遇及目标矿物的截线长度进行测量，确定其对应的粒级区间，这样逐个视域累计测微尺上各粒级颗粒的颗粒数。选择测线间距的主要因素应该取决于矿物颗粒在矿石中的嵌布均匀性。当各粒级颗粒在矿石中呈不均匀嵌布时，应该加大测线的间距而且要增加统计的颗粒数。

为了反映矿石中矿物的粒度组成特征，在矿物粒度统计计算时应先划定一系列的粒级，以便根据各粒级的颗粒数与平均粒径的乘积计算矿物在各粒级中的含量分布。矿物粒度测量统计的原始记录表格见表 9-1。该表的粒度分级，对于一般矿石来说是适用的，但遇到粗粒嵌布矿物时，可在上限再增加粗粒级。如果矿物是以微细粒嵌布为主，则可将 -0. 010mm 粒级进行更细的分类，可分至 0. 005mm 或 0. 003mm，这样更适合矿石工艺性质的分类。

矿物在各粒度区间的占有率计算公式如下：

$$p_i = \frac{n_i \times d_i}{\sum n_i d_i} \times 100\%$$

式中，p_i——第 i 个粒度区间的占有率；n_i——第 i 个粒度区间的目的矿物颗粒数；d_i——第 i 个粒度区间的平均粒径。

表 9-1　线测法矿物粒度测量结果记录表

粒度范围/mm	平均粒径 d/mm	矿物名称			
		颗粒数 n	线段值 $n \times d$	分布率/%	累计/%
+2. 000*					
−2. 000+1. 651	1. 825				
−1. 651+1. 168	1. 422				
−1. 168+0. 833	1. 00				
−0. 833+0. 589	0. 711				
−0. 589+0. 417	0. 503				
−0. 417+0. 295	0. 356				
−0. 295+0. 208	0. 256				
−0. 208+0. 147	0. 178				
−0. 147+0. 104	0. 126				
−0. 104+0. 074	0. 089				
−0. 074+0. 043	0. 058				
−0. 043+0. 020	0. 031				
−0. 020+0. 015	0. 017				
−0. 015+0. 010	0. 012				
−0. 010	0. 005				

*：+2. 000mm 以上部分的线段值为实际测量值的累加。

某低品位大型铜锡矿矿石中 Cu、Sn 的含量分别为 0. 3% 和 0. 38%。矿石中的铜矿物为黄铜矿，锡矿物主要为锡石，其他金属矿物主要为黄铁矿，非金属矿物主要为石英、钾长石和方解石。从表 9-2 可以看出，主要金属矿物黄铜矿、锡石、黄铁矿以及毒砂与主要非金属矿物石英、钾长石、方解石等之间有比较大的相对密度差。假如主要金属矿物之间共生关系紧密且矿物集合体的粒度比较粗的话，那么可以考虑预抛尾工艺，从而大大降低生产成本，提高经济效益。为此，在光学显微镜下采用线测法对黄铜矿、锡石、黄铁矿以及它们的集合体分别进行粒度的测量和统计，结果见表 9-3。

表 9-2　主要金属矿物与非金属矿物的相对密度

矿物名称	黄铜矿	锡石	黄铁矿	石英	钾长石	方解石
相对密度	4. 1 ~ 4. 3	6 ~ 7	4. 9 ~ 5. 2	2. 65	2. 57	2. 6 ~ 2. 9

表 9-3　矿石中黄铜矿、锡石、黄铁矿以及集合体的粒度组成

粒级/mm	黄铜矿		锡石		黄铁矿		金属矿物集合体	
	分布率/%	累计/%	分布率/%	累计/%	分布率/%	累计/%	分布率/%	累计/%
+2.0	7.03	7.03	0.95	0.95	6.50	6.50	10.24	10.24
-2.0+1.651	9.47	16.50	6.73	7.68	8.70	15.21	12.87	23.11
-1.651+1.168	12.74	29.24	9.45	17.13	14.32	29.53	20.41	43.52
-1.168+0.833	15.80	45.04	19.78	36.91	11.92	41.45	14.97	58.49
-0.833+0.589	16.43	61.47	15.43	52.34	10.74	52.19	10.64	69.13
-0.589+0.417	9.49	70.96	15.67	68.00	8.26	60.45	9.02	78.15
-0.417+0.295	7.05	78.02	9.77	77.78	8.11	68.56	6.25	84.41
-0.295+0.208	7.24	85.26	6.92	84.69	6.85	75.41	4.75	89.16
-0.208+0.147	4.87	90.13	4.13	88.82	5.66	81.07	3.24	92.39
-0.147+0.104	3.71	93.84	2.77	91.59	5.64	86.71	2.65	95.04
-0.104+0.074	2.46	96.30	1.96	93.55	3.91	90.63	1.72	96.76
-0.074+0.043	1.83	98.13	2.51	96.06	3.72	94.35	1.69	98.45
-0.043+0.020	0.88	99.01	1.45	97.50	2.10	96.45	0.93	99.38
-0.020+0.015	0.48	99.49	1.28	98.78	1.50	97.95	0.30	99.68
-0.015+0.010	0.34	99.82	0.79	99.57	1.03	98.98	0.21	99.89
-0.010	0.18	100.00	0.43	100.00	1.02	100.00	0.11	100.00

由表 9-3 可知，黄铜矿和黄铁矿的粒度均较粗，在+0.589mm 粒级黄铜矿、锡石、黄铁矿的累计占有率分别达到了 61.47%、52.34% 和 52.19%。金属矿物集合体的粒度较粗，说明该矿石具有黄铜矿、黄铁矿以及锡石等金属矿物之间共生紧密的特点。在+0.833mm 粒级累计占有率达到 58.49%，在+0.295mm 粒级的累计占有率更是达到了 84.41%。

由于矿石中的黄铜矿、锡石、黄铁矿等矿物集合体粒度较粗；同时，这些金属矿物与脉石矿物之间的相对密度差异又较大，这为细碎预抛尾富集提供了有利条件。

9.2.2　等效椭圆短径

利用光学显微镜或扫描电子显微镜获取矿物颗粒图像，并采用图像处理软件对矿物颗粒图像进行处理，测量矿物颗粒的面积及其最大弦长。其中，矿物颗粒的最大弦长是指矿物颗粒的二维形状上任意两个转折点（即曲点或凸点）连线中的最大线段长（如图 9-2 中曲点 A_1 和 A_2 之间的线段长）。以矿物颗粒的面积作为等效椭圆的面积，以矿物颗粒的最大弦长作为等效椭圆的长径，采用以下公式计算出等效椭圆的短径，即为矿物粒度：

$$b=4S/(\pi\times a)$$

式中，b——等效椭圆的短径；S——等效椭圆的面积；a——等效椭圆的长径。

等效椭圆短径法的特点就是利用现有技术中的显微拍照设备对矿石光片或矿石薄片中

所有目的矿物颗粒进行全覆盖扫描（或全覆盖扫描拍摄），从而可以获得每个目的矿物颗粒的图像，然后利用图像处理软件对每个目的矿物颗粒图像进行处理，从而可以得出每个目的矿物颗粒的矿物工艺粒度；这保证了每个矿石光片或矿石薄片的测量完整性，而且测得的粒度数据具有非常好的重复性，能够更加全面、客观、准确地反映矿物颗粒的粒度特征。随着计算机图像分析技术和矿物自动分析技术的不断发展，面测法将来会逐渐取代线测法，得到更广泛的应用。

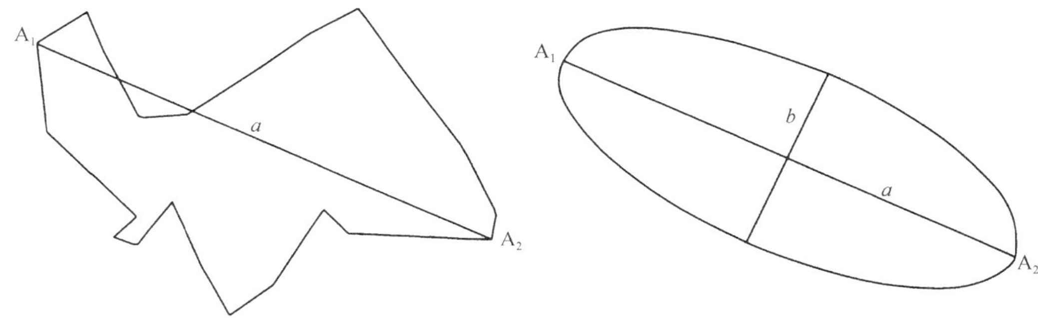

图9-2　等效椭圆

面测法也称视域法，通过测量矿石光片或薄片中矿物颗粒的面积来统计矿物粒度的方法。面测法采用逐个视域来观测测量，通过测量矿物颗粒的面积并计算等效椭圆的短径，以等效椭圆的短径的量值确定其对应的粒级区间，并累计各粒级区间对应矿物颗粒的面积值。该粒度区间的所占百分含量计算公式如下：

$$P_i = S_i / \sum S_i \times 100\%$$

式中，P_i——第 i 个粒度区间的占有率；S_i——第 i 个粒度区间目的矿物面积；$\sum S_i$——所有目的矿物颗粒面积之和。

面测法矿物粒度测量统计的原始记录表格见表9-4。

表9-4　面测法矿物粒度测量结果记录表

粒度范围/mm	矿物名称		
	面积值 $S_i/\mu m^2$	分布率/%	累计/%
+2.000			
-2.000+1.651			
-1.651+1.168			
-1.168+0.833			
-0.833+0.589			
-0.589+0.417			
-0.417+0.295			
-0.295+0.208			
-0.208+0.147			

续表

粒度范围/mm	矿物名称		
	面积值 S_i/μm²	分布率/%	累计/%
−0.147+0.104			
−0.104+0.074			
−0.074+0.043			
−0.043+0.020			
−0.020+0.015			
−0.015+0.010			
−0.010			

某金矿矿石中 Au 的含量为 3.70g/t。矿石中金矿物为自然金；金属矿物含量很低，主要为毒砂、黄铁矿和磁黄铁矿等；非金属矿物主要为石英，其次为白云母、钠长石和钾长石，少量的绿泥石、白云石和方解石等。由于矿石中有粗粒自然金的存在，为了防止漏掉统计粗粒金矿物，使样品更具代表性，因此把 0～2mm 的综合样作为研究自然金分布特征的对象。

由表 9-5 可知，自然金与毒砂、脉石矿物的嵌布关系比较密切，主要嵌布于毒砂与脉石矿物粒间以及脉石矿物粒间；其次嵌布于脉石矿物、毒砂以及黄铁矿的裂隙中；少量自然金被包裹于毒砂、脉石矿物和黄铁矿中。由于矿石中有一部分的自然金粒度比较粗且主要以粒间金和裂隙金的形式存在，因此在破碎的 0～2mm 的综合样中发现有相当部分的单体金以及裸露连生金。

表 9-5　矿石中自然金的分布特征

序号	矿物粒径		类型	共生矿物
	长径/μm	等效椭圆短径/μm		
1	258.52	74.20	粒间金	石英与钾长石
2	34.85	16.18	包裹金	石英
3	6.13	6.03	包裹金	石英
4	11.75	7.11	粒间金	毒砂与石英
5	0.64	0.50	包裹金	毒砂
6	3.80	3.02	包裹金	石英
7	2.50	2.04	包裹金	石英
8	4.00	2.60	包裹金	石英
9	5.92	5.16	包裹金	铁白云石
10	7.14	5.40	包裹金	石英
11	1.36	1.27	包裹金	石英
12	14.23	6.26	粒间金	石英与白云母

续表

序号	矿物粒径		类型	共生矿物
	长径/μm	等效椭圆短径/μm		
13	15. 89	9. 62	粒间金	石英与白云母
14	4. 00	3. 75	粒间金	石英与白云母
15	10. 21	9. 13	粒间金	毒砂与石英
16	8. 02	6. 94	粒间金	毒砂与石英
17	16. 42	6. 85	粒间金	毒砂与石英
18	11. 22	1. 56	粒间金	毒砂与石英
19	15. 92	15. 09	粒间金	毒砂与石英
20	2. 50	2. 04	包裹金	黄铁矿
21	20. 70	18. 17	裂隙金	黄铁矿
22	2. 70	2. 06	粒间金	毒砂与钾长石
23	10. 01	2. 85	粒间金	毒砂与绿泥石
24	4. 71	2. 63	粒间金	毒砂与钾长石
25	7. 30	6. 13	粒间金	毒砂与石英
26	2. 18	1. 28	粒间金	毒砂与石英
27	22. 91	21. 42	粒间金	石英与钾长石
28	2. 85	1. 95	粒间金	石英与钾长石
29	4. 98	3. 17	单体	
30	12. 66	9. 76	裂隙金	石英
31	16. 31	9. 83	裂隙金	石英
32	3. 74	0. 92	包裹金	石英
33	7. 07	2. 32	包裹金	钾长石
34	5. 34	3. 36	包裹金	钾长石
35	5. 00	1. 91	包裹金	钠长石
36	1. 27	1. 09	包裹金	钠长石
37	7. 12	5. 75	粒间金	钾长石与钠长石
38	42. 47	30. 23	裂隙金	石英
39	1. 70	1. 35	包裹金	石英
40	14. 80	12. 73	粒间金	毒砂与黄铁矿
41	12. 65	10. 57	粒间金	毒砂与钾长石
42	4. 96	4. 44	裂隙金	白云母
43	30. 65	7. 42	包裹金	毒砂
44	6. 00	5. 56	包裹金	毒砂
45	14. 73	14. 21	包裹金	毒砂
46	19. 36	3. 88	包裹金	毒砂

续表

序号	矿物粒径		类型	共生矿物
	长径/μm	等效椭圆短径/μm		
47	9. 33	6. 36	包裹金	毒砂
48	5. 82	1. 68	包裹金	毒砂
49	15. 36	1. 33	包裹金	毒砂
50	1. 53	1. 50	包裹金	毒砂
51	2. 82	2. 44	包裹金	毒砂
52	1. 21	1. 00	包裹金	毒砂
53	5. 82	3. 45	包裹金	毒砂
54	35. 18	12. 89	粒间金	方铅矿、闪锌矿与脉石
55	10. 60	10. 07	粒间金	方铅矿、闪锌矿与石英
56	23. 67	9. 37	粒间金	闪锌矿与石英
57	7. 16	5. 51	粒间金	闪锌矿与石英
58	18. 96	17. 87	粒间金	毒砂、黄铁矿与钾长石
59	30. 35	15. 24	裂隙金	毒砂
60	8. 09	7. 92	粒间金	毒砂与磁黄铁矿
61	72. 75	10. 49	裂隙金	毒砂
62	4. 22	4. 19	粒间金	毒砂与磁黄铁矿
63	48. 39	19. 20	裂隙金	钾长石
64	77. 43	22. 33	粒间金	毒砂与石英
65	61. 74	11. 91	裸露连生	钾长石
66	61. 86	18. 36	裸露连生	石英
67	61. 00	37. 74	单体	
68	25. 27	23. 24	粒间金	毒砂与磁黄铁矿
69	18. 48	18. 40	裂隙金	毒砂
70	97. 76	33. 35	单体	
71	51. 63	22. 52	裂隙金	毒砂
72	3. 06	2. 34	裂隙金	毒砂
73	3. 41	3. 33	裂隙金	毒砂
74	3. 78	2. 25	粒间金	黄铁矿与黄铜矿
75	2. 71	2. 69	裂隙金	黄铁矿
76	3. 31	2. 92	裂隙金	黄铁矿
77	111. 18	50. 91	单体	
78	31. 09	23. 65	单体	
79	14. 73	11. 75	裸露连生	钠长石
80	52. 49	33. 09	裂隙金	钠长石

续表

序号	矿物粒径		类型	共生矿物
	长径/μm	等效椭圆短径/μm		
81	36.90	33.31	裂隙金	钠长石
82	16.77	8.46	裂隙金	钠长石
83	2.50	2.04	裂隙金	钠长石
84	4.03	3.48	裂隙金	钠长石
85	66.78	15.32	包裹金	毒砂
86	35.33	15.24	裸露连生	毒砂
87	34.27	16.99	裂隙金	毒砂
88	59.95	28.11	裂隙金	毒砂
89	37.97	17.14	裂隙金	毒砂
90	77.92	26.74	单体	
91	39.51	19.09	单体	
92	36.01	29.31	单体	
93	26.73	15.02	单体	
94	22.60	8.47	单体	
95	14.76	8.64	单体	
96	22.55	8.66	单体	
97	4.16	2.44	单体	
98	21.05	17.80	单体	
99	25.90	14.25	单体	
100	15.89	10.84	粒间金	毒砂与黄铁矿
101	12.91	3.92	包裹金	黄铁矿
102	4.44	0.59	包裹金	黄铁矿
103	15.29	8.98	粒间金	毒砂与石英
104	1.00	0.81	包裹金	毒砂
105	0.99	0.84	包裹金	毒砂
106	1.00	0.38	包裹金	毒砂
107	13.17	4.23	裂隙金	毒砂
108	109.80	60.21	裸露连生	石英
109	40.20	35.62	裸露连生	毒砂
110	41.75	39.09	裂隙金	石英
111	85.69	48.45	裂隙金	石英
112	4.16	3.78	包裹金	毒砂
113	12.00	2.55	包裹金	毒砂
114	2.55	2.00	裂隙金	毒砂

续表

序号	矿物粒径		类型	共生矿物
	长径/μm	等效椭圆短径/μm		
115	7. 60	1. 42	粒间金	毒砂与钾长石
116	5. 70	3. 35	裸露连生	毒砂
117	155. 20	27. 90	包裹金	毒砂
118	40. 42	18. 66	粒间金	毒砂与钾长石
119	18. 80	14. 32	粒间金	毒砂与钠长石
120	17. 59	9. 40	粒间金	毒砂与钠长石
121	5. 00	4. 87	粒间金	毒砂与钾长石
122	3. 00	1. 27	粒间金	毒砂与钾长石
123	8. 00	6. 37	粒间金	毒砂与白云母
124	12. 92	9. 36	包裹金	脉石
125	2. 00	1. 27	包裹金	毒砂
126	3. 50	2. 75	包裹金	毒砂
127	4. 89	3. 38	包裹金	毒砂
128	5. 58	2. 61	包裹金	毒砂
129	2. 45	2. 08	包裹金	毒砂
130	2. 00	1. 27	包裹金	毒砂
131	30. 40	15. 06	包裹金	毒砂
132	20. 50	13. 34	粒间金	毒砂与绿泥石
133	5. 21	3. 03	粒间金	毒砂与钾长石
134	153. 20	102. 10	粒间金	毒砂与石英、钾长石
135	22. 34	20. 78	粒间金	石英与钾长石
136	45. 40	21. 50	粒间金	毒砂与石英
137	11. 45	10. 24	粒间金	石英与绿泥石
138	8. 42	6. 40	粒间金	毒砂与石英
139	3. 15	1. 88	粒间金	毒砂与石英
140	2. 00	1. 27	包裹金	毒砂
141	2. 88	1. 33	包裹金	毒砂
142	116. 78	72. 80	粒间金	石英与钠长石
143	135. 20	47. 14	裸露连生	毒砂
144	21. 84	18. 56	单体	
145	29. 48	5. 75	裂隙金	毒砂
146	14. 73	9. 83	单体	
147	180. 70	79. 50	裸露连生	石英
148	5. 55	3. 78	单体	

续表

序号	矿物粒径		类型	共生矿物
	长径/μm	等效椭圆短径/μm		
149	6.21	4.09	单体	
150	16.46	6.26	裸露连生	毒砂
151	6.83	5.28	裸露连生	毒砂
152	12.59	11.09	粒间金	毒砂与白云母
153	6.37	5.00	包裹金	脉石
154	13.25	12.60	粒间金	毒砂与石英
155	39.61	16.16	粒间金	毒砂与石英
156	24.38	13.44	包裹金	石英
157	15.81	6.21	粒间金	毒砂与石英
158	19.40	16.22	粒间金	毒砂与石英
159	15.28	15.09	粒间金	毒砂与石英
160	24.42	13.44	包裹金	毒砂
161	6.32	5.04	粒间金	毒砂与石英
162	18.48	8.01	粒间金	毒砂与石英
163	6.31	5.04	粒间金	毒砂与石英
164	25.00	19.10	粒间金	毒砂与白云母
165	9.73	7.01	粒间金	毒砂与石英
166	6.38	5.14	粒间金	毒砂与石英
167	14.52	6.56	粒间金	毒砂与石英
168	39.61	16.16	粒间金	毒砂与石英
169	44.76	21.32	粒间金	毒砂与石英
170	10.32	6.17	粒间金	毒砂与石英
171	49.24	14.31	包裹金	毒砂
172	15.00	6.37	粒间金	毒砂与石英
173	11.69	9.49	粒间金	毒砂与石英
174	20.27	8.07	粒间金	毒砂与石英
175	11.63	8.29	粒间金	毒砂与石英
176	2.03	1.57	裂隙金	毒砂
177	3.74	1.12	粒间金	毒砂与绿泥石
178	1.84	0.75	粒间金	毒砂与石英

为了解矿石中自然金颗粒的粒度分布情况，以自然金颗粒等效圆短径以及颗粒的面积进行统计计算。从表 9-6 可以看出，矿石中有一部分自然金的粒度较粗，为了更好地回收矿石中的金，应该考虑先采用重选工艺回收矿石中的粗粒自然金。

表 9-6　矿石中自然金的粒度组成表

粒级/μm	+100	−100+75	−75+50	−50+30	−30+10	−10+5	−5
分布率/%	11.73	10.78	29.97	17.55	25.89	3.34	0.74

9.3　矿物嵌布粒度特性及其分类

9.3.1　矿物嵌布粒度表示方法

矿物粒度测量结果可用列表方法表示（表 9-1、表 9-4），也可用作图方法表示。图 9-3 是以表 9-3 中的数据绘制成的矿物粒度特性曲线图。

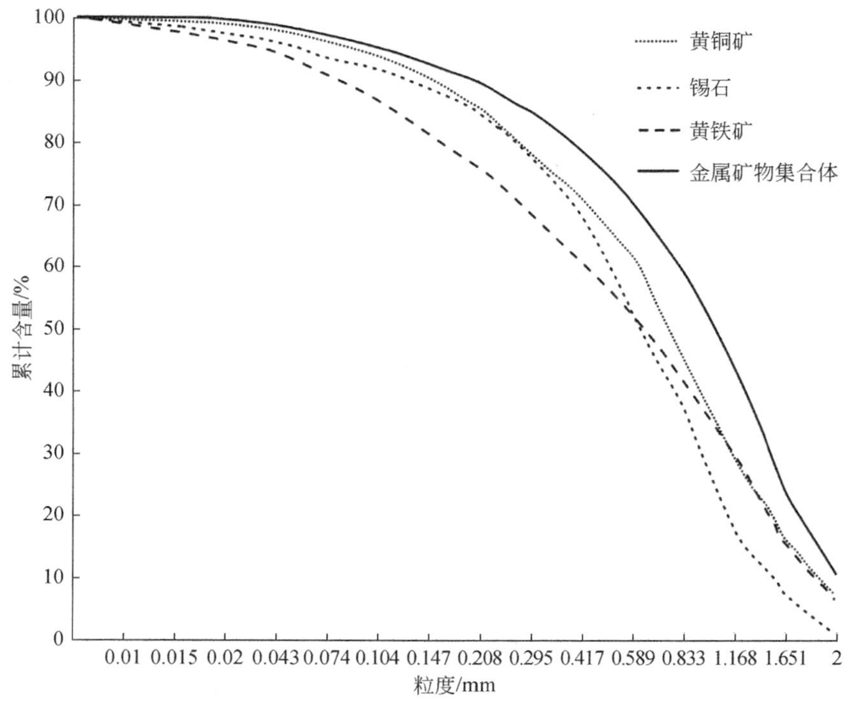

图 9-3　矿物粒度特性曲线

9.3.2　矿物嵌布粒度特性

矿物嵌布粒度特性是指矿石中某矿物的粒度组成和分布的均匀程度。它直接决定着选别前物料被破碎和磨碎的程度以及选别方法、流程结构方面的问题。

矿物嵌布粒度特性曲线常见的有以下四种类型（图 9-4）。

（1）等粒嵌布：这种矿石中有用矿物的粒度范围很窄，曲线陡峻，矿物嵌布粒度大体相等（曲线1），对于这类矿石，可采用一段磨矿，直接把矿石细磨到含量最多的粒级。

（2）粗粒不等粒嵌布：这种矿石中有用矿物粒度分布范围较宽，以粗粒为主，曲线向上凸，矿物嵌布粒度分布不均匀（曲线2），对于这类矿石一般应采用阶段磨矿、阶段选别的流程。

（3）细粒不等粒嵌布：这种矿石中有用矿物粒度分布范围较宽，以细粒为主，曲线向下凹（曲线3），以细粒为主的不等粒嵌布矿石，一般须通过技术经济比较后，才能决定是否采用阶段磨矿、阶段选别的流程。

（4）极不等粒嵌布：这种矿石中有用矿物粒度分布范围很宽，各种粒度的矿物含量大致接近，曲线为倾斜的（近似）直线（曲线4），矿物颗粒平均分布在各个粒级中，这种矿物嵌布最复杂，矿石也最难选。对于这类矿石应根据具体情况采用多段磨矿多段选别的流程，有时需要多种选矿方法的联合流程。

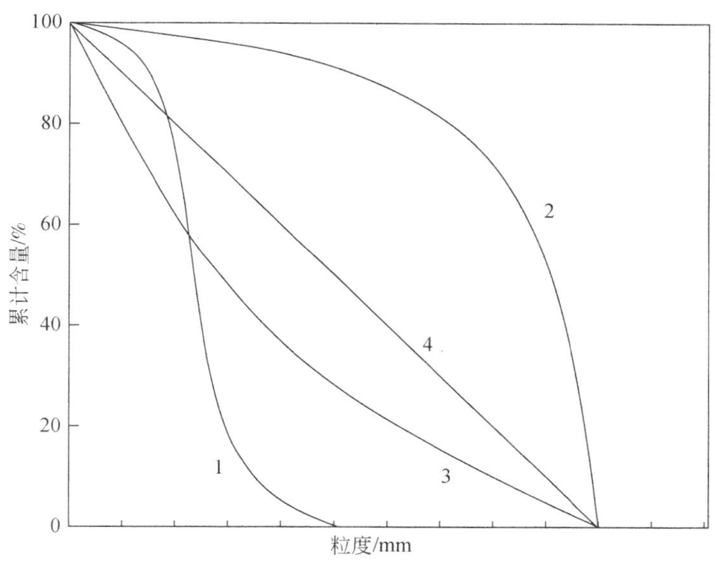

图9-4　有用矿物嵌布粒度特性曲线

由上可见，矿石中有用矿物颗粒的粒度和粒度分布特性，决定着选别方法和选别流程以及可能达到的选别指标。因而，在矿石工艺矿物学研究工作中，矿石中有用矿物嵌布粒度特性的研究具有极重要的意义。

9.3.3　矿物粒度分类

自然条件下的矿物粒度无论通过何种方式测量，都是一组随机的数值，需要用“粒级”将这些随机的粒度数值划分成若干区间，使其具有使用价值。由于研究的目的不同，目前矿物粒级的划分以及划分的类型很多，从工艺矿物学与选矿工艺的角度上看，矿物的粒级划分应选择粒级范围与通用标准筛相一致的原则，以保持与选矿粒度级别的一致性。

对于常见矿物来说，采用粒级区间通常将矿物颗粒的粒度划分为极粗粒、粗粒、中粒、细粒、微粒和极微粒六个等级，以它们之间的占比来描述矿石中有用矿物的粒度大小，矿物粒级的区间划分与类型见表9-7。对于可见金矿物而言，综合考虑各种选金方法对金粒的上下限要求以及金矿物分布的状态，也将它分成六个等级，见表9-8。

表9-7　矿物粒级的区间划分与类型

粒级	极粗粒	粗粒	中粒	细粒	微粒	超微粒
粒度范围/mm	>10.0	10.0～1.0	1.0～0.1	0.10～0.01	0.010～0.003	<0.003

表9-8　金矿物粒级的区间划分与类型

金粒类型	巨粒金	粗粒金	中粒金	细粒金	微粒金	次显微金
粒度范围/mm	>0.3	0.3～0.074	0.074～0.037	0.037～0.010	0.010～0.0005	<0.0005

第 10 章　矿物的解离特性

矿物的解离性是指矿石经过粉碎后，某种矿物解离成纯净矿物颗粒的难易程度。一般用矿物单体解离度来描述矿物的解离程度。有用矿物的充分解离是实现矿物分离的最基本的条件，解离性的好坏直接影响着选矿指标的优劣。如果有用矿物的单体解离度很低，则难以获得较高的精矿品位和回收率。因此，磨矿产品中有用矿物解离度的测定对于磨矿细度的确定具有重要指导作用，而选矿产品中矿物解离度的测定，则是分析流程故障原因和制定工艺优化措施的重要依据。

10.1　矿物单体解离

为了把矿石中的有用矿物富集起来，首先要把有用矿物从矿石中解离出来，只有将有用矿物单体解离后，才有可能使之分选富集。因此矿物解离性的好坏，在很大程度上影响了矿石的可选性和选矿工艺。

10.1.1　单体与连生体的概念

矿物分选的目的，是为了有效地富集并回收矿石中的有用矿物。为此，矿石首先必须经由破碎、磨矿使所含矿物（特别是有用矿物和脉石矿物）相互解离。块体矿石碎或磨成粉末状颗粒后，有些矿物呈单矿物颗粒从矿石的其他组成矿物中解离出来，这种单矿物颗粒被称为“某矿物单体”（如铁矿中的磁铁矿单体、铜矿中的黄铜矿单体等）。未被解离为单矿物颗粒而呈两种或两种以上的矿物连生在一起的颗粒被称为矿物连生体颗粒，根据组成矿物的不同，称为“某–某矿物连生体”（如方铅矿–闪锌矿连生体、黄铁矿–闪锌矿连生体、黄铜矿–脉石连生体等）。矿物的单体和连生体，是矿石碎磨产物组成颗粒的两种基本形态。随着磨矿细度的提高，磨矿产品中矿物的单体量逐渐增加、连生体量将逐渐下降，有利于矿物之间彼此的分离。

10.1.2　连生体的特征

连生体的特征影响着它的选矿行为和后续的处理方法。例如，在重选和磁选过程中，连生体的选矿行为主要取决于有用矿物在连生体中所占的比例。在浮选过程中，则与有用矿物和脉石矿物（或伴生有用矿物）的连接特征有关，若有用矿物被脉石包裹，就很难被浮起；若有用矿物和脉石毗连，可浮性取决于相互的比例；若有用矿物以乳浊状包裹体形式高度分散在脉石中（或反过来，杂质分散于有用矿物中），就很难分选，因为即使细磨也难以解离。

连生体的特征主要包括连生体的矿物组成、连生体中有用矿物的相对含量以及连生体的结构特征等方面。

连生体的矿物组成主要指有用矿物与何种矿物连生，是与有用矿物连生（如黄铜矿-斑铜矿连生体），还是与脉石矿物连生（如黄铜矿-脉石连生体），或者与多种矿物连生（如黄铜矿-斑铜矿-脉石连生体）。显然，后两种连生体往往是精矿品位偏低、尾矿品位偏高、回收率不高的原因。

连生体中有用矿物的相对含量通常用有用矿物在每一个连生体颗粒中所占的面积分数来表示。一般采用四分法，即将一个连生体颗粒的截面积分为四份，视有用矿物大致所占的份额，而有 1/4、2/4、3/4 三种连生体颗粒。通常依据有用矿物在连生体中所占的面积比例，将连生体分为富连生体和贫连生体。有用矿物在连生体中所占的面积比例大于一半者称为富连生体，小于一半者称为贫连生体。

连生体的结构特征指连生矿物间的相对大小与空间关系和界面形态特征。高登（Gaudin，1939）基于连生体的分选性质和组成矿物解离难易，将含有两种矿物的连生体分为Ⅰ、Ⅱ、Ⅲ、Ⅳ四种类型（图 10-1）。由于四种类型在组成矿物共生形式上各自具有的形貌特征，通常称之为：毗邻型、细脉型、壳层型和包裹型。

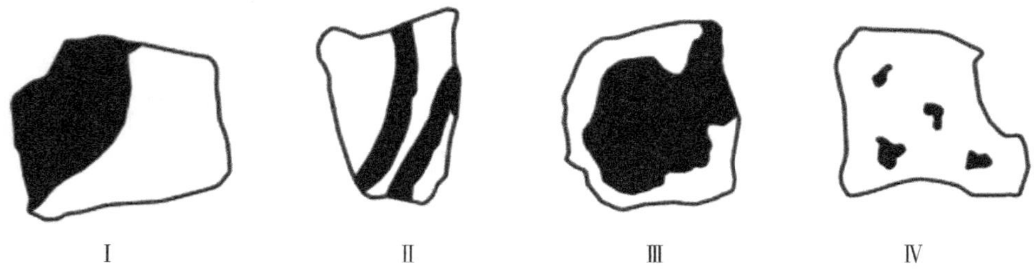

图 10-1　高登分类的连生体类型

Ⅰ. 毗邻型；Ⅱ. 细脉型；Ⅲ. 壳层型；Ⅳ. 包裹型

毗邻型（Ⅰ型）：四类连生体中最常见的。它的组成矿物连生边界平直、舒缓，边界线呈线性弯曲状。此类连生体只要再稍加粉碎，就很容易得到有用矿物单体。

细脉型（Ⅱ型）：较常见的一种连生类型。细脉型连生体中，一种矿物（常为有用矿物）呈脉状贯穿于含量较高的另种矿物（多为脉石矿物）中。只有当粉碎颗粒粒度明显小于脉状矿物的脉宽时，该脉状矿物才有可能自连生体中解离出来。当再磨时，比毗邻型难于解离，若呈脉状矿物性脆，则易产生次生矿泥。

壳层型（Ⅲ型）：在连生颗粒矿物中，含量较低的矿物以薄厚不一的似壳层状，环绕在主体矿物外周边。多数情况下，中间的主体矿物只能局部地为外壳层所覆盖。完全理想的封闭包围甚为稀少。一般情况下，组成矿物软硬差别大的矿石，易于在碎、磨作业时产生壳层型连生体。壳层型连生体受到进一步粉碎时，它的二次磨矿产物常含有边缘相矿物的细粒单体、粗粒连生体以及中间主体矿物的粗粒单体等。当再磨时，常使皮壳状矿物泥化，并得到较小的连生体颗粒及粒度较大的核心矿物单体颗粒。此种情况某种程度上有利用选别，其适宜的磨矿条件为擦磨。

包裹型（Ⅳ型）：一种矿物（多为有用矿物）以微包体形式镶嵌于另一种（载体）矿物中，包体粒径一般 5μm 以下。此类连生体常是有用矿物损失于尾矿或其他矿物中的原因，也是精矿被污染的原因之一。欲使该类连生体单体解离目前尚无办法，只有随同其母体矿物一并回收或一并弃之。

10.1.3　影响矿物解离的因素

矿物的磨矿解离性十分复杂，除了与矿物本身的性质相关，还与矿石中矿物组合以及采用的磨矿条件等选择有关。矿物解离的好坏主要体现在磨矿后产品所形成单体的相对数量上，因此在进行矿石选矿试验和选矿厂生产流程考查中一般需要测定磨选产品中目的矿物的实际解离度，以了解磨矿效果。

影响矿物解离的因素主要有：

(1) 矿物的嵌布粒度。矿物嵌布粒度愈粗，愈是有利于矿物解离。

(2) 矿物的颗粒形状（自形、半自形、他形等）。自形晶的矿物比他形晶的矿物相对来说更易解离。

(3) 矿物颗粒间的界面特征（直线、犬牙交错、弯曲等）。矿物的嵌布粒度较粗且矿物颗粒间呈规则毗连镶嵌，在外力作用下就容易解离开来，呈交代结构的矿物颗粒则其解离性就较差。

(4) 矿物颗粒界面结合强调。矿物之间紧密镶嵌的矿物比嵌布松弛的矿物难解离。

(5) 矿物的硬度、脆性、解离。硬度大的、脆性矿物比硬度小的、质软的矿物更易解离，矿物本身具有极完全解理或完全解理特性，在稍受外力作用下自身就可以沿一定方向的光滑破裂面解理开来。

(6) 矿物含量。矿物在矿石中的含量愈高，则其特征对矿物的磨矿解离性的影响就愈大。

(7) 共生矿物。矿物的解离性除与矿物本身的特征有关外，还与相邻矿物的物理性质密不可分，若与之毗连的矿物性脆、具极完全解理或完全解理特性，那么矿物之间就容易解离。

(8) 磨矿工艺条件。磨矿方法、磨矿浓度、磨矿时间、磨矿介质和充填率等也是影响矿物解离的重要因素。

10.2　矿物单体解离度

10.2.1　矿物单体解离度概念

矿石的组成矿物在外力作用下转变为单体的过程称之为矿物解离。在破碎、磨矿过程中，矿石中的某种矿物解离为单体颗粒的程度就称之为该矿物的单体解离度。矿物单体解离度可用某种矿物单体的含量与该矿物总含量（单体含量与连生体含量之和）比值的百分数来表示。计算公式如下：

$$F=\frac{f_1}{f_1+f_2}\times 100\%$$

式中，F——某矿物的单体解离度,%；f_1——该矿物的单体量；f_2——该矿物的连生体量。

在选矿过程中既要保证目的矿物的充分单体解离，又要防止过磨从而增加能耗，所以选矿工艺研究中首先要确定合理的磨矿细度，这就要测定目的矿物的单体解离度。在实践中，其实选矿所要求的有用矿物的单体解离度不一定是100%的单体解离，一般达到80%~90%即可认为满意。因此，在选矿流程产物的分析中，通常都要了解主要产物中矿物的单体解离度，以便检查碎矿、磨矿和选别作用的效果，找出进一步提高选矿指标的措施。

10.2.2 矿物单体解离度测定

矿物单体解离度的测定有全样测定法和分级样品测定法。

（1）全样测定法：取未经分级的样品，制成环氧树脂砂光片或砂薄片。在制片时一定要控制好环氧树脂胶的浓度和样品与胶的比例，充分搅拌尽量使颗粒分开，否则会把已解离又聚集在一起的单体颗粒误认为连生体，产生解离度测试误差。矿物单体解离度的测定通常是在光学显微镜下进行的，可采用前述的线测法或面测法测量出样品中该矿物单体和连生体中的体积含量，进而根据单体体积与总体积（单体体积+连生体的体积）之比，计算样品中该矿物的单体解离度。

为了定量描述连生体中有用矿物的含量，通常按照有用矿物在整个连生体颗粒中所占体积比（面积比）进一步将连生体划分为不同类型。如3/4、2/4和1/4连生体，分别说明在该连生体颗粒中，有用矿物所占的体积比分别为3/4、2/4和1/4。有时，也可将连生体颗粒进一步细分为7/8、6/8（3/4）、5/8、4/8（1/2）、3/8、2/8（1/4）、1/8等类型，见表10-1。

表 10-1 目的矿物单体解离度测定表

单体/%	连生体/%						
	7/8	3/4	5/8	1/2	3/8	1/4	1/8

（2）分级样品测定法：首先，将样品筛分成选矿筛析通常采用的几个级别，称取各个级别矿样重量，计算各级别产率，并将各粒级样品进行所需元素的化学分析。然后，将不同粒级样品磨制成砂光片或砂薄片，在光学显微镜或扫描电子显微镜下进行单体、连生体的测量，测定各粒级的目的矿物单体解离度。但从选矿生产的实际要求来看，不仅要了解目的矿物在某个粒级中的单体解离度，更需要知道全样中目的矿物的解离状况。那么全试样中目的矿物的单体解离度由各粒级目的矿物解离度乘以粒级产率以及目的矿物的矿物含量加权计算而得，即：

$$F_A = \frac{\sum_{i=1}^{n} \gamma_i \cdot W_{iA} \cdot f_{iA}}{\sum_{i=1}^{n} \gamma_i \cdot W_{iA}}$$

式中，F_A——全试样中 A 矿物的解离度,%；γ_i——i 粒级产率,%；W_{iA}——i 粒级产品中 A 矿物的含量,%；f_{iA}——i 粒级产品中 A 矿物的解离度,%。

10.2.3　选矿流程产品矿物单体解离度的测定实例

内蒙古某铁矿中回收的目的矿物为磁铁矿和赤铁矿，对磨矿溢流产品进行筛水析分析，分成 5 个粒级，并对每个粒级产品中磁铁矿和赤铁矿的单体解离度进行测定，判断磨矿的合理性。

磨矿溢流产品的矿物组成及铁的化学物相分析结果见表 10-2 和表 10-3。

表 10-2　磨矿溢流产品中矿物的相对含量

矿物名称	磁铁矿	赤铁矿	黄铁矿	萤石	白云石	磷灰石
含量/%	27.54	10.00	1.88	19.76	16.78	7.59
矿物名称	镁钠闪石	钠辉石	黑云母	石英	钠长石	其他
含量/%	4.53	4.10	3.40	2.73	1.54	0.15

表 10-3　铁的化学物相分析

粒级/mm	铁含量/%			
	磁铁矿	赤铁矿	硫化铁	硅酸铁
+0.074	23.40	6.56	0.85	2.41
−0.074+0.038	23.58	7.00	0.96	3.02
−0.038+0.02	28.14	7.14	1.02	2.85
−0.02+0.01	10.05	7.46	0.66	2.11
−0.01	5.05	7.57	0.77	1.56
原矿	19.94	7.01	0.87	2.48

各粒级产品的产率及其中磁铁矿和赤铁矿的含量见表 10-4。

表 10-4　各粒级产品产率及磁铁矿和赤铁矿的相对含量

粒级/mm	产率/%	铁含量/%	磁铁矿含量/%	赤铁矿含量/%
+0.074	33.03	32.18	32.32	9.37
−0.074+0.038	24.02	34.54	32.57	10.00
−0.038+0.02	18.02	39.11	38.87	10.20
−0.02+0.01	11.01	20.25	13.88	10.66
−0.01	13.92	14.94	6.98	10.81

各粒级产品中磁铁矿和赤铁矿的单体解离度测定结果分别见表 10-5 和表 10-6。

表 10-5 磁铁矿的单体解离度

粒级/mm	单体/%	连生体/%	
		与脉石连生	与黄铁矿连生
+0.074	54.47	41.68	3.85
−0.074+0.038	88.26	10.62	1.12
−0.038+0.02	93.58	5.94	0.48
−0.02+0.01	95.34	4.28	0.38
−0.01	98.42	1.35	0.23

表 10-6 赤铁矿的单体解离度

粒级/mm	单体/%	连生体/%	
		与脉石连生	与黄铁矿连生
+0.074	50.52	48.06	1.42
−0.074+0.038	86.26	13.14	0.60
−0.038+0.02	92.58	7.04	0.38
−0.02+0.01	95.57	4.24	0.19
−0.01	97.48	2.38	0.14

根据公式 $F_A = \dfrac{\sum_{i=1}^{n} r_i \times W_{iA} \times f_{iA}}{\sum_{i=1}^{n} r_i \times W_{iA}}$ 可计算出磨矿溢流产品中磁铁矿和赤铁矿的单体解离度。

(1) 磁铁矿的单体解离度。从表 10-4、表 10-5 中提取出磁铁矿单体解离度计算过程中需要直接使用的数据，见表 10-7。

表 10-7 磁铁矿单体解离度计算数据归总

行号	粒级/mm	列号				
		A	B	C	D	E
		单体/%	与脉石连生/%	与黄铁矿连生/%	矿物量/%	产率/%
1	+0.074	54.47	41.68	3.85	32.32	33.03
2	−0.074+0.038	88.26	10.62	1.12	32.57	24.02
3	−0.038+0.02	93.58	5.94	0.48	38.87	18.02
4	−0.02+0.01	95.34	4.28	0.38	13.88	11.01
5	−0.01	98.42	1.35	0.23	6.98	13.92

$$\sum_{i=1}^{n} r_i \times W_{iA} = D_1 \times E_1 + D_2 \times E_2 + D_3 \times E_3 + D_4 \times E_4 + D_5 \times E_5 = 2800.29$$

磨矿溢流产品中磁铁矿单体解离度：

$$F_A = \frac{D_1 \times E_1}{2800.29} \times A_1 + \frac{D_2 \times E_2}{2800.29} \times A_2 + \frac{D_3 \times E_3}{2800.29} \times A_3 + \frac{D_4 \times E_4}{2800.29} \times A_4 + \frac{D_5 \times E_5}{2800.29} \times A_5$$

$$= 77.45\%$$

同理可以分别使用各粒级产品中磁铁矿与脉石、黄铁矿连生的比例，计算出磨矿溢流产品中磁铁矿与脉石及黄铁矿连生的比例。

（2）赤铁矿的单体解离度。与磁铁矿的单体解离度计算方法相同，从表 10-4、表 10-6 中提取出赤铁矿单体解离度计算过程中需要直接使用的数据，见表 10-8。

表 10-8　赤铁矿单体解离度计算数据归总

行号	粒级/mm	列号				
		A	B	C	D	E
		单体/%	与脉石连生/%	与黄铁矿连生/%	矿物量/%	产率/%
1	+0.074	50.52	48.06	1.42	9.37	33.03
2	−0.074+0.038	86.26	13.14	0.6	10	24.02
3	−0.038+0.02	92.58	7.04	0.38	10.2	18.02
4	−0.02+0.01	95.57	4.24	0.19	10.66	11.01
5	−0.01	97.48	2.38	0.14	10.81	13.92

$$\sum_{i=1}^{n} r_i \times W_{iA} = D_1 \times E_1 + D_2 \times E_2 + D_3 \times E_3 + D_4 \times E_4 + D_5 \times E_5 = 1001.34$$

磨矿溢流产品中赤铁矿单体解离度：

$$F_A = \frac{D_1 \times E_1}{2800.29} \times A_1 + \frac{D_2 \times E_2}{2800.29} \times A_2 + \frac{D_3 \times E_3}{2800.29} \times A_3 + \frac{D_4 \times E_4}{2800.29} \times A_4 + \frac{D_5 \times E_5}{2800.29} \times A_5$$

$$= 79.15\%$$

同理也可以分别使用各粒级产品中赤铁矿与脉石、黄铁矿连生的比例，计算出磨矿溢流产品中赤铁矿与脉石及黄铁矿连生的比例。

第 11 章　选矿工艺矿物学的应用

选矿工艺矿物学是研究矿石原料和矿石加工工艺过程产品的化学组成、矿物组成和矿物性状及变化的一门应用学科，在矿床综合评价及确定合理的选矿工艺、优化选矿流程结构和提高矿山企业生产指标等方面发挥着重要的作用，主要表现在以下几个方面。

11.1　在矿床综合评价中的应用

矿床评价是矿产勘查的一项重要内容，就是为了确定矿床的工业利用价值而进行的地质、技术条件和经济条件的综合评价工作，为今后矿山总体规划和矿山建设项目提供决策依据。矿床的矿石质量是决定矿床价值的重要因素，而工艺矿物学是评价矿石质量的重要手段。

11.1.1　铜矿

某铜矿有五种矿石类型，包括土状氧化铜矿、次生硫化铜矿、夕卡岩型铜矿、大理岩型铜矿、铜铁矿等，下面分别介绍不同类型矿石的工艺性质。

11.1.1.1　土状氧化铜矿

1. 矿石的多组分化学分析

矿石的多组分化学分析结果见表 11-1。

表 11-1　矿石的多组分化学分析

化学成分	Cu	Fe	Pb	Zn	WO_3	Mn	Au	Ag	S
含量/%	3.27	21.68	0.03	0.38	0.21	0.20	0.000014	0.001552	0.99
化学成分	As	K_2O	Na_2O	CaO	MgO	Al_2O_3	SiO_2	C	
含量/%	0.030	0.55	0.39	3.53	1.04	15.74	24.62	0.58	

2. 矿石中铜的化学物相分析

矿石中铜的化学物相分析结果见表 11-2。

表 11-2　矿石中铜的化学物相分析

相别	自由氧化铜	次生硫化铜	原生硫化铜	结合铜
铜含量/%	2.51	0.25	0.10	0.40
分布率/%	76.99	7.67	3.07	12.27

3. 矿石的矿物组成及相对含量

矿石的矿物组成复杂，矿物种类较多。矿石中铜矿物主要为孔雀石、蓝铜矿、硅孔雀石，其次为蓝辉铜矿、辉铜矿、黄铜矿以及少量的赤铜矿、铁铜矿等。非金属矿物主要为高岭石、多水高岭石、石英，另有少量的方解石、白云石、透闪石、似水铝英石、重晶石以及磷灰石等。矿石的矿物组成及相对含量见表 11-3。

表 11-3　矿石的矿物组成

矿物名称	孔雀石、蓝铜矿	硅孔雀石	黄铜矿	赤铜矿	铁铜矿	褐铁矿	赤铁矿
含量/%	3.21	1.73	0.30	0.12	0.05	23.24	3.19
矿物名称	蓝辉铜矿、辉铜矿	黄铁矿	锰水合氧化物	菱锌矿	磁铁矿	石英	方解石
含量/%	0.34	1.55	0.57	0.42	0.13	15.15	3.73
矿物名称	高岭石、多水高岭石	透闪石	似水铝英石	白云石	磷灰石	重晶石	其他
含量/%	39.24	3.20	1.72	1.86	0.04	0.03	0.18

4. 矿石中重要矿物的嵌布特征

1）孔雀石

孔雀石是矿石中最主要的铜矿物，多呈放射状、皮壳状等形式产出，是原生硫化铜矿物在氧化带氧化时形成的硫酸铜溶液，在迁移过程中遇到石灰岩时发生反应形成的稳定化合物，其反应式为：$3CuSO_4+3CaCO_3+H_2O \longrightarrow Cu_3[CO_3]_2[OH]_2+3CaSO_4+CO_2$。

孔雀石常分布在脉石矿物的颗粒表面或者是充填在脉石矿物的颗粒间隙以及裂隙中，也分布在褐铁矿、锰水合氧化物胶体的表面或这些矿物的颗粒间隙或裂隙以及空洞中。孔雀石与其他氧化铜矿物的关系也很密切，与赤铜矿、蓝铜矿、硅孔雀石等矿物紧密共生，在孔雀石中也可见到褐铁矿、似水铝英石和脉石等矿物的包裹体。

2）蓝铜矿

蓝铜矿是矿石中主要的铜矿物，常呈薄板状、皮壳状等形式产出，也是由原生硫化铜矿物氧化后的硫酸铜水溶液在迁移过程中遇碳酸钙反应生成的稳定化合物。因此，蓝铜矿与孔雀石、褐铁矿、硅孔雀石、锰水合氧化物、脉石等矿物关系密切，紧密共生。

3）赤铜矿

赤铜矿多呈不规则粒状产出，与孔雀石、硅孔雀石、褐铁矿、锰水合氧化物以及脉石等矿物关系密切，常分布在这些矿物的颗粒间隙、裂隙和空洞中，也有少量赤铜矿被孔雀石、硅孔雀石等矿物包裹。X 射线能谱分析，赤铜矿含铜 87.35%。

4）黄铜矿

黄铜矿是主要的硫化铜矿物，常被蓝辉铜矿、辉铜矿沿其边缘交代呈镶边结构，交代强烈时呈交代残余结构。黄铜矿也常与黄铁矿一起沿脉石矿物的颗粒间隙或裂隙空洞充填呈脉状分布。

5）蓝辉铜矿、辉铜矿

矿石中蓝辉铜矿、辉铜矿是原生硫化铜矿物在氧化过程中淋滤下来的硫酸铜溶液交代硫化物而形成的次生硫化矿物。蓝辉铜矿、辉铜矿常呈镶边状、薄膜状不规则粒状、脉状嵌布在脉石矿物中，也沿黄铜矿、黄铁矿的边缘交代呈镶边结构。

6）硅孔雀石

硅孔雀石为淡蓝色、蓝绿色，多呈不规则粒状、球粒状、皮壳状、钟乳状等形式产出，与孔雀石、蓝铜矿、褐铁矿关系密切，常分布在褐铁矿、脉石矿物表面或颗粒间隙、裂隙空洞中；硅孔雀石也常包裹赤铜矿、褐铁矿、脉石等矿物。硅孔雀石的X射线能谱分析结果见表11-4。

表11-4　硅孔雀石的X射线能谱分析

序号	含量/%					
	CuO	SiO_2	Al_2O_3	Fe_2O_3	CaO	MgO
1	31.99	40.01	7.12	0.48	1.25	0.72
2	33.40	37.60	9.68	—	0.89	—
3	30.12	39.17	9.11	—	2.61	0.56
4	30.17	41.29	7.97	—	2.14	—
5	33.32	37.12	8.76	0.54	1.83	—
6	30.77	41.48	7.98	—	1.34	—
7	31.47	39.18	9.82	—	1.10	—
8	30.09	38.67	10.32	—	1.62	0.87
9	32.24	35.94	11.56	—	1.83	—
10	36.19	35.18	8.74	—	1.46	—

7）铁铜矿

铁铜矿也叫戴氏赤铜矿（Delafossite）或赤铜铁矿，其分子式为$CuFeO_2$。铁铜矿主要呈不规则粒状、薄板状、皮壳状等集合体形式产出，常在褐铁矿中以包裹体形式出现，与孔雀石、蓝铜矿、锰水合氧化物、褐铁矿共生，有时也分布在脉石矿物的颗粒间隙。铁铜矿的X射线能谱分析结果见表11-5。

表11-5　铁铜矿的X射线能谱分析

序号	元素含量/%					
	Cu	Fe	Si	Al	Ca	O
1	40.25	36.32	1.17	1.07	0.31	20.88
2	41.44	37.65	0.28	0.12	—	20.51
3	40.85	36.89	1.21	0.74	—	20.31
4	40.48	36.43	1.18	0.82	0.26	20.83
5	40.57	36.16	0.95	0.88	0.35	21.09
6	41.38	36.67	0.75	0.56	0.13	20.51
7	40.84	37.42	1.09	0.53	—	20.12
8	41.58	36.41	0.88	0.39	0.15	20.59

续表

序号	元素含量/%					
	Cu	Fe	Si	Al	Ca	O
9	40.77	36.29	1.36	0.64	0.28	20.66
10	40.88	36.57	1.68	0.75	—	20.12

8）似水铝英石

似水铝英石是胶体矿物，有时也称硅铝胶体，是根据苏联学者丘赫洛夫在《胶体矿物学原理》一书中的命名而来（丘赫洛夫，1965）。似水铝英石是指游离氧化铝和游离氧化硅同时凝结而形成的胶体混合物，其胶体组成的变化与成矿时的物理化学条件有关。因此，似水铝英石的组成是不固定的，特别是水的含量变化很大，似水铝英石的性质较脆。

似水铝英石是该铜矿中具有特征性的含铜胶体矿物。随着似水铝英石组成的变化，它的颜色从无色、乳白色到翠绿色、浅绿色、天蓝色等发生改变。该矿物多呈透明或半透明，薄膜状、环带状、皮壳状、钟乳状集合体等形式产出，常与孔雀石、蓝铜矿、硅孔雀石等矿物一起充填在褐铁矿、脉石等矿物的颗粒表面或颗粒间隙、空洞中。X 射线能谱分析，似水铝英石除含 Si、Al、Cu、Ca 外，还含少量 Fe、Cl、Mg、K 等元素。似水铝英石主要成分的 X 射线能谱分析结果见表 11-6。

表 11-6 似水铝英石主要成分的 X 射线能谱分析

序号	元素含量/%								
	Si	Al	Cu	Ca	Fe	Cl	K	Mg	O
1	18.31	14.35	0.93	3.51	8.60	—	—	1.88	52.42
2	28.45	16.90	1.58	—	—	—	1.17	2.14	49.76
3	26.20	15.81	3.76	—	0.72	—	2.32	3.41	47.78
4	25.53	16.83	0.66	—	—	—	1.76	3.06	52.16
5	20.78	19.30	2.83	—	4.09	—	1.73	3.74	47.53
6	23.16	18.90	1.23	1.34	0.89	—	3.44	4.12	45.92
7	23.96	17.85	2.86	1.41	0.63	—	2.87	3.59	46.83
8	23.01	18.80	1.52	2.48	6.00	1.36	0.55	—	46.28
9	17.65	16.32	2.75	1.43	1.67	0.76	0.12	—	59.30
10	24.76	22.68	1.59	0.92	0.93	0.54	0.25	—	48.33
11	21.79	22.43	2.05	2.80	1.25	0.63	0.19	0.45	48.41
12	21.57	22.49	2.41	1.89	1.38	—	0.29	—	49.97

9）锰水合氧化物

锰水合氧化物为隐晶质、微晶质土状集合体，多呈皮壳状、钟乳状、半球状等形式产出，与孔雀石、蓝铜矿、硅孔雀石、高岭石、多水高岭石、褐铁矿等矿物关系密切。X 射线能谱分析（表 11-7），锰水合氧化物除含 Mn、Cu 外，还含 Fe、Pb、Zn、Co、Mo、Si、Al、Ca、Mg 等元素。

表 11-7　锰水合氧化物的 X 射线能谱分析

序号	元素含量/%											
	Mn	Cu	Fe	Pb	Zn	Co	Mo	Si	Al	Ca	Mg	O
1	13. 59	28. 18	—	—	—	—	—	17. 21	4. 64	1. 14	—	35. 24
2	13. 44	28. 09	—	—	—	—	—	17. 56	4. 44	1. 08	—	35. 39
3	17. 61	22. 71	13. 44	—	—	—	—	10. 76	3. 98	0. 70	—	30. 80
4	22. 75	23. 24	9. 32	—	1. 10	—	—	10. 05	2. 86	0. 92	—	29. 76
5	20. 05	28. 24	0. 76	—	—	1. 25	—	12. 97	3. 80	0. 91	—	32. 02
6	20. 14	33. 72	5. 83	1. 86	2. 31	0. 98	—	4. 61	4. 83	—	—	25. 72
7	32. 75	17. 06	8. 48	—	4. 87	—	—	4. 26	2. 81	—	1. 56	28. 21
8	24. 18	34. 20	1. 28	2. 98	0. 86	—	2. 45	2. 47	5. 63	0. 68	—	25. 27
9	20. 17	21. 45	2. 45	3. 12	—	1. 26	—	6. 45	5. 31	0. 54	1. 32	37. 93
10	21. 35	17. 24	1. 79	3. 06	0. 46	1. 04	0. 35	9. 45	8. 28	0. 49	0. 27	36. 22

10）褐铁矿

褐铁矿多呈不规则状、蜂窝状产出，与孔雀石、蓝铜矿、硅孔雀石、菱锌矿等矿物关系密切。褐铁矿的 X 射线能谱分析结果见表 11-8。

表 11-8　褐铁矿的 X 射线能谱分析

序号	元素含量/%								
	Fe	Cu	Mn	Ca	S	Zn	Si	Al	O
1	60. 80	2. 41	1. 18	—	—	—	3. 36	2. 87	29. 38
2	54. 99	2. 88	—	—	—	—	6. 73	4. 65	30. 75
3	60. 64	0. 34	—	—	—	—	2. 54	1. 49	34. 99
4	54. 45	0. 98	—	0. 41	—	0. 96	4. 35	3. 45	35. 40
5	55. 42	1. 29	—	—	—	1. 10	5. 53	3. 23	33. 43
6	63. 40	1. 85	—	—	0. 53	—	1. 58	2. 61	30. 03
7	59. 88	1. 13	—	0. 35	—	—	2. 09	3. 41	33. 14
8	58. 06	2. 17	—	—	—	2. 80	2. 45	1. 65	32. 87
9	55. 96	1. 62	—	—	1. 35	0. 81	2. 69	3. 13	34. 44
10	59. 28	1. 34	—	1. 44	—	—	2. 49	1. 67	33. 78
11	60. 24	0. 49	—	—	—	—	3. 12	4. 56	31. 59
12	57. 14	0. 83	—	0. 65	—	—	3. 32	5. 96	32. 10
13	60. 62	1. 76	—	0. 43	—	—	1. 23	1. 62	34. 34
14	56. 32	2. 11	—	—	—	3. 21	1. 87	1. 52	34. 97
15	54. 33	1. 89	—	—	—	1. 17	5. 14	4. 39	33. 08

5. *矿石中重要矿物的嵌布粒度*

矿石中氧化铜矿物集合体、黄铜矿、次生硫化铜矿物集合体的粒度分布见表 11-9。

表 11-9　矿石中铜矿物集合体的粒度组成

粒级/mm	氧化铜矿物集合体		黄铜矿		次生硫化铜矿物集合体	
	分布率/%	累计/%	分布率/%	累计/%	分布率/%	累计/%
+2.00	0.83	0.83	—	—	—	—
-2+1.651	1.36	2.19	—	—	—	—
-1.651+1.168	2.66	4.85	—	—	—	—
-1.168+0.833	6.74	11.59	—	—	—	—
-0.833+0.589	12.24	23.83	2.40	2.40	2.26	2.26
-0.589+0.417	13.36	37.19	3.40	5.80	4.79	7.05
-0.417+0.295	11.19	48.38	2.41	8.21	5.65	12.70
-0.295+0.208	13.80	62.18	7.78	15.99	8.94	21.64
-0.208+0.147	8.93	71.11	12.62	28.61	7.35	28.99
-0.147+0.104	8.91	80.02	13.19	41.80	8.00	36.99
-0.104+0.074	6.29	86.31	10.81	52.61	7.63	44.62
-0.074+0.043	8.49	94.80	22.71	75.32	17.50	62.12
-0.043+0.020	4.11	98.91	14.02	89.34	14.27	76.39
-0.020+0.015	0.75	99.66	3.90	93.24	6.86	83.25
-0.015+0.010	0.21	99.87	5.30	98.54	6.93	90.18
-0.010	0.13	100.00	1.46	100.00	9.82	100.00

由表 11-9 可知，矿石中氧化铜矿物的粒度相对较粗，而黄铜矿、次生硫化铜矿物的粒度相对较细，其中粒度大于 0.074mm 矿物中，氧化铜矿物集合体占 86.31%，黄铜矿占 52.61%，次生硫化铜矿物集合体占 44.62%；而粒度小于 0.010mm 矿物中，氧化铜矿物集合体占 0.13%，黄铜矿占 1.46%，次生硫化铜矿物集合体占 9.82%。

6. *矿石中铜的赋存状态*

矿石的组成较复杂，铜矿物及含铜矿物种类较多，各种铜矿物的纤维瘤物理及化学性质也有较大的差别，因此查清矿石中铜的赋存状态极其重要。

由表 11-10 可知，矿石中的铜主要以孔雀石、蓝铜矿、硅孔雀石、黄铜矿、蓝辉铜矿、辉铜矿、赤铜矿及铁铜矿等独立矿物形式存在，少量分布在褐铁矿、锰水合氧化物和似水铝英石中。孔雀石、蓝铜矿、赤铜矿、硅孔雀石及似水铝英石等矿物在酸中易溶，矿石中易溶铜占 72.85%；蓝辉铜矿、辉铜矿在酸中溶解缓慢，但最终还是能溶解，这部分铜占 7.77%。根据以上结果可以预测铜在酸中的浸出率可在 80% 左右。

表 11-10 矿石中铜的平衡分配表

矿物名称	矿物含量/%	矿物中铜含量/%	分布率/%
孔雀石、蓝铜矿	3.21	55.79	55.40
赤铜矿	0.12	81.88	3.04
硅孔雀石	1.73	24.92	13.34
似水铝英石	1.72	2.010	1.07
蓝辉铜矿、辉铜矿	0.34	73.89	7.77
黄铜矿	0.30	34.52	3.20
铁铜矿	0.05	40.90	0.63
锰水合氧化物	0.57	25.41	4.48
褐铁矿	23.24	1.54	11.07

11.1.1.2 次生硫化铜矿

1. 矿石的多组分化学分析

矿石的多组分化学分析结果见表 11-11。

表 11-11 矿石的多组分化学分析

化学成分	Cu	Zn	Pb	Fe	WO_3	Mo	Bi	Mn	Au	Ag
含量/%	1.60	0.18	0.039	28.74	0.093	0.012	0.043	0.076	0.000012	0.001338
化学成分	S	As	K_2O	Na_2O	CaO	MgO	Al_2O_3	SiO_2	C	
含量/%	21.02	0.083	0.63	0.16	6.35	1.61	4.54	20.95	1.31	

2. 矿石中铜的化学物相分析

矿石中铜的化学物相分析结果见表 11-12。

表 11-12 矿石中铜的化学物相分析

相别	自然铜	自由氧化铜	结合氧化铜	次生硫化铜	原生硫化铜
铜含量/%	0.08	0.02	0.02	1.12	0.34
分布率/%	5.06	1.27	1.27	70.89	21.52

3. 矿石的矿物组成及相对含量

矿石中金属矿物主要为黄铁矿，其次为磁铁矿，少量的褐铁矿、蓝辉铜矿、铜蓝、黄铜矿、闪锌矿、自然铜、方铅矿、辉钼矿等。非金属矿物主要为石英、方解石、白云石、石榴子石和高岭石，少量的黑云母、绿泥石等。矿物的相对含量见表 11-13。

表 11-13 矿石的矿物组成

矿物名称	蓝辉铜矿、铜蓝	黄铜矿	黄铁矿	磁铁矿	褐铁矿	闪锌矿	自然铜	方铅矿
含量/%	1.60	0.98	37.55	9.59	2.61	0.26	0.08	0.05
矿物名称	方解石、白云石	石英	石榴子石	高岭石	黑云母	绿泥石	辉钼矿	其他
含量/%	11.19	12.18	8.96	7.65	4.68	2.19	0.02	0.41

4. *矿石中重要矿物的嵌布特征*

1）黄铜矿

黄铜矿是矿石中主要的回收对象之一，主要呈不规则状嵌布于脉石矿物中。黄铜矿与蓝辉铜矿、铜蓝的嵌布关系密切，常可见黄铜矿边缘被蓝辉铜矿、铜蓝交代形成镶边或交代残余结构。有时可见黄铜矿与黄铁矿、磁铁矿共生在一起或充填于磁铁矿的间隙之中，少量微细粒的黄铜矿以包体形式嵌布于黄铁矿和磁铁矿中。

2）辉铜矿、蓝辉铜矿、铜蓝

辉铜矿、蓝辉铜矿、铜蓝是次生硫化铜矿物，它是原生硫化铜矿物在氧化过程中淋滤下来的硫酸铜溶液交代硫化物而形成的次生硫化矿物，它们的反应如下：

交代黄铁矿：

$$\underset{\text{黄铁矿}}{5FeS_2}+14CuSO_4+12H_2O \longrightarrow \underset{\text{辉铜矿}}{7Cu_2S}+5FeSO_4+12H_2SO_4$$

$$\underset{\text{黄铁矿}}{4FeS_2}+7CuSO_4+4H_2O \longrightarrow \underset{\text{铜蓝}}{7CuS}+4FeSO_4+4H_2SO_4$$

交代黄铜矿：

$$\underset{\text{黄铜矿}}{5CuFeS_2}+11CuSO_4+8H_2O \longrightarrow \underset{\text{辉铜矿}}{8Cu_2S}+5FeSO_4+8H_2SO_4$$

$$\underset{\text{黄铜矿}}{5CuFeS_2}+CuSO_4 \longrightarrow \underset{\text{铜蓝}}{2CuS}+FeSO_4$$

在交代过程中也常常出现中间产物——蓝辉铜矿，有时蓝辉铜矿成为主要的次生硫化铜矿物。本矿石中的次生硫化铜矿物主要为蓝辉铜矿和铜蓝。

蓝辉铜矿、铜蓝也是主要的回收对象。蓝辉铜矿主要呈不规则状嵌布于脉石矿物中，其次以细脉状充填交代于黄铁矿的裂隙形成较为复杂的嵌布关系。此外，蓝辉铜矿与黄铜矿的嵌布关系比较密切，经常可见交代黄铜矿呈现镶边结构或交代残余结构。铜蓝在矿石中的含量相对其他铜矿物较低，主要以不规则状嵌布于脉石矿物中，其次沿边缘交代黄铜矿形成镶边结构。

3）自然铜

自然铜局部富集，主要以不规则状嵌布于脉石矿物和赤铜矿中，有时可见其与磁铁矿嵌布在一起。此外，在部分自然铜中可见有磁铁矿以及其他脉石矿物包裹体。

4）黄铁矿

黄铁矿主要呈自形晶、半自形晶嵌布于脉石矿物中。粗粒黄铁矿常具压碎结构，裂隙被脉石以及蓝辉铜矿等矿物充填交代；另有少量的细粒黄铁矿以他形晶嵌布于脉石矿物中；有时可见黄铁矿与磁铁矿嵌布在一起，偶尔可见黄铁矿以细粒包裹体形式嵌布于黄铜矿或蓝辉铜矿之中。

5）磁铁矿

磁铁矿主要呈不规则状或粒状集合体的形式嵌布于脉石矿物中。磁铁矿与黄铁矿的嵌布关系比较密切，黄铁矿多充填于磁铁矿的间隙之中，并且有部分磁铁矿以包体形式嵌布于黄铁矿中；有一部分磁铁矿被褐铁矿沿其边缘或裂隙交代并呈交代残余体。整体而言，磁铁矿的嵌布粒度较粗，其粒度主要为0.100～0.150mm。

6）褐铁矿

褐铁矿主要呈不规则状产出，常与磁铁矿共生在一起；其次以细脉状嵌布于脉石矿物和磁铁矿中；有时可见褐铁矿充填于磁铁矿的颗粒间隙之中形成镶边结构。褐铁矿的X射线能谱分析结果见表11-14。从表11-14中可以看出，矿石中的褐铁矿不含铜。

表11-14　褐铁矿的X射线能谱分析

序号	元素含量/%				
	Fe	Al	Si	Ca	O
1	57.21	0.56	4.43	—	37.80
2	59.39	—	0.54	3.03	37.04
3	58.16	—	3.28	—	38.56
4	59.22	—	3.25	—	37.53
5	59.93	0.94	3.00	—	36.13
6	60.81	0.79	1.43	—	36.97
7	60.67	1.31	2.37	—	35.65
8	58.82	0.48	2.94	—	37.76
9	60.38	0.36	2.74	—	36.52
10	59.55	—	3.18	—	37.27

5. 矿石中重要矿物的嵌布粒度

矿石中铜矿物集合体及黄铁矿的粒度分布见表11-15。

表11-15　矿石中铜矿物集合体及黄铁矿的粒度组成

粒级/mm	铜矿物集合体		黄铁矿	
	分布率/%	累计/%	分布率/%	累计/%
-2+1.651	—	—	1.45	1.45
-1.651+1.168	—	—	3.39	4.84
-1.168+0.833	—	—	6.36	11.20

续表

粒级/mm	铜矿物集合体		黄铁矿	
	分布率/%	累计/%	分布率/%	累计/%
-0.833+0.589	—	—	7.92	19.12
-0.589+0.417	1.93	1.93	15.33	34.45
-0.417+0.295	3.28	5.21	13.40	47.85
-0.295+0.208	5.50	10.71	13.64	61.49
-0.208+0.147	10.51	21.22	13.40	74.89
-0.147+0.104	8.60	29.82	5.74	80.63
-0.104+0.074	19.87	49.69	8.94	89.57
-0.074+0.043	21.98	71.67	6.23	95.80
-0.043+0.020	18.91	90.58	3.45	99.25
-0.020+0.015	2.28	92.86	0.29	99.54
-0.015+0.010	2.27	95.13	0.19	99.73
-0.010	4.87	100.00	0.27	100.00

从表 11-15 可以看出，矿石中黄铜矿、蓝辉铜矿、铜蓝等铜矿物集合体主要为中细粒嵌布，黄铁矿嵌布粒度相对较粗，在+0.074mm 粒级中，铜矿物集合体占 49.69%，而黄铁矿在该粒级的占有率达 89.57%；在-0.010mm 粒级中，铜矿物集合体占 4.87%，而黄铁矿在该粒级的占有率仅为 0.27%。其中铜矿物集合体主要集中在 0.020～0.104mm 粒级中，其占有率达 60.76%，这对于铜的选矿回收有利。

6. 矿石中铜的赋存状态

矿石中铜以独立矿物的形式存在，其中 70.89% 的铜是以蓝辉铜矿、铜蓝等次生硫化铜的形式存在，有 21.52% 的铜以黄铜矿的形式存在，另有 5.06% 的铜是以自然铜的形式存在，赋存在其他矿物中的铜很少。因此，矿石中铜的主要回收对象是蓝辉铜矿、铜蓝、黄铜矿以及自然铜，在浮选铜的作业中这些铜矿物只要浮选条件合适将进入到铜精矿中，能较好的综合回收利用。

11.1.1.3　夕卡岩型铜矿

1. 矿石的多组分化学分析

矿石的多组分化学分析结果见表 11-16。

表 11-16　矿石的多组分化学分析

化学成分	Cu	Fe	Pb	Zn	WO_3	Mo	Bi	Mn	Au	Ag
含量/%	0.95	18.48	0.038	0.10	0.056	0.001	0.042	0.13	0.000017	0.001076
化学成分	S	P	As	K_2O	Na_2O	CaO	MgO	Al_2O_3	SiO_2	C
含量/%	6.63	0.026	0.023	0.92	0.42	15.63	1.97	8.12	36.00	1.10

2. 矿石中铜的化学物相分析

矿石中铜的化学物相分析结果见表 11-17。

表 11-17 矿石中铜的化学物相分析

相别	自由氧化铜	次生硫化铜	原生硫化铜	结合氧化铜
铜含量/%	0.16	0.47	0.21	0.10
分布率/%	17.02	50.00	22.34	10.64

3. 矿石的矿物组成及相对含量

矿石中铜矿物主要有蓝辉铜矿、辉铜矿、黄铜矿，其次为孔雀石、硅孔雀石，少量的铁铜矿、赤铜矿、蓝铜矿、黑铜矿、斑铜矿、铜蓝、硫铋铜矿等；其他金属矿物主要为磁铁矿、黄铁矿、褐铁矿以及少量的闪锌矿、毒砂、赤铁矿、方铅矿、菱锌矿、白铅矿、铅矾、辉铋矿、白钨矿、金红石、钛铁矿等。非金属矿物主要有石英、石榴子石、方解石、白云石，其次为长石、黑云母、透闪石以及少量的重晶石、磷灰石等。矿物的相对含量见表 11-18。

表 11-18 矿石的矿物组成

矿物名称	黄铜矿	蓝辉铜矿、辉铜矿	孔雀石	硅孔雀石	铁铜矿	赤铜矿	黄铁矿	磁铁矿	褐铁矿
含量/%	0.59	0.63	0.18	0.08	0.03	0.03	11.62	12.69	6.15
矿物名称	闪锌矿	方解石、白云石	石英	石榴子石	透闪石	黑云母	长石	其他	
含量/%	0.15	14.58	26.44	16.15	2.76	3.27	4.47	0.18	

4. 矿石中重要矿物的嵌布特征

1）蓝辉铜矿、辉铜矿

蓝辉铜矿、辉铜矿是矿石中最主要的铜矿物，常沿黄铁矿、黄铜矿的周边和裂隙充填交代呈细脉状或网脉状产出。有少量蓝辉铜矿呈不规则状嵌布在脉石矿物中。

2）黄铜矿

黄铜矿是矿石中原生硫化铜矿物，多呈他形粒状、脉状等形式产出，它是夕卡岩化后期形成的，常与蓝辉铜矿、闪锌矿等矿物一起充填在之前形成的磁铁矿、黄铁矿的颗粒间隙或裂隙空洞中。由于氧化等原因，黄铜矿经历了氧化和次生富集等变化，黄铜矿被铜蓝、蓝辉铜矿交代呈不规则的细粒交代残余体。也有少量大粒黄铜矿氧化较微弱，仅在边缘和裂隙被铜蓝、蓝辉铜矿交代呈镶边结构。还有少量黄铜矿在黄铁矿中呈细小粒状包裹体产出。

3）孔雀石

孔雀石是矿石中主要的氧化铜矿物，多呈放射状、皮壳状、钟乳状、脉状、不规则粒状、浸染状等形式产出。孔雀石常分布在脉石矿物的颗粒表面或者是充填在脉石矿物的颗粒间隙、裂隙空洞中；也常分布在针铁矿、水针铁矿等水合氧化物胶体的表面或这些矿物的颗粒间隙或裂隙、空洞中。孔雀石与其他氧化铜矿物的关系也很密切，常与赤铜矿、蓝铜矿、硅孔雀石等矿物紧密共生，在孔雀石中也常见到水针铁矿、针铁矿、似水铝英石和脉石等矿物的包裹体。

4）硅孔雀石

矿石中硅孔雀石较少，多呈不规则粒状、皮壳状、钟乳状等形式产出。硅孔雀石与孔雀石、针铁矿、水针铁矿、脉石矿物的关系密切，常分布在针铁矿、水针铁矿、脉石等矿物表面或颗粒间隙、裂隙空洞中。

5）黄铁矿

黄铁矿多呈自形、半自形粒状产出，与黄铜矿、蓝辉铜矿、磁铁矿等矿物关系密切，常一起嵌布在脉石矿物中。在黄铁矿中常有黄铜矿的微细粒包裹体。

6）褐铁矿

褐铁矿多呈不规则状、蜂窝状、胶状等形式产出。在褐铁矿的表面或蜂窝状空洞和裂隙中常见到孔雀石、蓝铜矿、硅孔雀石等氧化铜矿物。褐铁矿的 X 射线能谱分析结果见表 11-19。褐铁矿的组成比较复杂，除含 Fe 外，还含少量 Cu、Ca、Si、Al、Zn 等元素。

表 11-19　褐铁矿的 X 射线能谱分析

序号	元素含量/%						
	Fe	Cu	Si	Al	Ca	Zn	O
1	61.46	1.98	1.67	0.56	—	—	34.33
2	59.98	1.36	2.06	2.04	—	—	34.56
3	58.47	2.01	1.38	2.53	—	0.39	35.22
4	59.56	1.80	1.37	1.60	—	—	35.67
5	62.19	0.53	1.59	1.45	—	—	34.24
6	55.08	4.98	3.13	0.72	1.17	—	34.92
7	62.86	0.99	1.69	1.73	—	—	32.73
8	57.45	1.75	1.43	0.87	—	—	38.50
9	60.36	0.31	1.39	1.36	—	1.16	35.42
10	59.63	1.36	2.17	1.93	0.95	—	33.96
11	60.47	0.59	1.21	1.45	—	—	36.28
12	58.88	0.86	1.12	0.73	—	—	38.41

5. 矿石中重要矿物的嵌布粒度

矿石中重要矿物的粒度分布见表 11-20。

表 11-20　矿石中重要矿物的粒度组成

粒级/mm	硫化铜矿物集合体	蓝辉铜矿	黄铜矿	黄铁矿	孔雀石、硅孔雀石
	分布率/%	分布率/%	分布率/%	分布率/%	分布率/%
+2.000	1.27	—	1.82	0.36	0.94
−2+1.651	1.21	—	1.41	0.58	1.36

续表

粒级/mm	硫化铜矿物集合体	蓝辉铜矿	黄铜矿	黄铁矿	孔雀石、硅孔雀石
	分布率/%	分布率/%	分布率/%	分布率/%	分布率/%
-1.651+1.168	1.26	—	1.64	1.33	2.66
-1.168+0.833	2.65	—	4.62	5.14	6.73
-0.833+0.589	2.52	—	3.29	9.30	12.23
-0.589+0.417	3.12	—	4.08	15.03	13.35
-0.417+0.295	3.15	2.72	3.29	16.13	11.18
-0.295+0.208	5.66	2.94	5.32	17.81	13.78
-0.208+0.147	6.62	2.72	7.81	11.14	8.92
-0.147+0.104	11.71	6.26	13.10	9.30	8.90
-0.104+0.074	14.26	8.84	15.11	5.69	6.29
-0.074+0.043	22.13	26.17	21.17	4.80	8.48
-0.043+0.020	16.30	26.43	13.29	2.45	4.10
-0.020+0.015	4.32	12.02	2.73	0.60	0.75
-0.015+0.010	2.10	6.38	0.56	0.20	0.21
-0.010	1.72	5.52	0.76	0.14	0.12

总体来说，氧化铜矿物集合体的粒度要比硫化铜矿物集合体的粒度粗。硫化铜矿物集合体中黄铜矿的粒度相对粗一些，而蓝辉铜矿的粒度相对细很多，其中粒度大于0.074mm粒级，黄铜矿占61.49%，蓝辉铜矿占23.48%；而粒度小于0.010mm粒级，黄铜矿占0.76%，蓝辉铜矿占5.52%。

6. *矿石中铜的赋存状态*

由表11-21看出，矿石中的铜主要以蓝辉铜矿、黄铜矿、辉铜矿、孔雀石、蓝铜矿、硅孔雀石、赤铜矿及铁铜矿等独立矿物形式存在，少量分布在褐铁矿中。

表11-21　矿石中铜的平衡分配表

矿物名称	矿物含量/%	矿物中铜含量/%	分布率/%
黄铜矿	0.59	34.47	22.00
蓝辉铜矿、辉铜矿	0.63	73.57	50.15
孔雀石、蓝铜矿	0.18	55.72	10.85
硅孔雀石	0.08	31.58	2.73
赤铜矿	0.03	83.01	2.69
铁铜矿	0.03	40.90	1.33
褐铁矿	6.15	1.54	10.25

11.1.1.4　大理岩型铜矿

1. 矿石的多组分化学分析

矿石的多组分化学分析结果见表 11-22。

表 11-22　矿石的多组分化学分析

化学成分	Cu	Fe	Pb	Zn	WO_3	Mo	Bi	Mn	Au	Ag
含量/%	2.72	11.64	0.064	0.22	0.043	0.001	0.018	0.086	0.000008	0.001203
化学成分	S	P	As	K_2O	Na_2O	CaO	MgO	Al_2O_3	SiO_2	C
含量/%	0.27	0.018	0.020	0.34	0.047	26.45	2.77	6.24	17.98	6.78

2. 矿石中铜的化学物相分析

矿石中铜的化学物相分析结果见表 11-23。

表 11-23　矿石中铜的化学物相分析

相别	自由氧化铜	次生硫化铜	原生硫化铜	结合氧化铜
铜含量/%	1.90	0.48	0.07	0.27
分布率/%	69.85	17.65	2.57	9.93

3. 矿石的矿物组成及相对含量

矿石中铜矿物主要为孔雀石、蓝铜矿、硅孔雀石，其次为蓝辉铜矿、辉铜矿、黄铜矿以及少量的铁铜矿、赤铜矿、斑铜矿等；其他金属矿物主要为褐铁矿以及少量的磁铁矿、黄铁矿、赤铁矿、菱锌矿、白铅矿等；非金属矿物主要方解石，其次为石英、白云石、高岭石，少量的透闪石、似水铝英石、石榴子石、水云母和绿泥石等。矿物的相对含量见表 11-24。

表 11-24　矿石的矿物组成

矿物名称	孔雀石、蓝铜矿	硅孔雀石	黄铜矿	赤铜矿	褐铁矿	磁铁矿	黄铁矿	菱锌矿	白铅矿
含量/%	2.24	1.42	0.21	0.08	15.04	0.62	0.43	0.35	0.07
矿物名称	蓝辉铜矿、辉铜矿	似水铝英石	方解石	石英	白云石	高岭石	透闪石	石榴子石	其他
含量/%	0.65	2.11	40.52	15.20	9.76	6.85	2.86	1.35	0.24

4. 矿石中重要矿物的嵌布特征

1）孔雀石、蓝铜矿

孔雀石主要呈放射状、针状、脉状、皮壳状、钟乳状、浸染状等形式产出，常分布在脉石矿物的颗粒表面或者是充填在脉石矿物的颗粒间隙、裂隙中，也有部分孔雀石分布在褐铁矿的颗粒间隙或裂隙、空洞中。孔雀石与其他氧化铜矿物的关系也很密切，常与硅孔雀石、赤铜矿、蓝铜矿紧密共生，在孔雀石中也常见到褐铁矿、似水铝英石、黄铜矿、黄铁矿等矿物的包裹体。

矿石中蓝铜矿较少，该矿物主要呈不规则状、皮壳状等形式产出。蓝铜矿常沿褐铁矿的颗粒间隙、裂隙、空洞分布或与孔雀石、硅孔雀石等矿物一起分布在脉石矿物的颗粒表面或脉石矿物的颗粒间隙、裂隙中。

2）蓝辉铜矿、辉铜矿

蓝辉铜矿是矿石中最主要的次生硫化铜矿物，辉铜矿的量相对较少。蓝辉铜矿、辉铜矿一般以集合体形式存在。蓝辉铜矿、辉铜矿集合体沿黄铁矿或黄铜矿的颗粒表面或间隙、裂隙交代，形成镶边结构和脉状、网脉状结构。

3）硅孔雀石

硅孔雀石主要呈皮壳状、胶状、脉状、环带状等形式产出，常与孔雀石、蓝铜矿、赤铜矿等矿物一起分布在褐铁矿、脉石等矿物的颗粒表面或颗粒间隙、裂隙和空洞中。硅孔雀石的 X 射线能谱分析结果见表 11-25。

表 11-25　硅孔雀石的 X 射线能谱分析

序号	元素含量/%						
	Cu	Ca	Fe	Si	Al	Mg	O
1	31.67	2.27	0.80	25.83	3.31	—	36.12
2	39.10	3.80	—	22.08	4.67	—	
3	28.66	3.49	2.04	21.92	4.65	0.69	30.35
4	25.07	1.98	1.21	24.68	3.12	0.51	43.43
5	32.54	1.32	—	27.36	3.76	—	35.02
6	34.18	1.15	—	26.19	4.18	—	34.30
7	35.64	1.76	—	29.53	3.84	—	29.23
8	29.11	2.31	—	23.72	2.85	0.52	41.49
9	30.55	3.42	—	28.17	3.46	—	34.40
10	25.81	2.95	3.63	31.43	4.16	0.59	31.43

4）黄铜矿

矿石中黄铜矿较少，大部分黄铜矿受次生变化而为蓝辉铜矿、铜蓝等次生硫化铜矿物交代。只有少量细粒黄铜矿被包裹在黄铁矿和脉石矿物中。

5）似水铝英石

似水铝英石是胶体矿物，性质较脆。随似水铝英石组成的变化，它的颜色从无色、乳白色到翠绿色、浅绿色、天蓝色、微黄色等。该矿物多呈透明或半透明，玻璃状、薄膜状、环带状、皮壳状、似层状、同心圆状、钟乳状集合体等形式产出，并且常与孔雀石、蓝铜矿、硅孔雀石等矿物一起充填在褐铁矿、脉石等矿物的颗粒表面或颗粒间隙、空洞中。X 射线能谱分析，似水铝英石除含 Si、Al、Cu、Ca 外，还含少量 Fe、Ti、Mg、K 等元素。似水铝英石的 X 射线能谱分析结果列于表 11-26。

表 11-26　似水铝英石的 X 射线能谱分析

序号	元素含量/%										备注
	Si	Al	Cu	Ca	Fe	Ti	Mg	K	F	O	
1	18.00	13.05	2.98	1.07	—	—	—	—	—	64.90	翠绿透明
2	20.39	19.44	1.91	1.28	—	—	0.51	—	—	56.47	
3	21.58	19.67	0.83	0.91	0.75	—	—	—	—	56.26	
4	17.11	20.25	2.11	0.99	1.21	—	—	—	3.59	54.74	
5	21.93	15.33	0.78	6.09	—	0.29	—	—	—	55.58	
6	14.06	15.55	0.67	1.06	—	—	0.14	—	—	68.52	
7	24.44	20.08	2.79	2.30	—	—	—	—	—	50.39	
8	21.09	19.72	1.70	0.63	—	0.60	—	—	—	56.26	
9	23.45	11.26	2.76	1.56	—	—	—	—	—	60.97	
10	21.36	19.86	1.53	1.24	1.63	0.35	—	—	—	54.03	
11	19.20	17.54	3.45	1.39	2.14	—	0.49	—	—	55.79	
12	8.90	24.58	4.97	0.38	0.82	—	—	0.38	2.76	57.21	乳白色浅绿色半透明
13	9.11	23.25	6.13	0.99	1.21	—	—	—	3.46	55.85	
14	8.44	22.47	3.03	1.47	—	—	—	—	1.32	63.27	
15	6.37	25.74	2.05	1.37	2.71	—	0.22	—	—	61.54	
16	12.37	15.62	0.46	0.24	—	—	—	—	—	71.31	无色透明
17	9.68	10.18	0.75	1.13	0.39	—	—	—	—	77.87	
18	13.45	14.17	1.21	1.32	—	—	—	—	—	69.85	
19	10.51	11.36	0.57	0.39	0.54	—	—	—	—	76.63	
20	10.73	9.19	0.85	0.17	0.32	—	—	—	—	78.74	

6）褐铁矿

褐铁矿多呈不规则状、蜂窝状、胶状等形式产出。在褐铁矿的表面或蜂窝状空洞、孔隙和裂隙中常见到孔雀石、蓝铜矿、硅孔雀石、白铅矿、菱锌矿等矿物。X 射线能谱分析，褐铁矿除含 Fe 外，还含少量 Cu、Ca、Zn、Pb、Si、Al、Mg 等元素。其 X 射线能谱分析结果列于表 11-27。

表 11-27　褐铁矿的 X 射线能谱分析

序号	元素含量/%								
	Fe	Cu	Ca	Zn	Pb	Si	Al	Mg	O
1	58.54	2.11	—	—	—	1.48	0.70	—	37.17
2	56.87	2.13	1.01	0.76	—	1.49	1.31	—	36.43
3	65.38	0.42	—	—	1.43	0.38	—	—	32.39
4	59.52	3.16	0.47	—	—	2.91	1.87	—	32.07
5	56.78	1.64	0.39	0.54	—	1.08	0.96	0.57	38.04

续表

序号	元素含量/%								
	Fe	Cu	Ca	Zn	Pb	Si	Al	Mg	O
6	67. 43	0. 39	—	—	—	0. 96	0. 25	—	30. 97
7	60. 55	0. 36	—	—	0. 43	1. 56	0. 48	—	36. 62
8	61. 36	0. 53	0. 44	—	—	1. 13	0. 48	0. 68	35. 38
9	57. 24	1. 62	—	0. 81	—	1. 84	1. 55	—	36. 94
10	56. 93	2. 98	0. 66	0. 45	1. 47	1. 69	1. 13	—	34. 69
11	63. 16	1. 37	—	0. 16	—	1. 89	—	0. 52	32. 90
12	57. 78	2. 62	0. 28	—	—	1. 79	1. 76	—	35. 77
13	51. 53	3. 84	0. 42	1. 05	—	1. 83	2. 22	—	39. 11
14	54. 36	2. 62	—	—	0. 96	1. 79	1. 36	0. 41	38. 50
15	59. 26	1. 18	0. 32	—	—	1. 18	0. 96	—	37. 10

5. *矿石中重要矿物的嵌布粒度*

矿石中氧化铜矿物的粒度分布见表 11-28。

表 11-28　矿石中氧化铜矿物的粒度组成表

粒级/mm	氧化铜矿物集合体		孔雀石		蓝铜矿		硅孔雀石、似水铝英石	
	分布率/%	累计/%	分布率/%	累计/%	分布率/%	累计/%	分布率/%	累计/%
+2. 000	3. 26	3. 26	2. 85	2. 85	5. 23	5. 23	—	—
-2+1. 651	5. 04	8. 30	3. 65	6. 50	6. 81	12. 04	2. 07	2. 07
-1. 651+1. 168	8. 32	16. 62	6. 63	13. 13	5. 62	17. 66	10. 91	12. 98
-1. 168+0. 833	9. 35	25. 97	8. 33	21. 46	7. 90	25. 56	11. 62	24. 60
-0. 833+0. 589	10. 55	36. 52	9. 00	30. 46	11. 23	36. 79	12. 10	36. 70
-0. 589+0. 417	12. 79	49. 31	12. 74	43. 20	12. 89	49. 68	13. 55	50. 25
-0. 417+0. 295	10. 93	60. 24	11. 99	55. 19	8. 33	58. 01	10. 50	60. 75
-0. 295+0. 208	10. 60	70. 84	11. 26	66. 45	7. 58	65. 59	11. 33	72. 08
-0. 208+0. 147	7. 33	78. 17	7. 47	73. 92	6. 92	72. 51	8. 45	80. 53
-0. 147+0. 104	7. 30	85. 47	8. 23	82. 15	7. 97	80. 48	8. 01	88. 54
-0. 104+0. 074	5. 39	90. 86	6. 34	88. 49	7. 10	87. 58	4. 52	93. 06
-0. 074+0. 043	3. 68	94. 54	5. 25	93. 74	4. 81	92. 39	3. 11	96. 17
-0. 043+0. 020	2. 44	96. 98	2. 84	96. 58	4. 20	96. 59	1. 46	97. 63
-0. 020+0. 015	1. 46	98. 44	1. 63	98. 21	1. 70	98. 29	1. 21	98. 84
-0. 015+0. 010	0. 79	99. 23	0. 84	99. 05	0. 93	99. 22	0. 59	99. 43
-0. 010	0. 77	100. 00	0. 95	100. 00	0. 78	100. 00	0. 57	100. 00

由表 11-28 可知，矿石中铜矿物的粒度较粗，其中大于 0.074mm 粒级，氧化铜矿物集合体占 90.86%、孔雀石占 88.49%、蓝铜矿占 87.58%、硅孔雀石占 93.06%；小于 0.010mm 粒级，氧化铜矿物集合体占 0.77%、孔雀石占 0.95%、蓝铜矿占 0.78%、硅孔雀石占 0.57%。

6. *矿石中铜的赋存状态*

由表 11-29 可知，矿石中的铜主要以孔雀石、蓝铜矿、硅孔雀石、黄铜矿、蓝辉铜矿、辉铜矿、赤铜矿及铁铜矿等独立矿物形式存在，少量分布在褐铁矿和似水铝英石中。

表 11-29　矿石中铜的平衡分配表

矿物名称	矿物含量/%	矿物中铜含量/%	分布率/%
孔雀石、蓝铜矿	2.24	54.87	46.89
硅孔雀石	1.42	31.23	16.92
赤铜矿	0.08	82.43	2.52
似水铝英石	2.11	1.88	1.51
蓝辉铜矿、辉铜矿	0.65	73.59	18.25
黄铜矿	0.21	34.87	2.80
铁铜矿	0.05	41.08	0.78
褐铁矿	15.04	1.80	10.33

11.1.1.5　铜铁矿

1. *矿石的多组分化学分析*

矿石的多组分化学分析结果见表 11-30。

表 11-30　矿石的多组分化学分析

化学成分	Cu	Fe	Pb	Zn	WO_3	Mo	Bi	Mn	Au	Ag
含量/%	1.08	48.47	0.066	0.19	0.12	0.035	0.079	0.18	0.000024	0.001543
化学成分	S	P	As	K_2O	Na_2O	CaO	MgO	Al_2O_3	SiO_2	
含量/%	0.59	0.078	0.0065	0.18	0.038	4.49	1.91	1.80	9.86	

2. *矿石中铜、铁的化学物相分析*

矿石中铜、铁的化学物相分析结果分别见表 11-31 和表 11-32。

表 11-31　矿石中铜的化学物相分析

相别	自然铜	自由氧化铜	结合氧化铜	次生硫化铜	原生硫化铜
铜含量/%	0.04	0.39	0.53	0.07	0.04
占有率/%	3.74	36.45	49.53	6.54	3.74

表 11-32 矿石中铁的化学物相分析

相别	磁性铁	磁黄铁矿	其他硫化铁	赤（褐）铁矿	硅酸铁
铁含量/%	19.60	0.07	0.21	26.96	1.61
占有率/%	40.45	0.14	0.43	55.64	3.32

3. *矿石的矿物组成及相对含量*

矿石的矿物组成比较简单。金属矿物主要为褐铁矿、赤铁矿和磁铁矿以及少量的黄铁矿、磁黄铁矿、孔雀石、磷铜矿、黄铜矿、蓝辉铜矿、辉铜矿、自然铜、黄钾铁矾、赤铜矿、黑铜矿等。非金属矿物主要为钙铁榴石、方解石、白云石，其次为石英、高岭石、滑石，少量的黑云母、透闪石、阳起石等。

矿物的相对含量见表 11-33。

表 11-33 矿石的矿物组成

矿物名称	孔雀石、磷铜矿	黄铜矿	蓝辉铜矿、辉铜矿	自然铜	磁铁矿	黄铁矿	磁黄铁矿	黄钾铁矾
含量/%	0.69	0.12	0.09	0.04	27.49	0.46	0.11	1.01
矿物名称	褐铁矿、赤铁矿	钙铁榴石	方解石、白云石	滑石	石英	高岭石	黑云母	其他
含量/%	45.27	9.91	4.41	2.99	2.78	2.44	0.76	1.43

4. *矿石中重要矿物的嵌布特征*

1）褐铁矿

褐铁矿主要呈致密块状，其次呈不规则状、胶状、蜂窝状嵌布于脉石矿物中。褐铁矿与磁铁矿、赤铁矿的嵌布关系较密切，常紧密共生在一起。磁铁矿、赤铁矿常以不规则粒状包体形式或细脉状嵌布于褐铁矿中，被褐铁矿交代和包裹；有时可见褐铁矿以不规则粒状嵌布于磁铁矿中或沿磁铁矿的裂隙和颗粒间隙充填交代呈细脉状分布。褐铁矿的 X 射线能谱分析结果列于表 11-34。

表 11-34 褐铁矿的 X 射线能谱分析

序号	含量/%							
	Al_2O_3	SiO_2	P_2O_5	SO_3	CaO	MnO	CuO	Fe_2O_3
1	—	5.59	—	0.66	—	0.52	1.18	83.01
2	0.75	—	—	—	—	—	0.90	88.73
3	0.00	2.30	—	—	—	—	0.90	86.84
4	0.78	4.32	—	—	—	—	1.64	84.50
5	—	1.51	—	—	—	—	0.00	89.96
6	1.96	2.31	—	—	—	—	1.45	85.29
7	1.48	2.18	0.79	—	—	—	1.04	86.06

续表

序号	含量/%							
	Al_2O_3	SiO_2	P_2O_5	SO_3	CaO	MnO	CuO	Fe_2O_3
8	—	1.69	1.11	—	—	—	0.00	87.17
9	0.95	4.69	—	—	—	—	0.89	85.03
10	—	3.18	—	0.79	0.38	—	—	87.24
11	—	4.24	—	—	—	—	—	87.06
12	0.73	4.39	—	—	—	—	1.09	81.20
13	0.71	4.07	—	—	—	—	—	82.30
14	—	4.30	—	—	—	—	3.15	80.78
15	—	4.86	—	—	—	—	2.73	80.83

2）磁铁矿

磁铁矿主要呈自形、半自形晶的形式产出，其次以不规则状嵌布于脉石矿物中。矿石中的磁铁矿与褐铁矿、赤铁矿的嵌布关系紧密，部分磁铁矿被赤铁矿、褐铁矿沿其边缘以及裂隙充填交代或被赤铁矿包裹呈现交代残余结构。

3）赤铁矿

赤铁矿相对褐铁矿、磁铁矿而言含量较低，主要呈不规则状、脉状、镶边状产出。赤铁矿与褐铁矿、磁铁矿的嵌布关系密切，常可见其呈不规则粒状或细脉状嵌布于褐铁矿以及磁铁矿中；有时可见赤铁矿沿磁铁矿裂隙充填并交代磁铁矿。

4）孔雀石

孔雀石多呈放射状、不规则状、浸染状、针状等形式嵌布在脉石矿物的颗粒间隙、裂隙、空洞中。孔雀石也与褐铁矿、磁铁矿的关系密切，常嵌布于褐铁矿以及磁铁矿中或者是充填于褐铁矿以及磁铁矿的颗粒间隙和裂隙之中。在较粗的孔雀石中也见有磁铁矿、褐铁矿以及脉石等矿物的包裹体。整体而言，孔雀石的嵌布粒度不均匀，有少数嵌布粒度较细，但大部分嵌布粒度较粗，粒度主要分布在 0.200～0.500mm。

5）磷铜矿

磷铜矿多呈放射状、不规则状产出，与磁铁矿、褐铁矿的关系密切，常沿磁铁矿、褐铁矿的颗粒间隙充填。矿石中磷铜矿的嵌布粒度也较粗且不均匀，有少量嵌布粒度较细，粒度主要分布在 0.200～0.500mm。

6）黄铜矿

黄铜矿主要以细粒、微细粒嵌布于褐铁矿以及脉石矿物中，其次被蓝辉铜矿沿边缘交代呈镶边结构，有时可见黄铜矿与磁铁矿、黄铁矿共生在一起或呈细小粒状被包裹在磁铁矿和黄铁矿中。黄铜矿的嵌布粒度较细，其粒度主要分布在 0.020～0.050mm。

5. 矿石中磁铁矿和褐铁矿的嵌布粒度

矿石中磁铁矿和褐铁矿的粒度分布见表 11-35。

从表 11-35 可知，矿石中磁铁矿和褐铁矿的嵌布粒度较粗。在+0.074mm 粒级中，磁铁矿占 88. 40%，褐铁矿占有率为 88. 93%；而在-0. 010mm 粒级中，磁铁矿只占 0. 16%，褐铁矿占有率也仅为 0. 39%。

6. *矿石中铜的赋存状态*

矿石中有 49. 53% 的铜赋存于褐铁矿中，有 36. 45% 的铜以孔雀石、磷铜矿等氧化铜矿物的形式存在，以黄铜矿、辉铜矿、蓝辉铜矿形式存在的铜占总量的 10. 28%，另有 3. 74% 的铜是以自然铜的形式存在。

表 11-35 矿石中磁铁矿和褐铁矿的粒度组成表

粒级/mm	磁铁矿		褐铁矿	
	分布率/%	累计/%	分布率/%	累计/%
+2	1. 75	1. 75	2. 79	2. 79
-2+1. 651	1. 90	3. 65	2. 69	5. 48
-1. 651+1. 168	5. 43	9. 08	3. 60	9. 08
-1. 168+0. 833	6. 94	16. 02	6. 32	15. 40
-0. 833+0. 589	8. 62	24. 64	7. 94	23. 34
-0. 589+0. 417	11. 17	35. 81	12. 72	36. 06
-0. 417+0. 295	11. 24	47. 05	12. 00	48. 06
-0. 295+0. 208	10. 66	57. 71	11. 98	60. 04
-0. 208+0. 147	15. 06	72. 77	14. 51	74. 55
-0. 147+0. 104	6. 03	78. 80	4. 78	79. 33
-0. 104+0. 074	9. 60	88. 40	9. 60	88. 93
-0. 074+0. 043	6. 80	95. 20	6. 22	95. 15
-0. 043+0. 020	4. 27	99. 47	4. 03	99. 18
-0. 020+0. 015	0. 18	99. 65	0. 20	99. 38
-0. 015+0. 010	0. 19	99. 84	0. 23	99. 61
-0. 010	0. 16	100. 00	0. 39	100. 00

矿石中的铁以独立矿物状态存在，其中有 55. 64% 的铁是以褐铁矿和赤铁矿的形式存在的，另有 40. 45% 的铁赋存于磁铁矿中。

11. 1. 1. 6 结论

从以上的研究结果看，该铜矿五种矿石类型的矿石的工艺性质还是有明显差异的。

土状氧化铜矿石含 Cu 3. 27%。矿石中的铜以自由氧化铜为主，铜氧化率达 89. 26%，而且孔雀石、蓝铜矿的嵌布粒度较粗，适用酸浸处理工艺回收铜。

次生硫化铜矿石含 Cu 1. 60%。矿石中有 97. 47% 的铜是以蓝辉铜矿、铜蓝、黄铜矿和自然铜的形式存在，而且蓝辉铜矿、黄铜矿、铜蓝等硫化铜矿物集合体的嵌布粒度主要分布在 0. 020 ~ 0. 208mm，嵌布关系较简单，可以考虑优先浮选铜工艺进行铜硫分离。

夕卡岩型铜矿为混合矿，含 Cu 0.95%。矿石中硫化铜矿物主要为蓝辉铜矿、辉铜矿、黄铜矿，且硫化铜矿物集合体的粒度主要分布在 0.020 ~0.147mm，建议该矿石与次生硫化铜矿石混合采用浮选方法回收铜。

大理岩型铜矿是原生硫化铜矿物在氧化带氧化时形成的硫酸铜溶液在迁移过程中遇到大理岩等碳酸盐时发生反应而生成的氧化铜矿物。矿石含 Cu 2.72%，其中有 63.81% 的铜分布在孔雀石、蓝铜矿、硅孔雀石中，21.05% 的铜分布在黄铜矿、蓝辉铜矿、辉铜矿中。由于矿石中脉石矿物主要为方解石、白云石等碳酸盐类矿物，含量达 50.28%，酸浸时耗酸量较大，因此此类矿石不宜直接采用酸浸工艺回收铜，而应选用先硫后氧的浮选工艺。

铜铁矿含 Cu 1.08%，为氧化铜矿石。矿石中有 49.53% 铜是以结合氧化铜的形式存在于褐铁矿以及脉石矿物中，因此在当前的经济技术条件下难以被开发利用。

11.1.2 钨钼铋多金属矿

为了解钨钼铋多金属矿Ⅱ矿带和Ⅲ矿带矿石的工艺性质的差异性，分别对Ⅲ矿带和Ⅱ矿带的矿石进行工艺矿物学研究。

11.1.2.1 矿石的多组分化学分析

矿石的多组分化学分析结果见表 11-36。

表 11-36 矿石的多组分化学分析

矿石	化学成分	WO_3	Mo	Bi	Sn	Cu	Pb	Zn	S
Ⅲ矿带	含量/%	0.37	0.07	0.17	0.13	0.032	0.015	0.025	1.11
Ⅱ矿带	含量/%	0.18	0.031	0.11	0.11	0.035	0.036	0.044	0.83
矿石	化学成分	Fe	Mn	As	P	Ag	Au	C	SiO_2
Ⅲ矿带	含量/%	7.75	0.66	0.005	0.013	0.0004	0.000007	0.38	42.70
Ⅱ矿带	含量/%	8.24	0.70	0.0025	0.023	8.17	0.01	1.04	34.34
矿石	化学成分	CaF_2	Al_2O_3	CaO	MgO	K_2O	Na_2O	烧失量	
Ⅲ矿带	含量/%	22.61	9.54	21.83	0.86	1.69	0.55	5.10	
Ⅱ矿带	含量/%	21.24	10.70	26.23	1.09	1.49	0.32	5.81	

11.1.2.2 矿石中钨、钼、铋、锡、铁的化学物相分析

矿石中钨、钼、铋、锡和铁的化学物相分析结果分别见表 11-37 至表 11-41。

表 11-37　矿石中钨的化学物相分析

相别		黑钨矿	白钨矿	其他*
Ⅲ矿带	WO_3含量/%	0.154	0.18	0.036
	分布率/%	41.62	48.65	9.73
Ⅱ矿带	WO_3含量/%	0.045	0.117	0.018
	分布率/%	25.00	65.00	10.00

*其他是指被包裹在脉石中的微细粒白钨矿和黑钨矿。

表 11-38　矿石中钼的化学物相分析

相别		氧化钼	硫化钼
Ⅲ矿带	Mo 含量/%	0.0035	0.067
	分布率/%	4.96	95.04
Ⅱ矿带	Mo 含量/%	0.0017	0.029
	分布率/%	5.54	94.46

表 11-39　矿石中铋的化学物相分析

相别		氧化铋	自然铋	硫化铋
Ⅲ矿带	Bi 含量/%	0.014	0.037	0.117
	分布率/%	8.33	22.03	69.64
Ⅱ矿带	Bi 含量/%	0.007	0.032	0.066
	分布率/%	6.67	30.47	62.86

表 11-40　矿石中锡的化学物相分析

相别		硫化物	锡石
Ⅲ矿带	Sn 含量/%	0.003	0.122
	分布率/%	2.40	97.60
Ⅱ矿带	Sn 含量/%	0.002	0.106
	分布率/%	1.85	98.15

表 11-41　矿石中铁的化学物相分析

相别		磁性铁	硫化铁	硅酸铁
Ⅲ矿带	Fe 含量/%	2.28	0.91	4.60
	分布率/%	29.27	11.68	59.05
Ⅱ矿带	Fe 含量/%	2.32	0.80	5.10
	分布率/%	28.23	9.73	62.04

11.1.2.3　矿石的矿物组成及相对含量

矿石的矿物组成比较复杂。金属矿物种类多但含量低，主要为磁铁矿、黄铁矿，其次为磁黄铁矿、黑钨矿、白钨矿、独居石、辉铋矿、锡石和褐铁矿等，另有微量的自然铋、辉铅铋矿、黄铜矿和闪锌矿等。非金属矿物主要为萤石和石英，其次为白云母、斜长石、绿帘石、铁铝榴石、钾长石、绿泥石和闪石等，另有少量的钙铁榴石、黑云母、黄玉、方解石和白云石等。矿物的相对含量见表 11-42。

表 11-42　矿石的矿物组成

矿物名称	含量/%		矿物名称	含量/%	
	Ⅲ矿带	Ⅱ矿带		Ⅲ矿带	Ⅱ矿带
黑钨矿	0. 22	0. 06	石英	20. 81	14. 97
白钨矿	0. 24	0. 15	钾长石	4. 62	3. 52
辉钼矿	0. 11	0. 05	斜长石	7. 01	4. 68
辉铋矿	0. 12	0. 07	白云母	9. 98	7. 62
自然铋	0. 04	0. 03	绿泥石	4. 37	6. 88
辉铅铋矿	0. 04	0. 05	绿帘石	5. 62	5. 41
方铅矿	—	0. 02	铁铝榴石	4. 51	5. 57
黄铜矿	0. 09	0. 10	钙铁榴石	1. 66	4. 24
闪锌矿	0. 04	0. 07	黑云母	2. 02	2. 48
黄铁矿	1. 50	0. 90	黄玉	1. 99	4. 02
磁黄铁矿	0. 40	0. 60	闪石	3. 97	2. 95
磁铁矿	3. 15	3. 20	萤石	22. 60	21. 24
褐铁矿	0. 15	0. 30	方解石	2. 05	6. 36
锡石	0. 16	0. 14	白云石	1. 32	3. 25
独居石	0. 50	0. 32	其他	0. 71	0. 75

11. 1. 2. 4　矿石中重要金属矿物的嵌布特征

1. Ⅲ矿带

1）黑钨矿

黑钨矿呈板状、柱状单晶或集合体嵌布在石英、云母、萤石、长石与绿泥石等脉石矿物中。有时黑钨矿与辉铋矿、辉铅铋矿、自然铋、辉钼矿、黄铜矿、磁黄铁矿等矿物嵌布在一起。偶见白钨矿沿黑钨矿的边缘与裂隙交代黑钨矿，尤其是交代钨酸锰矿，甚至使它呈交代残余在白钨矿中。黑钨矿的 X 射线能谱分析结果见表 11-43。

2）白钨矿

白钨矿常呈粒状集合体浸染在脉石矿物中。有时白钨矿沿黑钨矿的边缘和裂隙交代，甚至使黑钨矿呈交代残余在白钨矿中。有时还见白钨矿与辉铋矿、辉钼矿嵌布在一起。白钨矿的 X 射线能谱分析结果见表 11-44。

表 11-43　黑钨矿的 X 射线能谱分析

序号	含量/%		
	FeO	MnO	WO_3
1	16. 30	7. 66	76. 04
2	15. 77	7. 91	76. 32
3	13. 92	9. 38	76. 70
4	13. 84	9. 59	76. 57
5	13. 62	9. 90	77. 08
6	13. 41	10. 80	75. 79
7	13. 35	10. 58	76. 07
8	13. 07	10. 78	76. 15
9	13. 05	10. 82	76. 13
10	12. 91	11. 63	75. 46
11	12. 66	10. 65	76. 69
12	12. 63	10. 50	76. 87
13	12. 59	11. 65	75. 76
14	12. 53	10. 63	76. 84
15	12. 36	10. 85	76. 79
16	12. 17	10. 60	77. 23
17	12. 12	11. 78	76. 10
18	11. 97	11. 19	76. 84
19	11. 83	11. 65	76. 52
20	11. 48	11. 73	76. 79
21	11. 26	12. 40	76. 34
22	11. 09	12. 23	76. 68
23	8. 46	15. 32	76. 23
24	8. 29	15. 16	76. 55
25	6. 94	16. 29	76. 77
26	6. 00	16. 91	77. 09
27	5. 66	18. 29	76. 05
28	4. 26	20. 43	75. 31
29	3. 62	20. 18	76. 20
30	2. 16	21. 38	76. 46

表 11-44　白钨矿的 X 射线能谱分析

序号	含量/%		
	CaO	MoO_3	WO_3
1	18.48	—	81.52
2	18.57	—	81.43
3	18.70	—	81.30
4	18.91	—	81.09
5	19.00	—	81.00
6	19.06	—	80.94
7	19.07	—	80.93
8	19.10	—	80.90
9	19.15	—	80.85
10	19.18	—	80.82
11	19.20	—	80.80
12	19.25	—	80.75
13	19.28	—	80.72
14	19.33	—	80.67
15	19.42	—	80.58
16	19.49	—	80.51
17	19.51	—	80.49
18	19.53	—	80.47
19	19.65	—	80.35
20	19.72	—	80.28
21	19.76	—	80.24
22	19.78	—	80.22
23	18.52	1.70	79.78
24	19.48	9.80	70.72

3）辉钼矿

辉钼矿常呈片状集合体成群嵌布在脉石矿物中，有时与白钨矿、黑钨矿、自然铋嵌布在一起。

4）辉铋矿

辉铋矿常与白钨矿、自然铋、辉铅铋矿一起嵌布在脉石矿物中。辉铋矿的 X 射线能谱分析结果见表 11-45。

表 11-45　辉铋矿的 X 射线能谱分析

序号	含量/%			
	Bi	Pb	Ag	S
1	81. 72	—	—	18. 28
2	81. 57	—	—	18. 43
3	81. 49	—	0. 30	18. 21
4	81. 46	—	—	18. 54
5	81. 40	—	—	18. 60
6	81. 32	—	0. 09	18. 59
7	81. 29	—	0. 28	18. 43
8	81. 28	—	—	18. 72
9	81. 12	—	0. 66	18. 22
10	80. 73	—	—	19. 27
11	79. 96	0. 49	—	19. 55
12	79. 79	2. 33	—	17. 88
13	79. 70	0. 66	—	19. 64
14	79. 21	3. 03	—	17. 76
15	79. 15	3. 51	—	17. 34
16	79. 13	2. 27	—	18. 60
17	77. 01	4. 54	—	18. 45

5）辉铅铋矿

辉铅铋矿常呈不规则状嵌布在脉石矿物中，有时与辉铋矿、自然铋紧密嵌布在一起。辉铅铋矿的 X 射线能谱分析结果见表 11-46。

表 11-46　辉铅铋矿的 X 射线能谱分析

序号	含量/%			
	Bi	Pb	Ag	S
1	56. 24	26. 03	0. 29	17. 44
2	55. 48	27. 50	—	17. 02
3	55. 25	27. 09	—	17. 66
4	55. 13	27. 71	—	17. 16
5	55. 04	27. 13	—	17. 83
6	54. 77	27. 49	0. 08	17. 66
7	54. 32	28. 87	—	16. 82

6）自然铋

自然铋主要与辉铋矿、辉铅铋矿、磁黄铁矿连晶呈细粒浸染于脉石矿物中，有时与黑钨矿、白钨矿、辉钼矿嵌布在一起。

7）锡石

锡石主要呈微细粒状嵌布在磁铁矿粒间或成群嵌布在脉石矿物中。

2. Ⅱ矿带

1）黑钨矿

黑钨矿呈板状、柱状单晶或集合体嵌布在石英、云母、萤石、长石与绿泥石等脉石矿物中。偶见白钨矿沿黑钨矿的边缘与裂隙交代黑钨矿，尤其是交代钨酸锰矿形成交代残余结构。偶尔黑钨矿与辉铋矿、辉铅铋矿、自然铋、黄铁矿、黄铜矿、磁黄铁矿等矿物嵌布在一起。黑钨矿的 X 射线能谱分析结果见表 11-47。

表 11-47　黑钨矿的 X 射线能谱分析

序号	含量/%		
	FeO	MnO	WO_3
1	17.50	8.14	74.36
2	17.32	7.89	74.79
3	16.65	8.39	74.96
4	15.99	9.37	74.64
5	15.82	9.48	74.70
6	15.53	9.07	75.40
7	15.32	9.44	75.24
8	15.01	9.58	75.41
9	14.79	10.29	74.92
10	14.57	9.86	75.57
11	13.91	10.41	75.68
12	13.04	11.65	75.31
13	12.80	12.11	75.09
14	12.71	12.23	75.06
15	12.24	12.82	74.94
16	12.10	12.41	75.49
17	11.93	12.21	75.86
18	2.81	19.49	77.70

2）白钨矿

白钨矿常呈粗粒、中粒、细粒单独或成群浸染在脉石矿物中，有时与辉钼矿嵌布在一起，偶见白钨矿沿黑钨矿的边缘和裂隙交代。白钨矿的 X 射线能谱分析结果见表 11-48。

表 11-48　白钨矿的 X 射线能谱分析

序号	含量/%		
	CaO	MoO_3	WO_3
1	18.18	—	81.82
2	18.26	—	81.74
3	18.45	—	81.55
4	18.61	—	81.39
5	18.74	—	81.26
6	18.90	—	81.10
7	19.06	—	80.94
8	19.11	—	80.89
9	19.33	—	80.67
10	19.36	—	80.64
11	19.37	—	80.63
12	19.38	—	80.62
13	19.44	—	80.56
14	19.47	—	80.53
15	19.59	—	80.41
16	19.60	—	80.40
17	19.61	—	80.39
18	19.63	—	80.37
19	19.73	—	80.27
20	19.80	—	80.20
21	19.81	—	80.19
22	19.82	—	80.18
23	19.93	—	80.07
24	20.13	—	79.87
25	19.94	1.52	78.54
26	18.78	2.99	78.23

3）辉钼矿

辉钼矿常呈片状、鳞片状集合体成群嵌布在脉石矿物中或沿脉石矿物裂隙分布。偶见细片状辉钼矿被白钨矿包裹。

4）辉铋矿

辉铋矿主要以不规则状嵌布在脉石矿物中，也常与自然铋、辉铅铋矿嵌布一起，偶尔与黄铜矿、磁铁矿等嵌布在一起。辉铋矿的 X 射线能谱分析结果见表 11-49。

表 11-49 辉铋矿的 X 射线能谱分析

序号	含量/%				
	Bi	Pb	Ag	Cu	S
1	80.37	—	0.06	—	19.57
2	80.29	—	—	—	19.71
3	80.20	—	0.35	—	19.45
4	80.18	—	0.13	—	19.69
5	80.16	—	0.20	—	19.64
6	80.15	—	0.26	—	19.58
7	80.15	—	—	—	19.85
8	79.51	—	0.25	—	20.25
9	78.43	—	—	1.13	20.44
10	77.70	3.40	0.16	—	18.74
11	77.68	3.74	0.31	—	18.28
12	77.60	4.09	—	—	18.31
13	77.20	3.66	0.70	—	18.45
14	76.93	4.20	0.46	—	18.40
15	76.67	5.49	—	—	17.84
16	75.56	—	0.20	3.09	21.14
17	75.55	7.08	—	—	17.37
18	75.15	7.38	—	—	17.47
19	74.39	7.63	—	—	17.98

5）辉铅铋矿

辉铅铋矿常呈不规则状嵌布在脉石矿物中，有时与辉铋矿、自然铋紧密嵌布在一起。辉铅铋矿的 X 射线能谱分析结果见表 11-50。

表 11-50 辉铅铋矿的 X 射线能谱分析

序号	含量/%						
	Bi	Pb	Cu	Zn	Fe	Ag	S
1	59.74	17.82	4.40	—	—	0.26	17.78
2	55.72	21.85	4.98	—	—	—	17.45
3	54.37	23.44	4.98	—	—	—	17.21
4	51.00	31.88	—	—	—	0.23	16.89
5	50.58	32.60	—	—	—	—	16.82
6	50.02	33.17	—	—	—	—	16.81
7	49.70	33.68	—	—	—	—	16.62
8	40.77	35.52	—	—	1.64	5.75	16.32

续表

序号	含量/%						
	Bi	Pb	Cu	Zn	Fe	Ag	S
9	40.06	40.55	0.91	—	—	2.09	16.39
10	39.74	43.01	—	—	—	1.69	15.56
11	39.64	37.81	—	—	1.06	5.57	15.92
12	37.46	43.68	0.87	2.58	—	—	15.41
13	37.40	44.94	—	1.89	—	0.08	15.69
14	37.19	43.47	0.87	2.57	—	0.60	15.30

6）自然铋

自然铋单独或与辉铋矿、辉铅铋矿、磁黄铁矿连晶呈细粒浸染于脉石矿物中。

7）锡石

锡石主要呈微细粒状成群嵌布在脉石矿物中，偶尔也嵌布在磁黄铁矿中。

11.1.2.5 矿石中钨、钼、铋、锡的赋存状态

矿石中的钨主要以白钨矿和黑钨矿等独立矿物的形式存在；钼绝大部分以辉钼矿形式存在，少量以类质同象形式分布在白钨矿中；铋主要以辉铋矿、自然铋和辉铅铋矿等独立矿物的形式存在；锡以锡石的形式存在。钨、钼、铋在各矿物的分布情况见表11-51至表11-53。

表11-51 矿石中钨的平衡分配表

矿样类型	Ⅲ矿样/%			Ⅱ矿样/%		
矿物名称	矿物含量	矿物中 WO_3 含量	分布率	矿物含量	矿物中 WO_3 含量	分布率
黑钨矿	0.22	76.41	46.59	0.06	75.29	27.22
白钨矿	0.24	80.31	53.41	0.15	80.52	72.78

表11-52 矿石中钼的平衡分配表

矿样类型	Ⅲ矿样/%			Ⅱ矿样/%		
矿物名称	矿物含量	矿物中 Mo 含量	分布率	矿物含量	矿物中 Mo 含量	分布率
辉钼矿	0.11	60.00	98.85	0.05	60.00	99.16
白钨矿	0.24	0.32	1.15	0.15	0.17	0.84

表11-53 矿石中铋的平衡分配表

矿样类型	Ⅲ矿样/%			Ⅱ矿样/%		
矿物名称	矿物含量	矿物中 Bi 含量	分布率	矿物含量	矿物中 Bi 含量	分布率
辉铋矿	0.12	81.20	61.09	0.07	78.10	50.78
自然铋	0.04	100.00	25.07	0.03	100.00	27.87
辉铅铋矿	0.04	55.18	13.84	0.05	45.96	21.35

11.1.2.6　矿石中重要矿物的嵌布粒度

矿石中黑钨矿、白钨矿、辉钼矿、辉铋矿*（包括辉铅铋矿）、自然铋、锡石、黄铁矿、磁黄铁矿和磁铁矿的粒度分布特性见表 11-54。矿石中重要金属矿物嵌布粒度极不均匀，其中黑钨矿、白钨矿、黄铁矿以中粒为主，辉钼矿、辉铋矿、磁黄铁矿和磁铁矿以中细粒为主，而自然铋和锡石则以细粒分布为主。总的来说，矿石中各种有用矿物嵌布粒度较细，为了提高矿石中有价元素的回收指标，矿石应该通过细磨。由于有用矿物种类多且性质差异大，选择合理的磨矿方式显得尤为重要。

表 11-54　矿石中重要矿物的粒度特性

矿样类型	矿物	分布率/%			
		+0.3mm	−0.3+0.074mm	−0.074+0.01mm	−0.01mm
Ⅲ矿样	黑钨矿	23.4	51.4	24.8	0.4
	白钨矿	16.8	59.7	23.2	0.3
	辉钼矿	2.7	35.4	58.0	3.9
	辉铋矿（包括辉铅铋矿）	15.1	30.3	47.8	6.8
	自然铋	—	8.1	78.9	13.0
	锡石	—	8.3	80.1	11.6
	黄铁矿	53.0	36.2	10.6	0.2
	磁黄铁矿	24.6	46.5	28.5	0.4
	磁铁矿	10.7	31.6	51.4	6.3
Ⅱ矿样	黑钨矿	19.0	49.1	31.5	0.4
	白钨矿	23.4	47.9	28.5	0.2
	辉钼矿	—	30.0	63.2	6.8
	辉铋矿（包括辉铅铋矿）	6.2	35.9	50.2	7.7
	自然铋	—	—	84.9	15.1
	锡石	—	11.3	81.1	7.6
	黄铁矿	35.8	46.8	17.2	0.2
	磁黄铁矿	28.3	38.3	32.1	1.3
	磁铁矿	16.1	41.5	40.1	2.3

11.1.2.7　结论

Ⅲ矿样和Ⅱ矿样的矿石工艺性质相近，有用矿物种类多且嵌布粒度分布极不均匀，嵌布粒度总体较细；矿石中铋矿物、辉钼矿和锡石的粒度更细，更需要细磨，但钨矿物（尤其是黑钨矿）最怕细磨过粉碎；矿石中含有较多的萤石、方解石和白云石，这些含钙矿物对白钨矿的浮选影响也是很大的。总之，该矿石中有价元素种类多，综合利用价值大，但矿石难选难处理。

11.1.3 铌矿

在矿产勘查过程中发现有一大型的露天铌矿床，为降低投资风险，需要对该矿床矿石的质量进行评价。

11.1.3.1 矿石的多组分化学分析

矿石的多组分化学分析结果见表11-55和表11-56。

表11-55 矿石的多组分化学分析

化学成分	Nb_2O_5	Ta_2O_5	Fe	Mn	Ti	V	Cu	Pb
含量/%	0.715	0.011	10.39	0.38	0.23	0.083	0.012	0.017
化学成分	Zn	Ba	REE	Th	U	S	P_2O_5	K_2O
含量/%	0.024	0.1	0.23	0.0251	0.00976	0.068	6.28	0.12
化学成分	Na_2O	CaO	MgO	Al_2O_3	SiO_2	C	F	烧失
含量/%	0.13	40.2	1.82	0.39	4.25	7.72	0.25	27.47

表11-56 矿石中稀土元素分析

元素	Y	La	Ce	Pr	Nd	Sm	Eu	Gd
含量/$\times10^{-6}$	96.1	506	998	112	400	57.8	16.2	58.8
元素	Tb	Dy	Ho	Er	Tm	Yb	Lu	REE
含量/$\times10^{-6}$	5.61	23	3.75	10.2	1.07	7.28	0.972	2296.78

11.1.3.2 矿石中铁的化学物相分析

矿石中铁的化学物相分析结果见表11-57。

表11-57 矿石中铁的化学物相分析

相别	磁性铁	赤（褐）铁矿	硅酸铁
Fe 含量/%	3.19	6.72	0.50
分布率/%	30.64	64.55	4.80

11.1.3.3 矿石的矿物组成及相对含量

矿石的矿物组成比较简单。矿石的含铌矿物主要为烧绿石，偶见易解石、铌铁金红石、铌铁矿等含铌矿物；矿石中稀土独立矿物主要为氟碳钙铈矿和独居石等，其次为碳酸锶铈矿、氟碳铈矿等；矿石中金属矿物主要为赤铁矿、磁铁矿，其次为褐铁矿，另有少量的黄铁矿，偶见黄铜矿、磁黄铁矿、钛铁矿、锰钡矿等；非金属矿物主要为方解石，其次为磷灰石、白云石、石英等，另有微量的锆石、绿泥石、金云母、高岭石、重晶石、斜锆石、萤石等。矿物的相对含量见表 11-58。

表 11-58 矿石的矿物组成

矿物名称	烧绿石	赤(褐)铁矿	磁铁矿	黄铁矿	方解石	磷灰石	白云石	石英	其他
含量/%	1.02	11.37	4.41	0.12	52.76	16.62	8.39	4.05	1.26

11.1.3.4 矿石中重要金属矿物的嵌布特征

1. 烧绿石

烧绿石又称黄绿石，分子式为（Ca，Na)$_2$Nb$_2$O$_6$（OH，F），其中阳离子钙和钠常被铀、钍、稀土等元素交代，阳离子铌常被钽、钛等交代，等轴晶系，晶体呈八面体，褐色或黄绿色，也有少数为黑色，油脂光泽，贝壳状断口。烧绿石中常含钽、稀土元素、钍、铀等元素，且分布不均。为了保证所分析样品中烧绿石的代表性，采用-1mm 的综合样，经过分级淘洗来富集烧绿石，然后制成环氧树脂样品。对环氧树脂样品中的烧绿石颗粒随机进行 X 射线能谱分析，分析结果见表 11-59。根据能谱分析结果可知，烧绿石成分的差异较大，按成分差异可将烧绿石分为：普通烧绿石、含铈烧绿石、含钍或铀的烧绿石、含铈、钍或铀的烧绿石四类。

表 11-59 烧绿石的 X 射线能谱分析

分类	序号	元素含量/%												
		F	Na	Si	Ca	Ti	Fe	Sr	Nb	Ce	Ta	Th	U	O
普通烧绿石	1	—	—	3.06	10.80	1.80	1.04	—	51.73	—	—	—	—	31.57
	2	2.50	1.43	—	13.07	2.60	3.44	—	47.90	—	—	—	—	29.06
	3	3.01	2.82	—	10.70	1.60	1.08	—	51.84	—	—	—	—	28.95
	4	2.45	4.14	—	11.56	1.62	0.94	—	50.25	—	—	—	—	29.04
	5	3.35	2.24	—	10.02	2.13	0.90	—	52.36	—	—	—	—	29.00
	6	4.18	4.20	—	10.80	1.93	1.30	—	49.04	—	—	—	—	28.55
	7	3.33	3.15	—	11.28	1.99	0.97	—	50.38	—	—	—	—	28.90
	8	2.90	3.74	—	16.30	1.83	1.39	—	45.02	—	—	—	—	28.81
	9	4.69	3.98	—	11.28	2.07	0.58	—	48.90	—	—	—	—	28.49
	10	4.44	4.45	—	11.35	1.45	1.10	—	48.82	—	—	—	—	28.38
	11	2.36	3.72	—	10.62	2.57	0.87	—	50.58	—	—	—	—	29.28
	12	2.90	3.76	—	11.59	2.41	1.48	—	48.85	—	—	—	—	29.00
	13	3.35	3.07	—	10.96	2.05	0.63	—	50.99	—	—	—	—	28.95
	14	1.90	—	—	11.92	1.86	1.07	—	53.79	—	—	—	—	29.46
	15	1.48	—	—	11.87	2.09	1.39	—	53.58	—	—	—	—	29.60

续表

分类	序号	元素含量/%												
		F	Na	Si	Ca	Ti	Fe	Sr	Nb	Ce	Ta	Th	U	O
普通烧绿石	16	—	1. 67	0. 41	10. 01	2. 34	2. 19	4. 02	49. 90	—	—	—	—	29. 46
	17	3. 07	3. 78	—	10. 88	1. 32	0. 57	—	51. 50	—	—	—	—	28. 87
	18	3. 53	3. 51	—	12. 41	1. 70	0. 63	—	49. 44	—	—	—	—	28. 78
	19	3. 69	3. 53	—	11. 35	1. 92	1. 01	—	49. 75	—	—	—	—	28. 75
	20	3. 09	3. 98	—	11. 20	1. 95	0. 73	—	50. 12	—	—	—	—	28. 94
	21	3. 03	3. 53	—	11. 51	1. 98	0. 94	—	50. 05	—	—	—	—	28. 96
	22	3. 60	3. 47	—	11. 24	2. 23	0. 59	—	49. 98	—	—	—	—	28. 87
	23	3. 49	2. 91	—	11. 82	2. 48	1. 10	—	49. 28	—	—	—	—	28. 92
	24	2. 34	3. 34	—	11. 84	2. 35	0. 93	—	49. 97	—	—	—	—	29. 24
	25	1. 43	—	—	11. 72	1. 98	1. 39	—	53. 87	—	—	—	—	29. 60
	26	1. 41	1. 09	0. 44	9. 90	2. 79	1. 31	3. 11	50. 55	—	—	—	—	29. 40
	27	4. 47	4. 12	—	12. 00	1. 74	0. 75	—	48. 46	—	—	—	—	28. 46
	28	3. 06	3. 59	—	11. 88	2. 02	—	—	50. 41	—	—	—	—	29. 04
	29	2. 34	3. 32	—	12. 21	2. 34	0. 94	—	49. 62	—	—	—	—	29. 23
	30	3. 23	3. 51	—	11. 52	1. 92	0. 89	—	50. 02	—	—	—	—	28. 90
	31	2. 98	3. 20	—	11. 78	3. 01	0. 88	—	48. 99	—	—	—	—	29. 17
	32	4. 52	4. 17	—	10. 98	1. 25	—	—	50. 62	—	—	—	—	28. 46
	33	5. 16	4. 79	—	10. 40	1. 67	—	—	49. 67	—	—	—	—	28. 32
	34	4. 49	4. 58	—	10. 37	1. 75	—	—	50. 28	—	—	—	—	28. 54
	35	5. 23	4. 37	—	11. 43	1. 77	—	—	48. 89	—	—	—	—	28. 31
	36	4. 51	4. 89	—	9. 96	1. 28	—	—	50. 90	—	—	—	—	28. 45
	37	3. 92	4. 88	—	10. 50	1. 39	—	—	50. 68	—	—	—	—	28. 64
	38	5. 87	5. 18	—	10. 02	1. 53	—	—	49. 34	—	—	—	—	28. 06
	39	4. 66	4. 69	—	10. 96	1. 61	—	—	49. 63	—	—	—	—	28. 45
	40	5. 15	4. 77	—	10. 48	1. 87	—	—	49. 38	—	—	—	—	28. 35
	41	5. 10	4. 26	—	10. 29	1. 54	—	—	50. 47	—	—	—	—	28. 35
	42	5. 27	4. 55	—	11. 74	3. 15	—	—	46. 78	—	—	—	—	28. 51
	43	2. 18	1. 15	—	10. 98	1. 64	—	—	54. 65	—	—	—	—	29. 40
	44	4. 60	4. 89	—	10. 51	1. 61	—	—	49. 93	—	—	—	—	28. 47
	45	5. 13	5. 35	—	9. 89	1. 68	—	—	49. 65	—	—	—	—	28. 30
	46	3. 85	3. 80	—	12. 13	1. 77	—	—	49. 69	—	—	—	—	28. 74
	47	3. 18	3. 36	—	11. 89	2. 33	—	—	50. 17	—	—	—	—	29. 07
	48	3. 53	3. 63	—	11. 77	2. 04	—	—	50. 12	—	—	—	—	28. 90
	49	4. 79	3. 71	—	12. 62	1. 82	—	—	48. 6	—	—	—	—	28. 47

续表

分类	序号	元素含量/%												
		F	Na	Si	Ca	Ti	Fe	Sr	Nb	Ce	Ta	Th	U	O
	50	—	0. 73	—	12. 63	2. 22	—	—	54. 27	—	—	—	—	30. 14
	51	3. 78	3. 41	—	11. 48	2. 17	—	—	50. 29	—	—	—	—	28. 87
	52	—	2. 18	—	12. 77	2. 50	—	—	52. 44	—	—	—	—	30. 10
	53	4. 57	2. 65	—	9. 87	2. 98	—	2. 54	48. 98	—	—	—	—	28. 40
	54	3. 86	3. 89	—	11. 52	1. 91	—	—	50. 05	—	—	—	—	28. 77
	55	—	—	—	11. 95	2. 05	1. 61	1. 49	52. 99	—	—	—	—	29. 91
	56	1. 72	0. 59	—	11. 53	1. 85	0. 92	—	53. 79	—	—	—	—	29. 60
	57	3. 78	3. 55	—	11. 72	2. 20	—	—	49. 9	—	—	—	—	28. 86
	58	3. 65	3. 66	—	11. 40	1. 89	0. 49	—	50. 05	—	—	—	—	28. 85
	59	3. 52	3. 08	—	11. 97	2. 09	0. 62	—	49. 78	—	—	—	—	28. 94
	60	3. 02	3. 74	—	12. 06	2. 45	0. 46	—	49. 17	—	—	—	—	29. 11
	61	3. 15	3. 88	—	11. 81	2. 22	—	—	49. 91	—	—	—	—	29. 03
	62	3. 19	3. 36	—	12. 35	3. 21	—	—	48. 69	—	—	—	—	29. 20
	63	3. 49	4. 22	—	11. 57	2. 18	0. 81	—	48. 83	—	—	—	—	28. 91
普通烧绿石	64	3. 42	3. 40	—	11. 77	1. 87	—	—	50. 62	—	—	—	—	28. 92
	65	3. 15	3. 49	0. 53	12. 91	1. 98	—	0. 65	48. 14	—	—	—	—	29. 14
	66	3. 62	3. 98	—	10. 90	1. 53	—	—	51. 18	—	—	—	—	28. 79
	67	3. 62	3. 28	—	11. 75	2. 30	—	—	50. 1	—	—	—	—	28. 94
	68	3. 43	3. 84	—	11. 21	2. 21	—	—	50. 34	—	—	—	—	28. 96
	69	3. 68	3. 96	—	11. 30	1. 87	—	—	50. 38	—	—	—	—	28. 82
	70	3. 40	3. 62	—	12. 45	2. 37	—	—	49. 18	—	—	—	—	28. 98
	71	—	—	0. 51	9. 42	3. 04	1. 34	5. 45	50. 54	—	—	—	—	29. 70
	72	7. 15	6. 34	—	9. 20	1. 51	—	—	48. 17	—	—	—	—	27. 63
	73	3. 02	3. 81	—	12. 89	2. 00	—	—	49. 26	—	—	—	—	29. 02
	74	3. 88	3. 70	—	11. 40	1. 87	—	—	50. 37	—	—	—	—	28. 78
	75	3. 28	3. 96	—	10. 67	1. 58	—	—	51. 59	—	—	—	—	28. 91
	76	4. 04	3. 76	—	12. 37	1. 66	—	—	49. 51	—	—	—	—	28. 67
	77	3. 18	4. 02	—	11. 50	2. 09	—	—	50. 21	—	—	—	—	29. 00
	78	3. 07	2. 52	—	10. 97	2. 54	—	—	51. 69	—	—	—	—	29. 21
	79	—	—	—	10. 09	1. 78	1. 00	2. 88	54. 59	—	—	—	—	29. 67

续表

分类	序号	元素含量/%												
		F	Na	Si	Ca	Ti	Fe	Sr	Nb	Ce	Ta	Th	U	O
含铈烧绿石	1	3. 31	4. 09	—	10. 62	1. 83	0. 80	—	49. 82	0. 84	—	—	—	28. 70
	2	3. 62	4. 04	—	10. 66	2. 21	0. 96	—	48. 65	1. 27	—	—	—	28. 58
	3	2. 02	3. 23	—	12. 25	3. 08	0. 69	—	48. 15	1. 35	—	—	—	29. 23
	4	2. 36	3. 31	—	11. 71	2. 26	0. 59	—	49. 23	1. 57	—	—	—	28. 97
	5	—	—	—	10. 30	2. 44	1. 60	1. 71	52. 83	1. 60	—	—	—	29. 53
	6	2. 23	0. 76	—	11. 10	3. 48	1. 89	—	49. 41	1. 96	—	—	—	29. 17
	7	1. 63	3. 20	—	12. 24	3. 64	1. 09	—	46. 86	2. 05	—	—	—	29. 27
	8	2. 52	2. 19	—	12. 15	4. 08	0. 88	—	46. 71	2. 36	—	—	—	29. 10
	9	2. 25	3. 56	—	10. 58	2. 82	1. 52	—	47. 92	2. 50	—	—	—	28. 84
	10	1. 74	2. 21	—	11. 65	3. 08	1. 10	—	48. 44	2. 65	—	—	—	29. 11
	11	2. 29	2. 40	—	13. 48	3. 36	0. 91	—	45. 89	2. 72	—	—	—	28. 95
	12	2. 20	3. 43	—	11. 64	3. 06	0. 94	—	47. 05	2. 79	—	—	—	28. 89
	13	2. 14	2. 49	—	13. 7	3. 73	1. 05	—	44. 90	3. 02	—	—	—	28. 97
	14	2. 81	2. 59	—	13. 18	3. 45	1. 31	—	44. 80	3. 20	—	—	—	28. 67
	15	1. 03	2. 49	—	13. 47	3. 99	0. 86	—	45. 50	3. 35	—	—	—	29. 32
	16	1. 17	—	—	11. 71	2. 42	1. 14	—	50. 87	3. 56	—	—	—	29. 13
	17	1. 64	3. 34	—	11. 04	3. 35	0. 80	—	49. 90	0. 24	—	—	—	29. 68
	18	2. 09	3. 76	—	11. 70	2. 42	0. 44	—	49. 45	0. 91	—	—	—	29. 23
	19	0. 33	—	—	12. 04	1. 80	—	—	54. 79	1. 23	—	—	—	29. 81
	20	2. 79	4. 68	—	10. 81	2. 73	—	—	48. 32	1. 77	—	—	—	28. 88
	21	3. 70	2. 86	—	13. 23	3. 09	—	—	46. 10	2. 40	—	—	—	28. 60
	22	3. 12	3. 09	—	12. 41	3. 14	0. 52	—	46. 44	2. 50	—	—	—	28. 77
	23	3. 16	0. 60	—	10. 81	3. 14	—	—	50. 78	2. 58	—	—	—	28. 93
	24	—	—	—	7. 26	4. 31	1. 99	4. 33	49. 90	2. 82	—	—	—	29. 39
	25	1. 86	0. 70	—	12. 01	3. 92	—	—	49. 29	2. 84	—	—	—	29. 37
	26	2. 13	3. 20	—	12. 38	3. 13	—	—	47. 25	2. 91	—	—	—	28. 99
	27	2. 66	2. 48	—	13. 34	3. 63	0. 83	—	44. 90	3. 30	—	—	—	28. 86
	28	1. 78	2. 19	—	12. 60	3. 61	0. 58	—	46. 77	3. 38	—	—	—	29. 09
	29	2. 52	2. 94	—	12. 94	3. 44	—	—	45. 82	3. 53	—	—	—	28. 82

续表

分类	序号	元素含量/%												
		F	Na	Si	Ca	Ti	Fe	Sr	Nb	Ce	Ta	Th	U	O
含钍或铀烧绿石	1	4. 01	3. 58	—	10. 69	1. 65	1. 02	—	49. 62	—	—	1. 02	—	28. 41
	2	2. 17	2. 33	2. 16	9. 86	1. 56	5. 25	—	45. 95	—	—	1. 04	—	29. 68
	3	3. 70	4. 48	—	10. 72	1. 75	0. 73	—	48. 97	—	—	1. 18	—	28. 47
	4	2. 59	3. 78	—	11. 27	2. 32	0. 64	—	49. 02	—	—	1. 52	—	28. 86
	5	1. 70	—	—	11. 19	2. 36	1. 15	1. 36	51. 57	—	—	1. 62	—	29. 05
	6	1. 42	—	—	11. 67	2. 06	1. 45	—	52. 50	—	—	1. 63	—	29. 27
	7	3. 55	4. 04	—	10. 97	2. 40	0. 84	—	47. 96	—	—	1. 73	—	28. 51
	8	2. 70	3. 52	—	11. 30	1. 88	0. 94	—	49. 21	—	—	1. 77	—	28. 69
	9	2. 43	3. 70	—	11. 12	2. 11	0. 86	—	49. 12	—	—	1. 87	—	28. 78
	10	3. 58	4. 41	—	10. 72	1. 85	0. 91	—	48. 24	—	—	1. 94	—	28. 35
	11	3. 96	4. 44	—	11. 22	1. 08	1. 11	—	48. 11	—	—	2. 02	—	28. 06
	12	1. 77	—	—	11. 44	2. 62	1. 29	—	51. 51	—	—	2. 20	—	29. 17
	13	—	—	0. 90	5. 19	5. 77	2. 77	—	52. 43	—	—	2. 31	—	30. 63
	14	—	0. 49	0. 83	6. 59	2. 28	2. 33	6. 78	49. 46	—	—	2. 43	—	28. 80
	15	—	—	0. 56	11. 55	3. 19	2. 04	—	48. 47	—	—	2. 54	2. 07	29. 59
	16	1. 41	—	0. 67	10. 20	3. 13	2. 44	2. 80	44. 33	—	1. 32	2. 58	2. 71	28. 41
	17	2. 87	3. 67	—	11. 46	1. 69	0. 68	—	48. 57	—	—	2. 60	—	28. 45
	18	3. 17	3. 41	—	11. 16	2. 37	0. 67	—	48. 11	—	—	2. 62	—	28. 49
	19	1. 11	—	—	10. 96	3. 10	2. 40	—	48. 84	—	—	2. 63	2. 03	28. 93
	20	—	—	0. 89	4. 81	3. 26	4. 57	4. 90	49. 78	—	—	2. 68	—	29. 11
	21	2. 22	3. 29	—	11. 43	2. 27	1. 22	—	48. 20	—	—	2. 68	—	28. 69
	22	—	—	—	5. 85	2. 61	2. 46	3. 48	53. 66	—	—	3. 01	—	28. 93
	23	—	—	—	11. 63	2. 09	3. 09	2. 47	48. 64	—	—	3. 31	—	28. 77
	24	—	—	0. 51	5. 37	2. 72	1. 16	8. 21	49. 09	—	—	3. 59	1. 11	28. 23
	25	—	—	1. 01	7. 62	3. 09	1. 60	6. 09	47. 73	—	—	3. 94	—	28. 92
	26	—	0. 89	0. 71	9. 64	3. 56	1. 58	—	49. 54	—	—	4. 36	—	29. 72
	27	—	—	1. 07	8. 29	3. 15	3. 48	—	48. 11	—	—	5. 47	1. 12	29. 32
	28	—	—	—	8. 69	3. 36	2. 01	—	49. 14	—	—	5. 79	2. 30	28. 71
	29	—	—	2. 21	8. 27	3. 84	3. 43	4. 64	41. 30	—	—	7. 31	—	29
	30	—	—	—	17. 63	2. 73	5. 37	—	30. 33	—	5. 18	7. 64	4. 56	26. 57
	31	—	—	1. 99	7. 87	4. 02	3. 60	4. 31	39. 81	—	—	8. 74	1. 17	28. 49
	32	—	—	—	11. 22	3. 06	1. 40	0. 85	52. 22	—	—	—	1. 40	29. 84
	33	1. 46	—	—	9. 29	2. 45	1. 20	2. 13	52. 80	—	—	—	1. 55	29. 12
	34	1. 40	—	0. 59	9. 94	2. 83	2. 60	2. 78	48. 90	—	—	—	1. 76	29. 19

续表

分类	序号	元素含量/%												
		F	Na	Si	Ca	Ti	Fe	Sr	Nb	Ce	Ta	Th	U	O
含钍或铀烧绿石	35	1. 10	—	0. 56	10. 35	3. 05	1. 23	—	50. 58	—	—	—	3. 51	29. 64
	36	3. 09	3. 85	—	11. 77	2. 42	—	—	48. 84	—	—	1. 19	—	28. 84
	37	3. 43	3. 82	—	11. 62	1. 61	—	—	49. 57	—	—	1. 38	—	28. 57
	38	2. 51	4. 17	—	10. 94	1. 11	0. 98	—	50. 00	—	—	1. 58	—	28. 72
	39	3. 45	3. 95	—	11. 61	2. 05	—	—	48. 77	—	—	1. 59	—	28. 59
	40	4. 01	3. 71	—	10. 77	1. 79	—	—	49. 51	—	—	1. 87	—	28. 35
	41	3. 40	3. 82	—	11. 26	1. 83	—	—	49. 29	—	—	1. 88	—	28. 52
	42	1. 85	0. 64	3. 09	10. 19	1. 61	—	—	50. 04	—	—	1. 91	—	30. 68
	43	4. 08	4. 69	—	10. 09	1. 51	—	—	49. 45	—	—	1. 96	—	28. 23
	44	4. 11	4. 21	—	10. 17	1. 98	—	—	49. 15	—	—	2. 10	—	28. 29
	45	2. 72	1. 66	—	11. 37	2. 16	—	—	51. 10	—	—	2. 13	—	28. 85
	46	2. 61	2. 89	—	11. 32	2. 42	—	—	49. 74	—	—	2. 16	—	28. 85
	47	—	—	—	10. 10	3. 01	2. 44	2. 90	49. 39	—	—	2. 88	—	29. 28
	48	—	—	—	7. 11	2. 30	—	4. 26	54. 38	—	—	2. 97	—	28. 97
	49	—	—	2. 38	8. 62	3. 71	2. 79	3. 31	40. 42	—	—	2. 98	6. 27	29. 51
	50	2. 27	1. 18	0. 37	10. 44	2. 67	0. 62	—	49. 62	—	0. 83	3. 00	—	29. 01
	51	—	—	—	9. 81	3. 01	2. 43	2. 27	50. 07	—	—	3. 04	—	29. 36
	52	—	—	—	9. 30	3. 91	0. 94	2. 63	50. 65	—	—	3. 13	—	29. 44
	53	3. 48	—	—	12. 89	2. 40	0. 67	—	48. 91	—	—	3. 13	—	28. 52
	54	—	—	—	4. 78	2. 04	—	10. 84	51. 22	—	—	3. 37	—	27. 76
	55	—	—	—	10. 25	3. 49	—	—	53. 12	—	—	3. 38	—	29. 76
	56	—	—	—	9. 38	3. 72	1. 46	1. 85	47. 84	—	—	3. 62	3. 20	28. 93
	57	2. 72	2. 92	—	10. 35	1. 75	0. 74	—	48. 94	—	—	4. 29	—	28. 29
	58	2. 25	—	—	9. 70	2. 78	0. 90	2. 17	49. 37	—	—	4. 44	—	28. 38
	59	—	—	—	4. 21	4. 04	—	1. 61	55. 76	—	—	5. 01	—	29. 37
	60	—	—	—	8. 88	3. 37	3. 01	0. 39	47. 65	—	—	5. 18	2. 61	28. 91
	61	—	—	—	5. 06	3. 23	1. 36	—	36. 41	—	9. 56	6. 82	11. 72	25. 85
	62	0. 90	—	—	7. 22	2. 92	2. 93	4. 26	41. 28	—	4. 84	7. 17	1. 50	27. 00
	63	—	—	—	9. 16	3. 46	2. 00	2. 66	46. 49	—	—	7. 81	—	28. 41
	64	—	3. 09	1. 26	7. 12	2. 99	2. 34	—	38. 29	—	—	9. 77	3. 70	26. 92
	65	—	—	—	2. 02	2. 43	3. 22	3. 64	31. 33	—	14. 39	14. 17	4. 74	24. 06
	66	—	—	0. 65	9. 92	2. 44	1. 61	3. 78	50. 3	—	—	—	1. 61	29. 69
	67	2. 37	—	—	9. 03	3. 13	1. 47	2. 74	48. 47	—	—	—	4. 24	28. 55
	68	—	—	—	10. 58	2. 18	1. 17	1. 83	49. 79	—	—	—	5. 40	29. 04

续表

分类	序号	元素含量/%												
		F	Na	Si	Ca	Ti	Fe	Sr	Nb	Ce	Ta	Th	U	O
含铈、钍或铀烧绿石	1	—	0.39	—	11.42	3.67	0.80	—	49.67	3.18	—	1.37	—	29.49
	2	1.82	2.33	—	10.35	2.41	1.03	0.74	49.76	1.04	—	1.69	—	28.82
	3	—	—	1.44	6.02	3.80	4.10	5.91	40	2.05	1.84	1.85	4.93	28.06
	4	1.50	1.67	—	10.67	1.93	0.87	—	50.67	1.73	—	2.16	—	28.79
	5	0.91	0.48	0.45	8.78	2.23	1.13	2.77	51.01	1.07	—	2.23	—	28.95
	6	—	1.1	0.58	7.54	2.95	0.95	4.50	49.18	1.73	—	2.52	—	28.94
	7	—	—	—	8.60	3.07	1.58	4.22	49.61	1.67	—	2.54	—	28.70
	8	—	0.98	1.05	7.94	3.50	2.04	5.38	45.76	1.80	—	2.56	—	28.98
	9	—	1.25	0.65	8.42	2.83	1.16	—	52.19	1.14	—	2.57	—	29.78
	10	—	—	0.77	6.69	3.34	0.69	6.78	48.78	1.50	—	2.61	—	28.83
	11	—	—	0.74	3.80	1.37	2.37	11.65	48.64	1.14	—	2.70	—	27.59
	12	—	—	1.23	6.91	3.49	1.15	4.23	48.57	2.39	—	2.72	—	29.30
	13	1.23	0.66	—	8.49	2.18	1.21	1.70	51.72	1.27	—	2.93	—	28.62
	14	—	—	0.80	6.01	3.40	0.88	6.73	48.61	1.92	—	2.93	—	28.72
	15	1.28	0.98	—	9.73	3.00	1.00	—	49.98	1.02	1.13	3.01	—	28.87
	16	—	—	—	10.05	3.33	1.52	1.45	50.84	0.39	—	3.10	—	29.32
	17	—	—	—	7.32	3.01	1.42	1.97	52.19	1.99	—	3.16	—	28.94
	18	—	—	0.63	6.51	2.11	1.40	7.17	48.69	2.09	—	3.21	—	28.19
	19	—	—	0.55	4.89	1.38	2.95	10.68	47.38	1.13	—	3.65	—	27.39
	20	—	—	—	10.46	2.84	1.08	—	51.50	1.10	—	3.76	—	29.26
	21	—	—	0.83	3.34	2.31	1.99	7.61	50.45	1.24	—	3.96	—	28.26
	22	—	0.42	—	8.14	0.84	0.77	—	54.41	1.83	—	4.00	0.92	28.66
	23	—	1.01	0.68	5.92	2.58	2.90	4.56	48.13	1.58	—	4.19	—	28.45
	24	1.87	2.92	—	12.24	2.74	1.24	—	44.53	1.61	—	4.69	—	28.18
	25	—	—	—	6.97	3.14	3.79	3.96	40.74	1.38	6.55	5.36	1.22	26.90
	26	—	—	1.78	4.81	4.44	4.36	—	42.26	2.25	3.16	7.05	1.24	28.66
	27	—	—	2.89	5.32	4.00	4.21	4.26	36.80	1.23	3.45	7.26	2.24	28.34
	28	—	—	2.76	5.85	4.46	3.67	3.83	34.62	1.85	4.66	7.53	2.73	28.05
	29	3.19	3.62	—	11.30	0.88	0.57	—	49.58	1.74	—	0.89	—	28.23
	30	2.16	3.04	—	12.28	3.36	0.59	—	45.30	3.03	—	1.56	—	28.69
	31	—	—	0.50	11.03	2.31	—	1.73	51.79	1.20	—	1.86	—	29.59
	32	2.87	3.13	—	12.12	2.35	0.55	—	47.06	1.47	—	1.94	—	28.51

续表

分类	序号	元素含量/%												
		F	Na	Si	Ca	Ti	Fe	Sr	Nb	Ce	Ta	Th	U	O
含铈、钍或铀烧绿石	33	—	—	0.69	4.38	3.94	3.35	8.97	41.67	1.45	1.81	2.04	3.81	27.88
	34	—	—	—	10.28	3.19	2.83	1.69	46.90	1.25	—	2.25	2.61	29.00
	35	—	—	0.59	7.58	1.41	0.96	7.07	50.01	1.64	—	2.27	—	28.47
	36	2.88	3.10	—	11.53	2.32	—	—	48.45	0.85	—	2.32	—	28.55
	37	—	—	0.47	5.97	3.03	0.61	3.37	52.9	1.83	—	2.55	—	29.26
	38	—	—	0.68	7.33	3.68	—	6.29	48.39	2.12	—	2.64	—	28.87
	39	—	—	1.10	4.48	2.88	1.81	8.48	48.24	1.62	—	2.68	—	28.71
	40	—	—	0.57	5.44	3.15	2.36	7.64	47.86	1.59	—	2.79	—	28.60
	41	—	—	—	9.72	3.52	2.19	2.21	46.98	1.47	—	2.87	2.15	28.89
	42	—	—	1.00	6.98	3.89	2.06	4.82	46.69	2.38	—	2.97	—	29.21
	43	1.84	3.23	—	12.56	2.05	0.57	—	46.34	1.98	—	2.98	—	28.45
	44	—	—	0.68	7.00	2.13	5.83	5.45	45.52	1.22	—	3.4	—	28.77
	45	—	—	0.79	3.31	1.97	1.89	12.01	47.33	1.50	—	3.53	—	27.67
	46	—	—	0.71	6.65	2.24	1.80	6.92	48.48	1.00	—	3.66	—	28.54
	47	2.20	0.95	—	11.51	2.98	—	—	48.69	1.13	—	3.91	—	28.61
	48	—	—	1.09	6.89	4.04	2.15	—	49.68	2.12	—	4.11	—	29.93
	49	—	—	—	5.49	3.47	1.25	3.11	49.97	2.91	—	5.43	—	28.37
	50	—	—	—	5.88	1.01	2.92	0.48	52.65	1.65	—	7.11	—	28.30
	51	—	—	—	2.52	3.14	2.67	7.05	39.56	2.29	6.19	9.42	1.26	25.89
	52	—	—	—	6.50	3.84	2.64	1.57	47.61	2.10	—	—	6.90	28.83

烧绿石是矿石中最主要的铌矿物，也是要回收的目的矿物。烧绿石主要以自形-半自形粒状产出，颗粒内部常见烧绿石的颜色多变，部分烧绿石环带发育。烧绿石与赤铁矿、磁铁矿、褐铁矿及磷灰石的嵌布关系密切；另有少部分烧绿石颗粒分布在脉石矿物中。

2. 稀土矿物及 Th-U 的矿物

通过自动矿物分析仪（MLA），从样品中发现了一些独立的稀土矿物，矿物的含量很低，主要为氟碳钙铈矿和独居石，其次为碳酸锶铈矿、易解石、铌铁金红石，有时可见少量的氟碳铈矿等；Th-U 的矿物为方钍石。

矿石中的氟碳钙铈矿多呈不规则状产出，多与白云石、方解石、磷灰石等嵌布在一起（图 11-1），矿物的粒度细，一般在 0.02mm 以下。

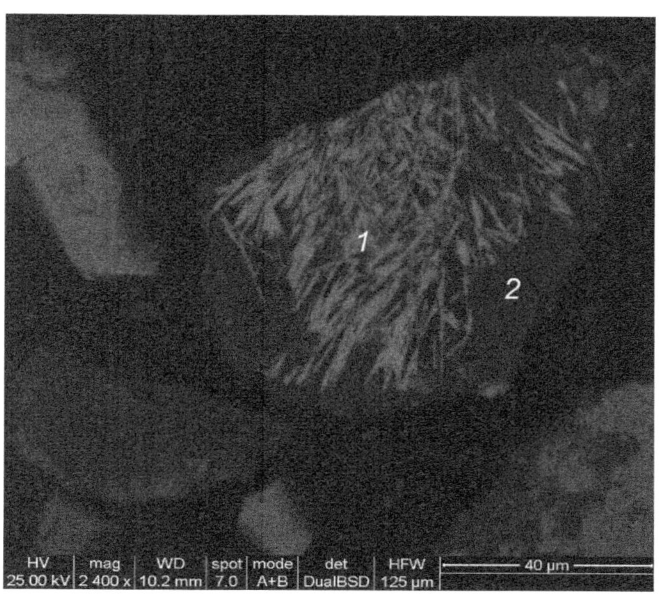

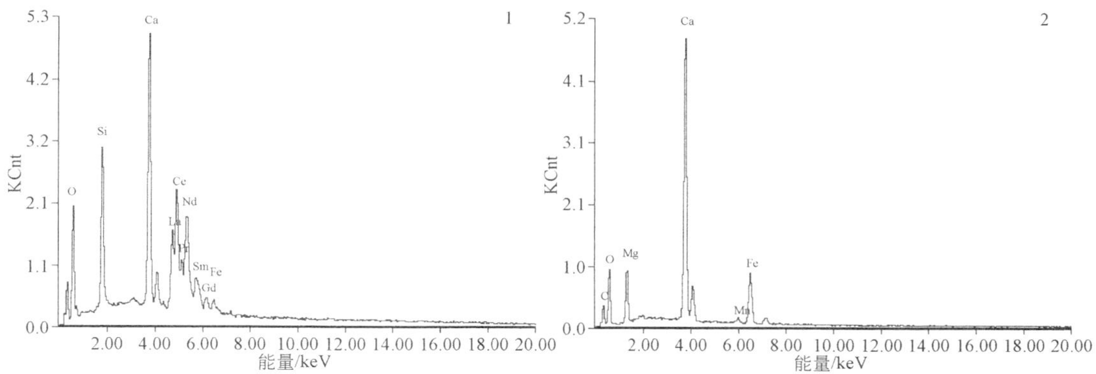

图 11-1　氟碳钙铈矿与白云石嵌布在一起

1. 氟碳钙铈矿；2. 白云石

独居石也多呈不规则粒状产出，多与白云石、方解石、磷灰石等共生关系密切（图 11-2），矿物的粒度细，一般小于 0. 02mm。

矿石中的碳酸锶铈矿、易解石及铌铁金红石等的含量低，多与白云石和磷灰石等嵌布在一起（图 11-3，图 11-4），矿物的粒度一般小于 0. 02mm。

方钍石主要嵌布在烧绿石颗粒内部（图 11-5），粒度小于 0. 005mm。

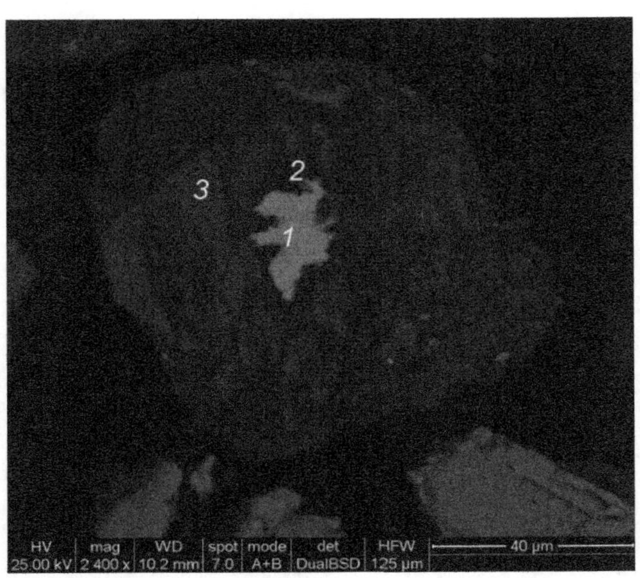

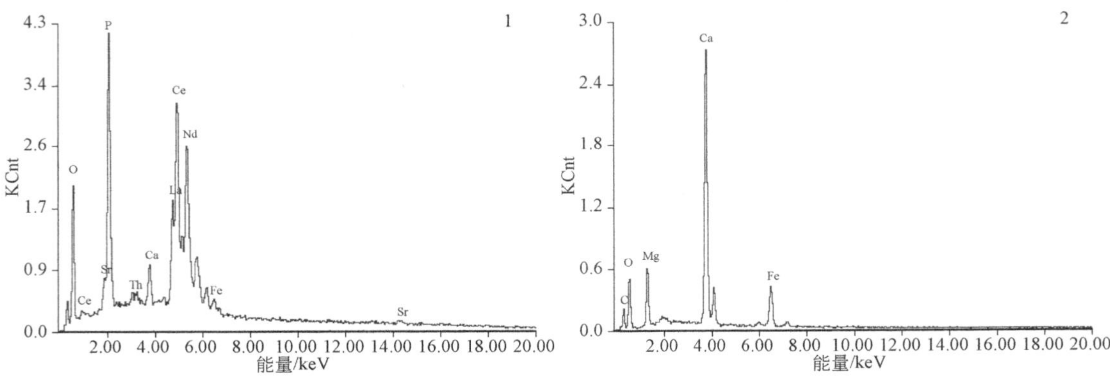

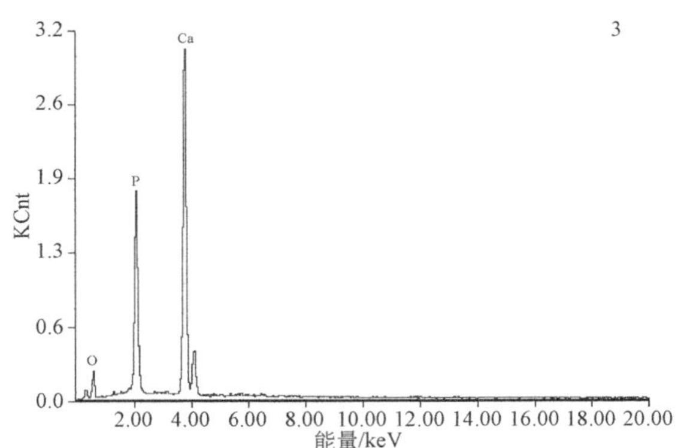

图 11-2　独居石与磷灰石、白云石嵌布在一起

1. 独居石；2. 白云石；3. 磷灰石

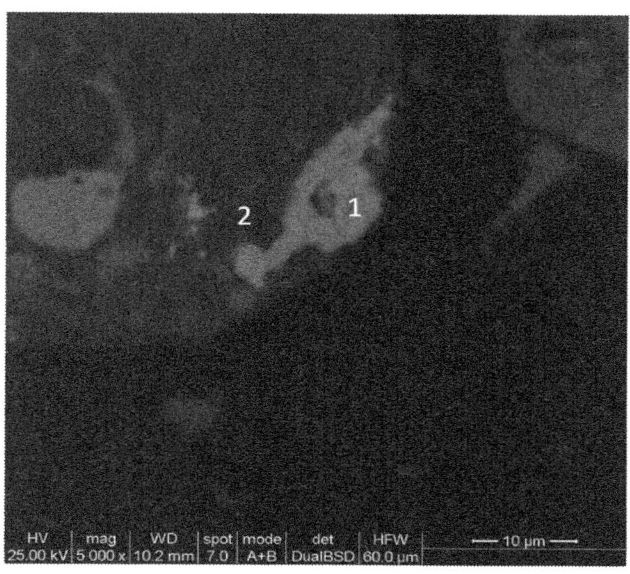

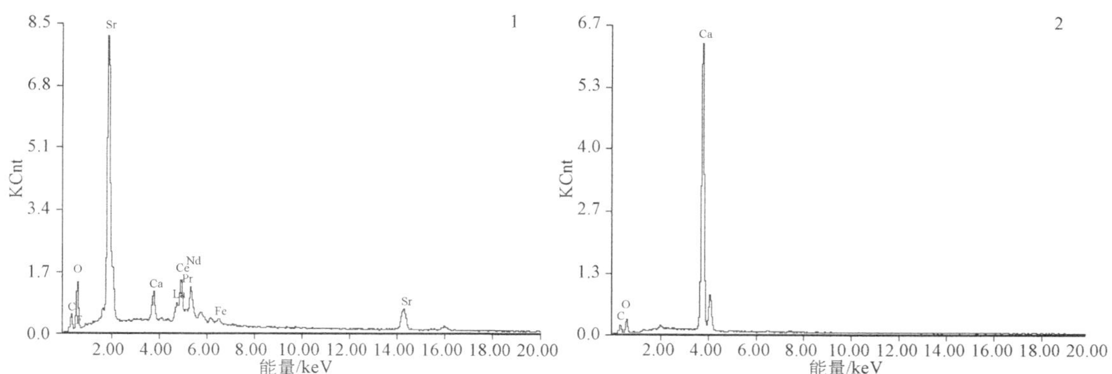

图 11-3　碳酸锶铈矿与方解石嵌布在一起

1. 碳酸锶铈矿；2. 方解石

3. *磷灰石*

磷灰石的分子式为 $Ca_2Ca_3(PO_4)(OH, F)$，其中 OH、F 呈完全类质同象，根据二者的含量不同可分为羟磷灰石和氟磷灰石。磷灰石是矿石中含量较多的矿物之一，也是重要的含磷矿物，成分上主要为氟磷灰石。矿石中磷灰石主要呈自形-半自形嵌布在方解石、白云石、赤铁矿、磁铁矿、褐铁矿等矿物中及矿物的粒间；常见磷灰石与烧绿石嵌布在一起，部分粗粒磷灰石中能见到烧绿石颗粒（图 11-6）。

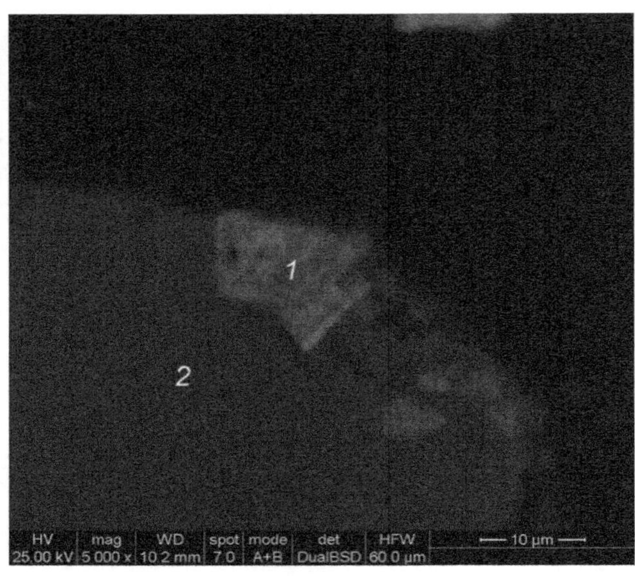

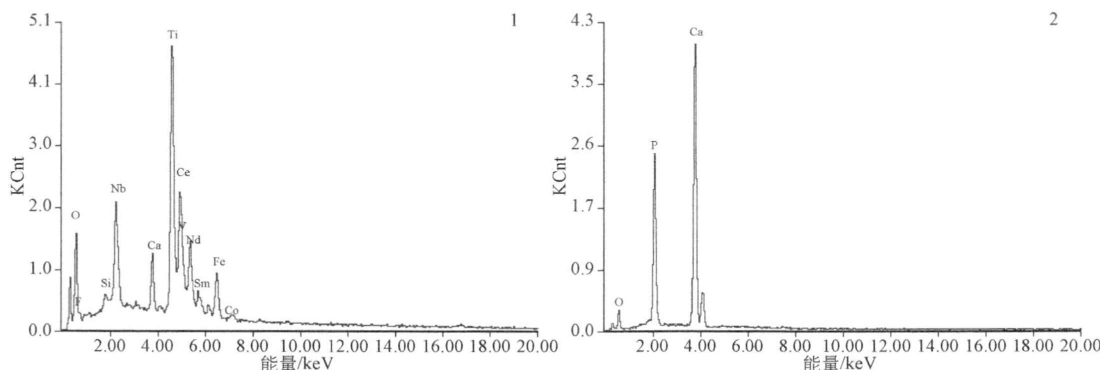

图 11-4 易解石与磷灰石嵌布在一起

1. 易解石；2. 磷灰石

4. 赤铁矿、褐铁矿

赤铁矿和褐铁矿在矿石中都比较常见，是矿石中重要的含铁矿物，赤铁矿的含量相对较多。矿石中的赤铁矿和褐铁矿与磁铁矿的关系最为密切，常沿磁铁矿的晶隙和边缘交代，部分赤铁矿完全交代磁铁矿而保留了磁铁矿的外形以假象赤铁矿的形式存在。

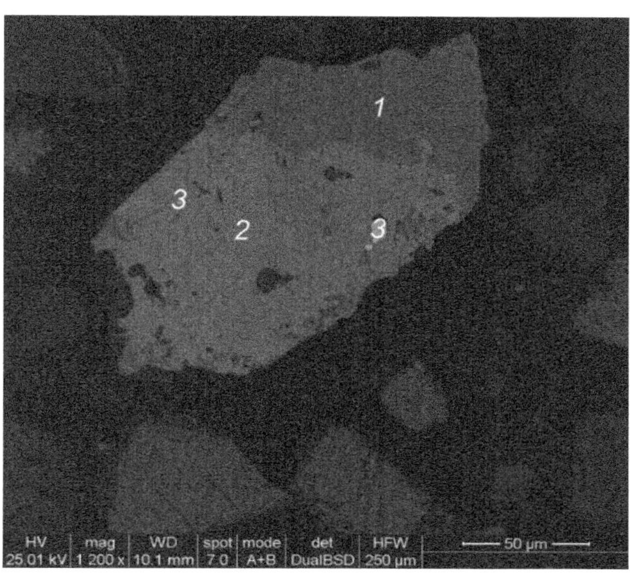

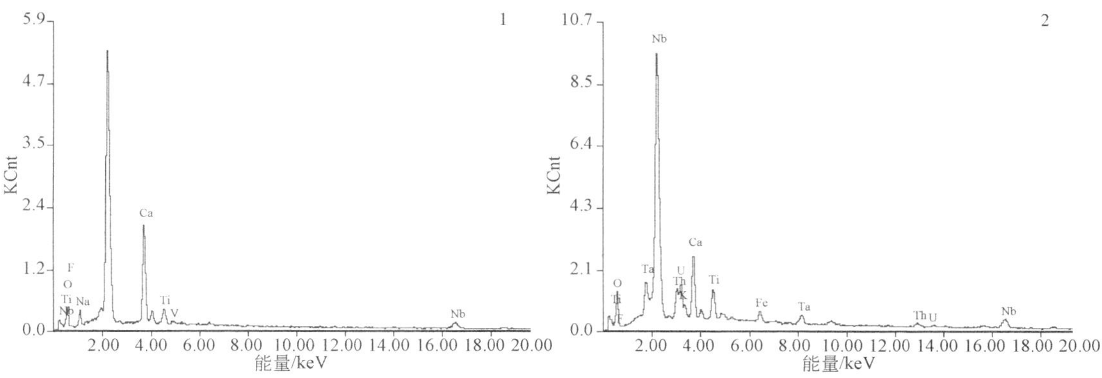

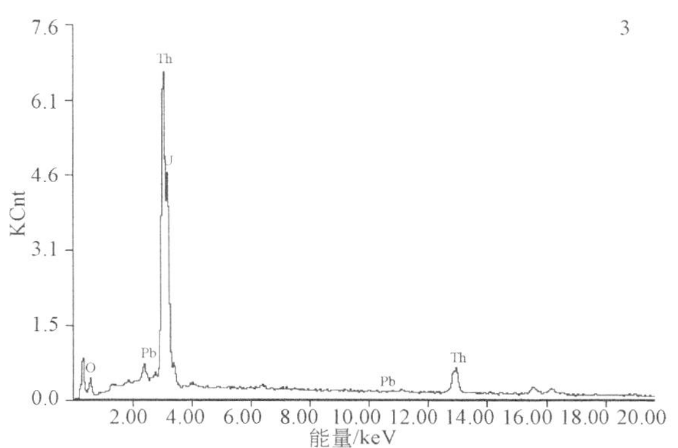

图 11-5　烧绿石内部包裹的方钍石

1、2. 烧绿石；3. 方钍石

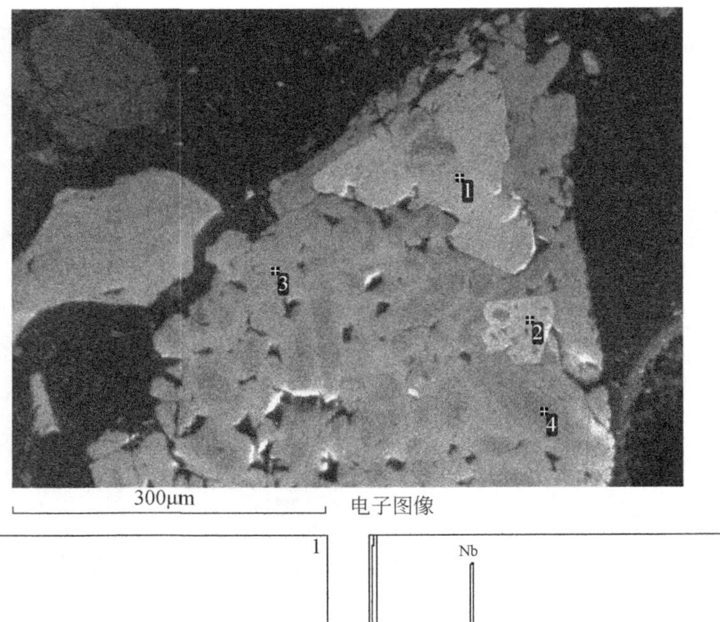

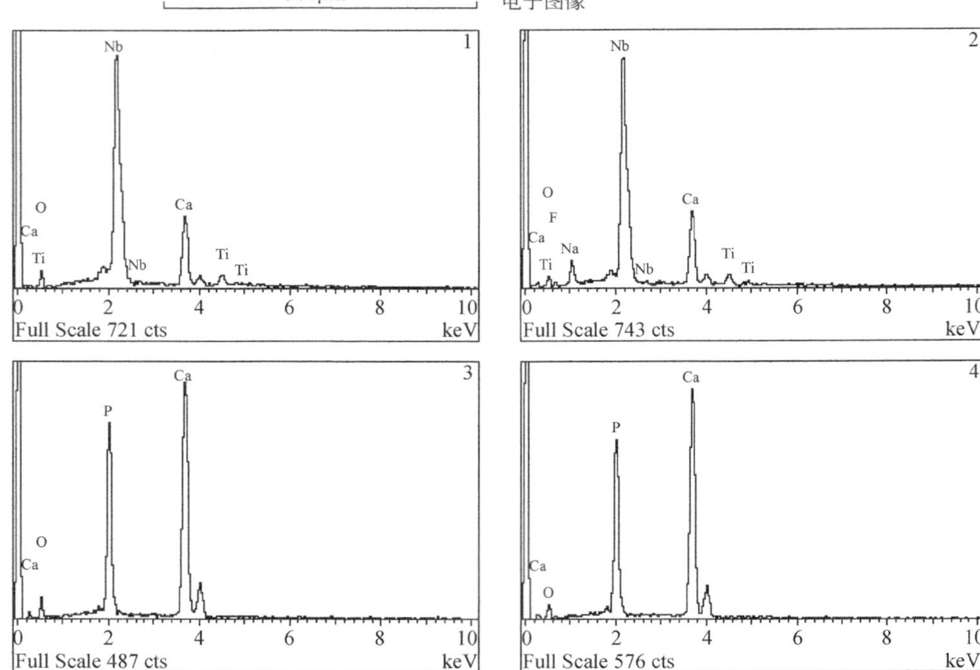

图 11-6　磷灰石内部嵌布的烧绿石包裹体

1、2. 烧绿石；3、4. 磷灰石

5. *磁铁矿*

磁铁矿主要呈他形粒状产出，矿石中的磁铁矿大部分被赤铁矿及褐铁矿交代，呈交代残余的状态产出，有时可见磁铁矿沿边缘被赤铁矿交代，磁铁矿颗粒内部有时可见自形的烧绿石嵌布。

11.1.3.5　矿石中重要矿物的嵌布粒度

矿石中烧绿石、磷灰石、磁铁矿和赤（褐）铁矿的粒度分布见表 11-60。

表 11-60　矿石中烧绿石的粒度组成

粒级/mm	烧绿石	磷灰石	磁铁矿	赤（褐）铁矿
	分布率/%	分布率/%	分布率/%	分布率/%
+2	—	0.86	3.58	0.61
-2+1.651	—	1.78	6.43	3.46
-1.651+1.168	1.04	2.61	11.48	7.31
-1.168+0.833	1.77	6.87	11.62	6.79
-0.833+0.589	2.91	5.96	17.98	12.76
-0.589+0.417	5.67	12.66	11.50	12.84
-0.417+0.295	6.68	13.16	12.46	12.92
-0.295+0.208	6.62	12.10	8.38	9.85
-0.208+0.147	11.00	14.11	6.20	8.80
-0.147+0.104	12.21	7.11	3.69	6.63
-0.104+0.074	13.12	8.41	3.15	5.18
-0.074+0.043	19.75	10.64	2.11	5.62
-0.043+0.020	13.80	3.22	1.12	3.43
-0.020+0.015	3.20	0.27	0.19	1.30
-0.015+0.010	1.89	0.16	0.08	1.50
-0.01	0.33	0.06	0.02	1.01

矿石中的烧绿石的粒度主要集中在 0.020～0.208mm，为中细粒且分布不均匀；磷灰石的嵌布粒度相对较粗，主要集中在 0.043～0.589mm，为中粗粒；磁铁矿和赤（褐）铁矿的粒度最粗。

11.1.3.6　矿石中铌、铀、钍的赋存状态

矿石中的铌主要以独立矿物的形式存在，烧绿石是矿石样品中最主要的铌矿物，另有微量的铌存在于易解石、铌钛矿及稀土矿物中。

矿石中的放射性元素 Th 和 U 多以类质同象的形式存在，主要赋存在烧绿石中，这部分 Th 和 U 占总量的 70% 左右，另有少量的 Th 和 U 赋存在氟碳铈钙矿、独居石等矿物中，有微量的 Th 和 U 以独立矿物存在，主要为方钍石。

11.1.3.7　结论

矿石中铌的含量比较高，主要以独立矿物烧绿石的形式存在，烧绿石的嵌布粒度以

中细粒为主且分布不均匀；烧绿石密度为4.1～5.4g/cm^3，不能采用重选方法与其他矿物方解石、磷灰石、赤（褐）铁矿、白云石、磁铁矿、石英、黄铁矿等进行有效的分离富集。由于烧绿石本身的成分变化较大，可浮性较差，且矿石中含钙矿物方解石、磷灰石及白云石等的含量又比较高，因此该矿石难选。为了更好地回收烧绿石，建议先浮选磷灰石和碳酸盐矿物，然后进行磁选脱铁，再进行浮选烧绿石，最后对烧绿石精矿进行黄铁矿浮选和酸浸，以降低硫、磷和碳酸盐矿物含量，提高烧绿石精矿的品质。此外，还应注意的是烧绿石中常含有一定量的Th和U，在选别过程中根据需要采取适当的防护措施。

11.1.4　金矿

该金矿为正在生产的角砾岩型金矿，采用全泥氰化法回收金。在深部找矿勘探过程中发现有高品位的碳酸盐型金矿体，为了解现工艺流程的适应性，对碳酸盐型金矿石进行工艺矿物学研究。

11.1.4.1　矿石的多组分化学分析

矿石的多组分化学分析结果见表11-61。

表11-61　矿石的多组分化学分析

化学成分	Au	Ag	Fe	Pb	Zn	S	As
含量/%	0.001917	0.001194	2.94	0.037	0.014	1.26	0.032
化学成分	SiO_2	Al_2O_3	CaO	MgO	K_2O	Na_2O	烧失量
含量/%	35.02	4.74	20.10	8.40	1.60	1.45	23.46

11.1.4.2　矿石的矿物组成及相对含量

矿石的矿物组成较简单。矿石中有三种金矿物，其中最主要的是自然金和碲金矿，还有少量的碲金银矿；银的矿物有碲银矿、辉银矿、辉银汞矿；非金属矿物主要为白云石和石英，其次为方解石、云母、长石，另有少量的变水高岭石等；矿石中金属矿物含量较低，以黄铁矿为主，其次有少量的赤铁矿、褐铁矿，另外就是微量的金红石、毒砂、闪锌矿、方铅矿、白铅矿、自然碲、碲铅矿、硒铅矿、自然铋等。矿物的相对含量见表11-62。

表11-62　矿石的矿物组成

矿物名称	白云石	方解石	石英	长石	云母	高岭石	黄铁矿	赤/褐铁矿	其他
含量/%	39.27	12.75	20.57	10.12	11.79	0.21	2.36	1.95	0.98

11.1.4.3　矿石中金矿物的种类和化学成分

1. 自然金

自然金的扫描电镜 X 射线能谱分析数据见表 11-63。矿石中大部分自然金都含银，银的含量从 2.21% 到 10.90% 不等。

表 11-63　自然金的 X 射线能谱分析

序号	元素含量/%				
	Au	Ag	Rb	Fe	Co
1	100.00	—	—	—	—
2	100.00	—	—	—	—
3	100.00	—	—	—	—
4	100.00	—	—	—	—
5	100.00	—	—	—	—
6	100.00	—	—	—	—
7	100.00	—	—	—	—
8	100.00	—	—	—	—
9	100.00	—	—	—	—
10	100.00	—	—	—	—
11	100.00	—	—	—	—
12	100.00	—	—	—	—
13	100.00	—	—	—	—
14	100.00	—	—	—	—
15	100.00	—	—	—	—
16	97.79	2.21	—	—	—
17	97.56	2.44	—	—	—
18	96.87	3.13	—	—	—
19	96.78	3.22	—	—	—
20	96.78	3.22	—	—	—
21	96.26	3.74	—	—	—
22	93.88	3.84	—	2.19	0.09
23	95.99	4.01	—	—	—
24	95.82	4.18	—	—	—
25	93.54	4.50	—	1.96	—
26	95.45	4.55	—	—	—
27	95.30	4.70	—	—	—
28	95.29	4.71	—	—	—
29	95.11	4.89	—	—	—

续表

序号	元素含量/%				
	Au	Ag	Rb	Fe	Co
30	95. 09	4. 91	—	—	—
31	94. 98	5. 02	—	—	—
32	92. 03	5. 35	2. 62	—	—
33	94. 57	5. 43	—	—	—
34	94. 48	5. 52	—	—	—
35	94. 48	5. 52	—	—	—
36	94. 41	5. 59	—	—	—
37	94. 41	5. 59	—	—	—
38	94. 41	5. 59	—	—	—
39	94. 29	5. 71	—	—	—
40	94. 27	5. 73	—	—	—
41	94. 20	5. 80	—	—	—
42	94. 14	5. 86	—	—	—
43	94. 13	5. 87	—	—	—
44	93. 79	6. 21	—	—	—
45	93. 64	6. 36	—	—	—
46	93. 51	6. 49	—	—	—
47	87. 62	7. 00	5. 38	—	—
48	92. 97	7. 03	—	—	—
49	92. 97	7. 03	—	—	—
50	92. 81	7. 19	—	—	—
51	92. 73	7. 27	—	—	—
52	92. 68	7. 32	—	—	—
53	92. 63	7. 37	—	—	—
54	92. 45	7. 55	—	—	—
55	92. 42	7. 58	—	—	—
56	90. 85	7. 64	1. 51	—	—
57	92. 17	7. 83	—	—	—
58	91. 98	8. 02	—	—	—
59	91. 95	8. 05	—	—	—
60	91. 68	8. 32	—	—	—
61	91. 52	8. 48	—	—	—
62	91. 36	8. 64	—	—	—
63	91. 26	8. 74	—	—	—
64	91. 26	8. 74	—	—	—

续表

序号	元素含量/%				
	Au	Ag	Rb	Fe	Co
65	90.66	9.34	—	—	—
66	90.60	9.40	—	—	—
67	90.16	9.84	—	—	—
68	90.07	9.93	—	—	—
69	89.16	10.84	—	—	—
70	89.10	10.90	—	—	—

2. *碲金矿*

碲金矿的扫描电镜 X 射线能谱分析数据见表 11-64。大部分碲金矿中含有少量的银，此外还有微量的 Cs、Ce、Cu、Fe、Rb 等。

表 11-64　碲金矿的 X 射线能谱分析

序号	元素含量/%							
	Au	Ag	Te	Cs	Ce	Cu	Rb	Fe
1	41.74	—	58.26	—	—	—	—	—
2	54.13	—	45.87	—	—	—	—	—
3	42.67	—	57.33	—	—	—	—	—
4	47.71	—	52.29	—	—	—	—	—
5	32.34	—	64.25	—	—	3.41	—	—
6	39.97	—	59.04	0.99	—	—	—	—
7	53.10	—	43.93	0.65	0.75	—	—	1.57
8	27.51	—	67.17	—	—	4.18	—	1.14
9	29.37	—	63.91	—	0.46	6.26	—	—
10	39.34	—	60.13	—	0.53	0.00	—	—
11	13.77	—	84.00	—	—	2.23	—	—
12	30.83	—	63.03	—	0.61	5.53	—	—
13	34.81	—	65.19	—	—	—	—	—
14	15.97	—	78.91	—	—	5.12	—	—
15	29.75	—	65.25	—	0.50	4.50	—	—
16	43.80	0.61	55.23	0.36	—	—	—	—
17	41.52	1.03	57.45	—	—	—	—	—
18	18.29	1.04	79.34	—	—	1.33	—	—
19	34.65	1.69	63.66	—	—	—	—	—

续表

序号	元素含量/%							
	Au	Ag	Te	Cs	Ce	Cu	Rb	Fe
20	30. 54	2. 10	63. 50	0. 36	0. 75	2. 75	—	—
21	33. 95	2. 13	63. 92	—	—	—	—	—
22	29. 27	2. 73	68. 00	—	—	—	—	—
23	34. 15	2. 80	61. 72	—	—	—	1. 33	—
24	27. 96	2. 87	62. 45	—	0. 46	4. 16	—	2. 10
25	27. 96	2. 87	62. 45	—	0. 46	4. 16	—	2. 10
26	38. 72	3. 08	57. 26	—	0. 94	—	—	—
27	38. 05	3. 55	58. 40	—	—	—	—	—
28	32. 38	4. 57	60. 14	—	0. 00	1. 78	1. 13	—
29	24. 07	4. 81	71. 12	—	—	—	—	—
30	30. 80	5. 75	62. 10	—	—	1. 35	—	—
31	25. 36	6. 12	64. 38	0. 58	0. 57	2. 99	—	—
32	22. 57	6. 34	68. 78	—	—	1. 37	—	0. 94
33	28. 19	6. 59	63. 40	—	—	1. 82	—	—
34	25. 37	6. 63	66. 41	—	—	1. 59	—	—
35	25. 01	6. 66	66. 12	—	—	1. 78	—	0. 43
36	28. 33	7. 01	62. 03	—	0. 86	1. 77	—	—
37	30. 03	7. 23	61. 99	—	0. 75	—	—	—
38	31. 41	7. 23	59. 25	1. 49	0. 43	—	0. 19	—
39	31. 41	7. 23	59. 25	1. 49	0. 43	—	0. 19	—
40	31. 41	7. 23	59. 25	1. 49	0. 43	—	0. 19	—
41	27. 17	7. 26	65. 57	—	—	—	—	—
42	28. 04	7. 29	64. 32	0. 35	—	—	—	—
43	27. 30	7. 44	65. 26	—	—	—	—	—
44	22. 59	7. 44	67. 53	—	—	—	—	2. 44
45	27. 02	7. 53	61. 81	—	—	0. 59	—	3. 05
46	30. 13	7. 69	60. 21	1. 29	0. 68	—	—	—
47	30. 13	7. 69	60. 21	1. 29	0. 68	—	—	—
48	21. 41	7. 69	70. 90	—	—	—	—	—
49	24. 46	8. 22	67. 32	—	—	—	—	—
50	24. 46	8. 22	67. 32	—	—	—	—	—
51	28. 17	8. 23	62. 82	0. 00	0. 78	—	—	—

续表

序号	元素含量/%							
	Au	Ag	Te	Cs	Ce	Cu	Rb	Fe
52	29. 47	8. 28	60. 70	1. 55	—	—	—	—
53	25. 70	8. 83	64. 15	0. 49	0. 83	—	—	—
54	26. 83	9. 09	63. 85	0. 23	—	—	—	—
55	24. 38	9. 18	66. 44	—	—	—	—	—
56	25. 50	6. 51	68. 00	—	—	—	—	—
57	28. 21	7. 20	64. 59	—	—	—	—	—
58	31. 54	8. 05	60. 41	—	—	—	—	—
59	30. 15	7. 69	62. 16	—	—	—	—	—
60	29. 56	7. 54	62. 90	—	—	—	—	—

3. 碲金银矿

碲金银矿的扫描电镜 X 射线能谱分析数据见表 11-65。

表 11-65　碲金银矿的 X 射线能谱分析

序号	元素含量/%								
	Au	Ag	Te	Cs	Ce	Rb	Fe	Hg	Se
1	22. 77	37. 87	38. 67	—	—	—	0. 69	—	—
2	22. 77	37. 87	38. 67	—	—	—	0. 69	—	—
3	45. 76	18. 21	35. 04	0. 24	—	—	0. 75	—	—
4	24. 54	41. 64	33. 82	—	—	—	—	—	—
5	26. 97	41. 24	31. 79	—	—	—	—	—	—
6	25. 25	41. 76	30. 29	—	1. 8	—	0. 9	—	—
7	25. 24	41. 77	30. 29	—	1. 8	—	0. 9	—	—
8	26. 48	41. 53	29. 07	—	—	—	—	—	2. 92
9	25. 64	33. 08	27. 11	—	2. 49	0. 65	—	11. 03	—
10	24. 25	42. 76	30. 29	—	1. 8	—	0. 9	—	—

11. 1. 4. 4　矿石中金矿物的嵌布特征

矿石中共含有三种金矿物，其中最主要的为自然金，其次是碲金矿以及少量的碲金银矿。

1. 自然金

自然金主要呈不规则粒状、浑圆状嵌布于黄铁矿、石英和白云石的颗粒之间，其次嵌布于白云石、方解石和石英的孔洞以及包裹于白云石、白云母、黄铁矿和石英中，少量分布在黄铁矿、白云石、石英和白云母的裂隙中。

2. *碲金矿*

碲金矿主要呈圆粒状、长条状包裹于白云石和方解石中，其次嵌布于白云石、方解石和石英的颗粒之间，少量分布于白云石、方解石的孔洞中。

3. *碲金银矿*

碲金银矿含量很少，主要呈长条状、不规则状、圆粒状嵌布于黄铁矿的颗粒之间以及石英的裂隙和孔洞中，也有一部分碲金银矿被包裹于石英和方解石中。

矿石中金在各种嵌布类型中的分布情况见表 11-66。

表 11-66　矿石中金在各种嵌布类型中的分布

嵌布类型	矿物名称	相关矿物	金分布率/%	合计/%
裂隙金	自然金	黄铁矿、白云石、石英	5. 50	5. 85
	碲金银矿	石英	0. 35	
孔洞金	自然金	白云石、石英	11. 11	12. 48
	碲金矿	方解石、石英	1. 02	
	碲金银矿	石英	0. 35	
粒间金	自然金	黄铁矿、石英、白云石	55. 01	60. 49
	碲金矿	方解石、白云石、石英、白云母	5. 18	
	碲金银矿	白云母	0. 30	
包裹金	自然金	白云石、白云母、黄铁矿、石英	8. 10	21. 18
	碲金矿	白云石、方解石	12. 90	
	碲金银矿	石英、方解石	0. 18	

11. 1. 4. 5　矿石中金矿物的嵌布粒度

矿石中金矿物的嵌布粒度总体来说都很细（表 11-67），小于 20μm。

表 11-67　矿石中金矿物的粒度组成

粒级/mm	自然金	碲金矿	碲银金矿
	分布率/%	分布率/%	分布率/%
-0. 020+0. 010	11. 63	18. 71	—
-0. 010+0. 005	16. 48	37. 98	35. 54
-0. 005+0. 001	71. 36	43. 31	64. 46
-0. 001	0. 53	—	—

11.1.4.6　矿石中金的赋存状态

矿石中的金以独立矿物的形式存在。矿石中金的独立矿物为自然金、碲金矿和碲金银矿。矿石中金在各种金矿物的分布情况见表 11-68。

表 11-68　矿石中金的平衡分配表

矿物名称	相对比例/%	金的占有率/%
自然金	55.91	79.72
碲金矿	41.18	19.10
碲金银矿	2.91	1.18

11.1.4.7　结论

矿石中金的含量很高，为 19.17g/t。矿石中的金矿物为自然金、碲金矿和碲金银矿，这三种金矿物的嵌布粒度都很细，小于 0.020mm。矿石中最主要的硫化矿物黄铁矿的嵌布粒度也很细，绝大部分小于 0.015mm。尽管以裂隙金、孔洞金和粒间金存在的金达到了 78.82%，通过细磨尽可能使其游离或裸露，但由于有 20.28% 的金以碲金矿和碲金银矿的形式存在，将直接影响金的氰化浸出效果。

11.2　在选矿试验研究中的应用

选择适应矿石性质的技术上可行、经济上合理的选矿工艺方案，是矿产资源开发中的重要环节，而这种最佳方案的选择取决于矿石的工艺性质。工艺矿物学研究所涉及矿石的矿物组成、粒度特性、有益有害成分的赋存状态等内容，是影响选矿工艺中各类产品的品位、回收率的重要因素，是确定合理选矿工艺流程的重要依据。

11.2.1　混合铅锌矿

11.2.1.1　矿石的多组分化学分析

矿石的多组分化学分析结果见表 11-69。

表 11-69　矿石的多组分化学分析

化学成分	Pb	Zn	Fe	S	As	CaO	MgO	Al_2O_3	SiO_2
含量/%	8.25	23.82	16.01	26.20	0.14	8.61	2.82	0.60	0.96

11.2.1.2　矿石中铅锌的化学物相分析

矿石中铅锌的化学物相分析结果见表 11-70 和表 11-71。

表 11-70　矿石中铅的化学物相分析

相别	氧化铅	硫化铅
铅含量/%	2.53	5.72
分布率/%	30.67	69.33

表 11-71　矿石中锌的化学物相分析

相别	氧化锌	硫化锌
锌含量/%	2.93	20.88
分布率/%	12.31	87.69

11.2.1.3　矿石的矿物组成及相对含量

矿石的矿物组成比较简单。金属矿物主要为闪锌矿和黄铁矿，其次为方铅矿、菱锌矿、白铅矿和褐铁矿等，另有少量的异极矿和毒砂等。非金属矿物主要为白云石和方解石，还有少量的绢云母和石英等。矿物的相对含量见表 11-72。

表 11-72　矿石的矿物组成

矿物名称	闪锌矿	方铅矿	菱锌矿、异极矿	黄铁矿	白铅矿
含量/%	31.27	6.77	5.58	27.32	3.16
矿物名称	褐铁矿	毒砂	白云石、方解石	绢云母	石英
含量/%	2.52	0.31	21.31	1.56	0.20

11.2.1.4　矿石中重要矿物的嵌布特征

1. 闪锌矿

闪锌矿主要呈不规则状产出，与方铅矿、黄铁矿关系十分密切，往往紧密共生，胶结、交代方铅矿、黄铁矿形成复杂的镶嵌关系。闪锌矿常胶结、交代黄铁矿。闪锌矿的 X 射线能谱分析结果见表 11-73。

表 11-73　闪锌矿的 X 射线能谱分析

序号	元素含量/%		
	S	Fe	Zn
1	33.17	0.94	65.89
2	33.84	0.71	65.45
3	34.05	1.59	64.36
4	34.07	3.63	62.30
5	33.61	3.69	62.70
6	33.22	0.94	65.84

续表

序号	元素含量/%		
	S	Fe	Zn
7	33.56	2.47	63.97
8	34.72	0.96	64.32
9	31.97	0.18	67.85
10	35.13	1.12	63.75
11	34.11	2.77	63.12
12	33.50	2.67	63.83
13	32.33	2.64	65.03
14	32.54	1.30	66.16
15	32.85	1.43	65.72
16	33.69	0.31	66.00
17	32.75	1.67	65.58
18	33.16	1.71	65.13
19	32.62	0.96	66.42
20	33.40	1.69	64.91

2. *方铅矿*

方铅矿主要呈不规则状产出。方铅矿与黄铁矿的关系很密切，常沿黄铁矿晶隙、裂隙充填胶结、交代黄铁矿，形成填隙结构和交代残余结构。方铅矿与闪锌矿的关系也十分密切，常呈不规则状嵌布于闪锌矿中，形成比较复杂的嵌布关系。由于氧化作用的结果，白铅矿常沿方铅矿周边或裂隙交代，方铅矿呈蠕虫状、星点状嵌布于白铅矿中。

3. *黄铁矿*

黄铁矿主要呈不规则状产出。粗粒黄铁矿常具压碎结构，中细粒黄铁矿有时可见自形、半自形晶结构。黄铁矿与方铅矿、闪锌矿关系十分密切，常被方铅矿、闪锌矿胶结交代形成较为复杂的镶嵌关系。

4. *白铅矿*

白铅矿主要呈不规则状产出。白铅矿与方铅矿的关系十分密切，常沿方铅矿边缘或裂隙交代方铅矿，形成镶边结构或交代残余结构。白铅矿和闪锌矿、黄铁矿的关系也较为密切，常沿黄铁矿、闪锌矿的内部裂隙充填交代。

5. *菱锌矿*

菱锌矿主要呈不规则状嵌布于脉石矿物中，常呈同心环状结构。菱锌矿与白铅矿、闪锌矿、异极矿、褐铁矿关系密切，常紧密共生。

6. 异极矿

异极矿也是矿石中锌的氧化矿物，含量较少，它通常呈板状、放射状，与菱锌矿、白铅矿、褐铁矿常共生在一起。

11.2.1.5 矿石中重要矿物的嵌布粒度

矿石中闪锌矿、方铅矿、黄铁矿、菱锌矿和白铅矿的粒度分布见表 11-74。

表 11-74 矿石中重要矿物的粒度组成表

粒级/mm	闪锌矿		方铅矿		黄铁矿		菱锌矿		白铅矿	
	分布率/%	累计/%	分布率/%	累计/%	分布率/%	累计/%	分布率/%	累计/%	分布率/%	累计/%
+2	0.22	0.22	—	—	—	—	—	—	—	—
-2+1.651	3.17	3.39	—	—	—	—	—	—	—	—
-1.651+1.168	4.52	7.91	—	—	—	—	—	—	—	—
-1.168+0.833	8.68	16.59	—	—	—	—	2.96	2.96	—	—
-0.833+0.589	10.28	26.87	1.06	1.06	0.42	0.42	4.22	7.18	1.65	1.65
-0.589+0.417	12.37	39.24	3.75	4.81	0.90	1.32	7.46	14.64	2.34	3.99
-0.417+0.295	14.42	53.66	6.89	11.70	1.70	3.02	12.68	27.32	6.62	10.61
-0.295+0.208	14.81	68.47	8.39	20.09	2.44	5.46	18.99	46.31	10.71	21.32
-0.208+0.147	8.49	76.96	9.28	29.37	5.31	10.77	14.79	61.10	16.54	37.86
-0.147+0.104	7.43	84.39	16.89	46.26	12.79	23.56	13.09	74.19	15.22	53.08
-0.104+0.074	4.12	88.51	13.25	59.51	13.81	37.37	8.71	82.90	14.47	67.55
-0.074+0.043	5.20	93.71	19.00	78.51	26.21	63.58	7.92	90.82	13.47	81.02
-0.043+0.020	4.03	97.74	12.46	90.97	24.06	87.64	5.79	96.61	9.36	90.38
-0.020+0.015	1.08	98.82	3.80	94.77	6.09	93.73	1.82	98.43	4.74	95.12
-0.015+0.010	0.77	99.59	2.82	97.59	3.58	97.31	1.14	99.57	2.79	97.91
-0.010	0.41	100.00	2.41	100.00	2.69	100.00	0.43	100.00	2.09	100.00

矿石中主要金属矿物嵌布粒度极不均匀，其中锌矿物的嵌布粒度比铅矿物粗，白铅矿嵌布粒度比方铅矿粗。在+0.074mm 粒级中，闪锌矿的占有率为 88.51%、菱锌矿为 82.90%、白铅矿为 67.55%、方铅矿为 59.51%，而黄铁矿在该粒级的占有率只有 37.37%。在-0.010mm 粒级中，闪锌矿的占有率为 0.41%，菱锌矿为 0.43%，白铅矿为 2.09%，方铅矿为 2.41%，而黄铁矿在该粒级的占有率为 2.69%。因此，为了提高矿石中铅、锌的选别指标，矿石应通过细磨，以便各主要金属矿物彼此之间的分离。

11.2.1.6 结论

矿石中铅、锌品位很高，铅为 8.25%，锌达 23.82%；铅、锌的氧化率分别为 30.67% 和 12.31%；有用矿物相对含量很高，嵌布粒度不均匀；闪锌矿、方铅矿、黄铁矿三种矿物约占总矿物量的 65%；有用矿物中闪锌矿粒度粗，方铅矿次之，黄铁矿嵌布粒度细；方铅矿和黄铁矿嵌布粒度较细，且共生关系密切。因此，为了获得较好的铅锌回收指标，应该选用先硫后氧、先铅后锌的原则技术方案，而且矿石应该细磨；由于闪锌矿嵌布粒度粗，为了减少磨矿成本、避免闪锌矿的过磨，采用铅硫粗精矿再磨的工艺方案比较合适（肖仪武，2003）。

11. 2. 2　铜锡多金属矿

11. 2. 2. 1　矿石的多组分化学分析

矿石的多组分化学分析结果见表 11-75。

表 11-75　矿石的多组分化学分析

化学成分	Sn	Cu	Ag	Zn	Pb	S	Fe	Sb
含量/%	0. 59	1. 53	0. 01275	0. 20	0. 19	9. 10	14. 85	0. 22
化学成分	As	SiO_2	CaO	MgO	Al_2O_3	K_2O	Na_2O	TiO_2
含量/%	6. 60	47. 73	0. 48	1. 41	8. 22	1. 69	0. 06	0. 13

11. 2. 2. 2　矿石中铜锡的化学物相分析

矿石中铜锡的化学物相分析结果见表 11-76 和表 11-77。

表 11-76　矿石中铜的化学物相分析

相别	氧化铜	次生硫化铜	原生硫化铜
铜含量/%	0. 0013	0. 12	1. 43
分布率/%	0. 08	7. 73	92. 19

表 11-77　矿石中锡的化学物相分析

相别	锡石	硫化锡
锡含量/%	0. 59	0. 003
分布率/%	99. 49	0. 51

11. 2. 2. 3　矿石的矿物组成及相对含量

矿石中金属矿物主要为毒砂和黄铁矿，其次是黄铜矿、菱铁矿，另有少量的锡石、黝铜矿、闪锌矿，微量的方铅矿、车轮矿、金红石、磁铁矿、钛铁矿等。非金属矿物主要有石英，其次为绢云母、绿泥石，少量的高岭石、钾长石、白云石，微量的斜长石和磷灰石等。矿物的相对含量见表 11-78。

表 11-78　矿石的矿物组成

矿物名称	黄铜矿	黝铜矿	毒砂	黄铁矿	闪锌矿	方铅矿	车轮矿	锡石	黄锡矿	菱铁矿
含量/%	4.14	0.22	14.34	9.04	0.30	0.16	0.12	0.75	0.01	3.46
矿物名称	金红石	石英	绢云母	绿泥石	高岭石	钾长石	白云石	斜长石	磷灰石	其他
含量/%	0.13	38.27	11.14	9.91	3.19	2.23	1.32	0.51	0.15	0.61

11.2.2.4　矿石中重要矿物的嵌布特征

1. 黄铜矿

黄铜矿是矿石中主要的铜矿物。黄铜矿粒度普遍较粗，多以不规则状嵌布于脉石中。黄铜矿与毒砂之间的嵌布关系最为密切，中细粒的黄铜矿常被包裹在毒砂中，或黄铜矿沿着毒砂的裂隙填充。粗粒黄铜矿中可见包裹细粒的锡石。黄铜矿有时与黝铜矿、车轮矿之间构成复杂的嵌布关系。

2. 黝铜矿

黝铜矿是矿石中回收铜的目的矿物，还是最主要的含银矿物。黝铜矿的 X 射线能谱分析见表 11-79。矿石中的黝铜矿根据含 Ag 和 As 的情况可分为两类：主要为含 Ag 不含 As 的含银黝铜矿，银的含量分布为 3% ~10%；少量是不含 Ag 而含 As 的含砷黝铜矿，砷的含量分布为 1% ~5%。

表 11-79　黝铜矿的 X 射线能谱分析

序号	元素含量/%						
	S	Fe	Cu	Zn	Ag	Sb	As
1	24.65	4.18	34.33	3.46	6.13	27.25	—
2	22.50	5.48	34.98	—	9.26	27.78	—
3	24.01	5.18	34.46	—	8.67	27.68	—
4	24.57	4.48	34.47	—	6.61	29.87	—
5	24.92	5.05	33.16	—	8.60	28.27	—
6	21.21	4.87	37.43	—	8.66	27.83	—
7	24.75	4.90	35.88	—	5.41	29.06	—
8	23.36	3.06	35.30	2.25	8.07	27.96	—
9	24.03	5.29	35.33	2.47	6.07	26.81	—
10	23.50	4.66	35.09	3.00	5.97	27.78	—
11	22.65	4.71	35.62	1.05	9.15	26.82	—
12	23.49	3.88	36.05	3.36	5.32	27.90	—
13	24.30	4.30	36.54	2.71	5.31	26.84	—
14	24.58	3.62	36.65	1.82	6.67	26.66	—

续表

序号	元素含量/%						
	S	Fe	Cu	Zn	Ag	Sb	As
15	24.03	4.73	38.69	—	4.19	28.36	—
16	24.52	4.27	37.71	—	4.56	28.94	—
17	21.06	5.26	36.85	—	7.96	28.87	—
18	24.13	3.64	37.38	3.59	3.92	27.34	—
19	24.49	5.54	37.54	—	4.17	28.26	—
20	24.01	5.19	37.73	—	5.27	27.80	—
21	24.62	5.16	36.83	—	4.85	28.54	—
22	24.29	4.23	36.52	2.52	6.33	26.11	—
23	24.59	4.62	37.67	—	5.59	27.53	—
24	23.27	3.79	36.63	3.94	4.68	27.69	—
25	22.42	4.44	35.86	3.60	6.48	27.20	—
26	24.08	4.04	37.80	3.11	3.98	26.99	—
27	24.12	3.97	37.82	3.31	3.31	27.47	—
28	24.07	3.47	37.38	4.69	3.72	26.67	—
29	23.22	4.14	36.61	3.67	5.38	26.98	—
30	23.50	3.75	34.91	3.67	6.61	27.56	—
31	24.74	3.76	35.69	2.23	6.29	27.29	—
32	24.53	2.61	34.83	1.65	9.66	26.72	—
33	24.59	3.59	34.37	3.84	5.93	27.68	—
34	24.35	4.11	35.58	2.93	6.04	26.99	—
35	24.37	3.91	34.65	3.64	5.59	27.84	—
36	24.52	4.12	34.05	3.05	6.31	27.95	—
37	22.66	4.98	34.42	3.43	6.79	27.72	—
38	23.52	4.82	35.19	3.63	5.33	27.51	—
39	22.35	4.41	35.36	3.89	6.86	27.13	—
40	24.25	3.86	35.06	3.83	5.54	27.46	—
41	23.76	4.77	35.91	1.85	5.95	27.76	—
42	23.55	4.07	34.15	3.47	7.35	27.41	—
43	23.57	3.83	34.52	2.62	8.05	27.41	—
44	24.24	4.65	35.56	2.75	4.89	27.91	—
45	24.73	6.82	35.46	—	5.29	27.70	—

续表

序号	元素含量/%						
	S	Fe	Cu	Zn	Ag	Sb	As
46	24. 35	4. 55	35. 47	3. 20	5. 41	27. 02	—
47	25. 19	4. 59	36. 14	3. 67	3. 60	26. 81	—
48	23. 93	5. 73	37. 62	—	5. 91	26. 81	—
49	25. 55	4. 83	35. 70	—	4. 96	28. 96	—
50	24. 74	5. 03	35. 19	—	5. 91	29. 13	—
51	24. 68	5. 56	35. 55	—	6. 71	27. 50	—
52	24. 42	5. 07	35. 81	—	7. 24	27. 46	—
53	23. 14	5. 20	35. 24	3. 81	5. 32	27. 29	—
54	24. 98	4. 49	35. 82	—	5. 66	29. 05	—
55	23. 94	6. 64	35. 05	—	6. 61	27. 76	—
56	24. 49	5. 52	35. 25	—	6. 02	28. 72	—
57	23. 42	5. 45	37. 42	—	4. 45	29. 26	—
58	23. 4	6. 23	34. 88	2. 15	4. 43	28. 91	—
59	22. 34	4. 37	35. 37	3. 96	5. 90	28. 06	—
60	22. 76	5. 47	38. 32	3. 99	3. 67	25. 79	—
61	21. 66	5. 92	36. 73	3. 48	4. 61	27. 60	—
62	24. 73	6. 82	34. 46	—	6. 29	27. 70	—
63	23. 66	1. 05	35. 54	3. 25	8. 71	27. 79	—
64	23. 37	4. 16	40. 49	3. 48	—	26. 78	1. 72
65	23. 98	3. 75	40. 43	3. 62	—	27. 07	1. 15
66	23. 98	3. 77	40. 30	3. 73	—	26. 98	1. 24
67	23. 93	3. 85	40. 32	3. 70	—	26. 83	1. 37
68	24. 00	3. 80	39. 98	3. 75	—	26. 89	1. 58
69	24. 17	4. 21	39. 91	3. 28	—	26. 71	1. 72
70	24. 23	4. 37	39. 76	3. 41	—	26. 47	1. 76
71	24. 68	3. 93	39. 70	3. 57	—	25. 91	2. 21
72	24. 03	4. 43	40. 2	3. 26	—	25. 79	2. 29
73	24. 17	4. 12	39. 86	3. 68	—	25. 12	3. 05
74	24. 31	4. 78	40. 36	2. 89	—	24. 41	3. 25
75	24. 93	4. 92	40. 60	4. 46	—	21. 45	3. 64

黝铜矿与方铅矿、车轮矿之间嵌布关系密切，常见三者构成复杂的嵌布关系；可见细粒的黝铜矿被包裹在粗粒的黄铜矿中；有时还可以见到黝铜矿与毒砂、黄铜矿等矿物嵌布在一起。

3. *锡石*

锡石是矿石中主要的锡矿物。锡石主要以他形粒状结构嵌布在脉石中，锡石有时也被黄铜矿交代，还可见细粒的锡石被包裹在黄铜矿中。

4. *毒砂*

毒砂是矿石中最主要的砷矿物。毒砂多以自形-半自形粒度结构嵌布于脉石中，粒度粗，结晶程度好。毒砂与黄铜矿、黝铜矿、闪锌矿、方铅矿的嵌布关系较为密切。

5. *黄铁矿*

黄铁矿多以半自形-他形粒状结构嵌布于脉石中，粗粒黄铁矿常具压碎结构。

11.2.2.5　矿石中铜、锡、银的赋存状态

矿石中的铜以独立矿物形式存在，主要赋存在黄铜矿中，占有率为 92.68%；其次分布在黝铜矿中，占有率为 6.48%；少量赋存在车轮矿中，占有率为 0.65%；微量赋存在黄锡矿中，占有率为 0.19%。铜元素的平衡计算见表 11-80。

表 11-80　矿石中铜的平衡分配表

矿物名称	矿物含量/%	矿物中铜含量/%	分布率/%
黄铜矿	4.14	34.56	92.68
黝铜矿	0.22	45.77	6.48
车轮矿	0.12	13.04	0.65
黄锡矿	0.01	29.73	0.19

矿石中的锡以独立矿物形式存在，绝大部分赋存在锡石中，占有率为 99.49%，微量的赋存在黄锡矿中，占有率为 0.51%。锡元素的平衡计算见表 11-81。

表 11-81　矿石中锡的平衡分配表

矿物名称	矿物含量/%	矿物中锡含量/%	分布率/%
锡石	0.75	78.60	99.49
黄锡矿	0.01	27.55	0.51

采用矿物自动分析仪（AMICS）对样品中五十多万颗矿物进行了分析，未发现独立的银矿物，矿石中的银以类质同象形式分布在黝铜矿中。

11.2.2.6　矿石中重要矿物的嵌布粒度

铜锡多金属矿的选矿工艺流程包括硫化物选别和锡石选别两部分。硫化物的选别一

般有优先浮选和混合浮选两种方式。若选矿工艺选择优先浮选，将根据矿物可浮性依次对铜矿物、硫矿物选别。本矿石中的铜矿物主要为黄铜矿和黝铜矿，二者在选别过程中走向一致，因此测定矿物嵌布粒度时应将二者视为一个整体，即铜矿物集合体。如果选择混合浮选硫化物，则需要将矿石中所有硫化矿物（包括毒砂、黄铁矿、黄铜矿、黝铜矿、闪锌矿等）视为一个整体，即硫化物集合体进行选别，此时矿物嵌布粒度测定应该针对硫化物集合体进行。为此，除了对矿石中黄铜矿、黝铜矿、锡石、毒砂和黄铁矿的粒度进行测定外，还对铜矿物集合体和硫化物集合体的粒度进行了测定，结果见表 11-82。

由表 11-82 可知，各种目的矿物的嵌布粒度分布不均。毒砂以中粗粒为主，黄铜矿和黄铁矿以中粒为主，而黝铜矿和锡石则以中细粒为主。铜矿物集合体的粒度以中粒为主，而硫化物集合体的粒度以中粗粒为主。

表 11-82　矿石中重要矿物的粒度组成

粒级/mm	黄铜矿	黝铜矿	毒砂	黄铁矿	锡石	铜矿物集合体	硫化物集合体
	分布率/%	分布率/%	分布率/%	分布率/%	分布率/%	分布率/%	分布率/%
+2.0	7.08	—	11.19	4.05	—	8.84	10.01
-2.0+1.651	8.75	—	16.54	6.64	—	8.77	17.30
-1.651+1.168	9.08	2.71	18.34	7.48	1.82	9.10	18.47
-1.168+0.833	12.38	5.72	14.99	10.11	3.84	12.41	16.50
-0.833+0.589	10.22	8.14	10.65	11.21	5.46	9.11	9.36
-0.589+0.417	8.64	8.63	6.84	14.44	7.72	8.25	8.74
-0.417+0.295	7.67	8.82	5.46	10.65	12.75	7.84	6.06
-0.295+0.208	7.26	9.76	3.57	6.94	14.09	7.27	4.45
-0.208+0.147	6.33	9.51	3.23	8.64	10.48	6.20	2.81
-0.147+0.104	5.63	10.81	2.46	4.99	10.31	6.66	2.06
-0.104+0.074	5.30	11.54	2.14	5.11	8.89	5.38	1.58
-0.074+0.043	5.19	10.17	1.98	4.46	8.75	5.31	1.09
-0.043+0.020	3.10	6.44	1.40	2.43	8.57	2.76	0.74
-0.020+0.015	1.80	3.67	0.55	1.21	3.72	1.09	0.47
-0.015+0.010	1.04	2.76	0.41	0.97	2.56	0.65	0.21
-0.010	0.53	1.32	0.25	0.66	1.04	0.36	0.15

11.2.2.7　原矿磨矿样品中重要矿物的解离特征

为了合理确定磨矿细度，对不同磨矿细度下原矿中的锡石、毒砂、黄铁矿、铜矿物集合体以及硫化物集合体的解离度进行系统测量，结果见表 11-83 至表 11-87。

表 11-83　锡石的解离特征

磨矿细度/% -0.074mm	单体/%	连生体/%	
		与脉石连生	与硫化物连生
45	76.45	15.83	7.73
53	79.06	15.36	5.58

表 11-84　毒砂的解离特征

磨矿细度/% -0.074mm	单体/%	连生体/%			
		与脉石连生	与铜矿物集合体连生	与黄铁矿连生	与其他硫化物、锡石连生
45	78.28	10.60	4.97	4.40	1.76
53	82.05	9.32	3.91	3.58	1.14

表 11-85　黄铁矿的解离特征

磨矿细度/% -0.074mm	单体/%	连生体/%			
		与脉石连生	与铜矿物集合体连生	与毒砂连生	与其他硫化物、锡石连生
45	63.19	17.85	5.78	9.41	3.76
53	69.41	16.59	4.06	7.91	2.03

表 11-86　铜矿物集合体的解离特征

磨矿细度/% -0.074mm	单体/%	连生体/%			
		与脉石连生	与毒砂连生	与黄铁矿连生	与其他硫化物、锡石连生
45	66.56	9.24	10.92	9.15	4.13
53	69.86	8.66	10.14	7.98	3.35

表 11-87　硫化物集合体的解离特征

磨矿细度/% -0.074mm	单体/%	连生体/%	
		与脉石连生	与锡石连生
45	83.81	12.61	3.58
53	85.85	11.09	2.26

由上表可知，当磨矿细度在-0.074mm 45%到 53%时，锡石的单体解离度接近 80%，基本满足了选矿工艺的需求，但铜矿物和黄铁矿的解离情况较差，而硫化物集合体的单体解离度达到了 80%以上。因此，为了防止锡石过磨，保证锡石的回收率，建议在磨矿细度-0.074mm 55%条件下采用全硫化物混合浮选—铜硫分选—重选回收锡石的工艺方案。

11.2.2.8 硫化矿混合精矿再磨后重要矿物的解离特征

为获得合格的铜精矿，需对硫化矿混合浮选获得的粗精矿进行再磨，然后进行铜-硫分离。为此，针对不同磨矿细度下的硫化矿混合精矿再磨样品中的铜矿物集合体、毒砂和黄铁矿的解离度进行系统的测量，结果见表 11-88 至表 11-90。

表 11-88 铜矿物集合体的解离特征

磨矿细度/% -0.043mm	单体/%	连生体/%			
		与脉石连生	与毒砂连生	与黄铁矿连生	与其他硫化物、锡石连生
79	88.86	3.25	4.52	1.84	1.53
89	92.36	2.70	3.49	1.00	0.55

表 11-89 毒砂的解离特征

磨矿细度/% -0.043mm	单体/%	连生体/%			
		与脉石	与铜矿物集合体连生	与黄铁矿连生	与其他硫化物、锡石连生
79	91.21	3.61	2.28	1.79	1.11
89	94.61	1.91	1.59	1.15	0.74

表 11-90 黄铁矿的解离特征

磨矿细度/% -0.043mm	单体/%	连生体/%			
		与脉石连生	与铜矿物集合体连生	与毒砂连生	与其他硫化物、锡石连生
79	88.02	5.11	2.48	3.51	0.88
89	92.93	4.90	2.07	3.61	1.11

由上表可知，当磨矿细度为-0.043mm 79%时，铜矿物集合体、毒砂和黄铁矿都解离得比较充分。

11.2.2.9 结论

矿石中有用元素铜、锡、银和有害元素砷的含量都比较高，分别为 1.53%、0.59%、127.5g/t 和 6.60%。黄铜矿、黝铜矿、锡石、黄铁矿和毒砂的嵌布粒度不均匀，毒砂以中粗粒为主，黄铜矿和黄铁矿以中粒为主，而黝铜矿和锡石则以中细粒为主，硫化物矿物之间共生关系密切。考虑到锡石性脆易碎的特点，为了防止锡石过磨，保证锡石的回收率，建议在磨矿细度-0.074mm 55%条件下采用全硫化物混合浮选—浮选粗精矿再磨铜硫分选—重选回收锡石的工艺方案。矿石中的有害元素砷的含量高达 6.60%，选矿过程中要特别注意铜-砷分离的环节，强化对毒砂的抑制，从而降低铜精矿中的砷含量。对于赋存在黝铜矿中的砷，难以通过选矿方法去除，将会影响铜精矿的质量。

11.2.3 铂钯矿

11.2.3.1 矿石的多组分化学分析

矿石的多组分化学分析结果见表 11-91。

表 11-91　矿石的多组分化学分析

化学成分	Pt	Pd	Au	Cu	Ni	Fe	S
含量/%	0.000142	0.000149	0.000044	0.16	0.25	8.60	0.66
化学成分	TiO_2	SiO_2	CaO	MgO	Al_2O_3	K_2O	Na_2O
含量/%	0.28	50.29	4.76	20.73	5.63	0.26	0.60

11.2.3.2 矿石的矿物组成及相对含量

矿石中铂族矿物的种类较多，共有 17 种，它们主要为铋碲铂矿、硫镍钯铂矿、碲铋钯矿、铋碲钯铂矿，其次为硫铂矿、铋碲铂钯矿、硫砷铂矿、铋钯矿以及砷铂矿、锡铂钯矿、自然铂、自然钯、自然铑、硫钌矿、碲银钯矿、砷铂铱矿和砷二钯矿。

矿石中的金属矿物主要为镍黄铁矿、钛铁矿、磁黄铁矿和黄铜矿，其次为黄铁矿以及少量紫硫镍矿、磁铁矿等；非金属矿物主要为古铜辉石，其次为斜长石，另有少量的透辉石、滑石以及微量的绿泥石、黑云母等。矿物的相对含量见表 11-92。

表 11-92　矿石的矿物组成

矿物名称	磁黄铁矿	黄铜矿	镍黄铁矿	钛铁矿	黄铁矿	古铜辉石	透辉石	斜长石	滑石	其他
含量/%	0.51	0.46	0.68	0.55	0.13	68.73	7.30	16.06	4.69	0.89

11.2.3.3 矿石中主要铂钯矿物的嵌布特征

1. *碲铋钯矿*

碲铋钯矿主要与硫化物矿物嵌布在一起，其次嵌布于脉石矿物中，另有少量以细粒包体嵌布于硫化物矿物中，粒度主要分布在 10～20μm。碲铋钯矿的 X 射线能谱分析结果见表 11-93。

表 11-93　碲铋钯矿的 X 射线能谱分析

序号	元素含量/%					
	Pd	Te	Bi	Fe	Ni	Ag
1	22.22	24.66	46.30	6.82	—	—
2	22.02	30.77	42.56	4.65	—	—

续表

序号	元素含量/%					
	Pd	Te	Bi	Fe	Ni	Ag
3	22.79	54.04	20.00	—	3.17	—
4	24.29	29.06	46.65	—	—	—
5	34.28	35.47	30.25	—	—	—
6	39.16	13.63	47.21	—	—	—
7	38.98	12.12	48.9	—	—	—
8	31.18	10.69	58.13	—	—	—
9	28.05	13.99	57.96	—	—	—
10	23.66	28.26	48.08	—	—	—
11	18.98	49.06	23.02	2.08	5.02	1.84
12	39.84	32.24	27.05	0.87	—	—
13	29.11	20.68	33.75	7.59	6.85	2.02
14	24.04	30.45	43.71	1.80	—	—
15	23.25	29.26	46.69	0.80	—	—
16	39.25	34.08	24.53	2.14	—	—
17	33.23	25.32	38.28	3.17	—	—
18	23.59	29.59	45.28	1.54	—	—
19	36.99	19.42	42.66	0.93	—	—
20	36.88	21.78	41.34	—	—	—
21	22.02	50.53	26.00	—	1.45	—
22	38.20	28.11	33.69	—	—	—
23	37.21	26.91	35.88	—	—	—
24	37.31	22.44	40.25	—	—	—
25	34.84	19.41	45.75	—	—	—
26	38.65	31.44	29.91	—	—	—
27	39.20	23.11	37.69	—	—	—
28	28.11	34.93	36.96	—	—	—
29	23.88	29.98	46.14	—	—	—
30	34.92	13.64	51.44	—	—	—

2. 铋碲铂矿

铋碲铂矿大部分与硫化物矿嵌布在一起，其次以包体形式嵌布于脉石以及硫化物矿物中，另有少量铋碲铂矿沿脉石的裂隙充填，粒度分布在 2～60μm。铋碲铂矿的 X 射线能谱分析结果见表 11-94。

表 11-94　铋碲铂矿的 X 射线能谱分析

序号	元素含量/%				
	Pt	Te	Bi	Fe	Ni
1	39.99	35.11	24.08	0.82	—
2	36.40	40.62	21.81	1.17	—
3	35.83	44.44	18.57	1.16	—
4	37.64	31.60	28.64	2.12	—
5	39.04	36.50	24.46	—	—
6	36.69	30.81	25.98	4.50	2.02
7	45.62	37.42	16.96	—	—
8	40.80	28.94	30.26	—	—
9	39.50	37.50	21.89	1.11	—
10	41.85	41.46	15.09	1.60	—
11	37.12	26.75	33.82	2.31	—
12	35.79	22.79	40.17	1.25	—
13	37.18	32.58	27.06	3.18	—
14	38.69	33.06	26.84	1.41	—
15	39.28	36.86	22.34	1.52	—
16	37.62	35.75	26.63	—	—
17	38.38	37.52	20.97	2.32	0.81
18	43.18	32.57	24.25	—	—
19	43.19	34.77	22.04	—	—
20	42.81	26.83	30.36	—	—
21	43.04	32.82	24.14	—	—
22	43.27	34.87	21.86	—	—
23	34.52	47.26	18.22	—	—

3. *砷铂矿*

砷铂矿主要以包体形式嵌布于脉石矿物中或沿脉石的裂隙充填，其次与硫化物矿物嵌布在一起或以包体形式嵌布于其中，粒度小于 30μm。砷铂矿的 X 射线能谱分析结果见表 11-95。

表 11-95　砷铂矿的 X 射线能谱分析

序号	元素含量/%			
	Pt	As	Fe	Ni
1	56.70	41.72	1.58	—
2	53.70	37.27	9.03	—
3	57.63	41.48	0.89	—
4	55.69	38.24	3.83	2.24
5	57.49	42.51	—	—
6	57.55	41.29	1.16	—
7	56.82	40.67	2.51	—
8	56.27	41.54	2.19	—
9	54.96	42.61	1.97	0.46
10	56.51	41.47	2.02	—
11	56.45	42.34	1.21	—
12	57.11	41.67	1.22	—
13	57.81	40.75	1.44	—
14	56.11	41.88	2.01	—
15	57.82	42.18	—	—
16	57.45	41.02	1.53	—
17	58.69	41.31	—	—
18	58.04	41.96	—	—
19	58.09	41.91	—	—
20	59.85	40.15	—	—
21	59.79	40.21	—	—
22	56.37	43.63	—	—
23	57.99	42.01	—	—
24	56.81	43.19	—	—
25	56.94	41.37	1.69	—
26	57.02	40.72	2.26	—

4. 铋碲钯铂矿

铋碲钯铂矿常与硫化物矿物嵌布在一起或以包体形式嵌布于其中，其次以包裹体形式嵌布于脉石矿物中，粒度小于 30μm。铋碲钯铂矿的 X 射线能谱分析结果见表 11-96。

表 11-96　铋碲钯铂矿的 X 射线能谱分析

序号	元素含量/%					
	Pt	Pd	Te	Bi	Fe	Ni
1	19.32	11.49	44.28	23.45	1.46	—
2	28.44	4.17	41.52	23.57	2.30	—
3	35.24	3.35	40.38	19.66	1.37	—
4	33.69	2.97	34.56	24.49	3.53	0.76
5	27.24	9.31	38.41	21.81	3.23	—
6	34.62	4.18	40.38	19.84	0.98	—
7	12.63	10.38	50.58	19.99	0.75	5.67
8	27.10	5.57	42.03	25.30	—	—
9	32.90	4.41	35.41	27.28	—	—
10	34.28	3.24	42.22	16.87	3.39	—
11	22.49	3.83	47.14	23.86	0.95	1.73
12	22.13	11.85	44.66	18.30	1.40	1.66

5. 硫镍钯铂矿

硫镍钯铂矿主要以包体形式嵌布于脉石矿物中或沿脉石的裂隙充填，其次与硫化物矿物嵌布在一起，少量以包裹体形式嵌布于硫化物矿物中，粒度小于 30μm。硫镍钯铂矿的 X 射线能谱分析结果见表 11-97。

表 11-97　硫镍钯铂矿的 X 射线能谱分析

序号	元素含量/%				
	Pt	Pd	Fe	Ni	S
1	46.46	26.37	1.96	7.63	17.58
2	55.28	23.44	—	—	21.28
3	35.43	34.71	1.25	6.16	22.45
4	44.65	28.40	—	6.37	20.58
5	49.10	25.72	—	4.17	21.01
6	60.23	15.47	1.06	5.70	17.54
7	62.04	13.56	2.02	2.83	19.55
8	38.53	30.48	1.65	8.51	20.83
9	50.95	24.21	0.96	4.27	19.61
10	45.74	29.16	—	4.75	20.35

续表

序号	元素含量/%				
	Pt	Pd	Fe	Ni	S
11	48. 41	26. 08	1. 07	4. 55	19. 89
12	49. 16	30. 26	—	—	20. 58
13	55. 15	20. 67	—	4. 99	19. 19

6. 硫砷铂矿

硫砷铂矿大多与硫化物矿物嵌布在一起，少量以包体形式嵌布于脉石矿物中，其粒度主要分布在 2 ~20μm。硫砷铂矿的 X 射线能谱分析结果见表 11-98。

表 11-98　硫砷铂矿的 X 射线能谱分析

序号	元素含量/%						
	Pt	Fe	Ni	S	As	Rh	Ru
1	24. 87	1. 10	—	16. 64	32. 65	24. 74	—
2	46. 88	3. 78	2. 22	5. 34	36. 87	4. 91	—
3	16. 85	1. 45	1. 08	18. 9	32. 56	29. 16	—
4	32. 60	1. 13	—	14. 02	30. 72	9. 74	11. 79
5	30. 96	2. 13	—	20. 79	26. 58	—	19. 54
6	21. 30	1. 72	—	12. 86	33. 23	30. 89	—

7. 铋碲铂钯矿

铋碲铂钯矿主要与硫化物矿物嵌布在一起或以包体嵌布于其中，其次以包裹体嵌布于脉石矿物中，粒度小于 10μm。铋碲铂钯矿的 X 射线能谱分析结果见表 11-99。

表 11-99　铋碲铂钯矿的 X 射线能谱分析

序号	元素含量/%			
	Pt	Pd	Te	Bi
1	15. 15	16. 60	49. 36	18. 89
2	16. 31	22. 68	30. 67	30. 34
3	3. 38	35. 99	24. 07	36. 56
4	7. 60	31. 57	36. 50	24. 33
5	6. 70	19. 87	26. 74	46. 69
6	4. 53	22. 22	28. 09	45. 16
7	7. 59	19. 46	27. 81	45. 14

续表

序号	元素含量/%			
	Pt	Pd	Te	Bi
8	8.94	17.59	25.95	47.52
9	6.68	19.71	31.13	42.48
10	6.39	22.70	46.70	24.21

8. *硫铂矿*

硫铂矿主要以细粒包裹体形式嵌布于脉石矿物中，其次与硫化物矿物嵌布在一起，粒度小于 10μm。硫铂矿的 X 射线能谱分析结果见表 11-100。

表 11-100　硫铂矿的 X 射线能谱分析

序号	元素含量/%		
	Pt	Fe	S
1	82.45	2.30	15.25
2	84.19	—	15.81
3	82.39	2.03	15.58
4	84.37	—	15.63
5	87.45	—	12.55

9. *铋钯矿*

铋钯矿主要以细粒包裹体形式嵌布于脉石矿物中，其次与硫化物矿物嵌布在一起，粒度小于 10μm。铋钯矿 X 射线能谱分析结果见表 11-101。

表 11-101　铋钯矿的 X 射线能谱分析

序号	元素含量/%	
	Pd	Bi
1	50.31	49.69
2	40.42	59.58
3	37.70	62.30
4	41.75	58.25

综上所述，矿石中的铂钯矿物种类较多，主要分布在硫化物矿物与脉石之间，占有率为 69.72%；其次以包裹体形式分布于脉石中，占有率为 23.68%，另有 6.42% 的铂钯矿物分布于磁黄铁矿等硫化物矿物中；分布于脉石裂隙中的铂钯矿物占有率较低，仅为 0.18%（表 11-102）。可见，矿石中的铂钯矿物与硫化物矿物的关系比较密切。

表 11-102 矿样中的铂钯矿物的分布特征

类型	特征	分布率/%	合计/%
裂隙	脉石裂隙	0.18	0.18
包裹	脉石中	23.68	30.10
	黄铜矿中	1.28	
	镍黄铁矿中	0.68	
	磁黄铁矿中	4.45	
	黄铁矿中	0.01	
粒间	镍黄铁矿与脉石间	7.08	69.72
	磁黄铁矿与脉石间	37.29	
	黄铁矿与脉石间	0.31	
	黄铜矿与脉石间	25.04	

11.2.3.4 矿石中铂钯矿物的嵌布粒度

矿石中铂钯矿物的嵌布粒度特征见表 11-103。从表中可以看出矿石中铂钯矿物的嵌布粒度很细，主要集中分布在 5 ~20μm，有 17.90% 分布在 5μm 以下。

表 11-103 矿石中铂钯矿物的粒度组成

粒级/mm	分布率/%	累计/%
+30	14.22	14.22
−30+25	2.67	16.89
−25+20	2.85	19.74
−20+15	12.15	31.89
−15+10	16.17	48.06
−10+5	34.04	82.10
−5	17.90	100.00

11.2.3.5 矿石中主要金属硫化物矿物的嵌布特征

1. 镍黄铁矿

镍黄铁矿是矿石中最主要的含镍矿物，其主要与磁黄铁矿、黄铜矿嵌布在一起，有时可见与黄铁矿以及钛铁矿嵌布在一起。镍黄铁矿中常可见磁黄铁矿、黄铜矿等其他硫化物的细粒包裹体，另有少量镍黄铁矿以不规则状嵌布于脉石矿物中。镍黄铁矿的 X 射线能谱分析见表 11-104。

表 11-104　镍黄铁矿的 X 射线能谱分析

序号	元素含量/%			
	S	Fe	Co	Ni
1	33.90	28.80	—	37.30
2	33.74	30.88	—	35.38
3	34.03	28.87	—	37.10
4	34.33	28.91	—	36.76
5	33.84	28.79	—	37.37
6	34.34	29.36	—	36.30
7	33.67	29.93	—	36.40
8	33.68	30.16	—	36.16
9	33.70	29.41	—	36.89
10	33.75	27.02	—	39.23
11	33.20	29.62	—	37.18
12	33.73	29.59	—	36.68
13	34.43	29.74	1.58	34.25
14	33.69	30.92	—	35.39
15	33.42	30.06	—	36.52
16	34.53	28.67	—	36.80
17	32.38	35.12	—	32.50
18	33.32	29.10	—	37.58
19	33.48	28.43	—	38.09
20	33.64	27.32	—	39.04

2. 磁黄铁矿

磁黄铁矿多呈不规则状与镍黄铁矿、黄铜矿嵌布在一起，常可见它们相互包裹形成较为密切的嵌布关系，另有少量不规则状磁黄铁矿嵌布于脉石矿物中，偶尔可见其与磁铁矿、钛铁矿及黄铁矿等嵌布在一起。磁黄铁矿的 X 射线能谱分析见表 11-105。

表 11-105　磁黄铁矿的 X 射线能谱分析

序号	元素含量/%		
	S	Fe	Ni
1	38.88	60.44	0.68
2	38.36	60.94	0.70
3	38.41	60.81	0.78

续表

序号	元素含量/%		
	S	Fe	Ni
4	38.81	60.67	0.52
5	39.04	60.35	0.61
6	39.26	60.19	0.55
7	39.40	60.60	—
8	39.09	60.19	0.72
9	38.95	60.12	0.93
10	39.32	60.09	0.59
11	39.30	60.09	0.61
12	38.24	61.76	—
13	38.69	60.50	0.81
14	39.08	60.41	0.51
15	40.09	59.91	—
16	39.40	60.00	0.60
17	39.21	60.79	—
18	38.88	60.35	0.77
19	39.47	59.84	0.69
20	38.97	60.56	0.47

3. 黄铜矿

黄铜矿主要呈不规则状，与磁黄铁矿、镍黄铁矿以及黄铁矿嵌布在一起或以包体形式嵌布于它们之中，其次以不规则状嵌布于脉石矿物，有时可见其与钛铁矿及磁铁矿嵌布在一起，偶尔可见其中包裹有细粒的磁黄铁矿、镍黄铁矿及黄铁矿等矿物。

4. 黄铁矿

黄铁矿主要以不规则状或细脉状嵌布于脉石矿物中，经常可见其与黄铜矿、磁黄铁矿以及镍黄铁矿嵌布在一起，有时可见其以细粒包体形式嵌布于磁黄铁矿、镍黄铁矿以及黄铜矿中。

11.2.3.6　矿石中主要金属硫化物矿物的嵌布粒度

磁黄铁矿、黄铜矿、镍黄铁矿及黄铁矿是矿石中主要的金属矿物，这些硫化物也是矿石中铂钯矿物的重要的载体矿物。为了解它们的粒度组成及粒度分布特征，对磁黄铁矿、黄铜矿、镍黄铁矿及黄铁矿的粒度进行了全面的统计。同时考虑到在采用全硫化物浮选方法回收铂钯矿物的时候硫化物集合体（所有硫化物作为一个整体）的粒度对磨矿更具有指导意义，对硫化物集合体的粒度也进行了统计，结果见表11-106。

表 11-106　矿石中主要金属硫化物矿物粒度组成

粒级/mm	镍黄铁矿、黄铁矿	黄铜矿	磁黄铁矿	硫化物集合体
	分布率/%	分布率/%	分布率/%	分布率/%
+1. 168	—	—	0. 29	0. 78
-1. 168+0. 833	—	—	2. 67	8. 00
-0. 833+0. 589	4. 21	1. 80	8. 30	10. 12
-0. 589+0. 417	8. 08	4. 36	15. 38	14. 14
-0. 417+0. 295	11. 88	6. 35	16. 42	11. 68
-0. 295+0. 208	10. 56	10. 83	15. 36	11. 67
-0. 208+0. 147	13. 10	9. 28	11. 99	7. 35
-0. 147+0. 104	8. 19	7. 80	5. 78	5. 08
-0. 104+0. 074	10. 81	10. 88	6. 65	6. 18
-0. 074+0. 043	10. 00	10. 37	6. 45	5. 94
-0. 043+0. 020	12. 53	15. 63	5. 42	7. 99
-0. 020+0. 015	2. 88	5. 19	1. 31	2. 51
-0. 015+0. 010	3. 42	6. 37	1. 54	3. 25
-0. 010	4. 34	11. 14	2. 44	5. 31

矿石中各种金属矿物的粒度分布不均，磁黄铁矿以中粗粒为主，而黄铜矿和镍黄铁矿及黄铁矿的嵌布粒度相对稍细，主要以中细粒嵌布。硫化物集合体主要以中粗粒嵌布，在+0. 074mm 粒级中，达到 75. 00%。

11. 2. 3. 7　矿石中铂、钯的赋存状态

矿石中最主要的有价元素为铂和钯，它们以铂钯矿物的形式存在。矿石中的铂矿物主要为铋碲铂矿和硫镍钯铂矿，其次为砷铂矿、铋碲钯铂矿，少量的铋碲钯铂矿、铋碲铂钯矿、硫砷铂矿、硫铂矿、自然铂、砷铂铱矿和锡铂钯矿等。矿石中的钯矿物主要为硫镍钯铂矿，其次为碲铋钯矿和铋碲钯铂矿，少量的铋碲铂钯矿、铋钯矿、砷二钯矿、碲银钯矿、锡铂钯矿和自然钯等。铂、钯元素的平衡计算见表 11-107 和表 11-108。

表 11-107　矿石中铂的平衡分配表

矿物名称	铂矿物相对比例/%	分布率/%
铋碲铂矿	38. 21	37. 51
硫镍钯铂矿	27. 91	29. 91
砷铂矿	13. 69	17. 69
铋碲钯铂矿	10. 23	5. 72
铋碲铂钯矿	3. 23	0. 44
硫砷铂矿	2. 64	1. 66
硫铂矿	1. 94	3. 57

续表

矿物名称	铂矿物相对比例/%	分布率/%
自然铂	1.42	3.12
砷铂铱矿	0.59	0.27
锡铂钯矿	0.07	0.06
自然铑	0.04	0.04
自然钯	0.03	0.01

表 11-108　矿石中钯的平衡分配表

矿物名称	钯矿物相对比例/%	分布率/%
硫镍钯铂矿	45.55	52.46
碲铋钯矿	25.87	30.91
铋碲钯铂矿	21.43	7.34
铋碲铂钯矿	4.06	3.16
铋钯矿	1.77	2.65
砷二钯矿	0.96	2.83
碲银钯矿	0.20	0.38
锡铂钯矿	0.12	0.14
自然钯	0.04	0.13

11.2.3.8　原矿磨矿样品中重要矿物的解离特征

为了解磨矿产品中铂钯矿物及硫化物的单体解离特征，对不同磨矿细度产品中的铂钯矿物及硫化物的单体解离度进行系统的测定，结果见表 11-109。

表 11-109　铂钯矿物及硫化物的解离特征

磨矿细度/% -0.074mm	硫化物		铂钯矿物		
	单体/%	连生体/%	单体/%	连生体/%	
				与硫化物连生	与脉石连生
75	81.5	18.5	77.4	6.2	16.4
80	86.3	13.7	80.0	5.6	14.4
85	90.4	9.6	83.5	4.9	11.6
90	91.9	8.1	86.4	2.8	10.8

当磨矿细度为-0.074mm 80%时，单体铂钯矿物以及与硫化物连生的铂钯矿物占总量的 85.6%，硫化物的单体解离度为 86.3%。在此磨矿条件下，铂钯矿物和硫化物都解离得比较充分。

11.2.3.9　结论

铂钯矿石中 Pt、Pd 的品位分别为 1.42g/t 和 1.49g/t。矿石中的金属矿物含量很低，仅为 2.33%，主要为镍黄铁矿、磁黄铁矿、黄铜矿、钛铁矿和黄铁矿等；非金属矿物绝大部分为古铜辉石，另有少量的斜长石、透辉石、滑石、绿泥石等。通过矿物自动分析仪 MLA 分析，发现矿石中铂钯矿物种类多，主要为铋碲铂矿、硫镍钯铂矿、铋碲钯铂矿、碲铋钯矿，其次为硫铂矿、铋碲铂钯矿、硫砷铂矿、铋钯矿以及砷铂矿、锡铂钯矿、自然铂、自然钯、自然铑、硫钌矿、碲银钯矿、砷铂铱矿、砷二钯矿；铂钯矿物嵌布粒度均较细，大多小于 0.020mm，因此不宜采用重选或磁选方法回收。铂钯矿物与硫化物的嵌布关系比较密切，而且硫化物整体的嵌布粒度较粗，+0.295mm 粒级的占有率为 44.72%，大于 0.074mm 粒级的占有率达到 75.00%。因此，可以通过采用全硫化物浮选的方法回收矿石中的铂、钯（方明山等，2014b）。

11.2.4　铜钴矿

11.2.4.1　矿石的多组分化学分析

矿石的多组分化学分析结果见表 11-110。

表 11-110　矿石的多组分化学分析

化学成分	Cu	Co	Fe	S	As	P	TiO_2
含量/%	1.92	0.09	3.05	2.54	0.0064	0.06	0.27
化学成分	SiO_2	Al_2O_3	K_2O	Na_2O	CaO	MgO	C
含量/%	49.55	10.05	5.93	0.40	7.63	5.55	2.20

11.2.4.2　矿石中铜、钴的化学物相分析

对-0.038mm 占 100% 的样品分别进行了铜、钴的化学物相分析，其结果见表 11-111 和表 11-112。

表 11-111　矿石中铜的化学物相分析

相别	氧化铜	次生硫化铜	原生硫化铜
铜含量/%	0.013	0.330	1.592
分布率/%	0.67	17.05	82.28

表 11-112　矿石中钴的化学物相分析

相别	氧化钴	硫化钴
钴含量/%	0.003	0.088
分布率/%	3.30	96.70

11.2.4.3 矿石的矿物组成及相对含量

矿石中铜矿物主要为黄铜矿，其次为斑铜矿，微量黝铜矿、铜蓝。钴矿物主要为硫钴矿，少量的钴镍黄铁矿。其他金属矿物主要有黄铁矿，少量磁黄铁矿、金红石，微量赤铁矿、褐铁矿、辉钼矿、闪锌矿、方铅矿、自然铋、辉铋矿等。非金属矿物主要为石英和正长石，其次为白云母、金云母、白云石、方解石和绿泥石，少量的钠长石、磷灰石、高岭石、锆石、石膏等。矿物的相对含量见表 11-113。

表 11-113 矿石的矿物组成

矿物名称	黄铜矿	斑铜矿	黝铜矿	黄铁矿	硫钴矿	钴镍黄铁矿	磁黄铁矿	金红石	石英
含量/%	4.61	0.48	0.03	1.10	0.13	0.05	0.35	0.27	23.92
矿物名称	正长石	白云母	金云母	白云石	方解石	绿泥石	钠长石	磷灰石	其他
含量/%	20.97	10.03	9.89	9.11	8.46	6.53	3.42	0.33	0.32

11.2.4.4 矿石中重要矿物的嵌布特征

1. 黄铜矿

黄铜矿主要呈不规则状、他形粒状嵌布在脉石矿物中；此外，黄铜矿与斑铜矿的嵌布关系较为密切，部分黄铜矿被斑铜矿交代产出；少量黄铜矿与硫钴矿、钴镍黄铁矿复杂共生嵌布，有时可见黄铜矿交代黄铁矿、磁黄铁矿产出。

2. 斑铜矿

斑铜矿主要以不规则状嵌布在脉石矿物中；少量斑铜矿交代黄铜矿嵌布，偶见斑铜矿呈蠕虫状结构嵌布在黄铜矿中；有时可见斑铜矿与硫钴矿、钴镍黄铁矿嵌布在一起。

3. 硫钴矿

硫钴矿常与黄铜矿紧密共生；部分被钴镍黄铁矿交代产出，二者嵌布关系较为复杂，可见呈网格状分布；有时可见硫钴矿被磁黄铁矿交代产出；偶尔可见硫钴矿呈不规则状嵌布在脉石矿物中。硫钴矿的 X 射线能谱分析见表 11-114。

表 11-114 硫钴矿的 X 射线能谱分析

序号	元素含量/%				
	Co	Cu	Fe	Ni	S
1	44.84	1.84	6.59	7.79	38.94
2	41.22	13.79	5.23	—	39.76
3	44.14	8.87	6.42	—	40.57
4	46.43	14.25	—	—	39.32
5	47.03	13.78	—	—	39.19
6	46.83	13.76	—	—	39.41

续表

序号	元素含量/%				
	Co	Cu	Fe	Ni	S
7	47.96	6.90	4.55	—	40.59
8	49.52	4.16	3.30	3.64	39.38
9	47.05	13.53	—	—	39.42
10	45.84	7.75	6.80	—	39.61
11	46.52	6.16	7.21	—	40.11
12	45.87	13.91	—	—	40.22
13	46.10	14.10	—	—	39.80
14	48.35	13.18	—	—	38.47
15	48.16	5.38	5.92	—	40.54
16	48.65	5.52	5.27	—	40.56

4. 钴镍黄铁矿

钴镍黄铁矿多被黄铜矿交代产出；部分与斑铜矿嵌布在一起，有时可见包裹在斑铜矿中；少量被硫钴矿交代，二者嵌布关系复杂，可见呈网格状嵌布；有时可见钴镍黄铁矿沿磁黄铁矿的晶面呈细脉状分布在磁黄铁矿中。钴镍黄铁矿的 X 射线能谱分析见表 11-115。

表 11-115　钴镍黄铁矿的 X 射线能谱分析

序号	元素含量/%			
	Co	Fe	Ni	S
1	65.50	3.70	0.11	30.69
2	65.74	3.44	—	30.82
3	65.72	3.48	0.13	30.67
4	65.84	3.62	0.10	30.44
5	56.87	10.91	—	32.22
6	61.21	6.71	—	32.08
7	66.26	2.66	0.12	30.96
8	65.30	3.44	0.12	31.14
9	65.63	3.29	0.14	30.94
10	49.97	17.55	—	32.48
11	45.45	20.63	—	33.92
12	58.58	9.45	—	31.97
13	61.96	7.07	0.11	30.86

11.2.4.5　矿石中铜、钴的赋存状态

矿石中铜绝大部分以独立矿物的形式存在，少量的铜以类质同象形式赋存在硫钴矿中。铜的独立矿物主要为黄铜矿，少量斑铜矿，另有微量黝铜矿。矿石中的钴以独立矿物的形式存在，这些独立矿物主要为硫钴矿、少量钴镍黄铁矿。矿石中铜、钴在各矿物中的平衡计算见表 11-116 和表 11-117。

表 11-116　矿石中铜的平衡分配表

矿物名称	矿物含量/%	矿物中铜含量/%	分布率/%
黄铜矿	4.61	34.56	82.83
斑铜矿	0.48	63.33	15.77
黝铜矿	0.03	51.57	0.83
硫钴矿	0.13	8.27	0.57

表 11-117　矿石中钴的平衡分配表

矿物名称	矿物含量/%	矿物中钴含量/%	分布率/%
硫钴矿	0.13	45.21	63.33
钴镍黄铁矿	0.05	62.07	36.67

11.2.4.6　矿石中重要矿物的嵌布粒度

利用光学显微镜对矿石中硫化铜矿物集合体（黄铜矿、斑铜矿、黝铜矿、铜蓝）和硫化钴矿物集合体（硫钴矿、钴镍黄铁矿）进行粒度测定。由于矿石中硫化钴矿物（硫钴矿、钴镍黄铁矿）的矿物含量仅为 0.18%，而且它们与硫化铜矿物的嵌布关系比较密切，矿石中铜钴矿物宜采用混合浮选再分选的方式进行回收，因此测定矿石中铜–钴硫化物集合体（黄铜矿、斑铜矿、黝铜矿、铜蓝、硫钴矿、钴镍黄铁矿）的粒度，将能更直观地反映矿石中重要矿物的工艺粒度特征，为选择合适的磨矿细度提供科学数据。矿物工艺粒度测定结果见表 11-118。

表 11-118　矿石中铜、钴硫化物的粒度组成

粒级/mm	硫化铜矿物集合体		硫化钴矿物集合体		铜–钴硫化物集合体	
	分布率/%	累计/%	分布率/%	累计/%	分布率/%	累计/%
+2.0	1.35	1.35	—	—	1.47	1.47
−2.0+1.651	3.46	4.81	—	—	3.76	5.23
−1.651+1.168	5.35	10.16	—	—	5.05	10.28
−1.168+0.833	7.59	17.75	10.41	10.41	8.75	19.03
−0.833+0.589	9.44	27.19	7.40	17.81	10.32	29.35
−0.589+0.417	13.68	40.87	5.23	23.04	13.19	42.54

续表

粒级/mm	硫化铜矿物集合体		硫化钴矿物集合体		铜–钴硫化物集合体	
	分布率/%	累计/%	分布率/%	累计/%	分布率/%	累计/%
-0.417+0.295	12.83	53.70	3.70	26.74	13.32	55.86
-0.295+0.208	8.27	61.97	5.24	31.98	8.10	63.96
-0.208+0.147	9.99	71.96	9.23	41.21	9.95	73.91
-0.147+0.104	6.75	78.71	9.14	50.35	6.87	80.78
-0.104+0.074	5.12	83.83	7.41	57.76	5.25	86.03
-0.074+0.043	6.95	90.78	15.22	72.98	6.43	92.46
-0.043+0.020	6.63	97.41	14.75	87.73	5.10	97.56
-0.020+0.015	0.95	98.36	5.27	93.00	0.89	98.45
-0.015+0.010	0.75	99.11	4.56	97.56	0.77	99.22
-0.010	0.89	100.00	2.44	100.00	0.78	100.00

由上表可知，矿石中硫化铜矿物集合体、铜–钴硫化物集合体的嵌布粒度相对较粗，在大于 0.074mm 粒级的分布率分别为 83.83% 和 82.33%；硫化钴矿物集合体粒度相对较细，为中细粒分布。

11.2.4.7　矿石中重要矿物的解离特征

为了合理确定磨矿细度，对不同磨矿细度下铜–钴硫化物集合体的解离度进行测定，其结果见表 11-119。从表可以看出，铜–钴硫化物集合体的解离度在磨矿细度–0.074mm 占 65% 时达 84.89%，未解离部分主要与脉石矿物呈富连生体形式连生，这部分占有率为 8.51%，二者合计为 93.40%。继续加大磨矿细度，解离情况变化不大。因此，建议采用磨矿细度为–0.074mm 占 65% 的矿样进行铜钴混合浮选。

表 11-119　铜–钴硫化物集合体的解离特征

磨矿细度/% -0.074mm	单体/%	连生体/%			
		与脉石富连生	与脉石贫连生	包裹脉石中	与黄铁矿连生
60	80.04	10.62	5.65	0.86	2.84
65	84.89	8.51	4.51	0.77	1.32
70	86.12	8.57	3.80	0.65	0.86
75	87.32	7.97	3.58	0.60	0.53

11.2.4.8　结论

矿石中铜、钴的品位分别为 1.92% 和 0.09%，属于高品位的硫化铜钴矿。矿石中铜绝大部分以独立硫化铜矿物的形式存在，少量以类质同象赋存在硫钴矿中；钴则以独立硫化钴矿物的形式存在。脉石矿物主要为石英和正长石，其次为白云母、金云母、白云石、方解石和绿泥石，少量的钠长石、磷灰石、高岭石、锆石、石膏等。由于硫化钴矿物（硫钴矿、钴镍黄铁矿）的含量仅为0.18%，它们与硫化铜矿物的嵌布关系也比较密切，因此建议在-0.074mm占65%的磨矿细度条件下进行铜钴混合浮选获取铜钴混合粗精矿，然后对铜钴粗精矿再磨—分选，进而获得合格的铜精矿和钴精矿。

11.3　在选矿生产流程优化中的应用

对选矿工艺流程试验中或选矿厂生产过程中的原矿、精矿、尾矿及中间产物等选矿产品进行工艺矿物学研究，以便了解选矿流程中各种矿物的行为、矿物在流程中的走向，评判磨矿细度、选矿流程结构及作业金属量损失的合理性，解释不合理损失的原因，为选矿流程的诊断、优化提供指导。

11.3.1　铜硫矿

铜硫矿选矿生产的原则流程如图11-7所示。为了评价铜选矿工艺的合理性，分别对原矿（分级溢流）、铜粗精矿、铜中矿和铜尾矿进行工艺矿物学研究。

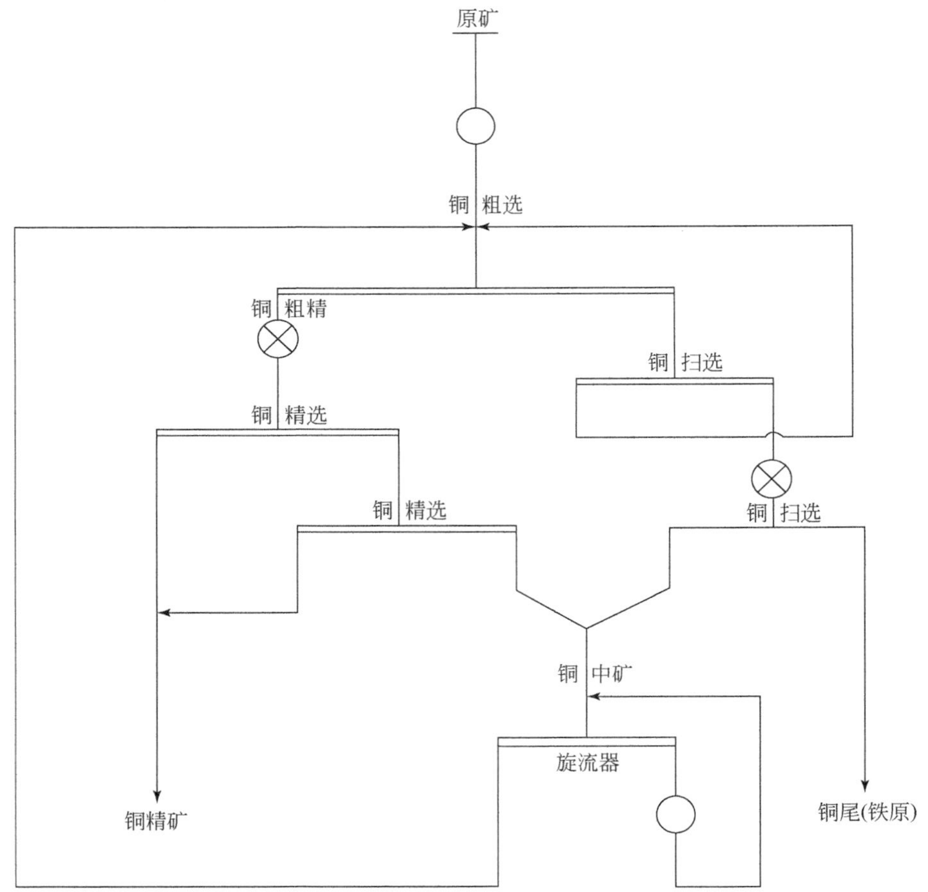

图11-7　铜硫矿选矿原则流程

11.3.1.1　原矿（分级溢流）

1. 样品的多组分化学分析

原矿的细度为-0.074mm 占 65%。样品的多组分化学分析结果见表 11-120。

表 11-120　样品的多组分化学分析

化学成分	Cu	Fe	Pb	Zn	S	P	Ti
含量/%	0.795	21.62	0.012	0.074	9.89	0.035	0.13
化学成分	SiO_2	Al_2O_3	CaO	MgO	K_2O	Na_2O	F
含量/%	30.89	3.98	15.90	4.53	0.92	0.24	0.16

2. 样品中铜、铁的化学物相分析

对-0.074mm 占 100% 原矿样品进行了铜、铁元素的化学物相分析，结果见表 11-121 和表 11-122。

表 11-121　铜的化学物相分析

相别	原生硫化铜	次生硫化铜	氧化铜	墨铜矿
铜含量/%	0.73	0.04	0.011	0.016
分布率/%	91.59	5.02	1.38	2.01

表 11-122　铁的化学物相分析

相别	磁铁矿	非磁性硫铁矿	磁性硫铁矿	赤/褐铁矿	菱铁矿	硅酸铁
铁含量/%	2.46	3.78	6.60	0.28	0.68	7.80
分布率/%	11.39	17.50	30.56	1.30	3.14	36.11

3. 样品的矿物组成及相对含量

样品中的铜矿物绝大部分为黄铜矿，另有很少量的斑铜矿、铜蓝以及墨铜矿等矿物。其他金属矿物主要为单斜磁黄铁矿，其次为六方磁黄铁矿、黄铁矿和磁铁矿，另有少量的菱铁矿、褐铁矿、金红石等。非金属矿物主要为钙铁榴石，其次为透辉石和方解石、石英、蛇纹石、白云母、长石、硬石膏、黑云母、滑石等，另有少量的萤石、磷灰石、白云石、高岭石、硅灰石、绿泥石以及橄榄石等。矿物的相对含量见表 11-123。

表 11-123　样品的矿物组成

矿物名称	黄铜矿	墨铜矿	铜蓝	单斜磁黄铁矿	六方磁黄铁矿	黄铁矿	磁铁矿	菱铁矿
含量/%	2.11	0.10	0.06	10.82	4.27	4.59	3.40	1.41
矿物名称	褐铁矿	金红石	萤石	滑石	钙铁榴石	蛇纹石	透辉石	方解石
含量/%	0.43	0.21	0.33	2.16	22.59	5.83	12.00	6.73
矿物名称	石英	白云母	长石	硬石膏	黑云母	其他		
含量/%	6.58	4.55	4.44	3.83	3.06	0.31		

4. 样品中重要矿物的分布特征

1）黄铜矿

黄铜矿多以单体形式存在，其次以与脉石矿物连生的方式产出，有时可见一部分与磁黄铁矿、磁铁矿连生或者以微细粒包裹体的形式嵌布在这些矿物中，另有少量黄铜矿与黄铁矿、闪锌矿、褐铁矿等矿物连生。

2）磁黄铁矿

磁黄铁矿主要以单体形式存在；以连生体形式存在的磁黄铁矿主要与脉石矿物连生，其次与磁铁矿的嵌布关系较为密切，多表现为磁黄铁矿呈细粒包裹于磁铁矿中；还有一部分磁黄铁矿与黄铜矿、黄铁矿连生在一起；有时可见磁黄铁矿被黄铁矿交代呈残余结构。

为了解原矿中磁黄铁矿的成分变化情况，对-0.074mm 占 100% 的样品中的磁黄铁矿颗粒随机进行了扫描电镜 X 射线能谱分析（表 11-124）。样品中的磁黄铁矿既有属于铁磁性矿物的单斜磁黄铁矿（$Fe_{1-x}S$，$x>0.10$），也有弱磁性的六方磁黄铁矿。

表 11-124　磁黄铁矿的 X 射线能谱分析

序号	元素含量/%		X^*	晶系
	S	Fe		
1	39.10	60.90	0.1057	单斜
2	39.70	60.30	0.1280	单斜
3	38.88	61.12	0.0974	六方
4	38.88	61.12	0.0974	六方
5	39.36	60.64	0.1157	单斜
6	39.16	60.84	0.1079	单斜
7	39.28	60.72	0.1125	单斜
8	38.96	61.04	0.1007	单斜
9	39.49	60.51	0.1203	单斜
10	38.52	61.48	0.0836	六方
11	38.92	61.08	0.0989	六方

续表

序号	元素含量/%		X^*	晶系
	S	Fe		
12	38.56	61.44	0.0850	六方
13	38.52	61.48	0.0839	六方
14	38.99	61.01	0.1017	单斜
15	38.85	61.15	0.0960	六方
16	38.48	61.52	0.0821	六方
17	38.63	61.37	0.0880	六方
18	39.00	61.00	0.1017	单斜
19	38.92	61.08	0.0989	六方
20	38.86	61.14	0.0967	六方
21	39.06	60.94	0.1043	单斜
22	38.96	61.04	0.1003	单斜
23	40.28	59.72	0.1488	单斜
24	39.79	60.21	0.1312	单斜
25	38.62	61.38	0.0876	六方
26	38.81	61.19	0.0949	六方

$*X=1-\frac{W_{Fe}/A_{Fe}}{W_s/A_s}$，其中，$X$——铁亏损值；$W$——元素的实测含量；$A$——元素的原子质量。

3）黄铁矿

样品中黄铁矿同样主要以单体形式存在，其次与脉石矿物连生，还有少量与磁铁矿、褐铁矿及磁黄铁矿、黄铜矿连生，有时可见黄铁矿内包裹有微细粒黄铜矿、磁铁矿及脉石颗粒。

4）磁铁矿

样品中的磁铁矿主要以单体形式产出；其次以与脉石矿物连生的形式存在，另有部分与磁黄铁矿、黄铜矿、黄铁矿等硫化物连生。

5. 样品中重要矿物的解离特征

样品中黄铜矿、磁铁矿、磁黄铁矿以及黄铁矿的解离度见表 11-125。

表 11-125　黄铜矿、磁铁矿、磁黄铁矿以及黄铁矿的解离特征

矿物名称	单体/%	连生体/%				
		与黄铜矿连生	与磁铁矿连生	与磁黄铁矿连生	与黄铁矿连生	与脉石连生
黄铜矿	66.06	—	2.84	3.36	1.35	26.39
磁铁矿	71.71	1.97	—	5.87	2.82	17.63
磁黄铁矿	82.15	1.22	2.28	—	1.27	13.08
黄铁矿	79.35	0.52	4.48	1.46	—	14.19

6. 样品中重要矿物的粒度组成

样品中黄铜矿、磁铁矿、磁黄铁矿以及黄铁矿的粒度组成见表 11-126 和表 11-127，其中对以单体形式和连生体形式存在的黄铜矿的粒度也分别进行了测定。

表 11-126　黄铜矿的粒度组成

粒级/mm	黄铜矿		单体的黄铜矿		连生体的黄铜矿	
	分布率/%	累计/%	分布率/%	累计/%	分布率/%	累计/%
+0. 147	3. 31	3. 31	2. 74	2. 74	4. 41	4. 41
−0. 147+0. 104	5. 99	9. 30	5. 63	8. 37	6. 70	11. 11
−0. 104+0. 074	12. 40	21. 69	16. 34	24. 71	4. 72	15. 83
−0. 074+0. 043	27. 95	49. 64	27. 28	51. 99	29. 22	45. 05
−0. 043+0. 020	31. 30	80. 94	30. 49	82. 48	32. 88	77. 93
−0. 020+0. 015	8. 94	89. 88	8. 14	90. 62	10. 50	88. 43
−0. 015+0. 010	8. 05	97. 93	7. 19	97. 81	9. 74	98. 17
−0. 010	2. 07	100. 00	2. 19	100. 00	1. 83	100. 00

表 11-127　磁铁矿、磁黄铁矿以及黄铁矿的粒度组成

粒级/mm	磁铁矿		磁黄铁矿		黄铁矿	
	分布率/%	累计/%	分布率/%	累计/%	分布率/%	累计/%
+0. 147	0. 80	0. 80	6. 69	6. 69	4. 00	4. 00
−0. 147+0. 104	4. 53	5. 33	8. 81	15. 50	4. 81	8. 81
−0. 104+0. 074	17. 38	22. 71	17. 51	33. 01	19. 18	27. 99
−0. 074+0. 043	34. 14	56. 85	28. 21	61. 22	28. 85	56. 84
−0. 043+0. 020	30. 05	86. 90	23. 59	84. 81	27. 86	84. 70
−0. 020+0. 015	7. 48	94. 38	7. 32	92. 13	7. 57	92. 27
−0. 015+0. 010	4. 74	99. 12	6. 30	98. 43	6. 11	98. 38
−0. 010	0. 88	100. 00	1. 57	100. 00	1. 62	100. 00

11. 3. 1. 2　铜粗精矿

铜粗精矿的细度为−0. 074mm 占 88%，样品中 Cu、Fe 及 S 的含量分别为 6. 60%、27. 10% 和 25. 03%。

1. 样品的矿物组成及相对含量

样品中的铜矿物绝大部分为黄铜矿，偶尔可见微量的墨铜矿和铜蓝；其他金属矿物主要为黄铁矿，其次为磁黄铁矿以及少量的磁铁矿。非金属矿物主要为滑石和钙铁榴石，另有少量的方解石、蛇纹石、透辉石、长石、石英、白云母和黑云母等。矿物的相对含量见表 11-128。

表 11-128　样品的矿物组成

矿物名称	黄铜矿	墨铜矿	黄铁矿	磁黄铁矿	磁铁矿	褐铁矿	菱铁矿	白云母	黑云母
含量/%	19.10	0.30	28.68	6.45	1.72	0.57	0.16	1.70	1.04
矿物名称	滑石	钙铁榴石	方解石	蛇纹石	透辉石	长石	石英	硬石膏	其他
含量/%	12.65	10.64	4.86	3.81	3.38	2.04	1.71	0.66	0.53

2. 样品中黄铜矿的解离特征

样品中黄铜矿的解离度见表 11-129。结果显示黄铜矿主要为单体，解离度为 81.84%；以连生体形式存在的黄铜矿主要与脉石连生，少量与磁黄铁矿、磁铁矿及黄铁矿连生。

表 11-129　黄铜矿的解离特征

单体/%	连生体/%			
	与磁铁矿连生	与磁黄铁矿连生	与黄铁矿连生	与脉石连生
81.84	2.39	3.03	0.97	11.77

3. 样品中黄铜矿的粒度组成

样品中黄铜矿的粒度组成见表 11-130。样品中黄铜矿的粒度主要集中在 0.020 ~ 0.104mm，其中呈连生体的黄铜矿粒度相比单体要粗。

表 11-130　黄铜矿的粒度组成

粒级/mm	黄铜矿		单体的黄铜矿		连生体的黄铜矿	
	分布率/%	累计/%	分布率/%	累计/%	分布率/%	累计/%
+0.147	2.04	2.04	2.50	2.50	0.00	0.00
−0.147+0.104	8.82	10.86	6.87	9.37	17.54	17.54
−0.104+0.074	17.29	28.15	15.47	24.84	25.48	43.02
−0.074+0.043	29.94	58.09	30.33	55.17	28.18	71.20
−0.043+0.020	26.59	84.68	28.43	83.60	18.33	89.53
−0.020+0.015	7.53	92.21	8.36	91.96	3.75	93.28
−0.015+0.010	6.02	98.23	6.24	98.20	5.06	98.34
−0.010	1.77	100.00	1.80	100.00	1.66	100.00

11.3.1.3　铜中矿

铜中矿的细度为−0.074mm 占 87%，样品中 Cu、S 含量分别为 1.20% 和 27.99%。

1. 样品的矿物组成及相对含量

样品中的铜矿物绝大部分为黄铜矿，偶尔可见微量的铜蓝、墨铜矿嵌布于脉石中；其他金属矿物主要为黄铁矿，其次为磁黄铁矿，另有少量的磁铁矿、褐铁矿和菱铁矿。非金属矿物主要为钙铁榴石和滑石，另有少量的方解石、透辉石、蛇纹石、长石、白云母、石英和黑云母等。矿物的相对含量见表 11-131。

表 11-131　样品的矿物组成

矿物名称	黄铜矿	墨铜矿	黄铁矿	磁黄铁矿	磁铁矿	褐铁矿	菱铁矿	白云母	黑云母
含量/%	3.36	0.24	40.84	12.75	1.92	0.59	0.17	1.73	1.29
矿物名称	滑石	钙铁榴石	方解石	蛇纹石	透辉石	长石	石英	硬石膏	其他
含量/%	9.03	12.04	4.47	3.33	3.52	2.32	1.37	0.47	0.56

2. 样品中黄铜矿的解离特征

样品中黄铜矿的解离度见表 11-132，黄铜矿单体解离度仅为 48.66%，对铜中矿再磨是有必要的。

表 11-132　黄铜矿的解离特征

单体/%	连生体/%			
	与磁铁矿连生	与磁黄铁矿连生	与黄铁矿连生	与脉石连生
48.66	2.65	9.01	2.14	37.54

3. 样品中黄铜矿的粒度组成

样品中黄铜矿的粒度组成见表 11-133。样品中黄铜矿的粒度主要集中在 0.020 ~ 0.208mm，其中呈连生体的黄铜矿粒度相比单体的要细。

表 11-133　黄铜矿的粒度组成

粒级/mm	黄铜矿		单体的黄铜矿		连生体的黄铜矿	
	分布率/%	累计/%	分布率/%	累计/%	分布率/%	累计/%
+0.147	13.08	13.08	19.42	19.42	7.07	7.07
-0.147+0.104	11.78	24.86	16.92	36.34	6.91	13.98
-0.104+0.074	15.25	40.11	16.76	53.10	13.82	27.80
-0.074+0.043	25.50	65.61	23.02	76.12	27.85	55.65
-0.043+0.020	24.14	89.75	16.70	92.82	31.20	86.85
-0.020+0.015	5.03	94.78	3.97	96.79	6.03	92.88
-0.015+0.010	4.35	99.13	2.50	99.29	6.09	98.97
-0.010	0.87	100.00	0.71	100.00	1.03	100.00

11.3.1.4　铜尾矿

+0.106mm 粒级铜尾矿（选铁原矿）中 Cu、Fe、S 含量分别为 0.115%、11.50% 和 4.22%。样品中的铜矿物绝大部分为黄铜矿，含少量的墨铜矿；其他金属矿物为磁黄铁矿、黄铁矿和磁铁矿。

1. 样品中黄铜矿及磁铁矿的解离特征

样品中黄铜矿及磁铁矿的解离度见表11-134。黄铜矿绝大部分以连生体的形式存在，其单体解离度只有4.24%；在其连生体中，硫化铜主要与脉石矿物连生，其次以磁黄铁矿、磁铁矿以及黄铁矿连生的形式产出。磁铁矿主要以单体形式存在，单体解离度为60.01%；其次以与脉石连生的形式存在，少量与磁黄铁矿等硫化物连生。

表11-134 黄铜矿及磁铁矿的解离特征

矿物名称	单体/%	连生体/%				
		与黄铜矿连生	与磁铁矿连生	与磁黄铁矿连生	与黄铁矿连生	与脉石连生
黄铜矿	4.24	—	8.67	11.68	2.89	72.52
磁铁矿	60.01	3.67	—	7.13	3.19	26.00

2. 样品中黄铜矿及磁铁矿的粒度组成

样品中黄铜矿以及磁铁矿的粒度组成见表11-135。磁铁矿的粒度明显较黄铜矿粗；以连生体形式存在的黄铜矿粒度集中分布在0.020～0.074mm，分布率达54.69%。

表11-135 黄铜矿及磁铁矿的粒度组成

粒级/mm	黄铜矿		连生体的黄铜矿		磁铁矿	
	分布率/%	累计/%	分布率/%	累计/%	分布率/%	累计/%
+0.208	—	—	—	—	6.44	6.44
-0.208+0.147	2.03	2.03	—	—	30.87	37.31
-0.147+0.104	5.53	7.56	5.78	5.78	32.94	70.25
-0.104+0.074	8.54	16.10	8.92	14.70	14.66	84.91
-0.074+0.043	19.98	36.08	20.86	35.56	10.42	95.33
-0.043+0.020	33.93	70.01	33.83	69.39	2.16	97.49
-0.020+0.015	13.46	83.47	13.86	83.25	1.28	98.77
-0.015+0.010	10.45	93.92	10.52	93.77	1.05	99.82
-0.010	6.08	100.00	6.23	100.00	0.18	100.00

11.3.1.5 结论

对该铜硫矿选矿生产的原矿（分级溢流）、铜粗精矿、铜中矿和铜尾矿分别进行了工艺矿物学研究，认为铜选矿原则工艺流程是合理的。为了降低铜尾矿中铜的损失，建议适当提高原矿的磨矿细度；铜粗选时强化对硫化铁矿物的抑制；强化铜扫选作业，采用合适的捕收剂加强对呈富连生体的黄铜矿的回收。

11. 3. 2　铜铅锌多金属矿

铜铅锌多金属矿选矿厂生产的原则流程如图 11-8 所示。选矿厂现场生产指标见表 11-136，铜铅锌的选矿生产指标并不理想。为此对铜铅混选精矿、铜铅混选尾矿、铜精矿、铅精矿、锌精矿和锌尾矿分别进行工艺矿物学研究，诊断铜铅锌选别工艺，为工艺流程的优化提供依据。

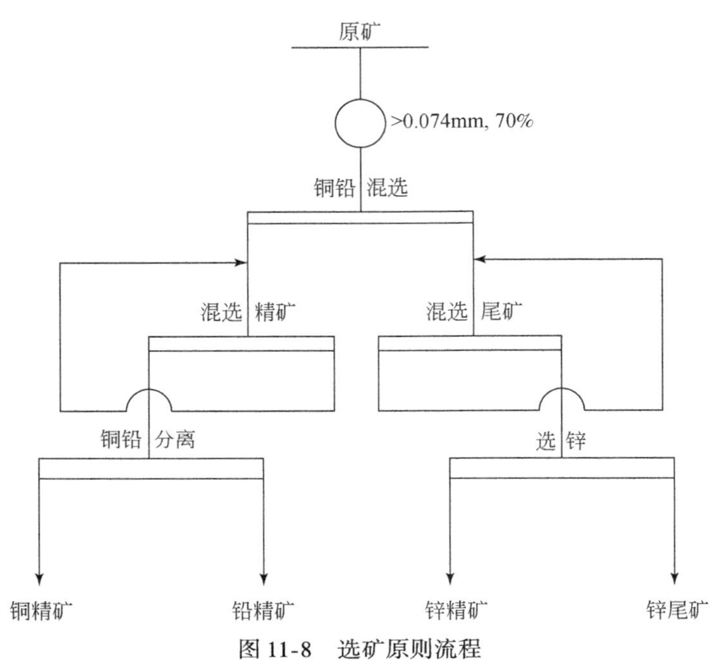

图 11-8　选矿原则流程

表 11-136　选矿厂现场生产指标

产品	产率%	品位/%			回收率/%		
		Cu	Pb	Zn	Cu	Pb	Zn
原矿	—	0. 42	0. 43	2. 42	—	—	—
铜精矿	1. 70	17. 55	8. 63	5. 66	71. 04	34. 12	3. 98
铅精矿	0. 36	9. 89	40. 80	9. 56	8. 48	34. 16	1. 42
锌精矿	4. 12	1. 17	1. 69	51. 87	11. 48	16. 19	88. 31
锌尾矿	93. 83	0. 04	0. 08	0. 16	8. 94	17. 46	6. 20

11.3.2.1　铜铅混选精矿

1. 样品的多组分化学分析

样品的多组分化学分析结果见表 11-137。

表 11-137　样品的多组分化学分析

化学成分	Cu	Pb	Zn	Fe	S	As	P
含量/%	14.91	25.90	10.28	18.42	29.98	0.041	0.013
化学成分	SiO_2	Al_2O_3	CaO	MgO	K_2O	Na_2O	
含量/%	0.32	0.104	0.069	0.123	<0.05	0.051	

2. 样品的矿物组成

样品中金属矿物主要为黄铜矿，其次为方铅矿，少量闪锌矿、黄铁矿，微量的铜蓝、辉铜矿、磁黄铁矿等。非金属矿物为石英、长石等。样品中黄铜矿、方铅矿、闪锌矿和黄铁矿的含量分别为 43.14%、29.91%、15.19% 和 11.31%，非金属矿物的相对含量不到 1%。

3. 样品中黄铜矿、方铅矿、闪锌矿的解离特征

样品中黄铜矿、方铅矿、闪锌矿的解离度见表 11-138。

表 11-138　黄铜矿、方铅矿和闪锌矿的解离度

矿物名称	单体/%	连生体/%				
		与闪锌矿连生	与方铅矿连生	与黄铜矿连生	与黄铁矿连生	与脉石矿物连生
黄铜矿	91.08	5.73	1.59	—	0.43	1.17
方铅矿	91.53	2.71	—	2.03	3.02	0.71
闪锌矿	86.48	—	8.43	2.62	2.03	0.44

4. 样品中黄铜矿、方铅矿、闪锌矿的粒度组成

样品中黄铜矿、方铅矿和闪锌矿的粒度组成见表 11-139。

表 11-139　黄铜矿、方铅矿和闪锌矿的粒度组成

粒级/mm	黄铜矿		方铅矿		闪锌矿	
	分布率/%	累计/%	分布率/%	累计/%	分布率/%	累计/%
-0.208+0.147	2.60	2.60	—	—	—	—
-0.147+0.104	5.51	8.11	—	—	3.43	3.43
-0.104+0.074	15.63	23.74	5.55	5.55	17.04	20.48

续表

粒级/mm	黄铜矿		方铅矿		闪锌矿	
	分布率/%	累计/%	分布率/%	累计/%	分布率/%	累计/%
-0.074+0.043	26.54	50.27	29.19	34.74	17.60	38.08
-0.043+0.020	33.19	83.46	46.50	81.24	46.53	84.61
-0.020+0.015	7.17	90.63	7.28	88.51	9.57	94.19
-0.015+0.010	6.59	97.22	10.14	98.65	4.45	98.63
-0.010	2.78	100.00	1.35	100.00	1.37	100.00

11.3.2.2 铜铅混选尾矿

1. 样品的多组分化学分析

样品的多组分化学分析结果见表11-140。

表11-140 样品的多组分化学分析

化学成分	Cu	Pb	Zn	Fe	S	As	P
含量/%	0.18	0.20	2.26	6.55	6.49	0.034	0.014
化学成分	SiO_2	Al_2O_3	CaO	MgO	K_2O	Na_2O	
含量/%	66.55	6.45	0.45	2.43	1.02	0.43	

2. 样品的矿物组成

样品中金属矿物主要为黄铁矿，其次为闪锌矿，少量黄铜矿、方铅矿，微量的辉铜矿、铜蓝、黝铜矿等。样品中黄铁矿、闪锌矿、黄铜矿和方铅矿的含量分别为9.74%、3.34%、0.52%和0.23%，非金属矿物的相对含量约为86%。

3. 样品中黄铜矿、方铅矿、闪锌矿的解离特征

样品中黄铜矿、方铅矿、闪锌矿的解离度见表11-141。

表11-141 黄铜矿、方铅矿和闪锌矿的解离度

矿物名称	单体/%	连生体/%				
		与闪锌矿连生	与方铅矿连生	与黄铜矿连生	与黄铁矿连生	与脉石矿物连生
黄铜矿	60.32	8.17	2.10	—	4.36	25.05
方铅矿	36.27	21.97	—	5.64	13.58	22.54
闪锌矿	79.57	—	2.55	1.04	4.79	12.05

4. 样品中黄铜矿、方铅矿、闪锌矿的粒度组成

样品中黄铜矿、方铅矿和闪锌矿的粒度组成见表 11-142。

表 11-142 黄铜矿、方铅矿和闪锌矿的粒度组成

粒级/mm	黄铜矿		方铅矿		闪锌矿	
	分布率/%	累计/%	分布率/%	累计/%	分布率/%	累计/%
-0.417+0.295	3.75	3.75	—	—	—	—
-0.295+0.208	2.65	6.40	—	—	—	—
-0.208+0.147	20.58	26.98	—	—	18.97	18.97
-0.147+0.104	10.58	37.56	9.84	9.84	21.07	40.04
-0.104+0.074	18.76	56.32	13.96	23.80	20.37	60.41
-0.074+0.043	17.26	73.58	27.53	51.33	22.77	83.18
-0.043+0.020	21.91	95.49	37.89	89.22	15.39	98.57
-0.020+0.015	2.03	97.52	5.94	95.16	0.53	99.10
-0.015+0.010	1.85	99.37	4.58	99.74	0.86	99.96
-0.010	0.63	100.00	0.26	100.00	0.04	100.00

11.3.2.3 铜精矿

1. 样品的多组分化学分析

样品的多组分化学分析结果见表 11-143。

表 11-143 样品的多组分化学分析

化学成分	Cu	Pb	Zn	Fe	S	As	P
含量/%	18.88	5.42	6.24	32.31	38.89	0.054	0.025
化学成分	SiO_2	Al_2O_3	CaO	MgO	K_2O	Na_2O	
含量/%	0.31	0.113	0.108	0.142	<0.005	0.040	

2. 样品的矿物组成

样品中的金属矿物主要为黄铜矿，其次为黄铁矿，少量的方铅矿、闪锌矿，微量的辉铜矿、铜蓝、黝铜矿等。非金属矿物有石英、长石等。样品中黄铜矿、黄铁矿、闪锌矿和方铅矿的含量分别为 54.63%、29.38%、9.22%和 6.26%，脉石矿物的相对含量不到 1%。

3. 样品中黄铜矿、方铅矿、闪锌矿的解离特征

样品中黄铜矿、方铅矿、闪锌矿的解离度见表 11-144。

表 11-144 黄铜矿、方铅矿和闪锌矿的解离度

矿物名称	单体/%	连生体/%				
		与闪锌矿连生	与方铅矿连生	与黄铜矿连生	与黄铁矿连生	与脉石矿物连生
黄铜矿	90.63	3.01	1.06	—	2.71	2.59
方铅矿	76.72	10.58	—	4.94	7.76	—
闪锌矿	76.45	—	6.67	11.45	3.77	1.66

4. 样品中黄铜矿、方铅矿、闪锌矿的粒度组成

样品中黄铜矿、方铅矿和闪锌矿的粒度组成见表 11-145。

表 11-145 黄铜矿、方铅矿和闪锌矿的粒度组成

粒级/mm	黄铜矿		方铅矿		闪锌矿	
	分布率/%	累计/%	分布率/%	累计/%	分布率/%	累计/%
-0.208+0.147	2.01	2.01	—	—	6.50	6.50
-0.147+0.104	15.60	17.61	8.64	8.64	12.63	19.13
-0.104+0.074	19.11	36.72	20.43	29.07	38.28	57.41
-0.074+0.043	32.39	69.11	36.27	65.34	35.33	92.74
-0.043+0.020	23.49	92.60	14.46	79.80	3.17	95.91
-0.020+0.015	2.17	94.77	8.44	88.24	2.08	97.99
-0.015+0.010	4.10	98.87	11.19	99.43	1.83	99.82
-0.010	1.13	100.00	0.57	100.00	0.18	100.00

11.3.2.4 铅精矿

1. 样品的多组分化学分析

样品的多组分化学分析结果见表 11-146。

表 11-146 样品的多组分化学分析

化学成分	Cu	Pb	Zn	Fe	S	As	P
含量/%	11.63	40.57	7.18	14.45	26.15	0.036	0.022
化学成分	SiO_2	Al_2O_3	CaO	MgO	K_2O	Na_2O	
含量/%	0.19	0.076	0.042	0.077	<0.005	0.009	

2. 样品的矿物组成

样品中的金属矿物主要为方铅矿和黄铜矿，另有少量的闪锌矿和黄铁矿。脉石矿物为石英和长石。样品中方铅矿、黄铜矿、闪锌矿和黄铁矿的含量分别为 46.85%、33.65%、10.61% 和 8.66%，非金属矿物的相对含量不到 1%。

3. 样品中黄铜矿、方铅矿、闪锌矿的解离特征

样品中黄铜矿、方铅矿、闪锌矿的解离度见表 11-147。

表 11-147　黄铜矿、方铅矿和闪锌矿的解离度

矿物名称	单体/%	连生体/%				
		与闪锌矿连生	与方铅矿连生	与黄铜矿连生	与黄铁矿连生	与脉石矿物连生
黄铜矿	90.43	0.48	—	—	3.35	5.74
方铅矿	90.55	3.63	—	0.91	1.82	3.09
闪锌矿	77.85	—	17.03	1.43	3.27	0.42

4. 样品中黄铜矿、方铅矿、闪锌矿的粒度组成

样品中黄铜矿、方铅矿和闪锌矿的粒度组成见表 11-148。

表 11-148　黄铜矿、方铅矿和闪锌矿的粒度组成

粒级/mm	黄铜矿		方铅矿		闪锌矿	
	分布率/%	累计/%	分布率/%	累计/%	分布率/%	累计/%
−0.147+0.104	—	—	2.15	2.15	4.05	4.05
−0.104+0.074	2.25	2.25	1.53	3.68	10.05	14.10
−0.074+0.043	14.77	17.02	25.07	28.75	21.71	35.81
−0.043+0.020	46.93	63.95	49.69	78.44	47.77	83.58
−0.020+0.015	16.79	80.74	9.60	88.04	9.04	92.62
−0.015+0.010	14.21	94.95	9.22	97.26	6.25	98.87
−0.010	5.05	100.00	2.74	100.00	1.13	100.00

11.3.2.5　锌精矿

1. 样品的多组分化学分析

样品的多组分化学分析结果见表 11-149。

表 11-149　样品的多组分化学分析

化学成分	Cu	Pb	Zn	Fe	S	As	P
含量/%	3.05	3.75	51.97	5.86	32.83	0.037	0.015
化学成分	SiO_2	Al_2O_3	CaO	MgO	K_2O	Na_2O	
含量/%	0.76	0.187	0.21	0.145	0.018	0.040	

2. 样品的矿物组成

样品中的金属矿物主要为闪锌矿，另有少量的黄铜矿、黄铁矿和方铅矿。非金属矿物有石英、长石等。样品中闪锌矿、黄铜矿、黄铁矿和方铅矿的含量分别为 76.81%、

8.83%、8.57%和4.33%，非金属矿物的相对含量不到2%。

3. 样品中黄铜矿、方铅矿、闪锌矿的解离特征

样品中黄铜矿、方铅矿、闪锌矿的解离度见表11-150。

表11-150 黄铜矿、方铅矿和闪锌矿的解离度

矿物名称	单体/%	连生体/%				
		与闪锌矿连生	与方铅矿连生	与黄铜矿连生	与黄铁矿连生	与脉石矿物连生
黄铜矿	79.97	12.50	—	—	4.51	3.02
方铅矿	51.78	35.25	—	3.55	5.51	3.91
闪锌矿	83.63	—	8.18	2.57	1.78	3.84

4. 样品中黄铜矿、方铅矿、闪锌矿的粒度组成

样品中黄铜矿、方铅矿和闪锌矿的粒度组成见表11-151。

表11-151 黄铜矿、方铅矿和闪锌矿的粒度组成

粒级/mm	黄铜矿		方铅矿		闪锌矿	
	分布率/%	累计/%	分布率/%	累计/%	分布率/%	累计/%
-0.295+0.208	—	—	—	—	2.65	2.65
-0.208+0.147	12.94	12.94	6.03	6.03	9.35	12.00
-0.147+0.104	17.40	30.34	12.78	18.81	27.75	39.75
-0.104+0.074	29.87	60.21	16.11	34.92	20.62	60.37
-0.074+0.043	25.61	85.82	32.44	67.36	20.33	80.70
-0.043+0.020	11.72	97.54	26.02	93.38	14.93	95.63
-0.020+0.015	1.40	98.94	4.16	97.54	1.84	97.47
-0.015+0.010	0.91	99.85	2.40	99.94	2.11	99.58
-0.010	0.15	100.00	0.06	100.00	0.42	100.00

11.3.2.6 锌尾矿

1. 样品的多组分化学分析

样品的多组分化学分析结果见表11-152。

表11-152 样品的多组分化学分析

化学成分	Cu	Pb	Zn	Fe	S	As	P
含量/%	0.090	0.10	0.35	6.04	4.51	0.032	0.019
化学成分	SiO_2	Al_2O_3	CaO	MgO	K_2O	Na_2O	
含量/%	66.28	7.35	1.86	2.80	1.17	0.67	

2. 样品的矿物组成

样品中的金属矿物主要为黄铁矿，另有少量的闪锌矿、黄铜矿和方铅矿。非金属矿物有石英、长石等。样品中黄铁矿、闪锌矿、黄铜矿和方铅矿的含量分别为 7.93%、0.52%、0.26%和 0.12%，非金属矿物的相对含量约为 91%。

3. 样品中黄铜矿、方铅矿、闪锌矿的解离特征

样品中黄铜矿、方铅矿、闪锌矿的解离度见表 11-153。

表 11-153　黄铜矿、方铅矿和闪锌矿的解离度

矿物名称	单体/%	连生体/%				
		与闪锌矿连生	与方铅矿连生	与黄铁矿连生	与脉石连生	脉石包裹
黄铜矿	11.63	1.91	—	12.15	63.89	10.42
方铅矿	1.89	12.88	—	7.95	65.54	11.74
闪锌矿	37.04	—	2.14	13.08	45.42	2.32

闪锌矿主要与脉石矿物呈贫连生体形式产出，其次呈不规则状单体形式损失在该尾矿中，少量的闪锌矿与黄铁矿、方铅矿连生产出。

黄铜矿大部分与脉石矿物呈贫连生体形式产出，部分黄铜矿与黄铁矿连生产出或呈不规则状单体损失于该尾矿中，也有部分黄铜矿被包裹在脉石矿物中。

方铅矿大部分与脉石矿物呈贫连生体形式产出，部分方铅矿与闪锌矿、黄铁矿连生损失在锌尾矿中，也有部分方铅矿被包裹在脉石矿物中。

4. 样品中黄铜矿、方铅矿、闪锌矿的粒度组成

样品中黄铜矿、方铅矿和闪锌矿的粒度组成见表 11-154。

表 11-154　黄铜矿、方铅矿和闪锌矿的粒度组成

粒级/mm	黄铜矿		方铅矿		闪锌矿	
	分布率/%	累计/%	分布率/%	累计/%	分布率/%	累计/%
-0.295+0.208	—	—	—	—	2.96	2.96
-0.208+0.147	—	—	—	—	14.62	17.58
-0.147+0.104	—	—	—	—	20.68	38.26
-0.104+0.074	13.83	13.83	6.07	6.07	21.99	60.25
-0.074+0.043	14.54	28.37	27.90	33.97	20.65	80.90
-0.043+0.020	53.84	82.21	45.08	79.05	15.57	96.47
-0.020+0.015	6.53	88.74	9.54	88.59	1.85	98.32
-0.015+0.010	9.71	98.45	9.37	97.96	1.62	99.94
-0.010	1.55	100.00	2.04	100.00	0.06	100.00

11.3.2.7　结论

该铜铅锌多金属矿浮选产品的工艺矿物学研究表明，造成铜铅锌选矿生产指标不理想的主要原因是磨矿及药剂制度的不合理。为了降低尾矿中铜铅锌的损失以及精矿的品质，应该适当提高原矿的磨矿细度；采取合适的药剂制度，强化铜铅锌矿物彼此之间的分离，减少精矿中目的矿物的互含。

11.3.3　铜铅锌银锡多金属矿

铜铅锌银锡多金属矿选矿厂采用“铜铅混浮—铜铅分离—锌硫混浮—锌硫分离—重选锡石”的工艺流程分别获得铜银精矿、铅锑精矿、锌精矿、硫精矿和锡精矿，选厂选矿工艺流程如图 11-9 所示。在锌硫混浮—锌硫分离作业环节银、铜和锡的损失回收率分别为

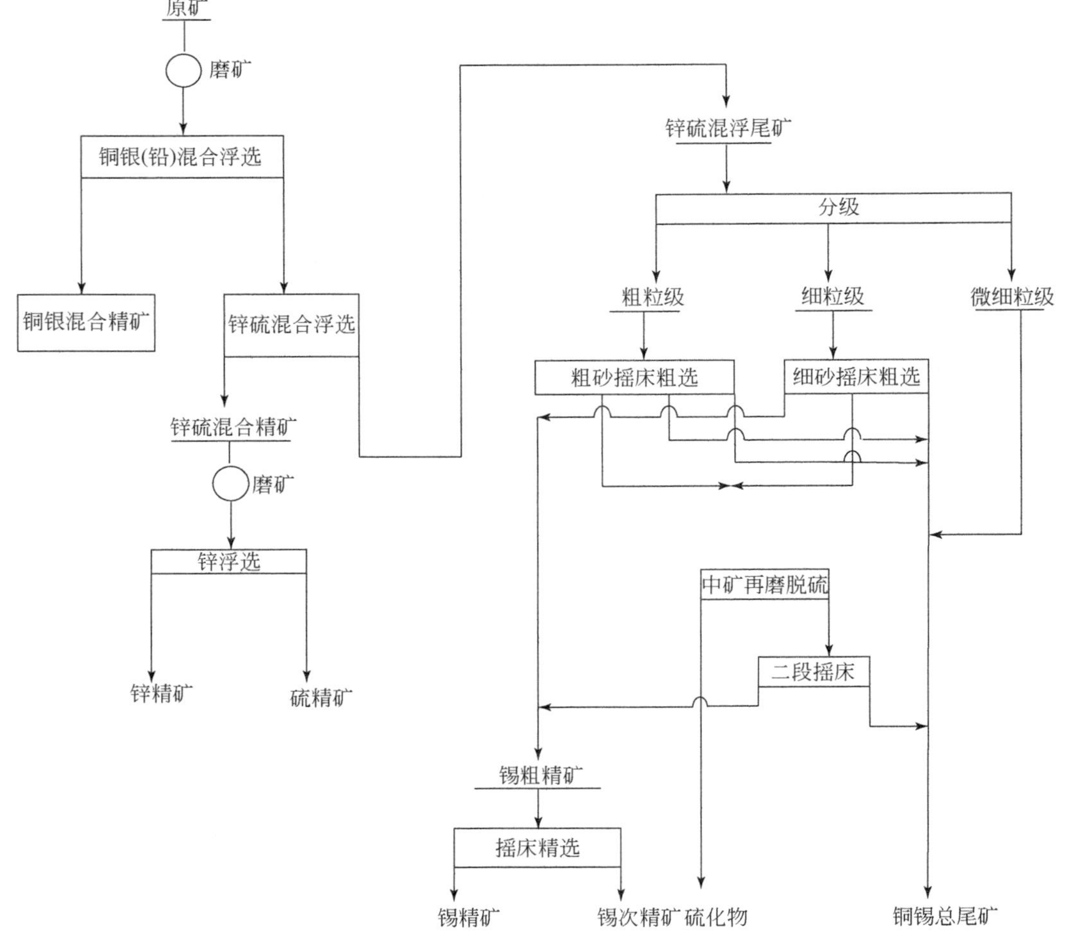

图 11-9　现场选矿生产工艺流程

13.10%、15.64%和4.85%，在摇床中矿再磨脱硫作业环节银、铜、锌和锡的损失回收率分别为4.56%、6.37%、5.03%和1.80%。为此，对锌硫混浮—锌硫分离环节中的锌硫混合精矿以及摇床中矿再磨脱硫环节中的硫浮选硫化物分别进行工艺矿物学研究，评价其损失的合理性。

11.3.3.1　锌硫混合精矿

1. 样品的多组分化学分析

样品的多组分化学分析结果见表 11-155。

表 11-155　样品的多组分化学分析

化学成分	Cu	Pb	Zn	Sb	Sn	Fe	S	As
含量/%	0.60	0.52	7.62	0.55	0.98	28.30	33.80	3.32
化学成分	SiO_2	CaO	MgO	Al_2O_3	K_2O	Na_2O	TiO_2	Ag
含量/%	17.05	0.50	0.10	2.80	0.29	0.24	0.10	0.022872

2. 样品中银、锡的化学物相分析

对小于0.074mm占100%的样品进行银和锡的化学物相分析，结果见表 11-156 和表 11-157。

表 11-156　银的化学物相分析

相别	裸露硫化银	硫化物包裹银	其他矿物包裹银
银含量/（$g \cdot t^{-1}$）	147.13	68.50	10.45
分布率/%	65.08	30.30	4.62

表 11-157　锡的化学物相分析

相别	锡石	硫化锡
锡含量/%	0.54	0.43
分布率/%	55.67	44.33

3. 样品的矿物组成及相对含量

样品中的主要金属矿物为黄铁矿，其次为闪锌矿和毒砂；少量的黄锡矿、脆硫锑铅矿、锡石、黝铜矿、辉锑矿、褐铁矿、方铅矿和黄铜矿等；偶尔可见辉银矿、辉银锑铅矿、硫锑铜银矿等。非金属矿物主要为石英，其次为电气石、高岭石；少量的绢云母、钾长石、萤石、绿泥石、钠长石、金红石等。矿物的相对含量见表 11-158。

表 11-158　样品的矿物组成

矿物名称	黄铁矿	闪锌矿	毒砂	黄锡矿	脆硫锑铅矿	锡石	黝铜矿
含量/%	50.15	13.44	7.21	1.60	1.04	0.69	0.29
矿物名称	辉锑矿	方铅矿	黄铜矿	褐铁矿	石英	电气石	高岭石
含量/%	0.23	0.12	0.07	2.50	10.21	4.20	2.36
矿物名称	绢云母	钾长石	萤石	绿泥石	钠长石	金红石	其他
含量/%	1.67	1.07	0.98	0.96	0.85	0.17	0.18

4. 样品中重要矿物的分布特征

1）黝铜矿

黝铜矿主要与脉石、黄铜矿连生，其次与闪锌矿、黄铁矿、黄锡矿等连生，有时可见与脆硫锑铅矿等铅矿物连生，还可见少量的黝铜矿呈单体。黝铜矿的 X 射线能谱分析见表 11-159。该样品中的黝铜矿均含 Ag，含量变化大。此外，黝铜矿中还含有 Fe、Zn 等杂质。

表 11-159　黝铜矿的 X 射线能谱分析

序号	元素含量/%					
	Cu	Sb	Ag	Fe	Zn	S
1	32.11	27.02	11.72	5.58	1.28	22.29
2	32.96	25.67	10.43	5.93	3.56	21.45
3	30.87	26.98	10.84	5.59	2.04	23.68
4	40.18	27.91	1.42	3.25	4.82	22.42
5	32.11	27.93	7.84	5.47	4.02	22.63
6	34.37	28.16	8.25	2.53	2.99	23.70
7	36.98	27.30	7.35	6.10	6.48	15.79
8	32.20	26.57	10.08	0.66	7.38	23.11
9	28.11	26.94	15.94	2.19	3.81	23.01
10	35.4	25.74	8.64	3.18	6.13	20.91
11	29.88	25.29	12.71	6.61	2.33	23.18
12	32.08	26.69	9.35	1.19	7.73	22.96
13	39.50	27.91	0.60	4.23	4.27	23.49
14	38.45	27.61	2.24	3.00	5.34	23.36
15	38.64	27.81	1.99	1.85	6.25	23.46
16	38.52	27.89	1.84	2.38	5.79	23.58
17	36.31	27.26	3.73	0.79	7.72	24.19
18	36.34	25.18	3.19	2.72	8.44	24.13
19	36.28	25.55	4.25	2.73	7.52	23.67
20	36.78	25.75	3.58	1.73	8.07	24.09

续表

序号	元素含量/%					
	Cu	Sb	Ag	Fe	Zn	S
21	31. 79	25. 60	9. 53	6. 40	2. 85	23. 83
22	32. 08	24. 42	9. 73	6. 71	2. 90	24. 16
23	36. 28	25. 68	4. 29	2. 55	7. 58	23. 62
24	33. 51	23. 44	6. 59	3. 74	7. 79	24. 93
25	31. 19	26. 79	11. 28	4. 61	3. 69	22. 44
26	39. 78	27. 61	0. 64	4. 99	3. 38	23. 60
27	30. 17	26. 24	12. 38	3. 94	3. 52	23. 75
28	31. 33	23. 79	10. 09	8. 24	2. 33	24. 22
29	33. 51	27. 51	8. 38	4. 48	3. 35	22. 77
30	35. 29	28. 46	4. 47	5. 27	2. 56	23. 95
31	35. 57	28. 96	3. 16	5. 09	5. 07	22. 15
32	38. 89	27. 76	0. 73	4. 96	3. 67	23. 99
33	29. 96	26. 57	12. 89	5. 08	2. 39	23. 11
34	32. 14	28. 15	7. 58	5. 49	2. 22	24. 42
35	32. 51	28. 16	7. 94	5. 53	2. 23	23. 63
36	39. 41	28. 59	0. 38	4. 17	3. 91	23. 54
37	37. 35	27. 43	3. 89	0. 28	7. 97	23. 08
38	32. 13	27. 80	3. 32	5. 01	8. 24	23. 5
39	39. 15	27. 64	1. 31	4. 73	3. 12	24. 05
40	30. 97	25. 00	7. 38	7. 28	4. 31	25. 06
41	33. 58	27. 51	6. 30	6. 51	4. 05	22. 05
42	36. 73	26. 28	1. 21	2. 09	9. 43	24. 26
43	32. 06	27. 11	11. 93	0. 97	5. 11	22. 82
44	34. 44	27. 18	7. 78	3. 89	3. 71	23. 00
45	31. 64	27. 15	12. 89	1. 05	4. 76	22. 51
46	33. 96	26. 73	8. 75	3. 98	3. 73	22. 85
47	29. 48	27. 45	13. 31	0. 31	5. 71	23. 74
48	32. 31	27. 75	13. 01	0. 83	5. 14	20. 96
49	35. 58	27. 45	0. 68	3. 66	8. 88	23. 75
50	38. 31	26. 52	0. 69	1. 68	9. 26	23. 54
51	37. 21	27. 23	1. 21	2. 11	8. 28	23. 96
52	33. 14	26. 96	7. 12	5. 93	2. 84	24. 01
53	35. 83	27. 16	3. 92	2. 84	6. 62	23. 63
54	36. 57	27. 17	4. 80	4. 59	3. 56	23. 31

续表

序号	元素含量/%					
	Cu	Sb	Ag	Fe	Zn	S
55	35.76	27.66	5.33	4.31	3.17	23.77
56	36.44	27.46	4.43	4.39	3.35	23.93
57	35.48	27.31	6.93	5.94	1.09	23.25
58	35.78	26.75	3.88	1.73	8.67	23.19

2）银矿物

银矿物主要为硫锑铜银矿、辉银矿、辉银锑铅矿等。硫锑铜银矿粒度分布在 10～15μm，硫锑铜银矿与黝铜矿连生（图 11-10）。辉银矿粒度极细，粒度分布在 3～5μm。辉银矿与黝铜矿的连生关系密切，多以包裹体的形式嵌布于黝铜矿中（图 11-11）。辉银锑铅矿粒度细，粒度分布在 3～5μm。辉银锑铅矿同样与黝铜矿的嵌布关系密切，基本都与黝铜矿连生（图 11-12）。

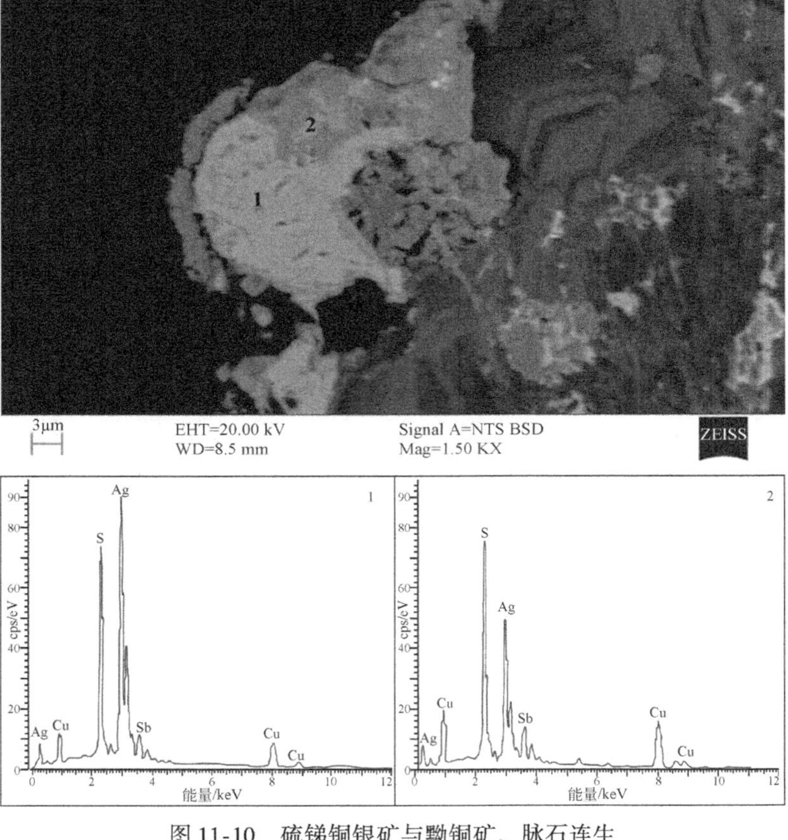

图 11-10　硫锑铜银矿与黝铜矿、脉石连生

1. 锑硫铜银矿；2. 黝铜矿

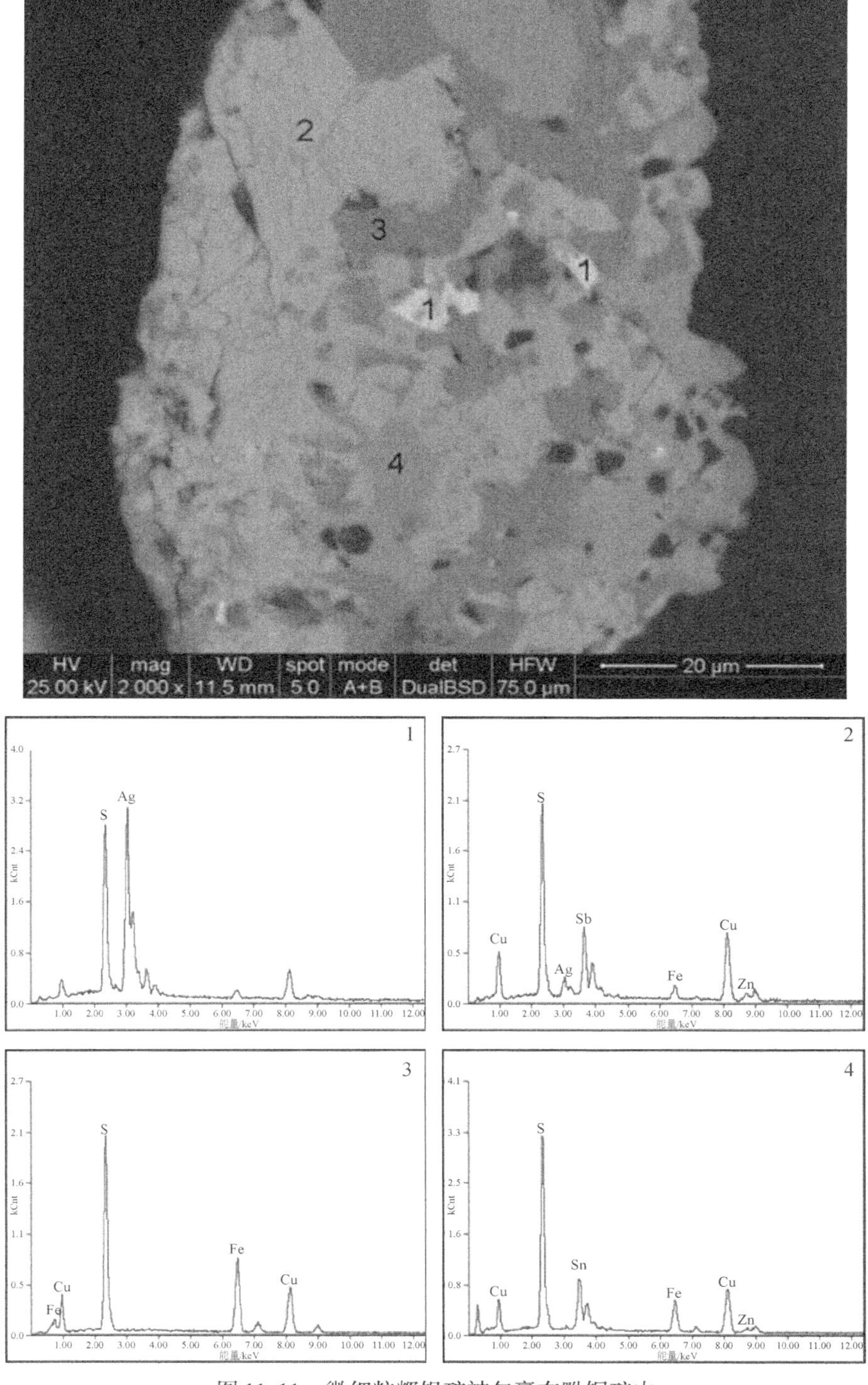

图 11-11　微细粒辉银矿被包裹在黝铜矿中

1. 辉银矿；2. 黝铜矿；3. 黄铜矿；4. 黄锡矿

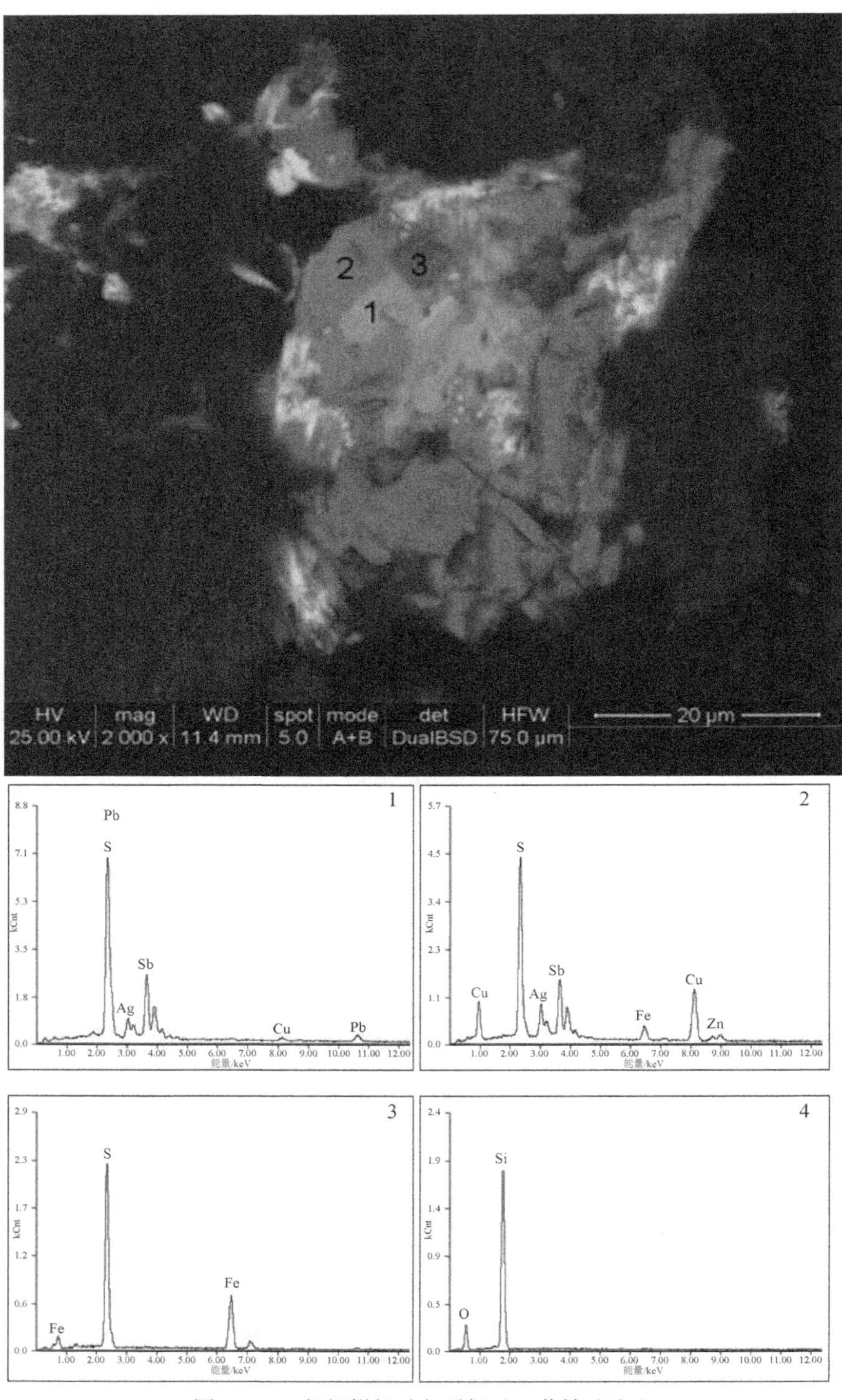

图 11-12　辉银锑铅矿与黝铜矿、黄铁矿连生

1. 辉银锑铅矿；2. 黝铜矿；3. 黄铁矿；4. 石英

3）黄铜矿

黄铜矿常与黄铁矿、闪锌矿、黄锡矿等呈复杂的连生关系，其次与脉石、黝铜矿等连生，有时可见呈单体形式存在，偶尔可见与脆硫锑铅矿连生。

4）闪锌矿

闪锌矿主要以单体的形式存在，其次与脉石连生，有时可见闪锌矿与黄锡矿、黄铁矿连生。此外闪锌矿中常包裹着微细粒的黄铜矿，呈固溶体结构。闪锌矿的 X 射线能谱分析见表 11-160。

表 11-160　闪锌矿的 X 射线能谱分析

序号	元素含量/%		
	Zn	Fe	S
1	66.43	1.28	32.29
2	67.53	—	32.47
3	67.27	—	32.73
4	67.86	—	32.14
5	56.60	12.35	31.05
6	62.23	4.81	31.96
7	58.81	12.37	32.92
8	67.86	—	32.14
9	61.72	5.74	32.54
10	58.02	9.74	32.24
11	67.42	0.52	32.06
12	57.96	9.66	32.38
13	59.64	8.15	32.21
14	66.96	1.13	31.91
15	67.53	—	32.47
16	62.23	6.63	31.14
17	67.54	—	32.46
18	65.61	2.01	32.38
19	62.97	4.85	32.18
20	67.43	—	32.57
21	59.53	8.22	32.25
22	63.97	4.64	31.39
23	62.12	5.91	31.97

5）黄锡矿

黄锡矿主要与黄铁矿、闪锌矿连生，有时可见黄锡矿与硫、锌、铅等多种矿物紧密连生构成复杂的嵌布关系，有时可见黄锡矿与脉石连生，还可见黄锡矿以单体形式存在。

6）锡石

锡石多与黄锡矿连生，其次与脉石连生的形式存在，有时可见锡石单体，偶尔见锡石与黄铁矿等硫化物连生。

7）脆硫锑铅矿

脆硫锑铅矿主要以长柱状、粒状单体形式存在，其次与闪锌矿、黄锡矿等连生，有时可见与脉石连生。

8）黄铁矿

黄铁矿多以单体的形式存在，其次为与脉石连生，还可见黄铁矿与闪锌矿连生，偶尔可见黄铁矿与黄铜矿、黄锡矿连生。

9）毒砂

毒砂多以自形–半自形单体的形式存在，其次与黄铁矿连生，闪锌矿、黄铜矿等硫化物连生，有时可见与脉石连生。

5. 样品中重要矿物的解离特征

样品中铜矿物集合体、闪锌矿、锡石和黄铁矿的解离度见表 11-161。

表 11-161 重要矿物的解离特征

矿物	单体/%	连生体/%					
		与铜矿物连生	与脉石连生	与锌矿物连生	与铅矿物连生	与硫矿物连生	与黄锡矿连生
铜矿物集合体	25.40	—	32.46	15.50	5.97	15.13	5.54
闪锌矿	53.34	0.11	27.40	—	3.32	4.72	4.74
锡石	22.55	11.93	32.55	4.30	3.47	6.58	28.32
黄铁矿	77.21	0.58	18.76	3.10	—	—	0.35

6. 样品中重要矿物的粒度组成

样品中铜矿物集合体、闪锌矿、锡石和黄铁矿的粒度组成见表 11-162。

表 11-162 重要矿物的粒度组成

粒级/mm	铜矿物集合体	闪锌矿	锡石	黄铁矿
	分布率/%	分布率/%	分布率/%	分布率/%
−0.833+0.589	—	—	—	1.18
−0.589+0.417	1.61	2.71	—	2.41
−0.417+0.295	3.58	11.35	—	10.72
−0.295+0.208	7.24	15.57	—	16.99
−0.208+0.147	7.65	14.47	1.78	22.69

续表

粒级/mm	铜矿物集合体	闪锌矿	锡石	黄铁矿
	分布率/%	分布率/%	分布率/%	分布率/%
-0.147+0.104	8.44	16.82	4.27	13.98
-0.104+0.074	19.66	16.60	23.50	15.52
-0.074+0.043	21.02	14.82	25.93	12.44
-0.043+0.020	18.97	6.69	29.14	3.14
-0.020+0.015	6.73	0.63	7.83	0.42
-0.015+0.010	3.97	0.28	6.53	0.33
-0.010	1.12	0.05	1.01	0.17

7. 样品中银和锡的赋存状态

样品中的银绝大部分以类质同象的形式存在于黝铜矿中，另有微量的赋存在硫锑铜银矿、辉银矿、辉银锑铅矿等硫化银矿物中。

锡以独立矿物的形式存在，主要赋存在锡石中，占有率为55.10%；其次赋存在黄锡矿中，占有率为44.89%。

11.3.3.2 硫浮选硫化物

1. 样品的多组分化学分析

样品的多组分化学分析结果见表11-163。

表11-163 样品的多组分化学分析

化学成分	Cu	Zn	Pb	Sn	Fe	Sb	S	As
含量/%	2.00	6.05	0.88	1.26	19.90	0.99	22.85	1.88
化学成分	SiO_2	CaO	MgO	Al_2O_3	K_2O	Na_2O	Ti	Ag
含量/%	31.06	5.80	0.52	0.25	0.71	0.22	0.16	0.0639

2. 样品中银、锡的化学物相分析

对-0.074mm占100%的样品进行银和锡的化学物相分析，结果见表11-164和表11-165。

表11-164 银的化学物相分析

相别	裸露硫化银	硫化物包裹银	其他矿物包裹银
银含量/($g \cdot t^{-1}$)	541.13	54.15	46.17
分布率/%	84.36	8.44	7.20

表 11-165　锡的化学物相分析

相别	锡石	硫化锡
锡含量/%	0.52	0.73
分布率/%	41.60	58.40

3. 样品的矿物组成及相对含量

样品中的主要金属矿物为黄铁矿，其次为闪锌矿，少量毒砂、黄锡矿、黝铜矿、黄铜矿、锡石、脆硫锑铅矿、方铅矿、褐铁矿和金红石等，偶见硫铋铅银矿、硫锑铜银矿和辉银矿。非金属矿物主要为石英，少量钾长石、电气石、绢云母、高岭石、绿泥石、钠长石、萤石和方解石等。矿物的相对含量见表 11-166。

表 11-166　样品的矿物组成

矿物名称	黄铁矿	毒砂	闪锌矿	黝铜矿	黄铜矿	黄锡矿	锡石
含量/%	37.81	4.09	9.08	2.41	0.68	2.65	0.66
矿物名称	脆硫锑铅矿	方铅矿	褐铁矿	石英	钾长石	钠长石	电气石
含量/%	0.96	0.57	0.83	23.53	3.20	1.54	3.15
矿物名称	绢云母	高岭石	绿泥石	萤石	方解石	金红石	其他
含量/%	3.08	2.25	2.22	0.46	0.17	0.45	0.21

4. 样品中重要矿物的分布特征

1）黝铜矿

黝铜矿常与石英、钾长石、白云母等脉石矿物连生在一起，其次以单体形式产出，少量与黄铁矿、黄锡矿、黄铜矿、方铅矿和脆硫锑铅矿等连生在一起，偶见黝铜矿与硫铋铅银矿、硫锑铜银矿等其他银矿物共生在一起。黝铜矿的 X 射线能谱分析见表 11-167。该样品中的黝铜矿均含 Ag，含量变化大。

表 11-167　黝铜矿的 X 射线能谱分析

序号	元素含量/%					
	Cu	Sb	Ag	Fe	Zn	S
1	31.36	27.50	10.01	0.05	7.89	23.19
2	36.62	28.04	1.65	6.41	2.61	24.65
3	32.60	27.07	9.70	6.44	0.76	32.42
4	39.24	27.96	0.42	0.37	7.46	24.54
5	37.50	27.93	1.95	3.61	4.62	24.39
6	38.94	27.72	0.19	1.73	6.37	25.04

续表

序号	元素含量/%					
	Cu	Sb	Ag	Fe	Zn	S
7	37. 06	27. 03	4. 83	6. 00	1. 90	23. 17
8	36. 53	28. 39	3. 34	5. 28	2. 43	24. 04
9	35. 74	28. 23	3. 98	4. 52	2. 34	25. 19
10	38. 14	28. 05	0. 48	0. 73	8. 34	24. 27
11	37. 74	26. 05	2. 10	0. 88	9. 01	24. 22
12	37. 34	27. 29	1. 17	4. 84	4. 74	24. 62
13	36. 12	27. 67	4. 29	4. 16	4. 31	23. 45
14	34. 11	25. 18	4. 27	1. 30	10. 00	25. 13
15	35. 17	2. 76	0. 63	27. 8	0. 00	33. 64
16	34. 47	22. 51	0. 00	3. 03	14. 84	25. 15
17	39. 98	28. 21	0. 29	3. 50	4. 21	23. 81
18	37. 49	28. 21	3. 09	5. 51	1. 74	23. 96
19	39. 02	27. 19	1. 14	0. 43	8. 30	23. 92
20	40. 47	27. 42	0. 20	0. 23	7. 80	23. 88
21	32. 19	24. 56	3. 77	3. 97	10. 84	24. 67
22	39. 03	28. 11	1. 02	3. 18	4. 89	23. 78
23	37. 11	27. 86	3. 25	4. 03	4. 05	23. 70
24	38. 78	28. 37	0. 00	3. 59	4. 33	24. 94
25	39. 25	27. 40	0. 15	1. 42	7. 92	23. 87
26	38. 79	28. 18	1. 07	4. 68	3. 62	23. 66
27	39. 43	28. 46	0. 61	5. 69	1. 94	23. 88
28	39. 42	28. 36	0. 00	5. 26	2. 30	24. 66
29	38. 81	27. 90	0. 31	5. 01	3. 52	24. 45
30	36. 7	28. 46	3. 15	5. 64	1. 66	24. 38
31	39. 41	28. 34	0. 14	2. 83	5. 07	24. 21
32	33. 47	28. 52	6. 61	5. 61	1. 37	24. 42

2）黄铜矿

黄铜矿常与黄铁矿、闪锌矿、黄锡矿等呈复杂的连生关系，其次与脉石、黝铜矿等连生，有时可见呈单体形式存在，偶尔可见与脆硫锑铅矿连生。

3）银矿物

样品中的银矿物含量很低，主要为硫铋铅银矿、硫锑铜银矿和辉银矿。银矿物主要以微细粒形式与黝铜矿连生（图 11-13），少量与脉石连生。银矿物粒度很细，大多小于0.010mm。

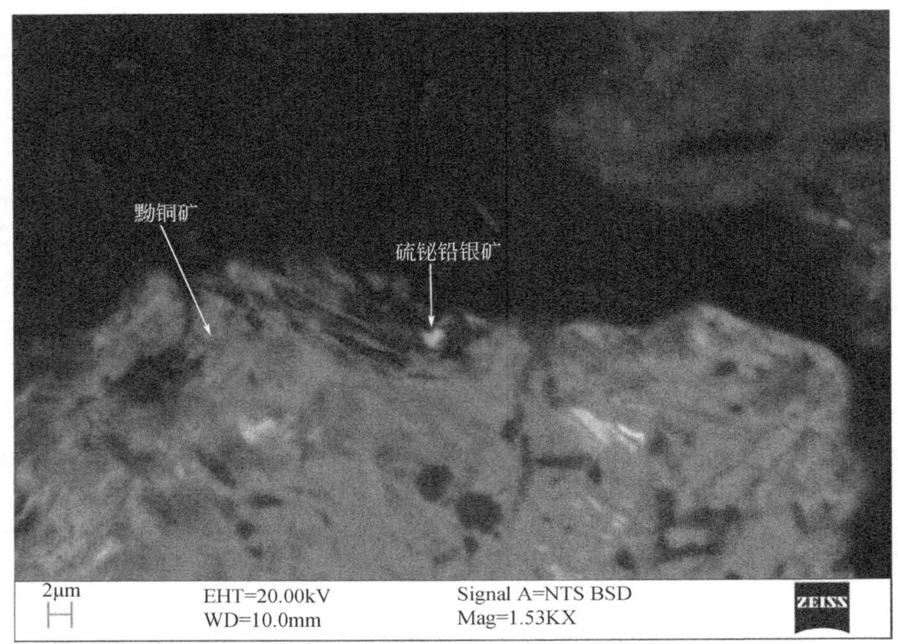

图 11-13　黝铜矿与硫铋铅银矿嵌布在一起

4）锡石

锡石多与石英、钾长石、白云母和电气石等脉石矿物连生在一起，其次以单体形式产出，少量与黄锡矿和闪锌矿连生。

5）闪锌矿

闪锌矿主要与石英、钾长石、白云母等脉石矿物连生在一起，其次与黄铁矿连生或以单体形式产出，少量与黄铜矿、黝铜矿和方铅矿等连生在一起。闪锌矿的 X 射线能谱分析见表 11-168。

表 11-168　闪锌矿的 X 射线能谱分析

序号	元素含量/%		
	Zn	Fe	S
1	66.12	0.77	33.11
2	59.27	6.93	33.80
3	59.72	6.12	34.15
4	54.84	12.54	32.62

续表

序号	元素含量/%		
	Zn	Fe	S
5	56. 40	10. 91	32. 69
6	66. 57	0. 97	32. 46
7	59. 82	6. 26	33. 92
8	60. 77	6. 14	33. 10
9	60. 92	5. 12	33. 96
10	65. 85	1. 87	32. 28
11	60. 68	6. 75	32. 56
12	66. 81	1. 40	31. 78
13	56. 05	11. 13	32. 82
14	63. 06	3. 37	33. 57
15	66. 43	1. 09	32. 48
16	67. 09	—	32. 91
17	67. 72	—	32. 28
18	64. 05	2. 59	33. 36
19	66. 90	0. 32	32. 78
20	57. 93	10. 02	32. 05
21	67. 57	—	32. 43
22	67. 68	0. 41	31. 90
23	67. 27	—	32. 73
24	61. 61	6. 11	32. 28
25	60. 80	5. 76	33. 44
26	67. 79	—	32. 21
27	61. 77	5. 26	32. 96
28	61. 20	9. 27	29. 53
29	67. 85	—	32. 05

5. 样品中重要矿物的解离特征

样品中铜矿物集合体、锡石和黄铁矿的解离度见表 11-169。

表 11-169 重要矿物的解离特征

矿物	单体/%	连生体/%					
		与铜矿物连生	与脉石连生	与锌矿物连生	与铅矿物连生	与硫矿物连生	与黄锡矿连生
铜矿物集合体	38. 66	—	34. 84	10. 49	0. 46	10. 65	4. 90
锡石	21. 35	0. 33	46. 35	6. 76	0. 02	10. 61	14. 58
黄铁矿	80. 18	1. 26	17. 11	0. 75	0. 35	—	0. 35

6. 样品中重要矿物的粒度组成

样品中铜矿物集合体、锡石和黄铁矿的粒度组成见表 11-170。

表 11-170 重要矿物的嵌布组成

粒级/mm	分布率/%		
	铜矿物	锡石	黄铁矿
-0. 104+0. 074	1. 12	—	6. 55
-0. 074+0. 043	8. 04	5. 20	25. 31
-0. 043+0. 020	36. 42	31. 42	37. 01
-0. 020+0. 015	18. 61	14. 21	13. 23
-0. 015+0. 010	17. 16	19. 45	6. 34
-0. 010	18. 66	29. 72	11. 56

作为回收银、锡的目的矿物，铜矿物集合体和锡石的连生体含量较高，为了解铜矿物集合体以及锡石中单体和连生体粒度分布的差异性，对两者的单体和连生体粒度分别进行统计分析，结果见表 11-171 和表 11-172。

表 11-171 呈单体及连生体的铜矿物的粒度组成

粒级/mm	单体		连生体	
	分布率%	累计/%	分布率/%	累计/%
-0. 104+0. 074	1. 71	1. 71	1. 11	1. 11
-0. 074+0. 043	8. 89	10. 61	12. 52	13. 63
-0. 043+0. 020	32. 35	42. 96	39. 93	53. 56
-0. 020+0. 015	16. 90	59. 86	13. 00	66. 56
-0. 015+0. 010	18. 51	78. 37	14. 66	81. 22
-0. 010	21. 63	100. 00	18. 79	100. 00

表 11-172　呈单体及连生体的锡石的粒度组成

粒级/mm	单体		连生体	
	分布率/%	累计/%	分布率/%	累计/%
-0.074+0.043	3.23	3.23	5.54	5.54
-0.043+0.020	27.75	30.98	32.42	37.96
-0.020+0.015	14.29	45.27	13.97	51.93
-0.015+0.010	22.12	67.39	19.55	71.48
-0.010	32.61	100.00	28.52	100.00

7. 样品中银和锡的赋存状态

样品中的银绝大部分以类质同象形式分布在黝铜矿中，偶见分布于硫铋铅银矿、硫锑铜银矿和辉银矿中。

样品中的锡主要以独立矿物形式赋存在黄锡矿中，其次分布在锡石中，锡在两种矿物中的分布率分别为 58.44% 和 41.56%。

11.3.3.3　结论

锌硫混合精矿中的银绝大部分以类质同象形式存在于黝铜矿中，微量以硫锑铜银矿、辉银矿、辉银锑铅矿等硫化银矿物的形式存在。硫化银矿物与黝铜矿的嵌布关系紧密，基本以微细粒被黝铜矿包裹的形式存在。因此，黝铜矿即为回收银的目的矿物，银与铜具有回收的一致性。虽然黝铜矿和黄铜矿的单体解离度低，但黝铜矿和黄铜矿构成的铜矿物集合体粒度分布不均，大于 0.043mm 达到 69.21%，可以提高再磨细度选择高效药剂对铜矿物进行回收，从而获得一部分有价的银铜精矿。

摇床中矿再磨脱硫环节中的硫浮选硫化物样品中，银绝大部分赋存于黝铜矿中。虽然铜矿物解离度较低，但铜矿物粒度在 0.020mm 以上部分占 53.56%，因此同样可以采用提高再磨细度以及合适的药剂加强对细粒铜矿物回收的方式获得一部分有价的银铜精矿。而样品中的锡主要分布在黄锡矿中，其次分布在锡石中，且锡石的单体解离度较低，粒度又细。因此，在目前经济技术条件下，该硫浮选硫化物中的锡石难以回收（叶小璐和肖仪武，2020）。

参 考 文 献

包相臣 . 1993. 矿相学教程 . 成都：成都科技大学出版社 .

北京矿冶研究院 . 1979. 化学物相分析 . 北京：冶金工业出版社 .

陈哲，夏柳荫，Hart B，等 . 2017. 球磨介质及尺寸对铜锌矿矿浆化学性质及矿物表面化学性质的影响 . 中国有色金属学报，27（8）：1701-1707.

崔林，李锐 . 1987. 光电子能谱在选矿工艺矿物学上的应用 . 化工矿山技术，16（3）：26-31.

方明山，石学法，肖仪武，等 . 2016. 太平洋深海沉积物中稀土矿物的分布特征研究 . 矿冶，25（5）：81-84.

方明山，王玲，肖仪武 . 2014a. 安徽某铜矿影响铜选矿指标的矿物学因素研究 . 有色金属（选矿部分），（2）：1-8.

方明山，王玲，肖仪武 . 2014b. 非洲某铂钯矿工艺矿物学研究 . 矿冶，23（1）：72-76.

富毓德，蔡秀成 . 1982. 近代矿物学第九讲——矿物的电子顺磁共振波 . 地质地球化学，（6）：59-65.

耿建民 . 1982. 岩矿制片和制样技术 . 北京：科学出版社 .

郭春丽，王登红，付小方，等 . 2006. 四川岔河锡矿区富铟矿石的发现及其找矿意义 . 地质论评，52（4）：550-555.

洪文兴，何松裕，黄舜华，等 . 1999. 稀土氟碳酸盐矿物的拉曼光谱研究 . 光谱学与光谱分析，19（4）：546-549.

贾建业，谢先德，吴大清，等 . 2000. 常见硫化物表面的 XPS 研究 . 高校地质学报，6（2）：255-259.

李丽华，杨红兵 . 2015. 仪器分析（第二版）. 武汉：华中科技大学出版社 .

李胜荣 . 2008. 结晶学与矿物学 . 北京：地质出版社 .

李云龙，王淀佐，彭明生，等 . 1990. 应用 AES 对油酸钠浮选黑钨矿的作用机理研究 . 中南矿冶学院学报，21（2）：157-163.

刘晓文，钟钢，胡岳华 . 2009. 一水硬铝石的表面黏附能研究 . 矿冶工程，29（1）：37-39.

刘学飞，王庆飞，张起钻，等 . 2008. 广西靖西县新圩铝土矿Ⅶ号矿体矿石热分析 . 矿物岩石，28（4）：53-58.

刘亚非，王立社，魏小燕，等 . 2016. 应用电子微探针–扫描电镜–拉曼光谱–电子背散射衍射研究一种未知 Ti-Zr-U 氧化物的矿物学特征 . 岩矿测试，35（1）：48-55.

罗溪梅，孙传尧，印万忠 . 2011. 原子力显微镜在矿物加工领域中的应用现状 . 矿山机械，39（12）：80-85.

倪章元，顾帼华，陈雄 . 2014. ZL 捕收剂浮选分离白钨矿与含钙脉石矿物的研究 . 矿冶工程，34（5）：62-65，69.

丘赫洛夫 ФВ. 1965. 胶体矿物学原理 . 北京：科学出版社 .

松全元 . 1988. 浮选理论研究中几种表面分析方法的比较 . 金属矿山，（7）：42-45.

孙传尧 . 2015. 选矿工程师手册（第 1 册）. 北京：冶金工业出版社 .

孙传尧，周俊武，贾木欣，等 . 2018. 基因矿物加工工程研究 . 有色金属（选矿部分），（1）：1-7.

王芳，鲁力，康健，等 . 2016. 恩施渔塘坝硒矿床中硒的赋存状态研究 . 资源环境与工程，30（2）：244-247.

王俊萍，武慧敏，王玲 . 2015. MLA 在银的赋存状态研究中的应用 . 矿冶，24（1）：77-80.

王奎仁，周有勤，李凡庆，等 . 1992. 广西金牙金矿微细粒金赋存状态的质子探针和扫描电镜研究 . 科学通报，(9)：832-835.

萧绪琦，郭世勤 . 1992. 太平洋中部多金属结核中锰矿物的电镜研究 . 地质学报，66（3）：219-226.

肖仪武 . 1995. 次生富集钨矿床矿石中钨的赋存状态研究 . 矿冶，4（4）：42-45.

肖仪武 . 2003. 会泽铅锌矿深部矿体工艺矿物学研究 . 有色金属，55（2）：67-70.

肖仪武 . 2013. 影响有价元素回收的矿物学因素 . 有色金属（选矿部分），增刊：54-57.

肖仪武 . 2019. 中国选矿工艺矿物学发展历程、研究现状与展望 . 有色金属（选矿部分），(5)：6-8.

肖仪武，方明山，付强，等 . 2018. 工艺矿物学研究的新技术与新理念 . 矿产保护与利用，(3)：49-54.

肖仪武，贾木欣 . 2002. 氧化铜矿石中钴的赋存状态 . 有色金属（选矿部分），(6)：1-3.

肖仪武，叶小璐，武若晨，等 . 2020. 选矿产品矿物自动分析的光片制备 . 中国无机分析化学，10（2）：1-6.

徐莺，杨磊，刘飞燕 . 2013. 四川某锂辉石矿工艺矿物学研究 . 矿产综合利用，(5)：43-46.

杨敏之 . 2003. 关门山铅锌矿床氧化带内镉的超常富集地球化学及其资源——环境利用方向 . 地质找矿论丛，18（4）：220-224.

叶小璐，肖仪武 . 2020. 工艺矿物学在选厂流程优化中的作用 . 有色金属（选矿部分），(4)：15-19.

袁见齐，朱上庆，翟裕生 . 1985. 矿床学 . 北京：地质出版社 .

张铭杰，王先彬 . 1998. 干旱地区硫化矿床风化过程的穆斯堡尔谱特征 . 沉积学报，16（4）：153-158.

章晓林 . 2017. 选矿试验研究方法 . 北京：化学工业出版社 .

周姣花，徐金沙，牛睿，等 . 2018. 利用扫描电镜和能谱技术研究四川会理铂钯矿床中的铂族矿物特征及铂族元素赋存状态 . 岩矿测试，37（2）：130-138.

周乐光 . 2002. 工艺矿物学 . 北京：冶金工业出版社 .

朱一民 . 1989. 俄歇电子能谱在矿物浮选理论研究中的应用 . 湖南有色金属，5（2）：18-22.

Baum W. 2014. Ore characterization，process mineralogy and labautomation aroadmap for future mining. Minerals Engineering，6：69-73.

Duncan M S，Annegret L，Louis L C. 2013. Rare Earth Element deportment studies utilizing QEMSCAN technology. Minerals Engineering，52：52-61.

Fabiano R L F，Harlem V C，Luiz F C O，et al. 2011. Raman spectroscopic analysis of real samples：Brazilian bauxite mineralogy. Spectrochimica Acta Part A：Molecular and Biomolecular Spectroscopy，80：102-105.

Fan R，Gerson A. 2014. Development of advanced methods for examination of Ag mineralogy and flotation losses. XXVII International Mineral Processing Congress：32-42.

Gaudin A N. 1939. Principles of mineral dressing. New York：McGraw-Hill.

Miller J D，Lin C L. 2018. X-ray tomography for mineral processing technology-3D particle characterization from mine to mill. Minerals & Metallurgical Processing，35（1）：1-12.

Schouwstra R P，Smit A J. 2011. Developments in mineralogical techniques—What about mineralogists? Minerals Engineering，24：1224-1228.

Will R G，Peter J S. 2007. An overview of the advantages and disadvantages of the determination of gold mineralogy by automated mineralogy. Minerals Engineering，20：506-517.

附录　常见金属矿物的鉴定特征及理化性质表

类别	矿物	化学式、主要成分	鉴定特征	物理性质	化学性质
铁矿物	磁铁矿 Magnetite	Fe_3O_4 Fe 72.4，O 27.6	X2.53，1.61，1.48，4.85；晶体呈八面体、菱形十二面体；黑色；条痕黑色；半金属光泽；无解理；性脆。反射光下灰色带棕色色调，反射率 R=21	D 4.9～5.2 H 5.5～6 χ 96500	溶于盐酸和硝酸；盐酸或溴氢酸中加二氯化锡可促进其溶解；氢氟酸中溶解但缓慢；溶于含硫酸铜的硫酸-氢氟酸混合液；溶于 1∶1 磷酸以及含 EDTA 的 1∶3 磷酸；不溶于饱和溴水
	赤铁矿 Hematite	Fe_2O_3 Fe 69.94，O 30.06	X2.69，1.68，2.48，1.053，1.82，1.476，1.442；晶体板状、鳞片状；钢灰至铁黑色，粉末状变种呈暗红至鲜红色；金属至半金属光泽；性脆；反射光下带浅蓝的灰色，反射率 R=21	D 5.0～5.3 H 5.0～5.6 χ 105	溶于浓盐酸，但较缓慢，若有二氯化锡及其他还原剂存在时，溶解速度显著地加快；难溶于硝酸和王水；可溶于含硫酸铜的稀硫酸与氢氟酸的混合物（水浴）
	镜铁矿 Specularite	Fe_2O_3 Fe 69.94，O 30.06	片状赤铁矿称为镜铁矿，颜色钢灰至铁黑，具灿烂之光泽，明亮如镜，结晶块状；鳞片状者也称为云母赤铁矿；具金属光泽，细小鳞片状或贝壳状	D 5.1～5.3 H 5.5～6.5 χ 82.69～615	镜铁矿较赤铁矿稳定，在溶剂中更难溶
	褐铁矿 Limonite	化学成分变化大，通常含水达 12%～14%，含铁约 60%	晶体针状、鳞片状，集合体纤维状、葡萄状、钟乳状、蜂窝状、土状等；褐、暗褐、褐黑、褐黄、红褐色；半金属光泽，性脆。反射光下灰色，微带蓝色	D 3.3～4.0 H 1～4 χ 25～32	在稀盐酸中溶解得很慢，但可溶解完全；易溶于含二氯化锡的盐酸（或溴氢酸）和含硫酸铜的稀硫酸-氢氟酸；不溶于醋酸、醋酸-过氧化氢、饱和溴水
	菱铁矿 Siderite	$FeCO_3$ FeO 62.01，CO_2 37.99	X2.77，1.73，2.11，3.55，1.95；晶体菱面体状、短柱状；浅灰白色；玻璃光泽；透明至半透明；反射光下深灰色，强非均质性；明显内反射（淡黄-红褐），反射率 R=6～10	D 3.7～4.0 H 3.5～4.5 χ 115.88	易溶于无机酸，也溶于醋酸、醋酸-过氧化氢、饱和的三氯化铝、10% 的酒石酸-1% 的亚硝酸钠、10% 甲酸、0.5% 的高氯酸

续表

类别	矿物	化学式、主要成分	鉴定特征	物理性质	化学性质
锰矿物	软锰矿 Pyrolusite	MnO_2 Mn 63.19, O 36.81	X3.14, 2.41, 1.63；柱状、针状；钢灰至黑色；半金属光泽；不透明；性脆。反射光下呈白色微带乳黄色调，双反射明显，强非均质性，无内反射，反射率 R=30 ~41	D 4.7 ~5.0 H 6 ~6.6 χ 6.453	在氯化铵及硫酸铵中不溶解；溶于盐酸而放出氯；如果加还原剂，在硫酸中完全分解；硝酸作用很慢；溶于亚硫酸、硫酸亚铁、氢氟酸和10%醋酸的亚硫酸钠溶液
	硬锰矿 Psilomelane	$BaMn^{2+}Mn_9^{4+}O_{20}\cdot 3H_2O$	X2.41, 2.19, 3.48；常呈葡萄状、肾状、皮壳状等；黑色到暗钢灰色；半金属光泽；不透明；反射光下灰白微带蓝色，双反射明显，强非均质性，反射率 R=27 ~28	D 4.7 H 4.6 χ 7.76	溶于盐酸；在盐酸中溶解而放出氯气；细粉状的矿物在柠檬酸中煮沸而放出二氧化碳；易溶于亚硫酸和草酸
	褐锰矿 Braunite	$Mn^{2+}Mn_6^{3+}SiO_{12}$ MnO 11.74, Mn_2O_3 70.4, SiO_2 17.85	X2.72, 1.656, 2.14；棕黑色至钢灰色；半金属光泽；具弱磁性；反射光下灰白微带褐色，非均质，反射率 R=20.4 ~21.7	D 4.72 ~4.83 H 6 ~6.5 χ 28.3	溶于盐酸；在热浓硫酸中溶解；Hg是褐锰矿在酸中溶解的催化剂；溶于亚硫酸
	水锰矿 Manganite	MnOOH MnO 40.40, MnO_2 49.40, H_2O 10.20	X3.40, 2.64, 2.28；常呈柱状，多呈隐晶集合体；暗钢灰色至铁黑色；条痕红棕色；半金属光泽；反射光下呈带棕色色调的灰色，强非均质性，可见内反射，反射率 R=14 ~20	D 4.2 ~4.33 H 3.5 ~4 χ 6.58 ~6.93	溶于浓盐酸并放出氯气
	菱锰矿 Rhodochrosite	$MnCO_3$ MnO 61.71, CO_2 38.29	X2.850, 1.762, 3.65；柱状、鲕状；淡玫瑰红色或淡紫红色；玻璃光泽；性脆；反射光下深灰色，强非均质性，可见双反射，内反射明显，反射率 R=5 ~8	D 3.6 ~3.7 H 3.5 ~4.5 χ 28.3 ~44.3	微溶于水；溶于稀无机酸、酸性硫酸铵、碱性的EDTA溶液；-0.074mm的样品在100℃下10%的磷酸中5分钟溶解完全；在亚硫酸中溶解缓慢
铬矿物	铬铁矿 Chromite	$FeCr_2O_4$ FeO 32.09, Cr_2O_3 67.91	X2.51, 1.91, 1.61；晶体呈八面体，常呈粒状集合体；黑色，不透明；金属-油脂光泽。反射光下灰白色微带褐色，反射率 R=15，内反射红褐色	D 5.09 H 5.5 χ 125	在酸和碱中不溶解；在磷酸和硫酸混合酸中以及高氯酸中加热时，能很好地溶解；不溶于硫酸-氢氟酸

续表

类别	矿物	化学式、主要成分	鉴定特征	物理性质	化学性质
铬矿物	铬铅矿 Crocoite	$Pb(CrO_4)$ PbO 59.49, Cr_2O_3 40.51	X3.47，3.27，3.005，2.247，1.964，1.848；鲜艳的橘红色；橘黄色条痕；金刚光泽；半透明；透射光下橘黄色，二轴晶（+），$2V=54°$，$N_g=2.66$，$N_m=2.37$，$N_p=2.31$，多色性显著	D 6 H 2.5～3	可溶于含0.5%盐酸的25%氯化钠溶液、5N苛性钾。不溶于氯化钠、醋酸铵、三氯化铁、醋酸-醋酸铵-过氧化氢、饱和溴水
钛矿物	金红石 Rutile	TiO_2 Ti 59.95, O 40.05	X3.245，1.687，2.489；柱状、针状；暗红、褐红色；金刚光泽；透射光下黄至红褐色，一轴晶（+），$N_o=2.605～2.66$，$N_e=2.899～2.901$；反射光下灰色，内反射浅黄色，反射率$R=21$	D 4.2～4.3 H 6～6.5 χ 0.550	在含硫酸铵的硫酸中，当加热到冒硫酸烟时金红石完全溶解；不溶于含氟化物的硝酸；溶于热磷酸，加入过氧化钠可使溶液变成黄褐色
	钛铁矿 Ilmenite	$FeTiO_3$ Fe 36.8，Ti 31.6, O 31.6	X2.74，1.72，2.54；板状、菱面体状；铁黑或钢灰色，金属-半金属光泽；贝壳状断口；性脆；弱磁性；反射光下浅棕至暗棕色调，双反射明显，非均质性显著，反射率$R=19.6～20.2$	D 4～5 H 5～6.5 χ 28 600	缓慢溶于热浓盐酸；长时间可溶于氢氟酸；溶于含硫酸铜的稀硫酸与氢氟酸混合液（水浴）；溶于8N盐酸与氢氟酸（1∶1）混合液；溶于加热到冒烟的硫酸-硫酸铵
	锐钛矿 Anatase	TiO_2 Ti 59.95, O 40.05	X3.51，1.891，2.379；板状、柱状；褐色至灰黑；金刚光泽；反射光下为灰色，内反射明显（带蓝色），无双反射及反射多色性，反射率$R=20$	D 3.82～3.97 H 5.5～6.5	与金红石为同质多象
铜矿物	自然铜 Copper	Cu	X2.085，1.806，1.276，1.088；不规则的树枝状、片状；铜红色；金属光泽；不透明；锯齿状断口；具延展性；具良好的导电性和导热性；反射光下铜红色，玫瑰色，反射率$R=61$	D 8.4～8.95 H 2.5～3.0	易溶于稀硝酸；冷的盐酸溶解缓慢，煮沸时溶解迅速；在浓硫酸中只有加热时才溶解；溶于氰化钾溶液中；溶于卤素的水溶液；易溶于王水；溶于硝酸银溶液
	黄铜矿 Chalcopyrite	$CuFeS_2$ Cu 34.56, Fe 30.52, S 34.92	X3.03，1.855，1.586，1.205；黄铜黄色，常带杂斑状锖色；金属光泽；不透明；贝壳状至不平坦状断口；反射光下黄色，反射率$R=40～41.5$，双反射不明显，非均质性微弱	D 4.1～4.3 H 3～4 χ 0.915	完全溶于硝酸而析出硫；盐酸使部分铁和痕量的铜转入溶液；在王水中完全溶解；在二氯化二硫中溶解；可溶于醋酸和过氧化氢的混合物及饱和溴水

续表

类别	矿物	化学式、主要成分	鉴定特征	物理性质	化学性质
铜矿物	方黄铜矿 Cubanite	$CuFe_2S_3$ Cu 23.42, Fe 41.15, S 35.43	X3.07, 3.21, 2.12, 1.937, 1.890, 1.858, 1.745；青铜黄色；黑色条痕；金属光泽；不透明；反射光下呈乳黄色带玫瑰紫的色调，反射率 R=40.0~42.5，可见双反射，强非均质性	D 4.03~4.17 H 3.5~4	在氢氧化钾长时间作用下，缓慢而微弱地起变化，其他试剂不起作用
	斑铜矿 Bornite	Cu_5FeS_4 Cu 63.3, Fe 11.20, S 25.50	X1.937, 3.18, 2.74；晶体呈立方体、菱形十二面体、八面体；暗铜红色，常被蓝紫锖色所覆盖；金属光泽；不透明；性脆；反射光下粉红至紫罗蓝色，非均质性弱，反射率 R=16.6	D 4.9~5.5 H 3 χ 0.693	溶于硝酸、氰化钾溶液、饱和溴水、硝酸银溶液、饱和硫酸银溶液、酸性硫脲溶液
	黝铜矿 Tetrahedrite	$Cu_{12}Sb_4S_{13}$ Cu 45.77, Sb 29.22, S 25.01	X2.996, 1.859, 1.564, 2.034, 1.685；晶体多呈四面体外形；钢灰色至铁黑色；钢灰色至铁灰色条痕；金属至半金属光泽；反射光下呈灰白色，暗红色的内反射，均质，反射率 R=30.7	D 4.6~5.4 H 3~4.5 χ 2.83	溶于硝酸，并析出硫；完全溶于王水中
	砷黝铜矿 Tennantite	$Cu_{12}As_4S_{13}$ Cu 51.57, As 20.26, S 28.17	X2.94, 1.803, 1.537, 2.55, 2.40, 2.00, 1.862, 1.170, 1.041；钢灰色；条痕钢灰色至铁黑色；金属至半金属光泽；反射光下灰白色，带浅绿的色调，暗红色的内反射，反射率 R=28.9	D 4.37 H 3~4 χ 1.095	在硝酸中溶解；溶解于氰化钾溶液中；在含氰化钾的苛性钾的沸溶液中，含银愈少则溶解愈快；还可溶于溴-四氯化碳、醋酸-过氧化氢溶液
	辉铜矿 Chalcocite	Cu_2S Cu 79.86, S 20.14	X1.870, 1.969, 2.40；柱状或厚板状；新鲜面铅灰色，风化表面黑色带锖色；金属光泽；不透明；贝壳状断口；反射光下白色带蓝，非均质性弱，反射率 R=22.5	D 5.5~5.8 H 2.5~3.0 χ 0.061	易溶于硝酸；溶于氰化钾溶液、硝酸银以及含苹果酸、氢氧化氨、柠檬酸的硝酸银溶液、含5%醋酸的硫酸银溶液、酸性的硫脲溶液、醋酸-过氧化氢溶液、饱和溴水、溴-甲醇
	铜蓝 Covellite	CuS Cu 66.45, S 33.55	X3.04, 2.81, 2.72, 1.89, 1.73, 1.55；薄板状、叶片状；靛蓝色；光泽暗淡；不透明；性脆。反射光下靛蓝色，双反射极显著，非均质性极强，正交偏光下火橙色，反射率 R=7~22	D 4.6~4.76 H 1.5~2 χ 0.021	易溶于硝酸；溶于氰化钾溶液、硝酸银以及含苹果酸、氢氧化氨、含5%醋酸的硫酸银溶液、酸性的硫脲溶液、醋酸-过氧化氢溶液、饱和溴水、溴-甲醇

续表

类别	矿物	化学式、主要成分	鉴定特征	物理性质	化学性质
铜矿物	蓝铜矿 Azurite	$Cu_2Cu[CO_3]_2(OH)_2$ CuO 69.24，CO_2 25.53，H_2O 5.23	X3.50，5.15，2.53，3.54，2.24；柱状或板状；深蓝色；浅蓝色条痕；玻璃光泽，透明至半透明；透射光下浅蓝色至暗蓝色，二轴晶（+），$2V=68°$，$N_g=1.838$，$N_m=1.758$，$N_p=1.730$	D 3.7~3.9 H 3.5~4 χ 3.078	易溶于稀硫酸、稀硝酸、氨水、亚硫酸、氰化物溶液、浓的碳酸钠溶液；可溶于氨水-碳酸铵、EDTA-氯化铵溶液
	孔雀石 Malachite	$CuCu[CO_3](OH)_2$ CuO 71.95，CO_2 19.90，H_2O 8.15	X2.82，3.63，2.49；柱状、针状、纤维状等；绿色、暗绿、墨绿；玻璃至金刚光泽。透射光下绿色或无色，二轴晶（-），$2V=43°$，$N_g=1.909$，$N_m=1.875$，$N_p=1.655$，多色性强	D 4~4.5 H 3.5~4 χ 1.66	易溶于稀硫酸、稀硝酸、氨水、亚硫酸、氰化物溶液、浓的碳酸钠溶液；可溶于氨水-碳酸铵、EDTA-氯化铵溶液
铅矿物	方铅矿 Galena	PbS Pb 86.6，S 13.4	X3.429，2.969，2.099；立方体解理；铅灰色；金属光泽；反射光下白色；常见三角孔；均质；反射率 $R=43$	D 7.4~7.6 H 2~3 χ 0.052	溶于稀硝酸、浓硝酸、浓盐酸及王水；溶于冷的柠檬酸放出硫化氢；溶于含氯化钠的三氯化铁溶液中；溶于含25%氯化钠的溴水中
	脆硫锑铅矿（羽毛矿）Jamesonite	$Pb_2Pb_2FeSb_6S_{14}$ Pb 40.16，Fe 2.71，Sb 35.39，S 21.74	X3.443，2.827，2.737，2.046；柱状、放射状、羽毛状；铅灰色，有时有蓝红杂色的锖色；金属光泽，不透明；性脆；反射色为白色，双反射强；非均质性强；反射率 $R=36.4$	D 5.5~6.0 H 2~3.5 χ 0.936	在热盐酸中溶解；在含氯化钠的三氯化铁溶液中溶解；可溶于含过氧化氢的醋酸-醋酸铵溶液、饱和溴水（析出硫酸铅）；可溶于王水、含酒石酸（或EDTA）的苛性钾溶液
	车轮矿 Bournonite	$(Pb, Cu)_3Sb_2S_3$ Pb 42.54，Cu 13.04，Sb 24.65，S 19.77	X2.74，3.89，3.00，2.62，1.85；短柱状及板状；钢灰色；条痕暗灰色；金属光泽；不透明；反射色白色微带蓝绿色调，强非均质性，反射率 $R=36.0\sim38.2$	D 5.7~5.9 H 2.5~3	用浓硝酸分解形成淡蓝色溶液，析出含硫和含有锑和浅白色的沉淀物
	白铅矿 Cerussite	Pb［CO_3］PbO 83.58，CO_2 16.42	X3.58，1.94，1.86，3.50，3.08，1.08，2.08，1.310；板状或假六方双锥状；白色或灰色；玻璃到金刚光泽；性脆；透射光下无色，二轴晶（-），$2V=8°34'$，$N_g=2.076$，$N_m=2.074$，$N_p=1.803$	D 6.4~6.6 H 3~3.75 χ 0.032	溶于醋酸、醋酸-醋酸铵、5N苛性钾溶液；易溶于硝酸、浓盐酸；100目的样品在10%磷酸中100℃下5分钟完全溶解；溶于硝酸，也溶于KOH

续表

类别	矿物	化学式、主要成分	鉴定特征	物理性质	化学性质
铅矿物	铅矾 Anglesite	$PbSO_4$ Pb 68.32, S 10.57, O21.11	X3.00, 4.26, 3.33；无色至白色；金刚光泽；贝壳状断口；性脆；紫外灯照射下显荧光；透射光下无色，二轴晶（+），$2V=75°$，$N_g=1.894$，$N_m=1.882$，$N_p=1.877$	D 6.1～6.4 H 2.5～3 χ 0.039	在硝酸中易溶解；加热时在浓硫酸中溶解；在硝酸铵、氯化钠及醋酸铵溶液中均溶解；可溶于5N的苛性钾溶液
	砷铅矿 Mimetite	$Pb_2Pb_3[AsO_4]_3Cl$ Pb 41.48, As 29.09, O 24.84, Cl 4.59	X3.06, 3.01, 2.96；呈柱状、板状、锥状、针状、肾状；黄色到浅黄褐、橙黄、白或无色等；松脂光泽；半透明；性脆；透射光下无色，一轴晶，负光性，$N_o=2.147$，$N_e=2.128$	D 6.5～7.1 H 3.5～4	可溶于硝酸、盐酸、苛性钾、0.5%盐酸-25%氯化钠等溶液；部分溶于10%冰醋酸-15%醋酸钠-10%氯化铵溶液
锌矿物	闪锌矿 Sphalerite	ZnS Zn 67.10, S 32.90 Fe>10%为铁闪锌矿	X3.123, 1.912, 1.633；呈立方体、菱形十二面体聚形；无色至棕褐色；金刚光泽；透射光下浅褐或无色，折射率$N=2.37$，均质体；反射光下灰色，内反射为褐红色；反射率$R=17.5$	D 3.9～4.2 H 3～4.5 χ 0.285	溶于盐酸、浓硝酸、过氧化氢、饱和溴水、酸性三氯化铁
	纤锌矿 Wurtzite	ZnS Zn 67.10, S 32.90	X3.107, 1.902, 1.625, 1.106, 1.044；短柱状、板状；浅色至棕色和浅褐黑色；松脂光泽；具非均质性与闪锌矿相区别	D 4.0～4.1 H 3.5～4 χ 2.079	溶于盐酸（比闪锌矿稍困难）；溶于浓硝酸并析出硫；溶于过氧化氢、饱和溴水、酸性三氯化铁
	菱锌矿 Smithsonite	$ZnCO_3$ ZnO 64.90, CO_2 35.10	X2.75, 1.70, 3.56, 1.072；肾状、葡萄状；白色；玻璃光泽；透明至半透明；具菱面体解理。透射光下无色，一轴晶（-）；反射光下深灰色，强非均质性，内反射白色，反射率$R=5～9$	D 4.0～4.5 H 4.25～5 χ 0.082	在弱酸溶液（包括醋酸）、2N苛性钾溶液、氨水-氯化铵（或碳酸铵）溶液中溶解；还可溶于10%醋酸-15%醋酸钠-10%氯化铵溶液；溶于3.5% EDTA
	异极矿 Hemimorphite	$Zn_4(H_2O)[Si_2O_7](OH)_2$ ZnO 67.5, SiO_2 25.0, H_2O 7.5	X3.102, 6.597, 3.286, 5.359, 2.560；皮壳状、钟乳状等；白色；透明；玻璃光泽；透射光下无色，二轴晶（+），$2V=46°$，$N_g=1.636$，$N_m=1.617$，$N_p=1.614$	D 3.40～3.50 H 4～5 χ 0.058	溶于酸（包括醋酸）并析出硅酸胶体；溶解在2N的苛性钾溶液；溶于氨水-碳酸铵与氨水-氯化铵溶液中；可溶于酒石酸、5%硫酸铜溶液、冰醋酸-饱和醋酸钠-氯化铵溶液

续表

类别	矿物	化学式、主要成分	鉴定特征	物理性质	化学性质
钨矿物	黑钨矿 Wolframite	(FeMn)［WO_4］	X2.99，1.76，2.50，2.22，1.72，1.52（钨锰矿）；X2.93，1.71，2.19，1.77，1.51（钨铁矿）；板状或短柱状；褐黑至黑色；性脆；反射光下灰色，可见棕红色内反射，反射率 R=16.2～18.5	D 随铁量增高而加大 H 4～5.5 χ 5.947	用浓盐酸和硝酸处理时，部分溶解并生成三氧化钨的黄色沉淀；溶于浓热的苛性碱中
	钨华 Tungstite	$WO_3 \cdot H_2O$ WO_3 92.8， H_2O 7.20	X3.49，2.68，2.56；亮黄，金黄色；松脂光泽。透射光下黄色；二轴晶（-）；$2V=27°$，N_g = 2.26，N_m=2.24，N_p=2.09；吸收性强，$N_g>N_m>N_p$；N_g 为深黄色，N_m 为浅黄色，N_p 为无色	D 5.5 H 2.5～3	溶于碱、氢氧化铵、碳酸钠溶液；除氢氟酸外，不溶于其他任何酸
	白钨矿 Scheelite	$CaWO_4$ CaO 19.4， WO_3 80.6	X3.10，1.95，1.59，1.25；常呈双锥状；白色；油脂光泽；透明至半透明；在紫外光下发浅蓝色至黄色荧光；透射光下无色，干涉色低，一轴晶（+），N_o=1.920，N_e=1.937	D 5.8～6.2 H 4.5～5 χ 0.049	被盐酸及硝酸分解并析出能溶于碱和氢氧化铵的钨酸；在浓硫酸中加热到冒三氧化硫时溶解；可溶于草酸、草酸-过氧化氢
	水钨华 Hydrotungstite	$WO_3 \cdot 2H_2O$ WO_3 86.57， H_2O 13.43	X3.46，2.30，1.719，3.30，3.24；浅黄绿色到深绿色；玻璃光泽；二轴晶（-），$2V=52°$，N_g = 2.04，N_m=1.95，N_p=1.70，吸收性 $N_g>N_m>N_p$，N_g 为深绿色，N_m 为黄绿色，N_p 为无色	D 4.64 H 2～2.5	不溶于酸，可溶于氢氧化铵
锡矿物	锡石 Cassiterite	SnO_2 Sn 78.80， O 21.20	X3.35，2.64，1.77；长柱状、双锥状；褐色至黑色；金刚光泽；性脆；反射光下呈浅灰色至带棕的灰色，非均质性明显，内反射白色、淡黄至黄棕色，反射率 R=11.3～11.7	D 6.8～7.0 H 6～7 χ 0.81	在酸中（包括氢氟酸、王水）不溶解
	黝锡矿 （黄锡矿） Stannine	Cu_2FeSnS_4 Cu 29.50， Fe 13.10， Sn 27.50，S 29.90	X1.888，3.064，1.103，1.618；微带橄榄绿色调的钢灰色；金属光泽；性脆。反射光下呈橄榄绿色调的亮灰色或灰白色，反射率 R=21，双反射不显著，无内反射	D 4.30～4.52 H 3～4 χ 3.33	溶于 $HCl+KClO_3$；溶于含氯酸钾的盐酸；可溶于浓硫酸、浓磷酸和王水；在含氯酸钾的盐酸、硫酸中溶解

续表

类别	矿物	化学式、主要成分	鉴定特征	物理性质	化学性质
锡矿物	圆柱锡矿 Cylindrite	$Pb_3Sb_2Sn_4S_{14}$ Pb 35.06，Sb 12.76，Sn 26.88，S 25.30	X3.85，2.88，5.73；铅灰色；金属光泽；反射光下白色带浅灰，双反射显著，非均质明显，反射率 R=30.4～32.9	D 5.46 H 2.5	溶于30%双氧水-EDTA-柠檬酸-高氯酸的混合物
钼矿物	辉钼矿 Molybdenite	MoS_2 Mo 59.94，S 40.06	X（2H型6.01，2.50，2.27，1.82，1.58）（3R型6.09，2.34，2.19，1.89，1.75）；片状、鳞片状；铅灰色，金属光泽；反射光下灰白色，双反射极强，强非均质性，反射率 R=15～37	D 4.7～5.0 H 1～1.5 χ 1.263	溶于热硫酸和热硝酸；完全溶解于热的王水中；在次氯酸钾（或次氯酸钠）中易溶解；在苛性碱溶液、氨水、碳酸钠溶液中不溶解
	钼铅矿 Wulfenite	Pb［MoO_4］ PbO 60.79，MoO_3 39.21	X3.19，2.00，1.77，1.63，1.045；板状、锥状；黄色至桔红色；金刚光泽；透射光下无色透明；一轴晶（-）；N_o=2.40，N_e=2.28；平行消光，负延长	D 6.5～7.0 H 2.5～3 χ 0.081，0.013	在浓盐酸、浓硫酸中溶解，还可溶于5N苛性钾、含过氧化氢的1%盐酸-25%氯化钠、王水、含硫酸铜的硫酸-氢氟酸溶液；在醋酸、氨水、醋酸铵、三氯化铁、饱和溴水中不溶解
铋矿物	自然铋 Bismuth	Bi	X3.21，1.423，2.28，2.37，1.87，1.645，1.138；羽毛状或树枝状；银白色；强金属光泽；不透明；反射光下黄色，反射率 R=67.5，弱非均质，双反射及反射多色性不明显，无内反射	D 9.7～9.83 H 2～2.5	溶于硝酸、盐酸及王水；在热的浓硫酸中溶解而放出二氧化硫；过氧化氢使铋溶解；溶于三价铁盐和含硝酸银的甲酸
	辉铋矿 Bismuthinite	Bi_2S_3 Bi 81.30，S 18.70	X3.50，3.08，2.79，1.935，1.725；柱状、针状；锡白色；强金属光泽；不透明；反射光下白色，反射率 R= 42.0～48.7，双反射明显，非均质性强	D 6.4～6.8 H 2～2.5	溶于浓硝酸、硝酸；在硫化钠中显著溶解；容易被三氯化铁、硫酸高铁溶液分解；在甲胺和乙胺溶液中溶解；可溶于盐酸-盐酸羟胺、氨水-氯化铵、醋酸-氯化铵等混合物
	辉碲铋矿 Tetradymite	Bi_2Te_2S Bi 59.27，Te 36.18，S 4.55	X3.20，2.16，5.06，2.35；淡钢灰色；条痕淡钢灰色；金属光泽；不透明；反射光下白色带微黄，反射率 R=48.59，非均质性	D 7.2～7.3 H 1.5～2.2	易溶于硝酸并析出硫；热浓硫酸中呈特征的深红色

续表

类别	矿物	化学式、主要成分	鉴定特征	物理性质	化学性质
镍矿物	针镍矿（针硫镍矿）Millerite	NiS Ni 64.67，S 35.33	X4.75，2.76，1.86；针状、放射状、毛发状；浅黄铜黄色，有时呈锖色；强金属光泽；不透明，性脆；反射色乳黄-黄白色，强非均质性，反射率 R=54～60	D 5.2～5.6 H 3～3.5 χ 0.242	在硝酸和王水中溶解并析出硫；被过氧化氢分解后，再以柠檬酸铵或酒石酸铵溶液处理时完全溶解；可溶于饱和溴水
	镍黄铁矿 Pentlandite	$(Fe, Ni)_9S_8$	X1.770，3.025，1.940，1.024，2.900；古铜黄色；金属光泽；不透明；反射光下呈浅黄白微带棕色色调，反射率 R=52	D 4.5～5 H 3～4	溶于硝酸；在硝酸和王水中溶解并析出硫；被过氧化氢分解后，再以柠檬酸铵或酒石酸铵溶液处理时完全溶解；可溶于饱和溴水
	硫镍矿 Polydymite	$NiNi_2S_4$ Ni 57.86，S 42.14	X2.85，1.82，1.67，2.36，3.33，1.114；浅灰至钢灰色，常具有暗锖色；金属光泽；不透明；反射光下带玫瑰色或黄色色调的灰白色，反射率 R=44，均质	D 4.5～5.0 H 4.5～5 χ 0.335	在硝酸和王水中溶解并析出硫；被过氧化氢分解后，再以柠檬酸铵或酒石酸铵溶液处理时完全溶解；可溶于饱和溴水
	紫硫镍矿（紫硫镍铁矿）Violarite	$FeNi_2S_4$ Fe 18.52，Ni 38.94，S42.54	X1.68，2.86，0.969，2.39，1.83，3.36；棕褐色至玫瑰紫色；金属光泽；不透明；反射光下淡紫色或红棕色，反射率 R=32.4，均质	D 4.5～4.8 H 4.5～5.5	溶于硝酸；被过氧化氢分解后，再以柠檬酸铵溶液处理，即被溶解；在硝酸和王水中溶解并析出硫；溶于饱和溴水。在盐酸、亚硫酸、硫酸、氢氧化铵中均不溶解
	红砷镍矿 Niccolite	NiAs Ni 43.92，S 56.08	X2.627，1.937，1.788，1.320，1.032；淡铜红色；条痕褐黑色；金属光泽；不透明；性脆；反射光下浅玫瑰微带黄色，可见双反射，强非均质性，反射率 R=45～50.5	D 7.6～7.8 H 5～5.5	易溶于硝酸和王水
钴矿物	硫钴矿 Linnaeite	Co_3S_4 Co 57.96，S 42.02	X2.83，1.67，2.36；浅灰至钢灰色，通常具铜红至紫灰的锖色；金属光泽；不透明；反射光下白色带粉红色，反射率 R=46.5，均质	D 4.8～5.0 H 4.5～5.5	溶于热硝酸并析出硫；可溶于过氧化氢、溴水等溶液。在盐酸、亚硫酸、氢氧化铵、铵盐溶液中均不溶解
	辉砷钴矿 Cobaltite	CoAsS Co 35.41，As 45.26，S19.33	X2.77，2.48，2.27，1.68，1.075，1.307；锡白色；条痕灰黑；金属光泽；不透明；不平坦到贝壳状断口；性脆；反射光下为白色带玫瑰色调，反射率 R=52，非均质性弱至清楚（油中）	D 6～6.5 H 5.5	

续表

类别	矿物	化学式、主要成分	鉴定特征	物理性质	化学性质
钴矿物	方钴矿 Skutterudite	$CoAs_3$ Co 20.77, As 79.23	X2.585, 1.607, 1.078, 1.041; 锡白-银灰色，有时具彩色锖色；金属光泽；不透明；性脆；反射光下反射色为白色，反射率 R=51～60	D 6.6～6.79 H 5.5～6 χ 0.077	在加热的情况下被硝酸溶解，并生成红或绿色溶液
	硫铜钴矿 Carrolite	$CuCo_2S_4$ Co 38.00, Cu 20.52, S 41.48	X1.676, 2.875, 1.094, 2.388, 1.231, 1.182; 性质与硫钴矿相似	D 4.758 χ 0.365～0.580	溶于热硝酸析出硫；可溶于过氧化氢、溴水。盐酸、亚硫酸、氢氧化铵、铵盐溶液中均不溶解；不溶于氨水-氯化铵溶液；在170℃时溶于二氯化二硫
	菱钴矿 Spherocobaltite	$CoCO_3$ CoO 62.9, CO_2 37.1	方解石型结构；玫瑰红色至黑色；玻璃光泽；具菱面体解理；透射光下无色，一轴晶（-），N_o = 1.855，N_e =1.600	D 4.1 H 3～4	在酸中溶解；在氯化铵的氨溶液中加热时溶解；溶于醋酸-过氧化氢；不溶于水和过氧化氢
	钴华 Erythrite	$Co_3(H_2O)_8[AsO_4]_2$ CoO 37.5, As_2O_5 38.39, H_2O 24.07	X6.65, 1.677, 3.22; 紫红、桃红或深红色，也有的近于无色；透明至半透明；弱金刚光泽；二轴晶（+），2V 近于90°，多色性明显，N_g = 1.629，N_m =1.663，N_p =1.701	D 3.18 H 1.5～2.5	易溶于酸；部分溶于苛性钾溶液；可溶于含硫酸铜的稀硫酸-氢氟酸、氨水-氯化铵、醋酸-过氧化氢等溶液；不溶于水、过氧化氢
	水钴矿 Heterogenite	CoO（OH） Co_2O_3 90.20, H_2O 9.80	X4.55, 2.36, 1.84, 1.45; 球状、肾状集合体；黑色或浅黑至浅红褐色；玻璃光泽；透射光下棕褐色，N=1.85；反射光下呈淡褐的白色，双反射强，反射率 R=18.0～25.5	D 3.44～4.32 H 3～4.5 χ 1.007～1.166	易溶于无机酸；溶于醋酸-过氧化氢、醋酸-亚硫酸钠溶液；不溶于 EDTA-过氧化氢
锑矿物	辉锑矿 Stibnite	Sb_2S_3 Sb 71.4, S 28.60	X3.566, 3.045, 2.757, 2.511, 1.933, 1.687; 长柱状、针状；铅灰色；金属光泽；不透明；反射光下白色到灰白色，双反射显著，非均质性强，反射率 R=30.2～40.0	D 4.51～4.66 H 2～2.5 χ 4.96～6	溶于热盐酸、王水；完全溶于90～100℃硫化钠溶液；溶于2%苛性钾溶液，易溶于含酒石酸或 EDTA 苛性钾；溶于硫酸与硫酸氢钾混合物
	锑华 Valentinite	Sb_2O_3 Sb 83.54, O 16.46	X3.124, 1.513, 1.830, 1.921, 2.468, 1.181; 皮壳状；白色；金刚光泽；性脆；反射光下灰白色，反射率 R=14～16，非均质性清楚，内反射明显	D 5.7～5.76 H 2.5～3	在苛性钾中溶解；溶于1∶3硝酸，含 EDTA 或酒石酸的苛性钾、硫化钠溶液、酒石酸溶液；易溶于盐酸、王水

续表

类别	矿物	化学式、主要成分	鉴定特征	物理性质	化学性质
锑矿物	锑赭石（黄锑矿）Cervantite	$Sb_2O_3 \cdot Sb_2O_5$ Sb 79.19, O 20.81	X3.06，2.91，1.854，1.635；皮壳状、针状、致密块状、鳞片状集合体；黄色到红色，有时无色。二轴晶（-），2*V*很小；*N*=1.67～2.05	*D* 4.08 *H* 4～5	在浓盐酸、王水、煮沸的苛性碱及硫化钠中溶解。不溶于稀盐酸、稀硝酸、酒石酸、1N及2N冷的苛性钾溶液
	方锑矿 Senarmontite	Sb_2O_3 Sb 83.54, O 16.46	X3.212，1.962，1.673，1.071；无色至灰白色；金刚光泽至玻璃光泽；性脆；透射光下无色；二轴晶（-）；2*V*较大	*D* 5.22～5.78 *H* 2～2.5	溶于1∶3硝酸，含EDTA或酒石酸的苛性钾、硫化钠溶液、酒石酸溶液；易溶于盐酸、王水；不溶于水
铌钽矿物	铌铁矿-钽铁矿 Columbite-Tantalite	$(Fe^{2+}, Mn)(Nb, Ta)_2O_6$	X2.970，3.66，1.72；板状、柱状；铁黑色至褐黑色；金属光泽至半金属光泽；不透明；性脆；反射光下灰微带棕色，内反射褐红色；弱非均性；反射率*R*=16.3～18.0	*D* 8.175 *H* 6 *χ* 7.188	在含硫酸的氢氟酸或高氯酸中可完全溶解
	烧绿石 Pyrochlore	$(Ca, Na)_2Nb_2O_6(OH,F)$	X3.01，1.834，1.563；立方体、菱形十二面体；黄绿色；金刚光泽到油脂光泽；半透明；反射光下呈浅褐、黄、浅黄绿色，有时具弱非均质，反射率*R*=8.2～13.7	*D* 4.03～5.40 *H* 5～5.5 *χ* 0.262	不溶于盐酸、硝酸；溶于硫酸
	细晶石 Microlite	$(Ca,Na)_2(Ta,Nb)_2O_6(O,OH,F)$	X2.98，1.83，1.563；八面体、菱形十二面体；浅黄、黄褐色；透明；玻璃-油脂光泽；反射光下呈褐、黄或浅黄绿色，反射率*R*=8.2～13.7	*D* 5.9～6.4 *H* 5～6	不溶于盐酸、硝酸；溶于硫酸
	褐钇铌矿 Fergusonite	$YNbO_4$ Y 36.17, Nb 37.80，O 26.03	X3.06，1.88，2.733；黄褐、黑褐色；条痕呈浅黄-黄褐色；油脂光泽；贝壳状断口；反射光下浅黄灰色、灰色，内反射为褐红色，反射率*R*=11～11.7	*D* 4.89～5.82 *H* 5.5～6.5	在盐酸中部分溶解；在H_2SO_4、H_3PO_4、HF中溶解
铍矿物	绿柱石 Beryl	$Be_3Al_2[Si_6O_{18}]$ Be O14.1, Al_2O_3 19, SiO_2 66.9	X2.867，3.254，798；柱状；无色、绿、黄绿、粉红色、深鲜绿色；玻璃光泽；透明至半透明；透射光下无色，一轴晶（-），N_o=1.566～1.602，N_e=1.562～1.594	*D* 2.6～2.9 *H* 7.5～8 *χ* 1.902	在无机酸中非常稳定，无论是在盐酸中或是在硫酸中均不溶解；甚至在氢氟酸中也很难将其完全溶解

续表

类别	矿物	化学式、主要成分	鉴定特征	物理性质	化学性质
铍矿物	金绿宝石 Chrysoberyl	$BeAl_2O_4$ BeO 19.8， Al_2O_3 80.2	X2.090.1.617，3.23；板状、短柱状；黄绿色；玻璃光泽；透明至半透明；透射光下无色、绿色、橙色，二轴晶（+），N_g=1.753～1.758，N_m=1.747～1.749，N_p=1.744～1.747	*D* 3.631～3.835 *H* 8～8.5 χ 4.92	在酸碱中几乎不溶，在硫酸中部分溶解
	硅铍石（似晶石）Phenakite	Be_2SiO_4 BeO 45.5，SiO_2 54.5	X1.258，2.511，2.183，3.116，1.269，2.519，3.661，2.181；无色，有时为淡玫瑰色或褐色；玻璃光泽；透明；贝壳状断口；脆性；透射光下无色透明；一轴晶（+）；N_o=1.654，N_e=1.670	*D* 2.97～3 *H* 7.5～8	在盐酸中不溶解；易溶于热的浓硫酸中，形成铍的硫酸盐
	日光榴石 Helvine	Mn_4 [$BeSiO_4$]$_3$S Mn 39.58，Be 4.87，Si 15.18，O 34.59，S 5.78	X3.75，3.40，2.62，2.22，1.95，1.129；黄色、黄褐色，少数为绿色；玻璃光泽或松脂光泽；透射光下淡黄、淡褐至无色，均质体，*N*=1.728～1.749	*D* 3.20～3.44 *H* 6～6.5 χ 13.66～20.2	易溶于无机酸；在盐酸中分解生成硫化氢气体，并有胶状硅胶析出；在硝酸和硫酸中溶解时生成硝酸铍和硫酸铍，并有硫析出
	羟硅铍石 Bertrandite	Be_4（Si_2O_7）（OH） Be 16.30，Si 25.39，O 57.86，*H* 0.45	X4.38，3.19，2.54，2.28；无色，灰黄色；透明；玻璃光泽；透射光下无色，二轴晶（-），2*V*=65°～85°，N_g=1.611～1.614，N_m=1.603～1.607，N_p=1.584～1.593，N_g-N_p=0.027～0.021	*D* 2.60 *H* 6～6.5	
锂矿物	锂辉石 Spodumene	LiAl [Si_2O_6] Li_2O 8.07， Al_2O_3 27.44， SiO_2 64.49	X2.914，2.789，4.193，2.450，4.352，3.442，3.185；柱状；灰白色至玫瑰色；玻璃光泽；解理完全；透射光下无色，二轴晶（+）；N_g=1.662～1.679，N_m=1.655～1.669，N_p=1.648～1.663	*D* 3.03～3.22 *H* 6.5～7 χ 0.21，4.86	不溶于盐酸；溶于磷酸
	锂云母 Lepidolite	K{Li_{2-X} Al_{1+X} [Al2*X* $Si_{4-2X}O_{10}$]F_2} 其中 *X*=0～0.5	X9.93，3.33，2.61；鳞片状；玫瑰色、浅紫色；透明；玻璃光泽；透射光下无色，二轴晶（-），2*V*=25°～45°，N_g=1.556～1.610，N_m=1.554～1.610，N_p=1.535～1.570	*D* 2.8～2.9 *H* 2～3 χ 1.18， 2.24～0.82	在浓磷酸中加热到270℃时溶解；与盐酸、硫酸、硫酸不反应

续表

类别	矿物	化学式、主要成分	鉴定特征	物理性质	化学性质
锆矿物	锆英石（锆石）Zircon	Zr［SiO_4］ ZrO_2 67.01， SiO_2 32.99	X3.30，1.711，2.516，4.43，3.63，1.648；柱状、双锥状；无色；玻璃至金刚光泽；透明到半透明；透射光下无色至淡黄色，一轴晶（+）；$2V=0°\sim10°$；$N_o=1.91\sim1.96$，$N_e=1.957\sim2.04$	D 4.4～4.8 H 7.5～8 χ 0.12	在热的浓硫酸中溶解很弱；不溶于硝酸、盐酸、浓磷酸
	斜锆石 Baddeleyite	ZrO_2 Zr 74.1，O 25.9	X3.160，1.812，2.831，1.540，2.623；板状；无色；玻璃光泽；透明至半透明；透射光下无色至棕褐色，二轴晶（－），$2V=30°\pm1°$；$N_g=2.20\sim2.243$，$N_m=2.19\sim2.236$，$N_p=2.13\sim2.136$	D 5.4～6.02 H 6.5	能缓慢地溶于浓硫酸
稀土矿物	独居石 Monazite	（Ce，La，…）［PO_4］	X3.09，2.87，3.30；柱状、板状；棕红色；油脂光泽；透明至半透明；透射光下黄褐至无色，二轴晶（+），$2V=11°\sim15°$，$N_g=1.840\sim1.850$，$N_m=1.780\sim1.791$，$N_p=1.780\sim1.790$	D 4.9～5.5 H 5～5.5 χ 18.61，11.32	在浓高氯酸、浓硫酸中完全溶解；难溶于盐酸与硝酸
	氟碳铈矿 Bastnaesite	（Ce，La）［CO_3］（F，OH）	X2.865，3.53，2.042，1.297，1.885，1.663；柱状、板状；黄色、浅绿；玻璃光泽；透明到半透明；透射光下无色或淡黄色，具有弱多色性，一轴晶（+），$N_e=1.825\sim1.837$，$N_o=1.723\sim1.735$	D 4.72～5.12 H 4～4.5 χ 11.34	溶于盐酸、高氯酸；将该矿物加热到500℃，即转化为氟氧化物，此氟氧化物更易溶于10%的盐酸，借此可将氟碳酸盐与独居石分离
	磷钇矿 Xenotime	YPO_4 Y_2O_3 61.40， P_2O_5 38.60	X1.749，1.703，3.343；短柱状、双锥状；淡黄、红褐、灰白色，有时呈黄绿色；玻璃光泽至油脂光泽；透明至半透明。一轴晶（+）；具弱多色性；$N_o=1.720$，$N_e=1.827$	D 4.4～5.1 H 4.5 χ 28.86	盐酸不溶；溶于硝酸；800℃碳酸钠可熔融
	氟碳铈钡矿 Cebaite	$Ba_3Ce_2(CO_3)_5F_2$ Ce 27.20， Ba 39.99，C 5.83， O 23.40，F 3.58	X3.24，2.126，1.990，3.97，1.367；晶体呈板状；蜡黄色或微带绿的米黄色；透明；玻璃或油脂光泽；有一组不完全解理，不平坦状断口；一轴晶（－），有时为二轴晶（－），$2V=5°\sim10°$，$N_o=1.740\sim1.748$，$N_e=1.598\sim1.604$	D 4.46～4.64 H 4.5	易溶于酸

续表

类别	矿物	化学式、主要成分	鉴定特征	物理性质	化学性质
稀土矿物	黄河矿 Huanghoite	$BaCe(CO_3)_2F$ Ce 33.65，Ba 32.98，C 5.77，O 23.05，F 4.55	X3.22，1.983，3.95，2.516；黄色或腊黄色，黄绿色；玻璃光泽或油脂光泽；透明至半透明；不平坦状断口；在紫外线下发红黄色光；透射光下为浅黄至黄绿色，弱多色性，N_o 浅黄，N_e 浅黄绿色，一轴晶（-），N_o=1.765±0.04，N_e=1.603±0.002	D 4.51～4.67 H 4.77	与氟碳钙铈矿类似。在盐酸中分解很慢，但较氟碳铈矿容易得多；在完全相同的条件下，氟碳铈矿溶解 20%，而氟碳钙铈矿溶解 96%
	氟菱钙铈矿（氟碳钙铈矿）Parisite	$CaCe_2(CO_3)_2F_2$ Ce 58.59，C 5.02，Ca 8.38，O 20.07，F 7.94	X2.06，1.889，1.665，1.289，2.84；柱状、板状；黄色、灰黄色或褐色；黄白色条痕；透明或半透明；玻璃或油脂光泽；贝壳状断口；透射光下无色或黄色，一轴晶（+），N_e=1.754～1.711，N_o=1.672～1.679，弱多色性，N_e 金黄色，N_o 淡黄色	D 4.4 H 4.5～5.5	易溶于盐酸、硝酸、硫酸等无机酸中
	钇易解石 Priorite	$(Ce,Y,Th,Ca)(Ti,Nb)_2O_6$	X2.973，2.886，1.565，1.497，1.189；板柱状；褐色；透明；金刚光泽；透射光下呈黄褐色、浅红棕色，均质体，N=2.14～2.20	D 4.61～5.05 H 5～6	
硫矿物	黄铁矿 Pyrite	FeS_2 Fe 46.55，S 53.45	X1.6332，2.709，2.423；浅黄铜色，表面常有黄褐色锖色；强金属光泽；不透明；反射光下黄白色，均质，反射率 R=54.5	D 4.9～5.2 H 6～6.5 χ 25.49	完全溶解于浓硝酸；王水使黄铁矿溶解而析出硫；溶于 15% 的硝酸（水浴中）、醋酸-过氧化氢、溴水及氯水中；在苛性钠中通以氯气时则完全溶解
	磁黄铁矿 Pyrrhotite	$Fe_{1-X}S$	X2.062，1.10，2.63，1.045；板状、双锥状。暗青铜黄色，带褐色锖色；金属光泽；不透明；性脆；反射光下浅玫瑰棕色，双反射明显，强非均质性，反射率 R=38.0～42.5	D 4.60～4.70 H 3.5～4.5 χ 27173	溶于盐酸；稀硝酸（1∶1）冷时对磁黄铁矿不起作用，在加热时则溶解；可溶于氯水、溴水、溴甲醇、溴四氯化碳和过氧化氢溶液中；在硫化钠的沸溶液中溶解
砷矿物	毒砂 Arsenopyrite	FeAsS Fe 34.30，As 46.01，S 19.69	X2.665，2.429，1.812，1.388；柱状、短柱状；锡白至钢灰色，锖色浅黄；金属光泽；不透明；性脆。反射光下白色微具乳黄色调，双反射弱，非均质性明显，反射率 R=51.7～55.7	D 5.9～6.29 H 5.5～6 χ 0.03	在盐酸、苛性钾、碳酸钠等溶液中不溶解；被硝酸分解并析出硫和三氧化二砷；可溶于醋酸-过氧化氢、饱和溴水、氯水、王水；在硫酸、硝酸中溶解

注：X. 主要粉晶谱线；（+）. 正光性，（-）. 负光性；D. 矿物密度（g/cm^3）；H. 莫氏硬度；χ. 比磁化率（10^{-6}，C.G.S. 单位制）；R. 反射率；N_g、N_m、N_p. 二轴晶矿物的大、中、小主折射率；2V. 光轴角；化学成分. 质量分数（%）。